PEM Fuel Cells -Theory and Practice-

고분자 연료전지 공학

이론과 실제

Frano Barbir 원저 | 조영일 · 남기석 공역

ELSEVIER ACADEMIC PRESS

(주)북스힐

ISBN : 9780120781423
Translated Edition ISBN : 9788955264135
Publication Date in Korea : 2007.10.10.

Translated by Book's-Hill Publishers Co., Inc.
Printed in Korea

역자 머리말

최근 고유가 시대와 지구온난화로 인한 환경문제를 해결하기 위해서 석유류를 대체할 신재생 대체 에너지 사업이 전 세계적으로 활발히 진행되고 있다. 이제 신재생 대체 에너지 사업은 단순히 경제적 이익을 위한 것이 아니라 인류 생존의 문제로 인식되고 있다. 신재생 대체 에너지 중에서도 수소는 에너지와 환경문제를 해결할 수 있는 대안으로서 활발히 연구되어 왔다. 수소를 에너지로 전환하기 위해서 가장 효율적인 방법이 연료전지를 사용하는 것이므로 연료전지에 대한 관심이 날로 높아지고 있는 실정이다.

이와 같은 추이에 발맞춰 국내에서도 연료전지 관련 우수 인력들을 양성하고 발전시키기 위해서는 우리말로 쓰인 관련 분야 서적이 많이 발간되어야 한다고 생각한다. 그런 의미에서 본 원서를 우리말로 번역 출판하는 것도 국내 연료전지 발전에 기여하는 것이라 판단된다.

이 책은 연료전지 중에서도 고분자 전해질막을 이용하는 PEM 연료전지를 다루고 있다. 1장부터 3장까지는 연료전지를 이해하는 데 필요한 전기화학을 기술하였다. 4장부터 6장까지는 연료전지의 기본 구성 요소와 운전조건에 대한 설명이 있으며 7장부터 9장은 연료전지의 분석 방법과 모델링을 다루고 있다. 그리고 10장과 11장에서 연료전지의 응용분야와 수소에너지 사회에 대한 설명으로 끝을 맺고 있다. 본 번역서는 학부 고급학년이나 연료전지에 입문하는 대학원생을 위한 교재로 사용 될 수 있을 것이다.

이 번역서가 연료전지를 공부하고자 하는 분들에게 조금이나마 도움이 되기를 바라며 이 책의 출판에 도움을 주신 연세대학교 화학공학과 설용건 교수와 김한성 교수에게 감사드린다. 마지막으로 이 번역서는 산업자원부 지원의 수소연료전지특성화대학원사업의 지원을 받았음을 밝혀 둔다.

2007년 9월

연세대학교에서 역자 씀

추천의 글

오늘날 세계 에너지 수요의 약 80%를 조달하는 화석연료에는 두 가지 근본 문제가 있다. 첫째 문제는 양이 한정되어 있어서 조만간 고갈되리라는 점이다. 석유 회사들의 추산에 따르면, 사용이 가장 편리한 화석연료인 석유와 천연가스의 생산량은 2015~2020년경 정점에 달했다가 감소하게 될 것이다. 다시 말해서 2015년경부터는 유체 연료의 수요와 생산 사이에 격차가 생기게 될 것이다.

둘째 문제는 화석연료가 심각한 환경 문제를 야기한다는 것이다. 이를테면, 지구온난화, 기후변화, 만년설 융해, 해수면 상승, 산성비, 오존층 고갈, 기름 유출, 노천 채탄(採炭)으로 인한 삼림과 농지의 파괴 등이다. 세계적 환경 피해의 총액은 연간 5조 달러 정도로 추산된다.

일찍이 1970년대에 이처럼 상호연관적인 지구 문제의 해결책으로 수소 에너지 체제(Hydrogen Energy System)가 제안되었다. 그 뒤로 지난 세기의 마지막 4분기 중에는 세계적으로 여러 대학과 연구소의 연구개발에 의해 수소 에너지 체제의 기반이 확립되었다. 금세기에 들어와서는 수소 경제(Hydrogen Economy)로의 전환이 시작됐다.

수소는 우수한 에너지 운반체로서 여러 가지 특성을 가지고 있다. 연료 중에서 가장 가볍고, 가장 효율적이며, 가장 깨끗하다. 수소의 특성 중 하나는, 연료전지의 전기화학적 프로세스에 의해 고효율의 전기로 변환할 수 있다는 것이다. 이 변환 효율은 화석연료를 내연기관에서 기계적 에너지로 변환하거나 화력발전소에서 전기 에너지로 변환할 때의 효율에 비해 높다. 이러한 수소의 특성으로 인해 자동차 회사에서는 자동차용 동력장치로 수소 연료전지를 선택했다. 발전설비 제작 회사에서도 미래의 발전설비로 연료전지를 선택했다. 수소 연료전지의 효율이 높은 이유는 연료전지가 열기관이 아니라 전기화학기관이기 때문이며, Carnot 사이클의 제약을 받지 않는다. 따라서 금세기 중에 수소가 화석연료를 대체하고 연료전지가 열기관(내연기관, 수증기 터빈, 가스 터빈 등)을 대체할 것으로 예상된다.

여러 종류의 연료전지에 관한 연구가 진행되고 있다. 알칼리형 연료전지, 고분자전해질형(PEM) 연료전지, 인산형 연료전지, 용융 탄산염형 연료전지, 고체 산화물형 연료전지 등이 연구 대상이다. 이들 중에는 이미 상용화된 것도 있고 상용화 직전에 이른 것도 있다. 이러한 연료전지는, 발전소에서 차량 및 가정에 이르기까지, 노트북 컴퓨터에서 휴대용 전화기에 이르기까지, 거의 모든 에너지 사용 설비와 기구에서 응용될 것으로 예상된다.

PEM 연료전지는 특히 바람직한 성질을 가지고 있다. 비교적 저온에서 작동하므로 열손실을 억제할 수 있다. 또한 부피가 작고 무게가 덜 나가므로 자동차용과 휴대기구용으로 적격이다. 이 때문에, 대기업이 출하한 수소 연료 버스와 승용차가 모두 동력원으로 PEM 연료전지를 사용하고, 연료전지 관련 연구개발의 90% 정도가 PEM 연료전지이다. 따라서 에너지공학에 관여하는 과거의 엔지니어가 열기관에 관한 지식에 철저했던 것처럼, 현재와 미래의 엔지니어는 PEM 연료전지에 관한 지식이 투철해야 할 것이다.

이 책의 저자 Frano Barbir 박사는 수소 에너지 전문 과학자이다. 수소 에너지에 관한 연구로 Ph.D.를 받은 그는 연료전지 회사에서 PEM 연료전지의 연구개발 업무에 종사하고 있다. 또한 그는 엔지니어들에게 연료전지 기술을 교육해야 할 필요를 인식하고 있다. 이미 두 대학에서 연료전지에 관한 학부 상급학년 및 대학원 과정을 개발하여 강의하고 있다. 따라서 PEM 연료전지에 관한 교과서를 집필하기에 충분한 자질을 갖추고 있는 것이다. 이 책에서는 먼저 PEM 연료전지에 관한 기초 사항을 소개한 다음, 재료, 조작, 모델링, 설계 및 응용에 관해 다루고 있다. 요컨대 PEM 연료전지에 관해 포괄적이면서 잘 구성된 훌륭한 교과서라 하겠다.

본인은 PEM 연료전지에 관한 교과서로서 이 책을 강력하게 추천하는 바이다. 기계, 전기, 화학, 산업, 환경, 에너지 공학의 어떤 분야이든 간에, 에너지 보존과 에너지 응용을 공부하는 공학계 학부 상급생과 대학원생에게 적합한 교과서이기 때문이다. 또한 이 교과서는 발전, 자동차 동력장치, 휴대용 기기의 동력기기와 관련이 있는 모든 공학자 및 연구자를 위한 참고서로서 훌륭한 역할을 할 것이다.

2005년 2월

T. Nejat Veziroğlu, 박사

UNIDO-국제 수소 에너지 기술 센터[1] 소장

이스탄불, 터키

1) International Centre for Hydrogen Energy Technologies

감사의 말

이 책에 관한 아이디어가 떠오른 것은 몇 년 전의 일이다. 수년 동안 엔지니어, 연구자, 과학자, 기업 임원으로 일하는 동안, 연료전지의 기술, 발전 및 전망에 관해 여러 차례 발표했다. 필자의 생각과 견해를 정리하고 실제 자료와 그래프로 나타내는 등 이러한 발표를 준비하는 일은 아주 큰 즐거움이었다. 언제나 청중을 염두에 두고, 단순하고 쉽게 이해할 수 있도록 발표 내용을 설계하여 청중에게 맞추었다. 이러한 여러 차례의 발표 결과가 이 책이다. 새롭고 자극적인 기술에 관해 필자의 즐거움을 나눌 수 있게 된 것을 기쁘게 생각한다. 특히 이 새로운 기술을 다음 세대, 즉 필자가 함께 일한 젊은 엔지니어와 필자가 조언하고 가르친 학생들에게 전달할 수 있게 된 것을 소중하게 생각한다. 이들은 이 기술을 실현하여 큰 편익을 얻을 것이다.

필자는 9년 동안 Florida 주의 West Palm Beach에 있는 소규모 개인 기업인 Energy Partners에서 일해 왔다. 이는 놀라운 교육적 경험이었다. 당시에는 연료전지에 관한 교과서가 없기도 했지만, 책을 보는 대신 실물 연료전지에서 배웠다. 마치 자기 생각을 가지고 있는 듯한 1 세제곱 피트 크기의 마술 상자와 같은 실제 연료전지를 가지고 시작했다. 필자의 일은 이것이 우리가 원하는 일을 하도록 하는 것이었다. 그러기 위해서는 연료전지에 관한 모든 것, 즉 이론, 재료, 구성요소, 설계, 운전, 진단, 보조 시스템 등에 이르기까지 모든 것을 알아야 했는데, 이 모든 것이 학교에서는 배울 기회가 없는 것이었다. 물론 필자 혼자서 할 수는 없었다. 필자가 배운 것을 젊은 동료들과 기꺼이 나누고 그들과 함께 공부하기를 즐겼다. 곧이어서 우리는 세계에서 처음으로 PEM 연료전지를 동력원으로 사용하는 승용차를 만들고, 이어서 골프 카트 겸용 승용 수단과 유틸리티 차량을 개발했다(John Deere Gators). 새로운 차량마다 그 전 것에 비해 성능이 우수했으며, 이 과정을 통해 지식을 축적했다. 불행한 때도 있었는데, 이익을 남길 것으로 예상되던 시기에는 연료전지 기술이 이에 부응하지 못한 것이다. 그럼에도 불구하고 Energy Partners의 소유주인 H. Perry, Jr.는 필자가 즐겁게 배울 기회를 주었다.

필자는 그 동안 저명한 엔지니어 및 과학자와 함께 일하고 이들로부터 배울 기회를 가졌다.

이 자리를 빌려 감사하는 바이다.

- Miami 대학 교수이자 UNIDO-국제 수소 에너지 기술 센터 소장인 T. Nejat Veziroğlu는, 일찍이 수소 에너지가 과학 소설과 같던 시기에 수소 경제의 아이디어를 제공해주고 계속적 지도를 아끼지 않았다.
- Miami 대학 교수였던 고 Harold J. Plass, Jr.는 공학 해석의 단순성을 가르쳐 주었다.
- Gainesville의 Florida 대학 교수였던 고 Howard T. Odum은 자신의 비전을 심도 있고 분명하게 피력해 주었다.
- Energy Partners의 기사장이었던 Floyd Marken은 자신의 지혜와 상식의 공학을 피력해 주었다.
- Energy Partners의 전기 주임기사였던 Mario Nadal 박사는 연료전지 장치의 전기 부문에 관해 조언을 아끼지 않았다. 덕분에 필자는 연료전기 공학의 전기적 측면에 겁내지 않을 수 있었다.
- Miami 대학 교수인 Hongstan Liu 박사는 필자의 동료이자 학창 시절의 친구로서, 필자의 연구팀에 합류하여, 연료전지 모델링에 CFD 기법을 응용하는 선구적 연구에 동참했다.
- Energy Partners의 부사장이었던 Vince Petraglia는 연료전지에 관한 풍부한 경험과 지혜를 공유했는데, 요약하자면 다음과 같다. "연료전지는 민감하게 어떤 색으로나 색깔이 변한다."
- Energy Partners의 사장이었던 George Joe 박사는 필자를 신뢰하여 회사의 경영팀에 포함시켰다.
- Proton Energy Systems의 창설자의 한 사람인 동시에 현재 Global Fuel Cell Center의 동료인 Trent Molter는 필자의 엔지니어 팀이 Connecticut에 올 기회를 제공해준 동시에 초기 연료전지에 관한 풍부한 정보를 제공해 주었다.

필자는 또한 이 책의 집필에 직접적으로 기여해준 다음 분들에게 특별히 감사를 표하고자 한다.

- Connecticut 대학 조교수 Wilson Chiu 박사는 연료전지 모델링에 관한 제7장에 관한 훌륭한 자료를 제공해 주었다.

- Connecticut 대학 대학원생 Niloufar Fekrazad 역시 연료전지 모델링에 관한 제7장을 도와주었다.
- Connecticut 대학 대학원생 Xinting Wang과 Richard Fu는 필자가 필요로 하는 자료를 잘 찾아 주었다.
- Connecticut Global Fuel Cell Center의 박사후 연구원 Haluk Görgün 박사는 필자가 이 책의 집필에 전념하는 동안 연구실을 열정적으로 운영했으며, 전기 부분장치에 관한 9.4절 내용을 도와주었다.
- 필자의 딸이자 엔지니어인 Ana Barbir은 이 책의 원고를 교정하고 필자의 영문법을 바로 잡아주는 등 유용한 조언을 아끼지 않았다.

필자의 아내인 Georgia에게 감사의 마음을 전하면서 이 글을 마무리하고자 한다. 필자의 30여 년 인생의 동반자인 Georgia는 필자가 이 책을 집필하는 동안 우리 삶의 모든 측면을 돌보아 주었다. 그녀의 끊임없는 격려와 도움이 없었더라면 이 책이 태어나지 못했을 것이다. 이 책을 필자의 아내에게 바친다.

Frano Barbir
Connecticut 대학, Storrs, CT
2005년 2월

차례

03 Chapter 연료전지 전기화학

04 Chapter 연료전지의 기본 성분, 물성 및 프로세스

05 Chapter 연료전지 운전 조건

06 Chapter 스택 설계

07 Chapter 연료전지 모델링

08 Chapter 연료전지 진단기법

09 Chapter 연료전지 시스템 설계

10 Chapter 연료전지 용도

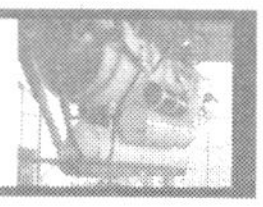

11 Chapter 연료전지와 수소 경제

Chapter

01 서론

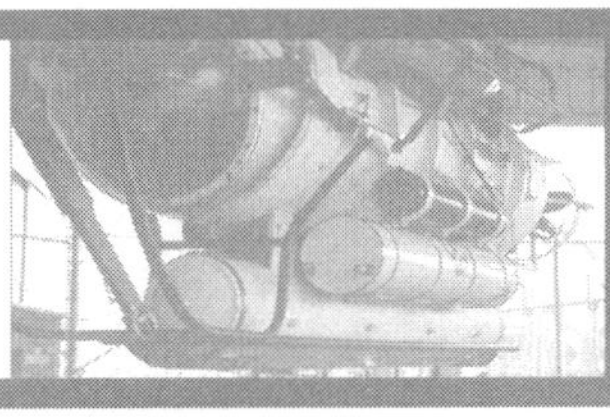

1.1 연료전지란 무엇인가?

연료전지(fuel cell, 燃料電池)란 전기화학적 에너지 변환장치로서, 연료의 화학 에너지를 직접 직류(DC) 전기로 변환한다. 연료로부터 발전에 이르는 재래식 에너지 변환 단계는 다음과 같다.

1. 연료를 연소시켜서 연료의 화학 에너지를 열로 변환한다.
2. 이 열로 물을 끓여서 수증기를 발생한다.
3. 수증기로 터빈을 돌려서 열에너지를 기계적 에너지로 변환한다.
4. 기계적 에너지로 발전기를 돌려 전기를 발생한다.

연료전지는 이러한 모든 과정을 생략하고, 가동장치 없이 단 하나의 단계에서 전기를 발생한다(그림 1-1). 이러한 단순성 때문에 연료전지가 매력이 있다. 장치가 아주 간단하므로, 재래식 4단계 발전(發電) 프로세스에 비해 한층 저렴하고 효율적일 수 있다. 실제로도 그러한가? 아직은 아니다. 만족할만한 수준이 아니다. 하지만 연료전지는 계속 개발 중에 있다. 이 책에서는 연료전지 장치 공학의 기초를 제공하고자 한다. 최신 설계와 재료를 소개했지만, 앞으로도 계속 변화할 것이며, 관련 기술은 계속 발전할 것이다. 그러나 공학적 기초가 극적이거나 급속하게 변화하지는 않을 것이다. 이 책에서 다룬 공학적 원리에 관한 지식은 미래의 연료전지 기술자가 새로운 설계와 재료를 개발하는 데 도움을 주는 기초가 될 것이며, 실제로

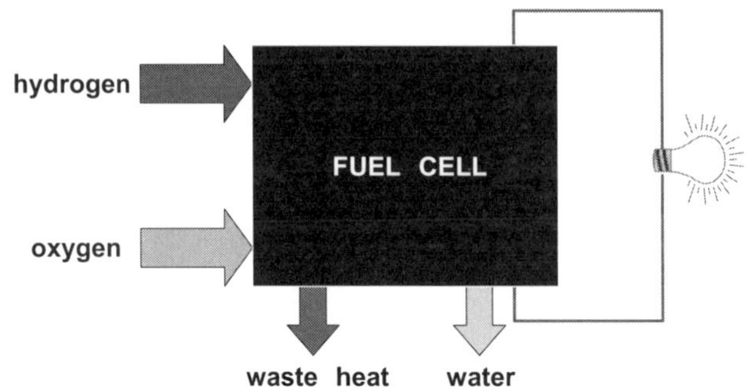

그림 1-1 연료전지. 한 단계에서 연료로부터 직류전기(DC)를 발생한다.

그렇게 되기를 희망한다. 이것이 바로 공학 교육의 목적이다. 이 책에서는 열역학, 촉매, 전기 화학, 열전달, 유체 역학, 전기 전도 등의 원리를 직접 다루지는 않았지만, 에너지 변환장치인 연료전지 공학에서는 이러한 공학적 전문 지식을 응용한다.

에너지 변환과정에서 가장 중요한 측면은 변환 효율이다. 이와 관련한 전형적 문제들은 대개 공학 교과서에서 다룬다. 한 종류의 에너지 한 단위를 생산하는 데 필요한 다른 종류의 에너지는 얼마인가? 이론적 한계는 어떤 수준인가? 이 이론적 한계에 현실적으로 얼마나 접근할 수 있는가? 이 마지막 문제는, 이론 효율이 아니라 실제 결과 및 효율에 관한 문제로서, 대부분의 공학 교과서에서는 다루지 않는다. 예컨대 Carnot 과정 즉 Carnot 기관을 살펴보자. 두 온도 사이에서 운전되는 가장 효율적인 과정이 Carnot 과정이라는 것을 공학도라면 누구나 알 것이다. 하지만 이러한 기관을 실제로 만들 수는 없고, 만든다고 하더라도 열 손실이 없이 열전달이 이루어지려면 무한정 천천히 운전해야 한다는 점을 언급한 교과서는 있다. 그러나 이러한 기관이 아주 효율적이려면 무동력이어야 한다는 점을 충분히 강조하지는 않는다. 이 책에서는 효율을 강조한다. 발전장치의 이론 효율과 함께 실제 효율도 다룬다. 거의 모든 장마다 효율을 다룬 절이 따로 있다. 연료전지의 열역학에 관한 장에서는 연료전지의 이론 효율을 다룬다. Carnot 효율에 관한 공부가 중요한 것처럼, 연료전지의 이론적 한계를 배우는 것도 중요하다. 연료전지의 전기화학을 다룬 장에서는 관련 재료의 물성으로 인해 피할 수 없는 여러 효율 손실을 소개한다. 이러한 손실은 에너지 변환 효율에 영향을 미친다. 연료전지 장치를 다룬 장에서는 연료전지의 작동에 필요한 여러 가지 보조 기구를 검토한다. 이러한 기구의 대부분은 동력이 필요하므로, 연료전지가 발생한 동력의 일부가 이러한 보조기구의 동작에 쓰이게 된다. 따라서 연료전지 장치가 실제로 전달하는 동력은 그만큼 줄어든다. 따라서 실제 효율은 이론 효율보다 낮아지기 마련이다. 얼마나 감소하는가? 장치의 구조, 설계,

부수 부품의 선택에 따라 달라진다. 또한, 실제 에너지 변환 기구의 효율은 사용 방법에 따라서도 달라진다. 출력은 항상 일정한가 아니면 변하는가? 출력이 변한다면 어느 정도로 얼마나 자주 변하는가? 이러한 이유 때문에 이 책에서는 거의 모든 장에서 효율을 검토했다.

에너지 변환 공정의 또 다른 중요한 측면은 비용, 즉 실용 에너지의 생산 비용이다. 이 비용은 에너지 변환 공정의 효율과 소비 에너지(consumed energy)[1)]의 비용에 따라 크게 달라진다. 에너지 변환 기구 자체의 비용 역시 고려해야 한다. 어떤 기구이든 간에 기구의 비용은 재료비와, 이러한 재료를 가공해 부품으로 만들고, 이러한 부품을 조립해 실용 기구로 만드는 데 드는 인건비에 따라 달라진다. 불행하게도, 연료전지 비용(재료비 및 인건비)에 관한 정보가 충분하지 못하다. 연료전지가 비싼 이유는 대량 생산품이 아니라는 점이다. 그리고 대량 생산되지 않는 이유는 고가이기 때문에 시장이 한정되어 있다는 것이다. 이렇게 '달걀이 먼저냐 닭이 먼저냐'의 문제는 어떤 기술이든 간에 신기술에 대해서는 전형적으로 수반되는 문제이다.

이 책에서는 연료전지의 이론과 실제, 연료전지 장치의 설계, 공학, 응용을 함께 다룬다. 공학도에게 최선의 연료전지를 만드는 방법을 제시하기보다는 연료전지의 기본 공정과 재료에 관해 이해하도록 한다. 또한 연료전지의 사용법, 연료전지 장치의 설계법, 특정 용도에 따른 연료전지의 선택법에 관해 다룬다. 연료전지와 관련된 문제에 관한 직접적 해답을 제시하는 대신에 이러한 해답의 발견에 필요한 공학적 툴(tool)을 제공한다.

연료전지는 일반 전지(battery)와 유사한 측면이 있다. 전해질과 전극(양극과 음극)이 있으며, 전기화학 반응에 의해 직류전기(DC)를 만든다(그림 1-2). 그러나 일반 전지와는 달리 연료전지에서는 연료와 산화제를 계속 공급해야 한다. 또한 연료전지의 전극은 화학 변화를 일으키지 않는다. 일반 전지에서는 전지 내부에 미리 저장한 물질의 전기화학 반응에 의해 전기를 생산한다. 따라서 전기화학 반응에 참여하는 물질이 고갈되면 일반 전지는 방전된다. 일반 전지 중에는 충전식도 있는데, 일반 전지의 충전 과정에서는, 외부에서 전기를 가하면 전기화학 반응의 역반응이 일어난다. 연료전지는 반응물(연료와 산화제)을 공급하는 한 방전되지 않는다. 연료전지의 전형적 연료는 수소와 산소이지만, 어느 것이나 순수한 형태일 필요는 없다. 수소는 다른 기체(CO_2, N_2, CO 등)와의 혼합물로 존재할 수도 있고, 천연가스(CH_4)와 같은 탄화수소, 메탄올(CH_3OH)과 같은 액상 탄화수소 중에 존재할 수도 있다. 대기 중에는 연료전지에서 사용하기에 충분한 산소가 들어 있다. 연료전지와 일반 전지의 또 한 가지

1) 열역학적으로 한층 정확한 용어는 변환 에너지(converted energy)이다.

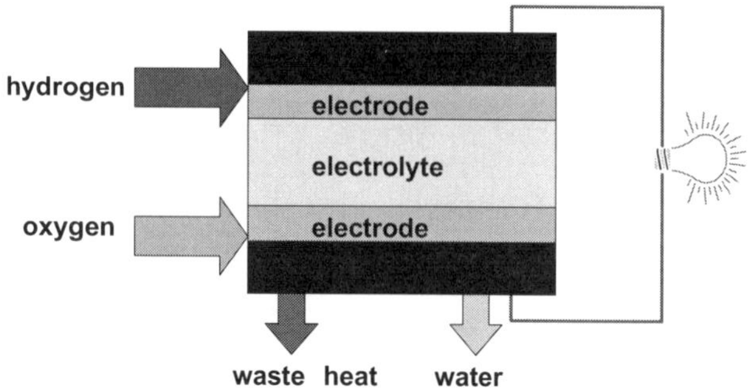

그림 1-2 연료전지. 전극과 전해질이 있다는 점에서는 일반 전지와 비슷하지만, 연료와 산화제를 계속 공급해야 하며, 폐열과 물을 생성한다.

다른 점은 연료전지는 부산물(폐열과 물)을 생성한다는 점이다. 따라서 이러한 부산물을 관리해야 한다.[2)]

1.2 연료전지의 역사

연료전지 개발 역사를 그림 1-3에 보였다. 가스 연료를 사용해 전기를 발생시킨다는 연료전지의 작동 원리는 William Grove 경이 1839년에 발견한 것으로 되어 있지만[1], 시기적으로 1년 정도 앞서서 스위스 과학자 Christian F. Shoenbein도 거의 같은 원리를 발견했다[2]. 그러나 실용적 기기를 만들고자 하는 산발적인 시도에도 불구하고, Grove가 명명한 "기체 볼타전지"[3]는 거의 한 세기 동안 과학적 호기심의 대상으로만 남아있었다. E. Chen은 *Fuel Cells Technology Handbook*[4]에서 초기 연료전지 개발 역사를 아주 자세히 기술하고 있다. 또 한 사람의 영국인인 Francis T. Bacon은 1937년에 실용 연료전지의 운전을 시작했으며, 1950년대 말에는 6 kW 연료전지를 개발했다. 그러나 첫 번째 실용 연료전지는 영국이 아니라 미국의 우주계획에서 응용됐다. General Electric은 최초의 고분자막 연료전지를 개발했으며, 1960년대 초 Gemini 계획에서 사용됐다. 이어서 Apollo 우주계획에서 연료전지를 사용해, 생명 유지, 유도 및 통신 장치용 전기를 만들었다. 이 연료전지는 Pratt와 Whitney가 Bacon의 특허를 이용해 만든 것이다(그림 1-4).

1960년대 중반 General Motors는, Union Carbide가 개발한 연료전지를 동력원으로

2) 일반 전지에서도 열이 발생하지만 연료전지에 비해 소량이므로 일반적으로 특별한 부수장치가 필요하지 않다.

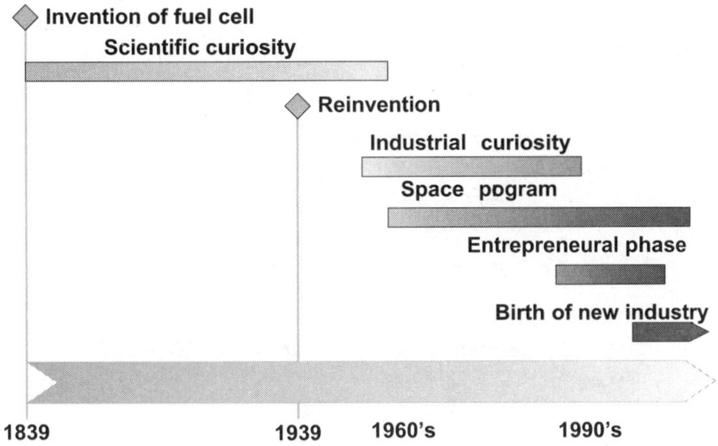

그림 1-3 연료전지 개발의 역사.

그림 1-4 Apollo 우주선의 연료전지.(자료: UTC Fuel Cells.)

사용하는 밴(van)을 실험했다. 오늘에 이르기까지 미국 우주계획에서는 연료전지가 성공적으로 사용되고 있지만, 육상용으로는 1990년대 초까지 잊혀져 왔다. 1989년 Perry Technology의 Perry Energy Systems는 당시 캐나다의 신생 회사인 Ballard와 합작하여 고분자 전해질형(PEM) 연료전지를 동력원으로 사용한 잠수함의 운항 실험에 성공했다(그림 1-5). 1993년 Ballard Power Systems는 연료전지 동력 버스의 운행 실험에 성공했다. Perry Energy Systems의 후계자인 Energy Partners는 1993년 PEM 연료전지로 움직이는 최초의 승용차를 시험했다(그림 1-5)[5]. 미국 에너지부[3]의 지원을 받은 자동차 회사들은

3) DOE, Department of Energy

그림 1-5 PC1401. PEM 연료전지를 동력원으로 사용해 Perry Group이 제작했다. (자료: Teledyne Energy Systems.)

이러한 활동에 박차를 가해, 20세기 말에는 거의 모든 자동차 제조업자들이 연료전지 동력 자동차를 만들어 시험했다. 새로운 산업이 탄생한 것이다. Ballard나 PlugPower와 같은 연료전지 회사의 주식 가격은 2000년대 초에 새로운 에너지 혁명의 약속을 바탕으로 급등했다(그림 1-7). (2001년에는 전반적 주식시장 추세에 따라 하락했다.) 특히 미국과 일본을 비롯해 세계적으로 연료전지 관련 특허 건수가 극적으로 증가했는데(그림 1-8)[6, 7], 이는 과학기술사회의 지속적 관심과 관여를 보여주는 것이다.

1.3 연료전지의 종류

연료전지를 사용하는 전해질의 종류에 따라 나누어 보면 다음과 같다.

- 알칼리형 연료전지(alkaline fuel cell, AFC).

전해질로서 진한(85%) KOH를 사용하는 고온용(250°C)과 묽은(35–50%) KOH를 사용하는 저온용(< 120°C)이 있다. 전해질은 매트릭스(주로 석면) 안에 체류시키며, 다양

그림 1-6 Energy Partners의 GreenCar. 1993년 PEM 연료전지를 사용한 최초의 승용차이다. (자료 : Teledyne Energy Systems.)

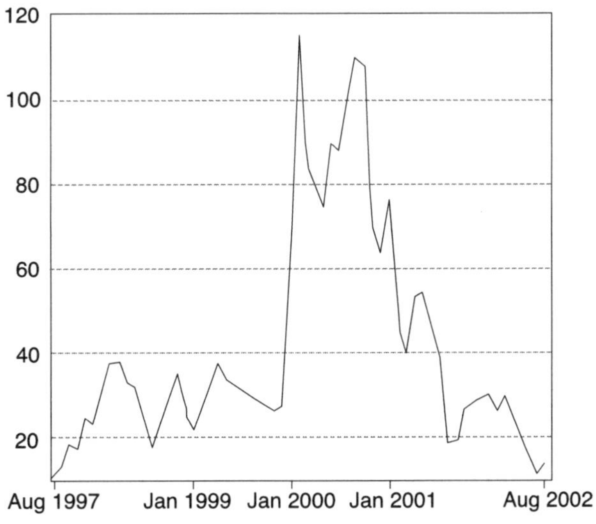

그림 1-7 연료전지 회사(Ballard)의 주식 가격 추이. 2000년 초에 급등했다.

한 전극촉매(Ni, Ag, 금속 산화물, 귀금속 등)를 사용한다. 이 연료전지는 연료나 산화제 중에 존재하는 CO_2에 견디지 못한다. 알칼리 연료전지는 1960년대 이후 우주계획(Apollo와 우주선)에서 사용돼 왔다.

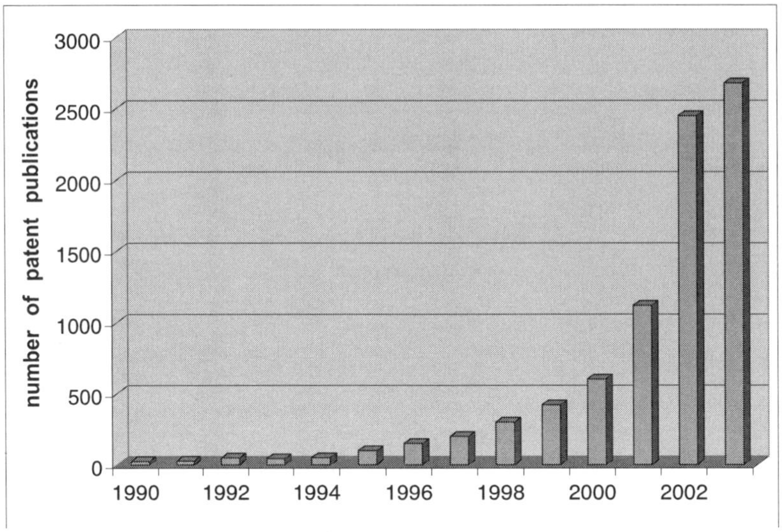

그림 1-8 연간 세계적 연료전지 관련 특허 건수[6, 7].

• 고분자 전해질형 연료전지(polymer electrolyte membrane/proton exchange membrane fuel cell, PEMFC).

얇은(≤50 μm) 양이온 전도성 고분자막(perfluorosulfonated acid 고분자)을 전해질로 사용한다. 전형적 촉매는 탄소를 담체로 사용한 백금으로서 충전량 0.3 mg/cm^2 정도이다. 수소 연료 중에 미량의 CO가 들어있을 경우에는 Pt–Ru 합금을 사용한다. 전형적 운전온도는 60–80°C이다. PEM 연료전지는 확실한 자동차용 후보지만, 소형 분산 발전용 및 휴대용 동력원으로서도 중요하다.

• 인산형 연료전지(phosphoric acid fuel cell, PAFC).

진한(~100%) 인산을 전해질로 사용한다. 인산을 체류시키는 매트릭스는 주로 SiC이며, 애노드(anode)와 캐소드(cathode) 전극촉매는 모두 백금이다. 전형적 운전온도는 150–220°C이다. 인산형 연료전지는 이미 준상용화 되어, 발전용(UTC Fuel Cells) 컨테이너 패키지(200 kW)가 출하되어 있다. 세계적으로 수백기가 설치되어 있다.

• 용융 탄산염형 연료전지(molten carbonate fuel cell, MCFC).

알칼리(Li, Na, K) 탄산염의 조합으로 구성된 전해질을 사용하며, $LiAlO_2$의 세라믹 매트릭스에 체류시킨다. 운전온도는 탄산염이 전도성이 큰 용융염을 형성하는 600–700°C로서, 탄산 이온이 이온 전도성을 나타낸다. 이러한 고온에서는 대개 귀금속 촉매가 필요치 않다. 이러한 연료전지는 발전용으로 준산업화 되어 시험 단계에 있다.

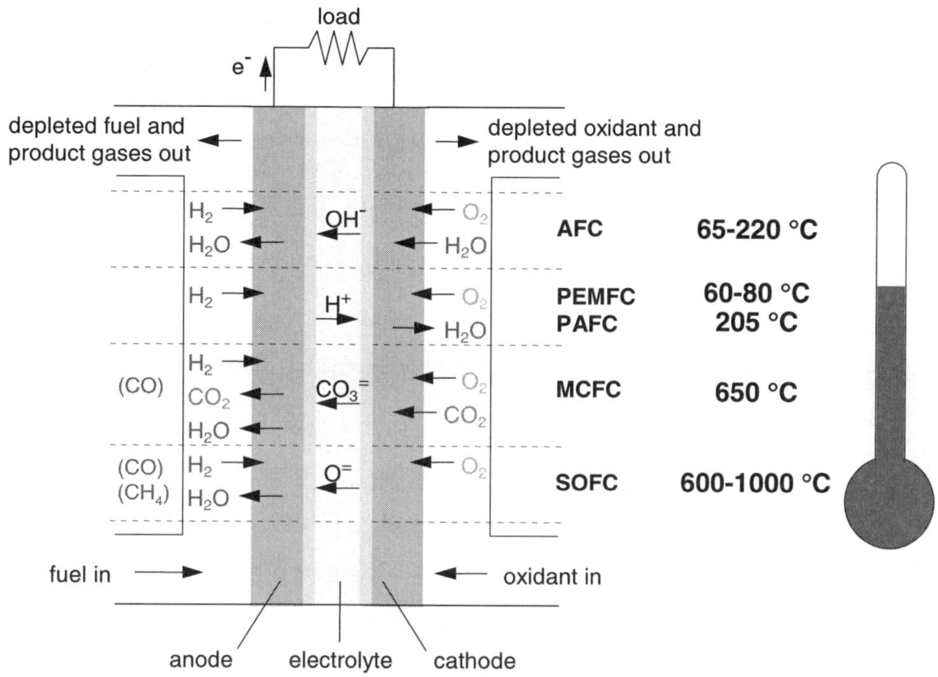

그림 1-9 연료전지 종류, 반응, 작동온도.

- 고체 산화물형 연료전지(solid oxide fuel cell, SOFC).

  고체 비다공질 금속 산화물, 주로 Y_2O_3 안정화 ZrO_2(YSZ)를 전해질로 사용한다. 운전온도는 산소 이온에 의한 이온 전도가 일어나는 800~1000°C이다. MCFC와 마찬가지로 이 연료전지는 발전용으로 준산업화 되어 시험 단계에 있다. 소형은 휴대용과 자동차의 예비 동력원으로 개발 중이다.

그림 1-9에 다양한 연료전지의 기본 원리와 전기화학 반응을 보였다.

연료전지의 또 다른 종류로서 직접 메탄올 연료전지(direct methanol fuel cell, DMFC)를 분류하기도 하지만, 전해질을 기준으로 한 위의 분류에서는 DMFC가 수소 대신에 메탄을 연료로 사용하는 고분자 전해질형 연료전지(PEMFC)에 속한다.

1.4 PEM 연료전지의 작동원리

일반적 공학 원리 중에는 모든 종류의 연료전지에 적용되는 것도 있지만, 이 책에서는

PEM 연료전지를 중심으로 조작, 설계, 응용을 다룬다. PEM이란 고분자 전해질막(polymer electrolyte membrane) 또는 양이온 교환막(proton exchange membrane)의 약자이다. PEM 연료전지(고분자 전해질형 연료전지)는 고분자막(polymer membrane) 연료전지 또는 단순히 막형(membrane) 연료전지라고도 한다. 초기(1960년대)에는 고체 고분자 전해질(solid polymer electrolyte, SPE) 연료전지라 했다. 이 기술이 가장 주목을 끈 이유는, 단순성, 실용성, 빠른 시동, 그리고 가능한 거의 모든 응용 분야에서 시험된 것이라는 사실 때문이다.

PEM 연료전지의 핵심에는 독특한 성능을 가진 고분자막이 있다. 이 막은 기체는 통과시키지 않지만 양이온은 전도한다. (이 때문에 양이온 교환막이라 한다.) 전해질로 작용하는 이 막을 전기전도성이 있는 두 다공질 전극 사이에 압착한다. 이러한 전극은 대개 탄소천, 즉 탄소섬유(carbon fiber paper)로 만든다. 다공질 전극과 고분자막 사이의 계면에는 촉매 입자층이 있는데, 주로 탄소에 담지한 백금이다. 이 연료전지의 개요와 기본 작동원리를 그림 1-10에 보였다. 구성 성분, 재료, 성질에 관해서는 4장에서 자세히 다룬다.

전기화학 반응은 전해질과 막 사이의 계면에 있는 촉매 표면에서 일어난다. 막 한쪽에서 공급되는 수소는 두 기본 성분인 수소이온과 전자로 분할된다. 수소 원자 하나는 전자 하나와 수소이온 하나로 되어 있다. 수소이온은 막을 통해 이동하고, 전자는 전기전도성 전극, 집전장치, 외부 회로를 통해 이동하는데, 여기에서 유용한 일을 하고 난 후 막의 다른 쪽으로 돌아간다. 이 전자는 막과 다른 전극 사이의 촉매에서 막을 통과한 수소이온, 막의 이쪽에 공급한 산소와 만난다. 전기화학 반응에 의해 생성되는 물은 과잉 산소 흐름에 의해 전지로부터 밀려나간다. 이러한 반응의 실질 결과는 외부 회로를 통한 전자의 흐름, 즉 직류 전류이다.

연료전지의 수소 쪽은 −로서 애노드(anode)라 하고 산소 쪽은 +로서 캐소드(cathode)라 한다. 연료전지 작동 과정에 관한 자세한 내용은 4장과 5장에서 다룬다. 하나의 셀(cell)에서 1 V 정도를 발생하므로 실용적 전압을 발생하려면 몇 개의 셀을 직렬해야 한다. 용도에 따라서 출력 전압을 6~200 V 또는 그 이상으로 할 수 있다. 전지의 스택(stack)을 만드는 방법과 설계에 관해서는 6장에서 자세히 다룬다.

연료전지 스택은 보조장치가 필요하다.(9장에서 다룬다.)

- 반응 기체를 공급하고 생성물을 포함한 배출물을 관리한다.
- 폐열을 잘 관리하여, 스택온도를 유지한다.
- 출력을 제어하여 조절한다.

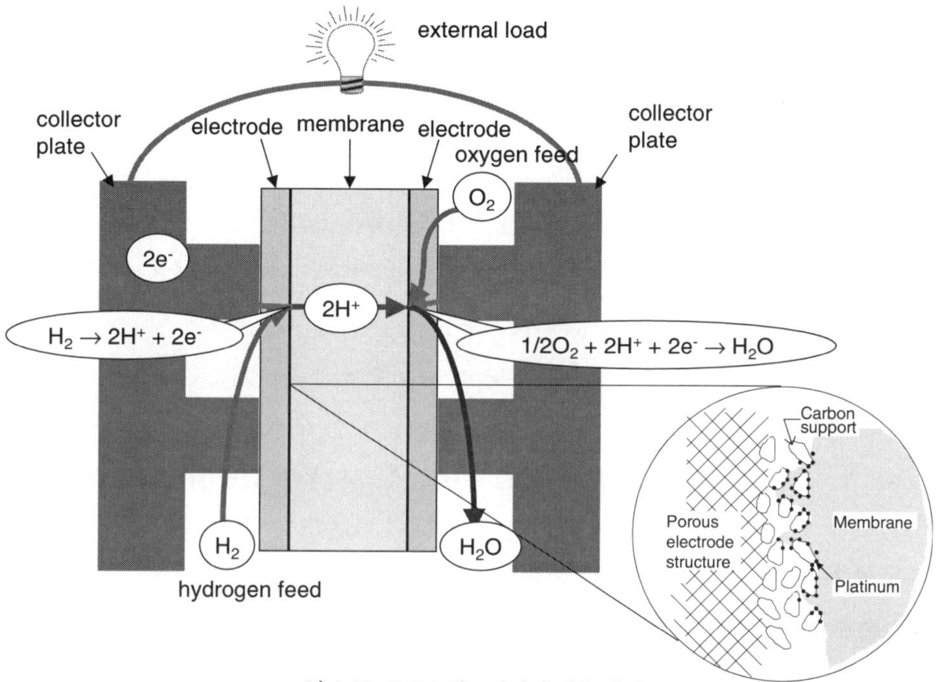

그림 1-10 PEM 연료전지의 기본 원리.

- 스택의 핵심 매개 변수들을 감시한다.
- 스택과 장치 성분의 시동, 운전, 정지를 제어한다.

1.5 연료전지의 필요성

연료전지는 아주 유망한 에너지 기술로서 응용 범위가 다양하다. 그 내용을 아래에서 개략적으로 다루고 자세한 내용은 10장에서 설명한다. 연료전지는 기존의 에너지 변환 기술에 비해 장점이 많다.

- 고효율에 대한 기대

  연료전지는 내연 기관에 비해 효율이 아주 높으므로, 자동차용으로 매력적이다. 또한 연료전지는 재래식 발전장치에 비해서도 효율이 높으므로 분산 발전용으로 이용할 수 있다. 그러나 하이브리드 전기 자동차와 복합 사이클(combined cycle) 발전장치와 같은 신형 에너지 변환 기술 역시 변환 효율이 높다.

• 배기가스 제로에 대한 기대

수소를 사용하는 연료전지는 배기가스를 배출하지 않는다. 미반응 공기와 물을 배출할 뿐이다. 따라서 수송용 뿐 아니라 실내용 및 잠수함용으로도 매력적이다. 그러나 수소는 직접 구할 수 있는 연료가 아니므로, 수소 발생 장치를 연료전지에 장착하거나, 수소 대신에 메탄올을 사용하면, 이산화탄소를 비롯한 배기가스가 발생한다. 하지만 일반적으로 이러한 배기가스는 재래식 에너지 변환 기술에 비하면 낮은 수준이다.

• 국가 안보 이슈

연료전지는 수소를 연료로 사용한다. 수소는 직접 구할 수 있는 연료가 아니지만, 물의 전기 분해나 탄화수소 연료의 개질과 같은 기술로 만들 수 있다. 재생성 에너지, 원자력, 바이오매스, 석탄이나 천연가스와 같은 국내 자원으로부터 만든 수소를 이용한다면, 국가 안보에 영향을 미칠 수 있는 외국 석유에 대한 의존도를 줄일 수 있다.[4] 그러나 수소를 널리 사용하려면 관련 인프라(이른바 수소 경제)의 구축이 필요하다(제11장 참고).

• 단순함과 저비용에 대한 기대

연료전지는 아주 단순하다. 단위전지를 적층하여 층상으로 만들 수 있으며, 운동 부분이 없다. 따라서 기존 에너지 변환 기술의 비용과 비슷하거나 낮은 비용으로 대량 생산할 수 있다. 아직은 자동차용이나 고정 발전용 연료전지가 여전히 고가인데, 그 주된 이유는, 양이온 교환막으로 사용하는 플루오로술폰산 고분자 막, 촉매로 사용하는 백금이나 루테늄과 같은 귀금속 등의 재료가 고가이기 때문이다. 대량 생산 기술을 개발하여 연료전지 성분을 만들고 스택과 시스템을 조립할 수 있어야 할 것이다.

• 긴 수명에 대한 기대

연료전지에는 운동 부분이 없으므로, 긴 수명을 기대할 수 있다. 현재 연료전지의 수명은 3000~5000 시간으로 자동차용으로 적절하지만, 고정 발전용으로 사용하려면 내구성을 한 자리 이상 높여서 40,000~80,0000 시간 정도는 되어야 한다.

• 모듈화

연료전지는 원칙적으로 모듈화 특성을 가지고 있다. 즉 발전량을 증가시키려면 전지 모듈을 추가하기만 하면 된다. 연료전지를 대량 생산하면 전통적 발전장치보다 훨씬 저렴해질 것이다. 대형 발전소를 건설하려면 사전에 충분한 계획을 세워야할 뿐만 아니라 허가 과정이 아주 번잡하므로, 이런 대형 발전소 대신에 연료전지를 사용하면, 기존 배전

4) 한국은 석유는 물론 석탄이나 천연가스와 같은 국내 자원도 없다.(역주)

망(grid)에 소형 연료전지를 추가하면 된다. 이처럼 점진적으로 발전량을 증가시킬 수 있고, 비용도 효율적이다. 이러한 분산형 발전 개념은 비용 효율 뿐 아니라 전력 공급의 신뢰성도 크게 개선할 수 있게 된다.

- 무소음

연료전지는 원래 조용하다. 따라서 휴대용 전원, 예비 전원, 군사용 등 다양한 분야로의 응용이 매력적이다.

- 크기와 무게

연료전지는 마이크로와트(μW)에서 메가와트(MW)에 이르기까지 다양한 크기로 만들 수 있기 때문에, 전기 기기의 동력원에서 건물 전체의 전원까지 여러 가지로 응용할 수 있다. 자동차용 연료전지의 크기와 무게는 내연 기관과 비슷해졌으며, 소형 연료전지는 전자 기기용 일반 전지와 같은 기술에 비해서도 경쟁 우위에 있다고 할 수 있다.

1.6 연료전지 응용

연료전지는 매력적인 특성이 있으므로 이미 다음과 같은 응용 분야에서 개발되어 시범적으로 사용되고 있다.(그림 1-11 참조.)

- 자동차

자동차 제조업자는 모든 회사에서 적어도 한 가지 모델 자동차를 개발해 시험하고 있으며, 연료전지 자동차가 몇 세대나 지난 것도 많다. General Motors, Toyota, Honda 처럼 자체 연료전지 기술을 개발하고 있는 자동차 제조업체도 있다. 또 Daimler-Chrysler, Ford, Nissan, Mazda, Hyundai, Fiat, Volkswagen 등은 Ballard, UTC Fuel Cells, DeNora와 같은 연료전지 개발 회사로부터 연료전지 스택과 시스템을 구입한다.

- 스쿠터와 자전거

Palcan, Asian Pacific, Manhattan Scientific과 같은 회사는 스쿠터용과 자전거용으로 금속 수소화물에 저장된 수소를 사용한 연료전지 또는 메탄올을 사용하는 직접 메탄올 연료전지를 통해 시험운전 했다.

- 골프 카트

Energy Partners는 1994년 연료전지 장착 골프 카트를 시범 운행했다.(1996년

그림 1-11 연료전지. 2004년도 중반 현재 응용 중이거나 시험운전 되는 것들.
(자료 : Toyota, Asian Pacific Fuel Cell Technologies, Schatz Energy Center-Humboldt State University, Honda, Aprilia, Teledyne Energy Systems, Daimler-Chrysler, Ballard Power Systems, Fuel Cell Propulsion Institute, Plug Power, MYU, Proton Energy Systems, MTI Micro Fuel Cells and Smart Fuel Cells.)

Atlanta 올림픽 경기가 열린 선수촌에서 사용.) Schatz Energy Center는 연료전지 동력 골프 카트를 개발해 California의 Palm Desert에서 사용하고 있다.

• 유틸리티 자동차

Energy Partners는 John Deere Gator의 유틸리티 자동차 3종을 연료전지 동력으로 전환하고[8], Palm Springs 공항에서 시범운행 했다(1996). John Deere는 Canada의 Hydrogenics와 협력하여, 잔디 관리용을 포함해 연료전지 동력 유틸리티 자동차를 개발했다.

• 분산형 발전기

가정용을 목적으로 소형(1-10 kW)의 연료전지 발전장치를 개발하고 있는 회사들도 있다. 보일러와 결합하여 전기와 열을 동시에 공급하는 시스템도 있다.(PlugPower와 Vaillant, Ballard와 Ebara의 합작.)

• 예비 동력원

Ballard는 Coleman과 협력하여 1 kW급 예비 발전기의 산업화 계획을 발표했지만(2000), 나중에는 이 기술을 재구입하여 장치를 판매하고 있다(2002). Proton Energy Systems은 자체의 PEM 전해기술과 Ballard의 Nexa 장치를 결합한 재생식 연료전지를 시험했다[9]. 재생식 연료전지(regenerative fuel cell)는 남는 전기를 이용해 자체 수소를 생산하도록 한 것이다.

• 휴대용 전원

MTI, Motorola, NEC, Fuji, Mathushita, Dedis, Manhattan Scientific, Polufuel 등은 소비자용 및 군사용 전자 기기에서 일반 전지 대용으로 사용할 수 있는 소형 연료전지를 개발하고 있다. 연료 저장 문제 때문에, 이러한 연료전지는 주로 메탄올을 사용하는 직접 메탄올 연료전지이거나 보통 PEM 연료전지에 소형 개질장치를 장착한 연료전지이다.

• 우주선용

미국 우주 계획에서는 우주 궤도위성의 전원으로 연료전지가 계속 사용되고 있다. 이 분야에서 입증된 기술은 알칼리형이지만, NASA는 앞으로 PEM 연료전지를 사용할 계획이라고 발표했다.

• 비행기

2001년 11월 Boeing의 발표에 따르면, 소형 단발 비행기의 엔진을 연료전지로 대체하고 전기 모터로 기존의 프로펠러를 돌릴 계획이다. 2004년초 시험 비행했으며, 미래에는 제트 비행기의 보조 동력장치로 연료전지를 사용할 계획을 세우고 있다.

• 기관차

Propulsion Research Institute는 컨소시엄을 만들어서 연료전지를 장착한 광산용 기관차를 시범 운전했다.(연료전지는 DeNora가 만들었다.)

• 보트

MTU Friedrichschaffen은 Ballard와 합작해서 만든 20 kW 연료전지를 동력원으로 사용하는 호수용 범선 Constanze를 시험 운행했다(2004).

• 잠수식 수송수단

1989년 Perry Technologies는 Ballard의 연료전지를 사용하여, 최초의 상업용 연료전지 잠수함인 2인용 탐사 잠수정 PC-1401의 시험에 성공했다[10]. Siemens는 독일, 캐나다, 이탈리아, 그리스 해군이 사용한 대형 잠수함용 연료전지를 공급하는 데 성공했다.

참고문헌

1. Grove, W. R., On Voltaic Series and the Combination of Gases by Platinum, *London and Edinburgh Philosophical Magazine and Journal of Science*, Series 3, 14, 127-130-420, 1839.
2. Bossel, U., *The Birth of the Fuel Cell 1835–1845* (European Fuel Cell Forum, Oberrohrdorf, Switzerland, 2000).
3. Grove, W. R., On a Gaseous Voltaic Battery, *London and Edinburgh Philosophical Magazine and Journal of Science*, Series 3, 21, 417–420, 1842.
4. Chen, E., History, in G. Hoogers (editor), *Fuel Cell Technology Handbook* (CRC Press, Boca Raton, FL, 2003).
5. Nadal, M. and F. Barbir, Development of a Hybrid Fuel Cell/Battery Powered Electric Vehicle, in D. L Block and T. N. Veziroglu (editors), *Hydrogen Energy Progress X*, Vol. 3 (International Association for Hydrogen Energy, Coral Gables, FL, 1994) pp. 1427–1440.
6. Stone C. and A. E. Morrison, From Curiosity to "Power to Change the World," *Solid State Ionics*, Vol. 152–153, 2002, pp. 1–13
7. Fuel Cell Today, http://www.fuelcelltoday.com (accessed August 2004).
8. Barbir, F., M. Nadal and M. Fuchs, Fuel Cell Powered Utility Vehicles, Proc. Portable Fuel Cell Conference, (Ed.) F. Buchi, pp. 113–126, Lucerne, Switzerland, June 1999.
9. Barbir, F., S. Nomikos, and M. Lillis, Practical Experiences with Regenerative Fuel Cell Systems, in *Proc. 2003 Fuel Cell Seminar* (Miami Beach, FL, 2003).
10. Blomen, L. J. M. J. and M. N. Mugerwa, *Fuel Cell Systems* (New York, Plenum Press, 1993).

Chapter 02

연료전지의 기본 화학과 열역학

연료전지는 전기화학적 에너지 변환장치로, 연료(주로 수소)의 화학 에너지를 직접 전기 에너지로 변환한다. 따라서 열역학 법칙에 지배된다.

2.1 기본 반응

연료전지의 전기화학 반응은 막 양쪽의 애노드와 캐소드에서 동시에 일어난다. 연료전지의 기본 반응은 다음과 같다.

애노드(anode) 반응:

$$H_2 \rightarrow 2H^+ + 2e^- \tag{2-1}$$

캐소드(cathode) 반응:

$${}^{1}\!/_{2}O_2 + 2H^+ + 2e^- \rightarrow H_2O \tag{2-2}$$

총괄 반응:

$$H_2 + {}^{1}\!/_{2}O_2 \rightarrow H_2O \tag{2-3}$$

이러한 반응은 중간 단계를 거치며, 원하지 않는 부반응도 일어나지만, 우선 여기에서는 연료전지의 기본 과정에서 위의 반응만 일어난다고 간주한다.

2.2 반응열

총괄 반응 (2-3)은 수소연소 반응과 같다. 연소는 발열 반응이므로 에너지가 방출된다.

$$H_2 + {}^1/_2O_2 \rightarrow H_2O + \text{열} \tag{2-4}$$

화학반응열(엔탈피)은 생성물과 반응물의 생성열의 차와 같다. 반응 (2-4)의 반응열은 다음과 같다.

$$\Delta H = (h_f)_{H2O} - (h_f)_{H2} - {}^1/_2(h_f)_{O2} \tag{2-5}$$

물의 생성열은 $-286\ \mathrm{kJ\ mol^{-1}}$(25°C)이고, 원소의 생성열은 0이다. 따라서,

$$\Delta H = (h_f)_{H2O} - (h_f)_{H2} - {}^1/_2(h_f)_{O2} = -286\ \mathrm{kJ/g} - 0 - 0 = -286\ \mathrm{kJ\ mol^{-1}} \tag{2-6}$$

화학반응(엔탈피)의 −기호는 관례에 따라 열이 발생되는 발열 반응을 나타낸다. 식 (2-4)를 다시 쓰면,

$$H_2 + {}^1/_2O_2 \rightarrow H_2O(g) + 241\ \mathrm{kJ/mol^{-1}} \tag{2-7}$$

이 식에서 +기호를 사용한 것은, 반응식의 우변에 엔탈피를 나타냈기 때문이다. 즉 열은 반응 생성물이다.

이 식은 25°C에서만 적용된다. 즉 반응물과 생성물이 모두 25°C이어야 한다. 25°C, 1 기압에서 H_2O는 액체(물)이다.

2.3 수소의 고발열량과 저발열량

수소연소 반응(2-7)의 엔탈피($286\ \mathrm{kJ\ mol^{-1}}$)는 수소의 발열량으로서, 수소 1 mol의 완전 연소에서 발생하는 열량이다. 발열량은 열량계로 측정한다. 열량계 탱크에 수소 1 mol과 산소 ${}^1/_2$mol을 넣고 점화하여 완전 연소시킨 다음, 대기압에서 25°C가 되도록 하면 탱크 안에는 물만 남아있게 된다(그림 2-1). 이 측정에서는 286 kJ의 열이 발생하는 데, 이를 수소의 고발열량(higher heating value)이라 한다. 그러나 수소를 필요한 양 이상의 산소(또는 공기)로 연소시키고 25°C가 되도록 하면, 생성된 H_2O는 미연소 산소(공기의 경우는 질소도 포함)와 함께 수증기의 형태로 존재하게 된다(그림 2-2). 이 측정에서는 발생하는 열이 241 kJ로

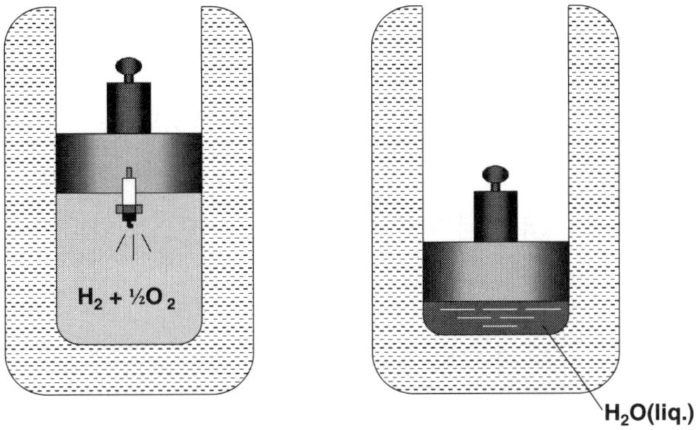

그림 2-1 고발열량의 측정 : 열량계에서 $H_2 + {}^1/_2O_2$의 연소.

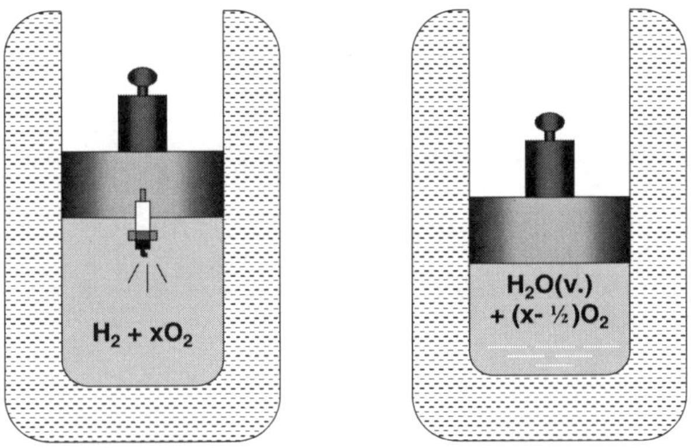

그림 2-2 저발열량의 측정 : 열량계에서 H_2를 과잉 O_2로 연소.

적어지는 데, 이를 수소의 저발열량(lower heating value)이라 한다.

$$H_2 + {}^1/_2O_2 \rightarrow H_2O(g) + 241\ kJ/mol^{-1} \tag{2-8}$$

$$H_{fg} = 286 - 241 = 45\ kJ\ mol^{-1} \tag{2-9}$$

2.4 전기적 일의 이론량

연료전지에서 일어나는 반응은 연소 반응이 아니다. 그렇다면 고발열량이든 저발열량이든 간에 수소의 발열량과 연료전지는 어떤 관계에 있는가? 수소의 발열량은 연료전지에서 에너지 도입량의 척도가 된다. 이 값은 수소에서 추출할 수 있는 최대량의 (열) 에너지를 나타낸다. 연료전지에서는 전기가 생성된다. 모든 에너지 도입량을 전기로 변환할 수 있는가? 물론 그렇지 않다. 화학 반응에서는 언제나 다소의 엔트로피가 생성되므로, 수소의 고발열량 일부는 유용한 일(전기)로 변환되지 못한다. 연료전지에서 반응엔탈피(수소의 고발열량)가 전기로 변환될 수 있는 양은 Gibbs 자유 에너지에 해당하며, 다음 식으로 나타낸다.

$$\Delta G = \Delta H - T\Delta S \tag{2-10}$$

에너지 변환과정에서는 엔트로피 ΔS의 생성으로 다소의 비가역적 손실이 생기기 마련이다.

반응(2-4)의 ΔH는 생성물과 반응물의 생성열 차이이므로[식 (2-5)], ΔS는 생성물과 반응물의 엔트로피 차이이다.

$$\Delta S = (s_f)_{H2O} - (s_f)_{H2} - \tfrac{1}{2}(s_f)_{O2} \tag{2-11}$$

대기압, 25°C에서의 반응물과 생성물의 h_f와 s_f를 표 2-1에 나타냈다[1].

25°C에서 유효 에너지 286.02 kJ mol^{-1} 중 237.34 kJ mol^{-1}은 전기 에너지로 변환할 수 있지만, 나머지 48.68 kJ mol^{-1}은 열로 변환된다. 25°C 이외의 온도에서는 이 값들이 달라진다(2.6절 참고).

2.5 연료전지의 이론 전위

일반적으로 전기적 일은 전하와 전위의 곱으로 나타낸다.

$$W_{el} = qE \tag{2-12}$$

표 2-1 연료전지 반응물과 생성물의 생성엔탈피와 생성엔트로피

	h_f(kJ mol^{-1})	s_f(kJ mol^{-1})
수소, H_2	0	0.13066
산소, O_2	0	0.20517
물, H_2O (l)	−286.02	0.06996
수증기, H_2O (g)	−241.98	0.18884

W_{el} = 전기적 일(J mol^{-1})

q = 전하(coulomb mol^{-1})

E = 전위(volt)

연료전지 반응(2-1, 2-2, 2-3)에서 소비되는 H_2 1 mol 당 전달되는 전하의 총량은 다음과 같다.

$$q = n\,N_{Avg}\,q_{el} \tag{2-13}$$

n = 전자 수/mol H_2 (= 2 전자/mol)

N_{AVG} = 분자 수/mol (Avogadro 수 = 6.022×10^{23} 분자/mol)

q_{el} = 전자 하나의 전하 (= 1.602×10^{-19} coulomb/전자)

Avogadro 수와 전자 하나의 전하를 곱한 양을 Faraday 상수라 한다.

$$F = 96{,}485 \text{ coulomb/ mol 전자}$$

따라서 전기적 일은 다음과 같다.

$$W_{el} = nFE \tag{2-14}$$

이미 언급했지만, 연료전지에서 발생되는 전기 에너지의 최대량은 Gibbs 자유 에너지 ΔG에 해당한다.

$$W_{el} = -\Delta G \tag{2-15}$$

따라서 연료전지의 이론 전위는 다음과 같다.

$$E = \frac{-\Delta G}{nF} \tag{2-16}$$

ΔG, n, F를 모두 알고 있으므로, 수소/산소 연료전지의 이론 전위는 다음과 같이 계산할 수 있다.

$$E = \frac{-\Delta G}{nF} = \frac{237{,}340}{2 \cdot 96{,}485}\frac{\text{J mol}^{-1}}{\text{Asmol}^{-1}} = 1.23\text{ V} \tag{2-17}$$ [1]

1) (역주)

25°C에서 수소/산소 연료전지의 이론 전위는 1.23 V이다.

2.6 온도의 영향

전지의 이론 전위는 온도에 따라 달라진다. 식 (2-10)을 식 (2-16)에 대입하면,

$$E = -\left(\frac{\Delta H}{nF} - \frac{T\Delta S}{nF}\right) \tag{2-18}$$

전지 온도가 증가하면 이론 전위가 낮아진다. ΔH와 ΔS는 모두 − 값으로(표 2-2 참조), 온도의 함수이다.

$$h_T = h_{298.15} + \int_{298.15}^{T} c_p dT \tag{2-19}$$

$$s_T = s_{298.15} + \int_{298.15}^{T} \frac{1}{T} c_p dT \tag{2-20}$$

기체의 비열(열용량) 역시 온도의 함수이며(그림 2-3 참고), 실험식의 예를 들면 다음과 같다[2].

$$c_p = a + bT + cT^2 \tag{2-21}$$

a, b, c = 실험 상수. 기체마다 다르다(표 2-3 참고).

식 (2-21)을 식 (2-19)에 대입하고 적분하면 다음과 같다.

$$\Delta H_T = \Delta H_{298.15} + \Delta a(T - 298.15) + \Delta b\frac{(T-298.15)^2}{2} + \Delta c\frac{(T-298.15)^3}{3} \tag{2-22}$$

$$\Delta S_T = \Delta S_{298.15} + \Delta a \ln\left(\frac{T}{298.15}\right) + \Delta b(T - 298.15) + \Delta c\frac{(T-298.15)^2}{2} \tag{2-23}$$

표 2-2 수소 산화 반응의 엔탈피, 엔트로피, Gibbs 자유 에너지

	ΔH ($kJ\,mol^{-1}$)	ΔS ($kJ\,mol^{-1}K^{-1}$)	ΔG ($kJ\,mol^{-1}$)
$H_2 + \frac{1}{2}O_2 \rightarrow H_2O(l)$	−286.02	−0.1633	−237.34
$H_2 + \frac{1}{2}O_2 \rightarrow H_2O(g)$	−241.98	−0.0444	−228.74

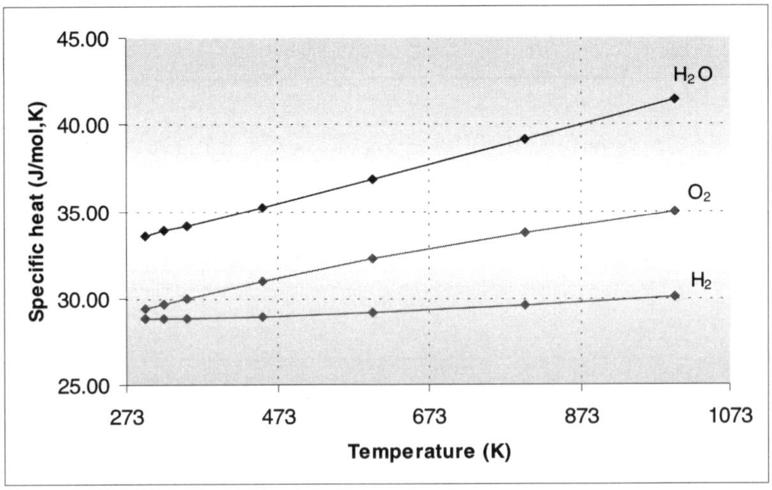

그림 2-3 수소, 산소, 수증기의 비열(열용량) C_p와 온도의 관계.

표 2-3 C_p(J mol^{-1} K^{-1})의 상수의 온도 의존성[2]

	a	b	c
H_2	28.91404	−0.00084	2.01E-06
O_2	25.84512	0.012987	−3.9E-06
H_2O (g)	30.62644	0.009621	1.18E-06

Δa, Δb, Δc는 각각 생성물과 반응물의 상수 a, b, c 사이의 차이다.

$$\Delta a = a_{H2O} - a_{H2} - {}^1\!/_2 a_{O2}$$
$$\Delta b = b_{H2O} - b_{H2} - {}^1\!/_2 b_{O2}$$
$$\Delta c = c_{H2O} - c_{H2} - {}^1\!/_2 c_{O2} \qquad (2\text{-}24)$$

100℃ 이하에서는 C_p, H, S의 변화가 아주 적지만(표 2-4), 이보다 높은 온도에서는 고체 산화물형 연료전지의 경우 무시할 수 없다. 표 2-4와 그림 2-4에 보였지만, 전지의 이론 전위는 온도에 따라 감소한다. 그러나 일반적으로 운전 중의 연료전지에서는 전지 온도가 높을수록 전지 전위가 높아진다. 이는 운전 중인 연료전지에서의 전압 손실은 온도에 따라 감소하여, 이 양이 이론 전위의 손실을 보상하는 양 이상이기 때문이다.

표 2-4 수소/산소 연료전지 반응의 온도에 따른 엔탈피, Gibbs 자유 에너지, 엔트로피의 변화(kJ mol^{-1} K^{-1})와 이론 전위

T(K)	ΔH	ΔG	ΔS	E_{th} (V)
298.15	–286.02	–237.34	–0.16328	1.230
333.15	–284.85	–231.63	–0.15975	1.200
353.15	–284.18	–228.42	–0.15791	1.184
373.15	–283.52	–225.24	–0.15617	1.167

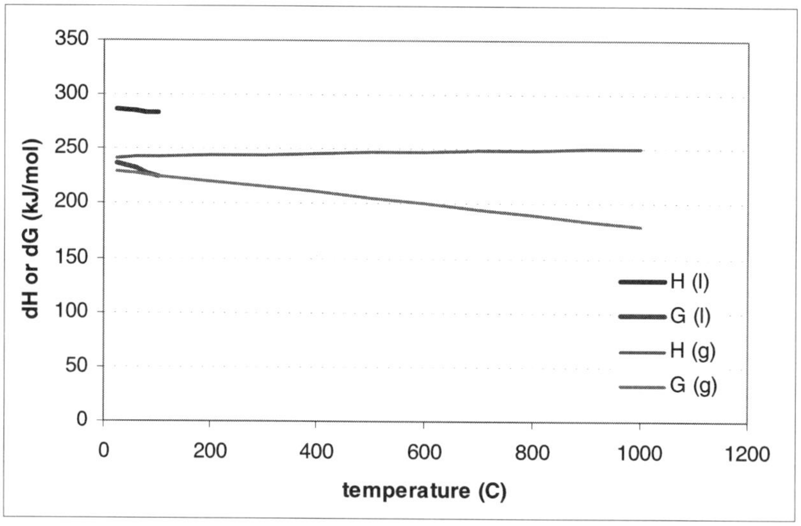

그림 2-4 수소/산소 연료전지의 엔탈피 및 Gibbs 자유 에너지와 온도의 관계.

2.7 연료전지의 이론 효율

에너지 변환장치의 효율은 에너지 입력에 대한 유효 에너지 출력의 비로 정의한다(그림 2-5).

연료전지의 경우 유효 에너지 출력은 전기 에너지 생성량이고, 에너지 입력은 수소의 엔탈피, 즉 수소의 고발열량이다(그림 2-6). Gibbs 자유 에너지가 전부 전기 에너지로 변환된다고 가정하면 연료전지의 가능한 최대 이론 효율은 다음과 같다.

$$\eta = \Delta G/\Delta H = 237.34/286.02 = 83\% \tag{2-25}$$

수소의 저발열량을 사용해 연료전지의 효율을 나타내는 경우가 잦은데, 수치가 높아질 뿐

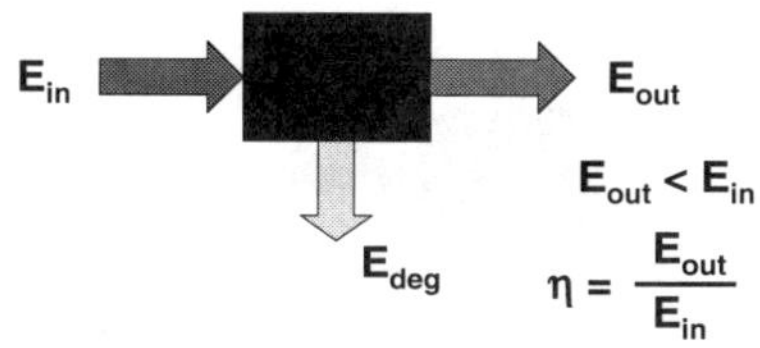

그림 2-5 에너지 변환과정의 효율.

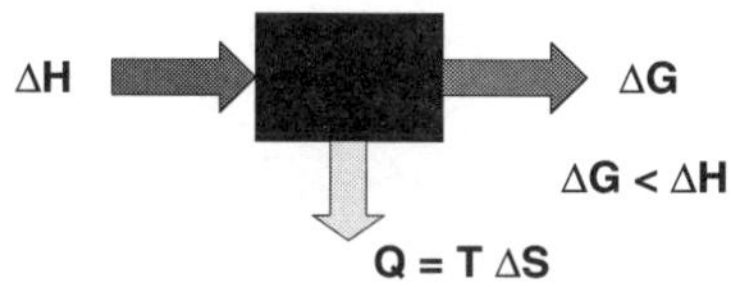

그림 2-6 에너지 변환장치인 연료전지의 에너지 입력과 출력.

만 아니라 연료전지의 경쟁자인 내연 기관과 비교할 수 있기 때문이다. 내연 기관은 전통적으로 연료의 저발열량으로 나타낸다. 이 경우 연료전지의 최대 이론 효율은 다음과 같다.

$$\eta = \Delta G/\Delta H_{LHV} = 228.74/241.98 = 94.5\% \tag{2-26}$$

연료전지와 특히 내연기관에서는 수증기가 발생하며, 고발열량과 저발열량의 차이(기화열)는 이용되지 않으므로, 저발열량을 사용하는 것은 타당하다고 할 수 있다. 에너지 변환장치의 효율을 나타내는 데 저발열량이나 고발열량을 모두 사용하는 것은 적절하다고 하겠지만, 저발열량은 혼동을 일으킬 경우도 있다. 1990년대 말 독일에서 응축형 보일러 제조업자가, 에너지 입력의 척도로서 연료의 저발열량을 사용해, 자사 제품의 효율이 100% 이상이라고 주장한 일이 있다. 저발열량에서는 생성물인 물의 응축열을 계상하지 않지만, 이 경우처럼 응축형 보일러에서는 응축열을 이용하기 때문이다. 따라서 고발열량을 사용하는 편이 열역학적으로 타당한데, 그래야 모든 가용 에너지를 계산할 뿐 아니라, 그림 2-5에 보인 효율의 정의와도 일치하기 때문이다.

식 (2-25)에서 ΔG와 ΔH를 모두 nF로 나누면, 연료전지의 효율을 두 전위의 비로 나타낼 수 있다.

$$\eta = \frac{-\Delta G}{-\Delta H} = \frac{\frac{-\Delta G}{nF}}{\frac{-\Delta H}{nF}} = \frac{1.23}{1.482} = 0.83 \tag{2-27}$$

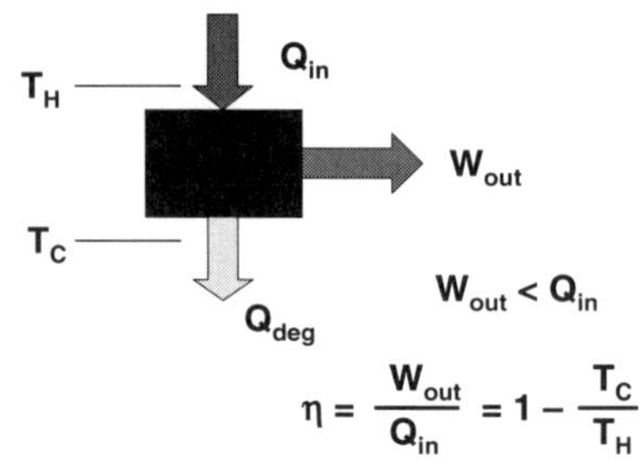

그림 2-7 Carnot 과정의 효율.

$\frac{-\Delta G}{nF} = 1.23V =$ 연료전지의 이론 전위

$\frac{-\Delta H}{nF} = 1.482\ V =$ 수소의 고발열량에 대응하는 전위, 즉 열중립 전위(thermoneutral potential)

다음 절에서 설명하겠지만, 연료전지 효율은 언제나 전지 전위에 비례하며, 전지 전위와 수소의 고발열량에 대응하는 전위(=1.482 V)의 비에 의해 계산할 수 있다. 저발열량에 대응하는 전위는 1.254 V이다.

2.8 Carnot 효율에 관한 속설

Carnot 효율은 두 온도 사이에서 운전되는 열기관의 최대 효율이다. Carnot 효율은 실질적 가치가 거의 없다. 이것은 가상적 기관의 최대 이론 효율이다. 이러한 기관을 만들 수 있다고 하더라도, 무한히 적은 속도로 운전해야 열전달이 일어날 수 있다. 그러나 아주 효율적이지만 실질 동력을 생산하지 못하므로(그림 2-8) 소용이 없다. 연료전지의 이론 효율에 대해서도 같은 이야기를 할 수 있다. 이론 효율에서 운전하는 연료전지는 전류를 생산하지 못할 것이므로, 실질적 가치가 없다.

Carnot 기관의 최대 동력에서의 효율은 다음과 같다[3].

$$\eta = 1 - \sqrt{\frac{T_C}{T_H}} \tag{2-28}$$

연료전지는 열기관이 아니라 전기화학적 에너지 변환장치이므로 연료전지에는 Carnot 효율이 적용되지 않는다. 따라서 저온(예컨대 60℃)에서 운전하여 25℃의 환경에 열을 폐기

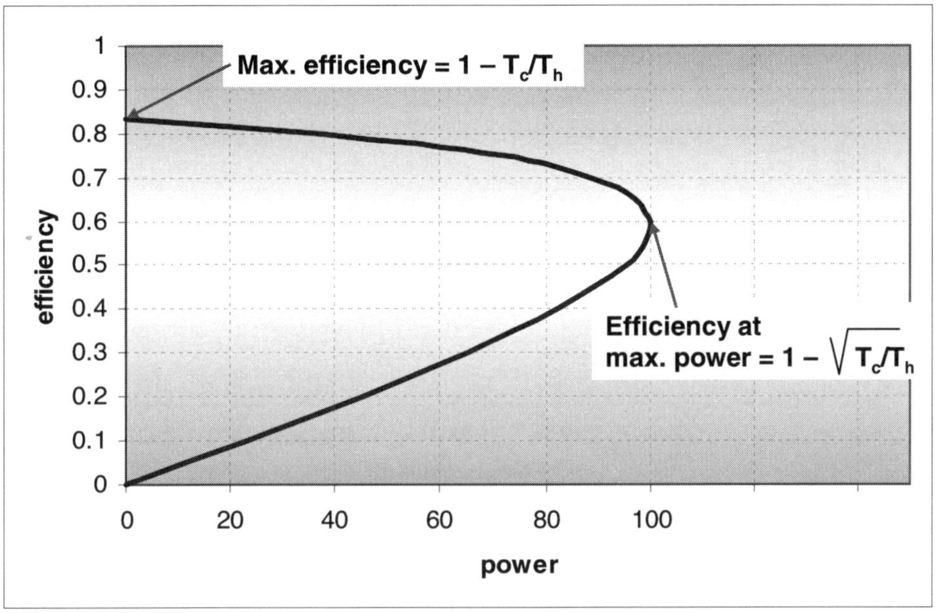

그림 2-8 가상적 Carnot 기관의 효율과 동력 곡선.

하는 연료전지는, 동일한 두 온도에서 조작되는 열기관에 비해 효율이 아주 높을 수 있다(그림 2-9). 고온 연료전지의 이론 효율은 동일 온도에서 운전되는 열기관의 이론(Carnot) 효율보다 낮을 수 있다(그림 2-9). 수소/산소 또는 수소/공기 시스템에서는 고온 열원이 수소/산소 불꽃의 온도이고, 이러한 불꽃을 열원으로 이용하는 열기관의 Carnot 효율을, 연료전지 효율이 능가할 수 없다고 주장하는 이들이 있다. 이러한 주장이 옳기는 하지만 연료전지와는 무관한 주장인데, 연료전지에는 불꽃이 없을 뿐 아니라 이론 효율은 수소/산소 불꽃과는 상관없이 Gibbs 자유 에너지와 수소/산소 반응의 엔탈피의 비로 정의하기 때문이다.

2.9 압력의 영향

지금까지 다룬 식들은 모두 대기압에서 적용된다. 그러나 연료전지는 대기압에서부터 6~7 bar에 이르는 압력에서 운전된다. 등온과정의 경우 열역학에 따르면[4] 압력에 따른 Gibbs 자유 에너지의 변화는 다음 식으로 나타낼 수 있다.

$$dG = V_m dP \tag{2-29}$$

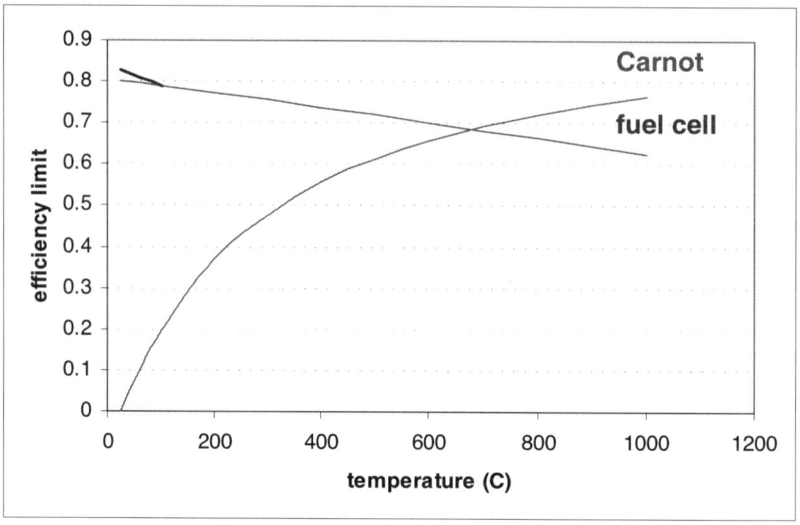

그림 2-9 Carnot 기관과 연료전지의 이론 효율과 온도의 관계.

V_m = 몰부피, $m^3 mol^{-1}$

P = 압력, Pa

이상 기체의 경우

$$PV_m = RT \tag{2-30}$$

따라서

$$dG = RT\frac{dP}{P} \tag{2-31}$$

적분하면 다음과 같다.

$$G = G_0 + RT\ln\left(\frac{P}{P_0}\right) \tag{2-32}$$

G_0 = 표준 온도와 압력(25℃, 1 atm)에서의 Gibbs 자유 에너지

P_0 = 기준 압력 또는 표준 압력(1 atm)

일반화학 반응을 고려하자.

$$jA + kB \rightarrow mC + nD \tag{2-33}$$

Gibbs 자유 에너지 변화는 생성물과 반응물 사이의 변화이다.

$$\Delta G = mG_C + nG_D - jG_A - kG_B \tag{2-34}$$

이 식을 식 (2-32)에 대입하면 다음과 같은 Nernst 식이 된다.

$$\Delta G = \Delta G_0 + RT\ln\left[\frac{\left(\frac{P_C}{P_0}\right)^m\left(\frac{P_D}{P_0}\right)^n}{\left(\frac{P_A}{P_0}\right)^j\left(\frac{P_B}{P_0}\right)^k}\right] \tag{2-35}$$

P = 반응물 또는 생성물 성분의 분압

P_0 = 기준 압력(1 atm = 101.25 kPa)

수소/산소 연료전지에 대해 Nernst 식을 쓰면 다음과 같다.

$$\Delta G = \Delta G_0 + RT\ln\left(\frac{P_{H_2O}}{P_{H_2}P_{O_2}^{0.5}}\right) \tag{2-36}$$

이 식에 식 (2-18)을 대입하면 다음과 같다.

$$E = E_0 + \frac{RT}{nF}\ln\left(\frac{P_{H_2}P_{O_2}^{0.5}}{P_{H_2O}}\right) \tag{2-37}$$

위의 식들은 생성물과 반응물이 모두 기상일 때 적용된다. 연료전지에서 물이 생성되면 $P_{H_2O}=1$이다. 식 (2-37)에서 알 수 있지만, 반응물의 압력이 높으면 전지 전위가 높다. 또한 순수 산소 대신에 공기를 사용하는 경우처럼 반응물이 희석되면, 분압은 농도에 비례하므로 전지 전위가 낮다. 공기 대 산소의 경우 이론적 전압 손실/이득은 다음과 같다.

$$\Delta E = E'_{O_2} - E_{Air} = \frac{RT}{nF}\ln\left(\frac{P_{O_2}}{P_{Air}}\right)^{0.5} = \frac{RT}{nF}\ln\left(\frac{1}{0.21}\right)^{0.5} \tag{2-38}$$

80℃에서 전압 이득/손실은 0.012 V가 된다. 실제로는 이 값이 아주 크다(제3장 참고).

2.10 요약

Gibbs 자유 에너지를 사용해 이상적 전지 전위를 나타내면 다음과 같다.

$$E_{25C,1atm} = \frac{-\Delta G}{nF} = \frac{237,340}{2 \cdot 96,485} \frac{J\,mol^{-1}}{As\,mol^{-1}} = 1.23\ Volt \tag{2-39}$$

전지 전위는 온도와 압력의 함수이다.

$$E_{T,P} = -\left(\frac{\Delta H}{nF} - \frac{T\Delta S}{nF}\right) + \frac{RT}{nF} \ln\left[\frac{P_{H2} P_{O_2}^{0.5}}{P_{H_2O}}\right] \tag{2-40}$$

온도에 따른 ΔH와 ΔS의 변화를 무시하면(100℃ 미만에서는 오차가 아주 적다), 이 식은 다음과 같이 된다.

$$E_{T,P} = 1.482 - 0.000845T + 0.0000431 \ln\left(P_{H_2} P_{O_2}^{0.5}\right) \tag{2-41}$$

수소/산소 연료전지에서, 운전온도가 60℃로서, 반응물은 대기압의 기체이고, 생성물은 물인 경우, 예상되는 전위는 다음과 같다.

$$\begin{aligned} E_{T,P} &= 1.482 - 0.000845 \times 333.15 + 0.0000431 \times 333.15 \ln\left(1 \times 0.21^{0.5}\right) \\ &= 1.482 - 0.282 - 0.011 = 1.189\,V \end{aligned} \tag{2-42}$$

공기 중의 산소 함유량은 21%(부피 기준)이므로, 산소의 분압은 대기압의 21%이다. 연료전지의 이상 효율은 다음과 같다.

$$\eta = \Delta G/\Delta H = 237.34/286.02 = 83\% \tag{2-43}$$

$$\eta = E_0/1.482\,V = 1.23/1.482 = 83\%$$

이상 효율은 온도에 따라 감소한다. 수소/산소 연료전지의 60℃에서의 이상 효율은 다음과 같다.

$$\eta = E_0/1.482\,V = 1.189/1.482 = 80\%$$

참고문헌

1. Weast, R. C. (editor), *CRC Handbook of Chemistry and Physics* (CRC Press, Boca Raton, FL, 1988).
2. Hirschenhofer, J. H., D. B. Stauffer, and R. R. Engleman, *Fuel Cells: A Handbook* (Revision 3) (U.S. Department of Energy, Morgantown Energy Technology Center, DOE/METC-94/1006, January 1994).
3. Kurzon, F. L. and B. Ahlborn, Efficiency of a Carnot Engine at Maximum Power Output, *American Journal of Physics*, Vol. 43, 1975, pp. 22–24.
4. Chen, E., Thermodynamics and Electrochemical Kinetics, in G. Hoogers (editor), *Fuel Cell Technology Handbook* (CRC Press, Boca Raton, FL, 2003).

익힘 문제

2-1 $G = H - TS$로부터 식 (2-29)를 유도하라. 가정을 했으면 이를 설명하라.

2-2 수소/산소 연료전지에서, 운전온도가 60℃이고, 반응물은 대기압의 기체이며, 생성물은 물인 경우, 온도에 따른 반응 엔탈피와 엔트로피의 변화를 고려해 전지의 이론 전위를 구하라. 식 (2-22)와 식 (2-23)을 참고하라.

2-3 수소/산소 연료전지에서, 운전온도가 600℃이고, 반응물은 대기압의 기체이며, 생성물은 수증기인 경우, 온도에 따른 반응 엔탈피와 엔트로피의 변화를 고려해 전지의 이론 전위를 구하라. 식 (2-22)와 식 (2-23)을 참고하라. 이러한 변화를 무시했을 경우에는 어떻게 되나? 결과를 비교하라.

2-4 80℃에서 5 bar 및 대기압에서 운전하는 연료전지의 이론 전위의 차를 구하라. 반응물은 모두 기체이다. 압력을 25 bar로 증가시키면 어떻게 되나?

퀴즈

2-1 연료전지란?
a) 연료 저장장치
b) 연료를 전기로 변환하는 장치
c) 연료를 발생하는 장치

2-2 연료전지 촉매의 역할은?
a) 전기적 접촉을 좋게 한다.
b) 전기화학 반응이 일어나도록 한다.

c) 내부 전류를 발생시킨다.

2-3 연료전지 촉매가 가져야 할 성질은?

a) 전기전도성

b) 전기절연성

c) 전기전도성이나 전기절연성의 어떤 성질이 있어도 상관없다.

2-4 연료전지의 전극이 다공질인 이유는?

a) 연료전지를 가볍게 하기 위해서

b) 고체를 통한 전자와 세공을 통한 기체의 이동을 가능하게 하기 위해서

c) 반드시 다공질일 필요는 없다.

2-5 연료전지 스택을 만드는 이유는?

a) 동일한 활성 면적에서 단위 셀(cell)에서보다 더 많은 전류를 발생시키기 위해서

b) 동일한 활성 면적에서 단위 셀에서와 마찬가지 전류를 높은 전압으로 발생시키기 위해서

c) 동일한 활성 면적에서 단위 셀에서보다 더 많은 전류와 더 높은 전압을 발생시키기 위해서

2-6 연료의 발열량이란?

a) 연료전지에서 발생할 수 있는 열량의 척도

b) 연료전지에서 발생할 수 있는 전기량의 척도

c) 연료전지와 무관하게, 연료의 연소에서 발생할 수 있는 열량의 척도

2-7 연료전지는

a) 언제나 Carnot 사이클보다 효율적이다.

b) Carnot 사이클과 효율이 비슷하다.

c) 이상 효율은 Carnot 사이클과 비교할 수 있으며, 온도에 따라 Carnot 효율보다 높을 수도 있고 낮을 수도 있다.

2-8 연료전지의 이론 전위는

a) 수소나 산소의 압력이 높아지면 높아진다.

b) 수소 압력이 높아지면 낮아진다.

c) 압력과 무관하다.

2-9 연료전지의 이론 전위는

a) 고온에서 높아진다.

b) 고온에서 낮아진다.

c) 온도와 무관하다.

2-10 연료전지 효율은

a) 전압에 비례한다.

b) 전압에 반비례한다.

c) 전압의 제곱을 발열 속도로 나눈 값에 비례한다.

03

Chapter

연료전지 전기화학

3.1 전극 반응

연료전지는 전기화학적 에너지 변환장치이다. 이 장치에서는 다음과 같이 애노드와 캐소드에서 동시에 전기화학 반응이 진행된다.

애노드 반응:

$$H_2 \rightarrow 2H^+ + 2e^- \tag{3-1}$$

캐소드 반응:

$$^1\!/_2 O_2 + 2H^+ + 2e^- \rightarrow H_2O \tag{3-2}$$

보다 정확하게 말하면, 이러한 반응은 이온 전도성 전해질과 전기전도성 전극 사이의 계면에서 일어난다. 연료전지 전기화학 반응의 반응물은 기체이므로, 전극을 다공질로 만들어야 기체가 반응 부위에 도달하는 동시에 생성된 수분이 반응 부위에서 떠날 수 있다. 한편 위에 나타낸 반응들은 총괄 반응이며, 두 반응 모두 몇 단계의 중간 직렬 반응과 병렬 반응이 일어난다.

3.1.1 반응 속도

전기화학 반응에서는 전하가 전달되고 Gibbs 에너지가 변한다[1]. 전기화학 반응 속도는 전하가 전해질로부터 고체 전극 또는 반대로 이동하면서 극복해야 하는 활성화 에너지 장벽에 의해 결정된다. 전극 표면에서 전기화학 반응이 진행되는 속도는 전자가 방출되는 속도(또는 "소비되는" 속도, 즉 전류)이다. 단위 면적 당(전자 또는 이온의) 흐름을 전류밀도(current density)라 한다. Faraday 법칙에 따르면 전류밀도는 전달되는 전하와 단위 면적 당 전달되는 전하의 소비량에 비례한다.

$$i = nF\,j \tag{3-3}$$

nF = 전달되는 전하(coulomb mol^{-1})

j = 단위 면적 당 반응물의 플럭스(flux)(mol s^{-1} cm^{-2})

따라서 반응 속도는 전지 외부에 설치한 전류 측정 기구에 의해 쉽게 측정할 수 있다. 그러나 측정전류나 전류밀도는 사실상 실질 전류, 즉 전극에서의 순전류(forward current)와 역전류(reverse current)의 차이다. 일반적으로 전기화학 반응에는 성분의 산화 반응이나 환원 반응이 포함된다.

$$\mathrm{Red} \rightarrow \mathrm{Ox} + ne^- \tag{3-4}$$

$$\mathrm{Ox} + ne^- \rightarrow \mathrm{Red} \tag{3-5}$$

수소/산소 연료전지에서, 애노드 반응은 수소의 산화 반응으로서 수소가 전자를 잃으므로, 이 반응의 생성물은 양이온과 전자이다. 캐소드 반응은 산소의 환원 반응으로, 수분이 생성된다.

평형 상태의 전극, 즉 외부 전류가 발생하지 않는 상태의 전극에서는 산화 반응과 환원 반응의 속도가 같다.

$$\mathrm{Ox} + ne^- \leftrightarrow \mathrm{Red} \tag{3-6}$$

반응 성분의 소비량은 그 표면 농도에 비례한다. 식 (3-6)의 정반응, 즉 식 (3-5)로 나타낸 반응에서는 반응 성분의 정반응 플럭스가 다음과 같다.

$$j_f = k_f C_{Ox} \tag{3-7}$$

k_f = 정반응(환원 반응) 속도 상수

C_{Ox} = 반응 성분의 표면 농도

마찬가지로 식 (3-6)의 역반응, 즉 식 (3-4)로 나타낸 반응에서는 플럭스가 다음과 같다.

$$j_b = k_b C_{Rd} \tag{3-8}$$

k_b = 역반응(산화 반응) 속도 상수

C_{Rd} = 반응 성분의 표면 농도

이 두 반응은 각각 전자를 방출하거나 소비한다. 발생되는 실질 전류는 전자 방출량과 소비량의 차이다.

$$i = nF\left(k_f C_{Ox} - k_b C_{Rd}\right) \tag{3-9}$$

평형에서는, 반응이 두 방향으로 동시에 진행되기는 하지만, 실질 전류는 0이다. 평형에서 이러한 반응이 진행되는 속도를 교환 전류밀도(exchange current density)라 한다.

3.1.2 속도 상수; 전달계수

전이상태 이론[2]에 따르면, 전기화학 반응의 속도 상수는 Gibbs 자유 에너지의 함수로 나타낼 수 있다[1].

$$k = \frac{k_B T}{h}\exp\left(\frac{-\Delta G}{RT}\right) \tag{3-10}$$

k_B = Boltzmann 상수

h = Planck 상수

전기화학 반응의 Gibbs 자유 에너지는 화학적 항과 전기적 항으로 구성된다고 볼 수 있다[1]. 이 경우, 환원 반응과 산화 반응은 다음과 같다.

환원 반응:

$$\Delta G = \Delta G_{ch} + \alpha_{Rd} FE \tag{3-11}$$

산화 반응:

$$\Delta G = \Delta G_{ch} - \alpha_{Ox} FE \tag{3-12}$$

하첨자 "ch"는 Gibbs 자유 에너지의 화학 성분을 나타내고, α는 전달계수, F는 Faraday 상수, E는 전위이다. 문헌 중에는 전달계수 α와 대칭인자(symmetry factor) β를 혼동한 것이 많다. 때때로 사용되는 대칭인자 β는 엄밀하게는 단일 전자(n=1)를 포함하는 1단계 반응에만 적용된다. 이 값은 이론적으로 0과 1 사이의 값이지만, 금속 표면의 반응에서는 전형적으로 0.5 정도이다. β의 정의에 따르면, 애노드 방향과 캐소드 방향의 대칭인자의 합은 1이어야 한다. 즉 환원 반응의 대칭인자가 β이면 그 역반응인 산화 반응의 대칭인자는 (1−β)이다.

그러나 연료전지의 두 전기화학 반응, 즉 산소 환원 반응과 수소 산화 반응은 1단계 이상이며 전자가 하나 이상이다. 따라서 정상 상태에서는 모든 단계의 속도가 다 같아야 하며, 직렬 반응 단계 중에서 가장 느린 단계, 즉 율속 단계(rate-determining step)에 의해 결정된다. 다단계 과정을 기술하려면 대칭인자 β 대신에 실험 매개 변수인 전달계수 α를 사용해야 한다. 이 경우 $\alpha_{Rd}+\alpha_{Ox}$는 반드시 1일 필요는 없다. 실제로는 일반적으로 $(\alpha_{Rd}+\alpha_{Ox}) = n/v$인데, n은 총괄 반응에서 전달되는 전자의 수이고, v는 양론계수(stoichiometric coefficient)로서, 총괄 반응이 한 번 일어나기 위해 율속 단계가 일어나는 회수로 정의한다[3].

식 (3-9)에서 정반응(환원 반응)과 역반응(산화 반응) 속도 상수는 각각 다음과 같다.

$$k_f = k_{0,f}\exp\left[\frac{-\alpha_{Rd}FE}{RT}\right] \tag{3-13}$$

$$k_b = k_{0,b}\exp\left[\frac{\alpha_{Ox}FE}{RT}\right] \tag{3-14}$$

3.1.3 전류 전위 관계 - Butler-Volmer 식

식 (3-9)에 실질전류를 대입하면 밀도를 구할 수 있다.

$$i = nF\left\{k_{0,f}C_{Ox}\exp\left[\frac{-\alpha_{Rd}FE}{RT}\right] - k_{0,b}C_{Rd}\exp\left[\frac{\alpha_{Ox}FE}{RT}\right]\right\} \tag{3-15}$$

평형에서는, 반응이 두 방향으로 동시에 진행되지만, 전위는 Er, 실질전류는 0이다. 평형에서 이러한 반응이 진행하는 속도를 교환전류밀도라 한다[1, 4].

$$i_0 = nFk_{0,f}C_{Ox}\exp\left[\frac{-\alpha_{Rd}FE_r}{RT}\right] = nFk_{0,b}C_{Rd}\exp\left[\frac{\alpha_{Ox}FE_r}{RT}\right] \tag{3-16}$$

식 (3-10) – 식 (3-13)을 식 (3-9)와 결합시키면, 전류밀도와 전위의 관계를 얻는다.

$$i = i_0\left\{\exp\left[\frac{-\alpha_{Rd}F(E-E_r)}{RT}\right]-\exp\left[\frac{\alpha_{Ox}F(E-E_r)}{RT}\right]\right\} \tag{3-17}$$

이 식을 Butler-Volmer 식이라 하며, E_r은 가역 전위 즉 평형 전위이다. 이 평형 전위는 연료전지 애노드에서는 정의에 의해 0 V이고[5], 캐소드에서는 1.229 V(25°C, 대기압)이며, 온도와 압력에 따라 변하지 않는다(제2장 참고). 전극 전위와 평형 전위의 차이를 과전위(overpotential)라 하는데, 이는 전류를 발생시키는데 필요한 전위차 이다.

Butler-Volmer 식 (3-17)은 연료전지의 애노드와 캐소드에 모두 적용된다.

$$i_a = i_{0,a}\left\{\exp\left[\frac{-\alpha_{Rd,a}F(E_a-E_{r,a})}{RT}\right]-\exp\left[\frac{\alpha_{Ox,a}F(E_a-E_{r,a})}{RT}\right]\right\} \tag{3-18}$$

$$i_c = i_{0,c}\left\{\exp\left[\frac{-\alpha_{Rd,c}F(E_c-E_{r,c})}{RT}\right]-\exp\left[\frac{\alpha_{Ox,c}F(E_c-E_{r,c})}{RT}\right]\right\} \tag{3-19}$$

애노드 과전위는 +값($E_a > E_{r,a}$)이므로, 식 (3-18)의 첫째 항은 둘째 항에 비해 무시할 수 있다. 즉 산화 전류가 지배적이며, 이 식은 다음과 같이 된다.

$$i_a = -i_{0,a}\exp\left[\frac{\alpha_{Ox,a}F(E_a-E_{r,a})}{RT}\right] \tag{3-20}$$

결과적으로 전류는 – 부호를 가지는 데, 이는 전자가 전극에서 떠남을 나타낸다(실질 산화 반응).

마찬가지로, 캐소드 과전위는 – 값($E_a < E_{r,a}$)이므로, 식 (3-19)의 첫째 항이 둘째 항보다 커진다. 즉 환원 전류가 지배적이며, 이 식은 다음과 같이 된다.

$$i_c = i_{0,c}\exp\left[\frac{-\alpha_{Rd,c}F(E_c-E_{r,c})}{RT}\right] \tag{3-21}$$

Pt 촉매를 사용하는 수소/산소 연료전지에 관한 앞의 식들에서 전달계수의 값은 대체로 1 정도이다. 문헌 중에는, 앞의 식들에서 관여하는 전자 수를 나타내는 매개 변수를 사용한 것도 있다[1, 5]. 분명히 연료전지 애노드 쪽에서는 n = 2이고, 캐소드 쪽에서는 n = 4이다. 이 경우 $n\alpha$의 값은 대개 1 정도이다. Larminie와 Dicks[6]에 따르면, 수소 연료전지 애노드(전자 둘)에서는 $\alpha = 0.5$이고, 캐소드에서는 $\alpha = 0.1 \sim 0.5$이다. Newman[7]에 따르면 $\alpha = 0.2 \sim 2$ 범위이다.

3.1.4 교환전류밀도

전기화학 반응의 교환전류밀도(i_0)는 화학 반응의 속도 상수와 유사하다. 그러나 속도 상수와는 달리 교환전류밀도는 농도에 따라 달라지며[식 (3-16) 참고], 온도의 함수이다[식 (3-10) 참고]. 유효 교환전류밀도(전극의 기하학적 단위 면적 기준)는 또한 전극 촉매 사용량(loading)과 촉매 비표면적의 함수이다. 기준 교환전류밀도(기준 온도와 압력의 값)는 실제 촉매 표면적 기준으로 나타내므로, 임의 온도와 압력에서의 유효 교환전류밀도는 다음 식과 같다.

$$i_0 = i_0^{ref} a_c L_c \left(\frac{P_r}{P_r^{ref}}\right)^{\gamma} \exp\left[-\frac{E_C}{RT}\left(1-\frac{T}{T_{ref}}\right)\right] \tag{3-22}$$

i_0^{ref} = 촉매 단위 표면적 당 기준 교환전류밀도(기준 온도 및 압력, 즉 25°C, 101.25 kPa에서의 값)($A\ cm^{-2}$ Pt)

a_c = 촉매 표면적(Pt 촉매의 이론적 한계는 $2400\ cm^2 mg^{-1}$이지만, 현재 실제로는 $600 \sim 1000\ cm^2 mg^{-1}$ 정도이다. 또한 촉매가 전극 구조와 결합되면서 다시 30% 정도 감소한다.)

L_c = 촉매 사용량(현재의 전극에서는 $0.3 \sim 0.5$ mg Pt cm^{-2}. 사용량을 줄이면 전지 전압이 낮아진다.)

P_r = 반응물 분압(kPa)

P_r^{ref} = 기준 압력(kPa)

γ = 압력계수($0.5 \sim 1.0$)

E_C = 활성화 에너지, Pt에서의 산소 환원 반응에서는 66 kJ mol^{-1}[8]

R = 기체 상수(8.314 J mol^{-1} K^{-1})

T = 온도(K)

T_{ref} = 기준 온도, 298.15 K

$a_c L_c$는 전극 거칠기(electrode roughness)라고도 하며, 전극의 기하학적 면적(cm^2) 당 촉매 표면적(cm^2)을 의미한다. 한편 분압 비 대신에 촉매 표면에서의 농도 비를 사용하기도 한다.

교환전류밀도는 전기화학 반응을 진행시키기 위한 전극의 준비상태(readiness)의 척도이다. 교환전류밀도가 크면 전극 표면이 더욱 활성적이다. 수소/산소 연료전지에서 애노드의 교환 전류밀도는 캐소드에서보다 아주 크다(몇 자리나 크다). 교환전류밀도가 높을수록 전하가 전해질로부터 전극 표면으로 또는 그 반대로 이동하면서 극복해야 하는 에너지 장벽이 낮아진다. 요컨대 교환전류밀도가 클수록, 과전위에 관계없이, 더 많은 전류가 발생된다.

수소/산소 연료전지에서 애노드의 교환전류밀도가 캐소드의 전류밀도에 비해 몇 자리나 큰 값이므로(25°C, 1 atm에서 $\sim 10^{-4}$ 대 $\sim 10^{-9}$ A cm^{-2} Pt), 캐소드의 과전위는 애노드의 과전위에 비해 아주 크다. 이러한 이유 때문에, 전위–전류 관계는 식 (3-21)만에 의해 근사치를 구하는 경우가 잦다.

3.2 전압 손실

연료전지에 반응 기체를 공급하면서도 전기 회로가 차단되어 있으면(그림 3-1a), 전류가 발생하지 않을 것이며, 주어진 조건(반응물의 온도, 압력, 농도)에서의 전지 전위는 이론 전지 전위와 같거나 이에 가까울 것으로 예상할 것이다. 그러나 실제로 이 개회로(open circuit) 전위는 이론 전위보다 아주 낮으며, 대개 1 V 미만이다. 연료전지에서는 외부 전류가 발생하지 않을 경우에도 손실이 생김을 의미한다. 그림 3-1b에 보인 것처럼, 전기 회로가 레지스터(resistor)와 같은 부하(load)로 차단되면, 발생하는 전류에 따라 전위가 더욱 낮아질 것으로 예상되는데, 이는 불가피한 손실 때문이다. 연료전지에서 전압 손실 요인에는 여러 가지가 있다.

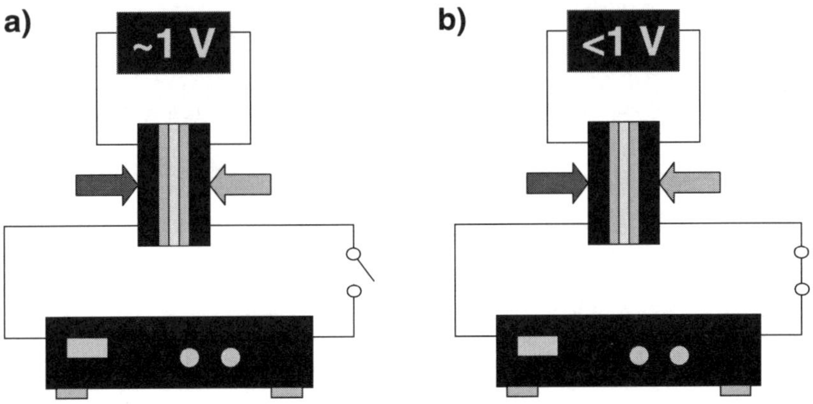

그림 3-1 부하가 있는 연료전지: a) 개회로, b) 부하 연결.

- 전기화학 반응 속도
- 내부 전기 저항과 이온 저항
- 반응물이 반응 부위에 도달하는 용이도
- 내부 전류(미주 전류, stray current)
- 반응물의 크로스오버(crossover)

기계 기술자나 전기 기술자는 전압 손실을 즐겨 사용하지만, (전기)화학 기술자는 분극(polarization)이나 과전압을 사용한다. 물리적 의미는 모두 같아서, 전극 전위와 평형 전위의 차이를 나타낸다. 전기화학 기술자의 관점에서는 이 차이가 반응 구동력이며, 기계 기술자나 전기 기술자의 관점에서는 이것이 전압 손실 또는 동력 손실이다.

3.2.1 활성화 분극

전기화학 반응이 진행되려면, 식 (3-17)에 보인 것처럼, 평형 전압과의 차이가 있어야 한다. 이를 활성화 분극(activation polarization)이라 하며, 느린 전극 반응 속도와 관련이 있다. 교환전류밀도가 높을수록 활성화 분극 손실이 낮아진다. 이러한 손실은 애노드와 캐소드 모두에서 생기지만, 산소환원 반응은 보다 높은 과전위를 필요로 한다. 즉 산소환원 반응은 수소산화 반응에 비해 아주 느리다.

이미 검토했지만, 연료전지 캐소드에서처럼, − 값의 과전위가 비교적 크면(평형 전위보다 낮은 전위), Butler-Volmer 식의 첫째 항이 지배적이 되므로, 전위를 전류밀도의 함수로 나타낼 수 있다. 식 (3-21)에서,

$$\Delta V_{act,c} = E_{r,c} - E_c = \frac{RT}{\alpha_c F} \ln\left(\frac{i}{i_{0,c}}\right) \tag{3-23}$$

Pt에서의 산소환원 반응에 관한 전형적 활성화 분극을 그림 3-2에 보였다.

마찬가지로 과전압이 + 값인 애노드(평형 전위보다 높다)에서는 Bulter-Volmer 식의 둘째 항이 지배적이 된다.

$$\Delta V_{act,a} = E_a - E_{r,a} = \frac{RT}{\alpha_a F} \ln\left(\frac{i}{i_{0,a}}\right) \tag{3-24}$$

전기화학에서는 수소 산화 반응의 가역 전위는 모든 온도에서 0으로 정의한다[5]. 표준 수

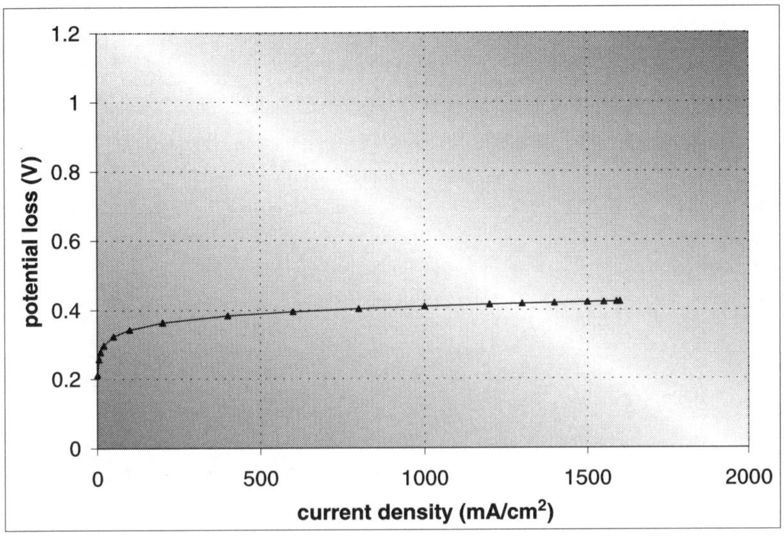

그림 3-2 활성화 분극으로 인한 전압 손실.

소 전극을 기준 전극으로 사용하는 이유가 바로 여기에 있다. 따라서 수소 애노드에서는 $E_{r,a} = 0$ V이다. 수소 산화 반응의 활성화 분극은 산소 환원 반응의 활성화 분극보다 아주 적다.

활성화 손실을 나타내는 단순한 방법에 Tafel 식이 있다.

$$\Delta V_{act} = a + b\log(i) \tag{3-25}$$

이 식에서

$$a = -2.3\frac{RT}{\alpha F}\log(i_o), \quad b = 2.3\frac{RT}{\alpha F}$$

$b =$ Tafel 기울기

일정 온도에서 Tafel 기울기는 전달계수 α에 따라서만 달라진다. $\alpha = 1$이면 60°C에서의 Tafel 기울기는 ~60 mV/decade인데, 이 값는 Pt에서의 산소환원 반응의 전형적 값이다.

전압-전류 관계를 로그 눈금에 나타내면, 매개변수 a, b, i_0를 쉽게 구할 수 있다(그림 3-3).

이러한 활성화 분극이 연료전지에서의 유일한 손실이라면 셀 전위는 다음과 같이 된다.

$$E_{cell} = E_c - E_a = E_r - \Delta V_{act,c} - \Delta V_{act,a} \tag{3-26}$$

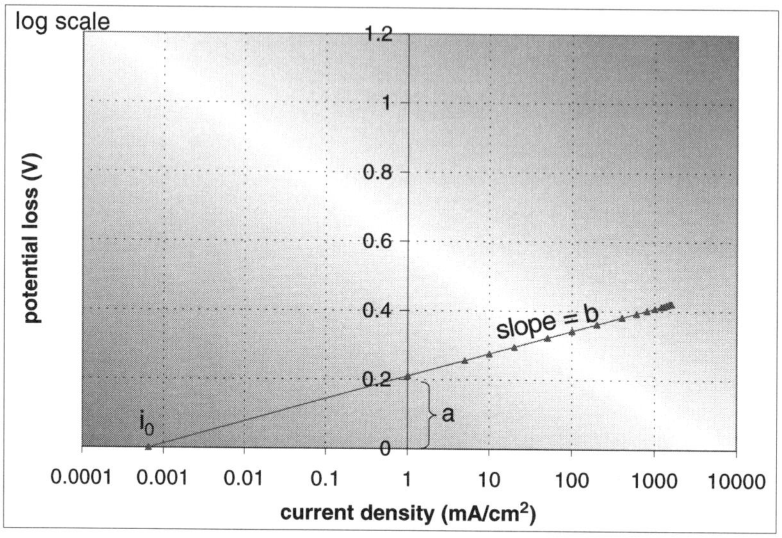

그림 3-3 활성화 분극으로 인한 전위 손실(로그 눈금).

$$E_{cell} = E_r - \frac{RT}{\alpha_c F}\ln\left(\frac{i}{i_{0,c}}\right) - \frac{RT}{\alpha_a F}\ln\left(\frac{i}{i_{0,a}}\right) \tag{3-27}$$

애노드 분극을 무시하면 위의 식은 다음과 같이 된다.

$$E_{cell} = E_r - \frac{RT}{\alpha F}\ln\left(\frac{i}{i_0}\right) \tag{3-28}$$

이 식의 형태는 Tafer 식 (3-25)와 같다.

3.2.2 내부 전류와 크로스오버 손실

전해질인 고분자 막은 전기 전도성이 아니고 실질적으로 반응 기체의 투과성이 없지만, 소량의 수소는 애노드에서 캐소드로 확산되고, 전자의 일부가 막을 통한 '지름길'(shortcut)을 발견한다. 수소 분자 하나는 전자가 둘이므로, 이러한 연료의 크로스오버와 내부 전류는 실질적으로 같다. 고분자 전해질 막을 통해 확산되어 연료전지의 캐소드 쪽에서 산소와 반응하는 수소 분자는 외부 회로를 통해 이동하는 발생 전자 흐름에서 전자 두 개가 적어진다. 이러한 손실은 연료전지 운전에서는 중요하지 않을 수 있는데, 수소 투과 속도나 전자 크로스오버 속도는 수소 소비 속도나 전류 총발생량에 비해 몇 자리나 적기 때문이다. 그러나 연료전지가 개회로 전위에 있거나 아주 낮은 전류밀도에서 운전할 경우에는 이러한 손실이 셀 전위에 큰

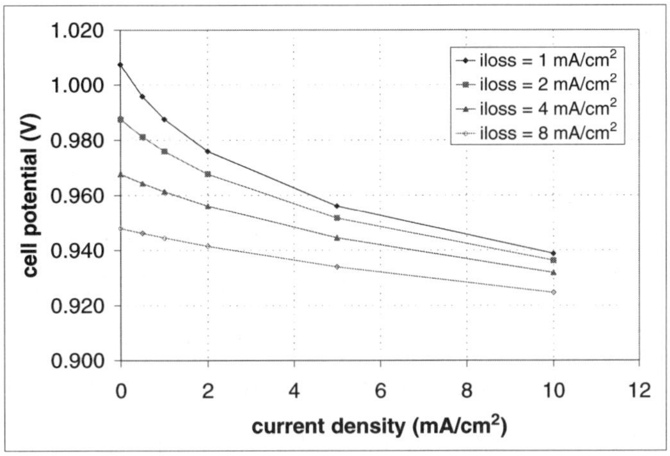

그림 3-4 내부 전류 또는 수소 크로스오버 손실이 개회로 전위에 미치는 영향.

영향을 미칠 수 있다(그림 3-4 참고).

총전류는 외부 전류(유용한 전류)와 연료 크로스오버 및 내부 전류에 의한 전류 손실의 합과 같다.

$$I = I_{ext} + I_{loss} \tag{3-29}$$

전류를 전극 활성 면적 A로 나눈 값이 전류밀도(A/cm^2)이다.

$$i = \frac{I}{A} \tag{3-30}$$

따라서

$$i = i_{ext} + i_{loss} \tag{3-31}$$

이 총전류밀도를 사용해 셀 전위[식 (3-28)]의 근사치를 나타내면 다음 식이 된다.

$$E_{cell} = E_r - \frac{RT}{\alpha F}\ln\left(\frac{i_{ext} + i_{loss}}{i_0}\right) \tag{3-32}$$

따라서, 개회로에서 외부 전류가 0이라 할지라도 셀 전압은 주어진 조건에서의 가역 셀 전압에 비해 아주 낮을 수 있다. 실제로 수소/공기 연료전지의 개회로 전위는 대개 1 V 미만이며, 운전 압력에 따라서 주로 0.94～0.97 V 정도이다.

$$E_{cell,OCV} = E_r - \frac{RT}{\alpha F}\ln\left(\frac{i_{loss}}{i_0}\right) \tag{3-33}$$

수소 크로스오버와 내부 전류는 동일하지만, 연료전지에 미치는 물리적 영향은 다르다. 전자 손실은 전기화학 반응이 일어난 뒤에 생기므로, 애노드 및 캐소드의 활성화 분극에 미치는 영향은 식 (3-32)에 나타낸 영향이 된다. 막을 투과한 수소는 애노드 쪽의 전기화학 반응에 참여하지 않으므로, 이 경우 전기화학 반응에서 생기는 총 전류는 외부 전류와 같아진다. 그러나 막을 투과해 캐소드 쪽으로 간 수소는 촉매 표면에서 산소와 반응하게 되며($H_2 + \frac{1}{2}O_2 \rightarrow H_2O$), 결과적으로 캐소드를 탈분극화 한다(depolarize). 즉 캐소드(동시에 셀) 전위를 낮춘다. 따라서 식 (3-32)와 식 (3-33)은 근사치를 나타낸 것에 불과하다.

더구나 수소에 비해 산소의 막 투과 속도가 아주 느리기는 하지만 산소도 막을 투과할 수 있다. 연료전지 성능에 미치는 영향은 수소 크로스오버 손실의 영향과 비슷하지만, 이 경우에는 애노드가 탈분극화 된다.

수소 크로스오버는 막 투과도, 막 두께, 그리고 기본 구동력이 되는 막 전후의 수소 분압차(농도 차)의 함수이다. 개회로 전위가 0.9 V 이하로 아주 낮아진다면, 이는 수소 누출이나 회로 단락을 의미한다.

연료전지를 가동해 전류가 발생하면, 촉매 층의 수소 농도가 감소하며, 이로 인해 막 투과에 대한 수소 구동력이 감소한다. 이러한 이유 때문에 이러한 손실들은 운전 전류에서는 대개 무시된다.

3.2.3 저항 손실

저항 손실(ohmic loss)이 생기는 이유는 전해질 중의 이온 흐름에 대한 저항, 전기 전도성 연료전지 부품을 통한 전자 흐름에 대한 저항 때문이다. 이러한 손실은 Ohm의 법칙으로 나타낼 수 있다.

$$\Delta V_{ohm} = iR_i \tag{3-34}$$

i = 전류밀도($A\,cm^{-2}$)

R_i = 전지 총 내부 저항(이온, 전자, 접촉 저항 포함)($\Omega\,cm^2$)

$$R_i = R_{i,i} + R_{i,e} + R_{i,c} \tag{3-35}$$

흑연이나 흑연/고분자 복합체를 집전체(current collector)로 사용하더라도, 전자 저항은

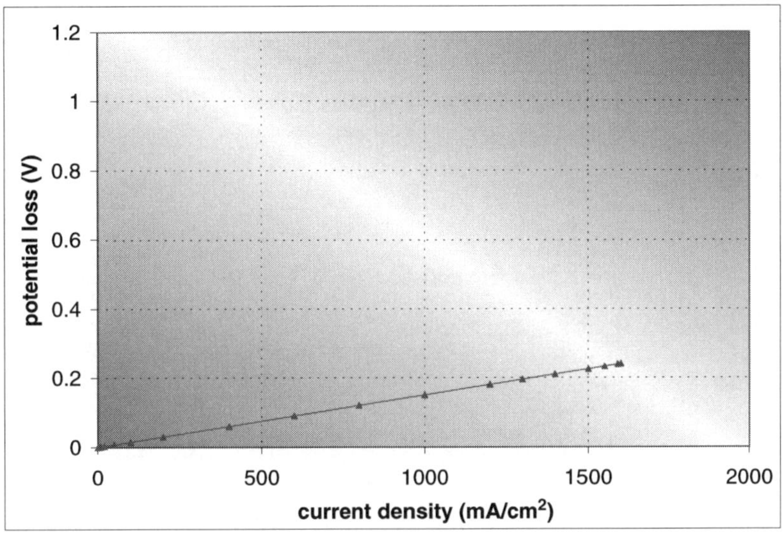

그림 3-5 연료전지의 저항 손실(R_i = 0.15 Ohm-cm^2).

거의 무시할 수 있다. 이온 저항과 접촉 저항은 크기가 거의 비슷하다[8, 9](4장 참고). R_i의 전형적 값은 0.1~0.2 Ωcm^2 정도이다. 연료전지에서 전형적 저항 손실을 그림 3-5에 보였다(R_i=0.15 Ωcm^2). 그림 3-5는 그림 3-6과 같은 눈금으로 나타내어 비교하기 쉽게 했다.

3.2.4 농도 분극

농도 분극이 생기는 것은 전극에서의 전기화학 반응에 의해 반응물이 빨리 소비되어 농도 구배가 생기기 때문이다. 이미 공부했지만, 전기화학 반응 전위는 반응물의 분압에 따라 변하는데, 이 관계는 Nernst 식으로 나타낼 수 있다.

$$\Delta V = \frac{RT}{nF}\ln\left(\frac{C_B}{C_S}\right) \tag{3-36}$$

C_B = 반응물의 벌크 농도(mol cm^{-3})

C_S = 촉매 표면에서의 반응물의 농도(mol cm^{-3})

Fick 법칙에 따르면 반응물의 플럭스는 농도 구배에 비례한다.

$$N = \frac{D \cdot (C_B - C_S)}{\delta}A \tag{3-37}$$

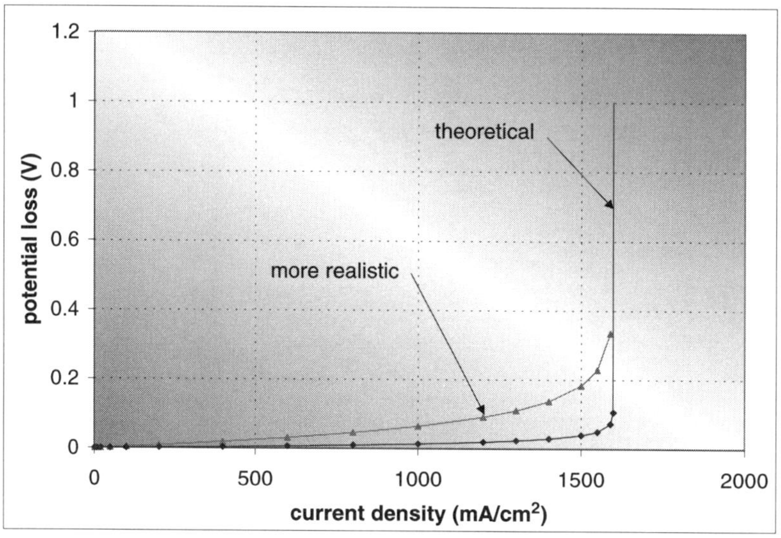

그림 3-6 연료전지에서 농도 분극화 손실.

N = 반응물의 플럭스(mol s^{-1})

D = 반응 성분의 확산계수(cm^2 s^{-1})

A = 전극의 활성면적(cm^2)

Δ = 확산 거리(cm)

정상상태이면, 전기화학 반응에서 반응 성분이 소비되는 속도가 확산 플럭스[식 (3-3)]와 같다.

$$N = \frac{1}{nF} \tag{3-38}$$

식 (3-37)과 식 (3-38)을 결합하면 다음 관계가 얻어진다.

$$i = \frac{nF \cdot D \cdot (C_B - C_S)}{\delta} \tag{3-39}$$

촉매 표면에서 반응물 농도는 전류밀도에 의존한다. 즉 전류밀도가 높으면 표면 농도가 감소한다. 소비 속도가 확산 속도보다 커지면, 즉 반응물이 표면에 도달하는 속도보다 빠르게 소비되면, 표면 농도는 0이 된다. 이러한 상태가 생기는 전류밀도를 한계 전류밀도(limiting current density)라 한다. 촉매 표면에 반응물이 없으므로, 연료전지는 한계전류 이상을 생산할 수 없다. 따라서 $C_S = 1$일 때 $i = i_L$이며, 한계전류밀도는 다음과 같다.

$$i_L = \frac{nFDC_B}{\delta} \tag{3-40}$$

식 (3-36), 식 (3-39), 식 (3-40)을 결합하면, 농도 분극으로 인한 전압 손실의 관계식을 얻을 수 있다.

$$\Delta V_{conc} = \frac{RT}{nF} \ln\left(\frac{i_L}{i_L - i}\right) \tag{3-41}$$

이 식에서 알 수 있는 것처럼, 한계전류에 도달하면 셀 전위가 급격하게 낮아진다(그림 3-6). 그러나 다공질 전극 면적에서의 조건이 균일하지 않으므로, 실제 연료전지에서는 한계 전류가 되는 일이 없다. 한계전류밀도에 도달해 셀 전위가 급격히 감소하려면, 전극의 전체 표면에서 전류밀도가 균일해야 하는데, 실제로는 이런 일이 거의 없다. 다른 면적에 비해 빨리 한계전류밀도에 도달하는 면적이 있기 나름이다. 한계전류밀도는 애노드나 캐소드에서 모두 경험할 수 있다.

한계전류에서 셀 전압이 특성적으로 급격하게 감소하는 현상이 실제 셀에서 발생하지 않는 또 다른 이유는 교환전류밀도가 촉매 표면에서의 반응물 농도 C_S의 함수이기 때문이다. 전류밀도가 한계전류밀도에 이르면, 표면 농도와 교환전류밀도가 0에 이르며[식 (3-22)], 식 (3-27)이나 식 (3-28)에서 알 수 있는 것처럼 전압 손실이 더욱 생긴다.

Kim 등[10]에 따르면, 실험식으로 분극화 손실을 잘 나타낼 수 있다.

$$\Delta V_{conc} = c \cdot \exp\left(\frac{i}{d}\right) \tag{3-42}$$

c = 실험 계수($c = 3 \times 10^{-5}$ V, $n = 0.125$ A cm^{-2}) [6]

3.3 셀 전위-분극화 곡선

연료전지에서 세 가지 손실 사이의 관계를 그림 3-7에 보였다. 지금까지 전류밀도에 상관없이 가장 큰 손실은 활성화 손실이다.

활성화 분극이나 농도 분극은 애노드나 캐소드에서 모두 생길 수 있다. 따라서 셀 전압은 다음과 같다.

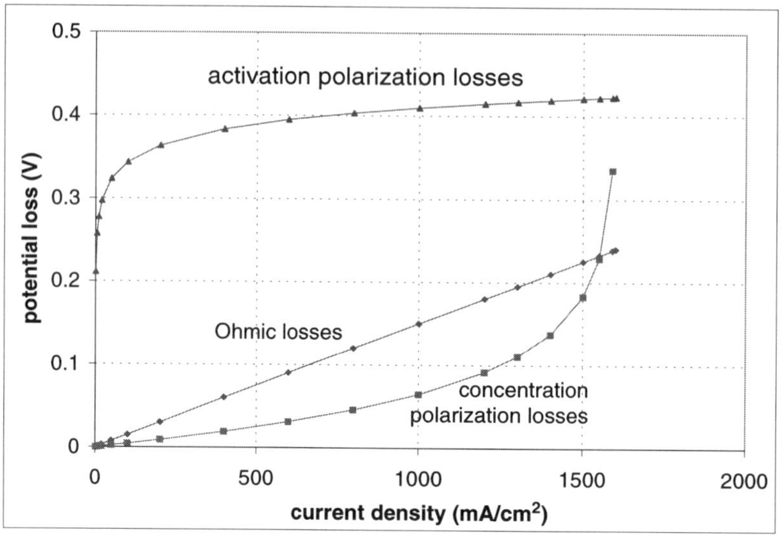

그림 3-7 연료전지의 전압 손실.

$$V_{cell} = E_r - (\Delta V_{act} + \Delta V_{conc})_a - (\Delta V_{act} + \Delta V_{conc})_c - \Delta V_{ohm} \tag{3-43}$$

식 (3-23), (3-24), (3-34), (3-41)을 식 (3-43)에 대입하면 연료전지 전위와 전류밀도의 관계, 즉 연료전지 분극 곡선을 얻을 수 있다.

$$E_{cell} = E_{r,T,P} - \frac{RT}{\alpha_c F}\ln\left(\frac{i}{i_{0,c}}\right) - \frac{RT}{\alpha_a F}\ln\left(\frac{i}{i_{0,a}}\right) - \frac{RT}{nF}\ln\left(\frac{i_{L,c}}{i_{L,c}-i}\right) - \frac{RT}{nF}\ln\left(\frac{i_{L,a}}{i_{L,a}-i}\right) - iR_i \tag{3-44}$$

또한 수소 크로스오버 및 내부 전류 손실을 고려한 식 (3-32)를 감안하면,

$$E_{cell} = E_{r,T,P} - \frac{RT}{\alpha_c F}\ln\left(\frac{i_{ext}+i_{loss}}{i_{0,c}}\right) - \frac{RT}{\alpha_a F}\ln\left(\frac{i_{ext}+i_{loss}}{i_{0,a}}\right) - \frac{RT}{nF}\ln\left(\frac{i_{L,c}}{i_{L,c}-i_{ext}-i_{loss}}\right) - \frac{RT}{nF}\ln\left(\frac{i_{L,a}}{i_{L,a}-i_{ext}-i_{loss}}\right) - (i_{ext}+i_{loss})R_{i,i} - i_{ext}(R_{i,e}+R_{i,c}) \tag{3-45}$$

수소 크로스오버 손실과 함께 교환전류밀도가 촉매층에서의 국부 반응물 농도에 비례한다는 것을 고려하면 더욱 복잡해진다. 국부 반응물 농도는 전류밀도가 증가해 반응 속도가 빨라지면 감소한다. 식 (3-35)~(3-40)에 대해서도 비슷한 검토를 할 수 있다. 이 경우 전류밀도

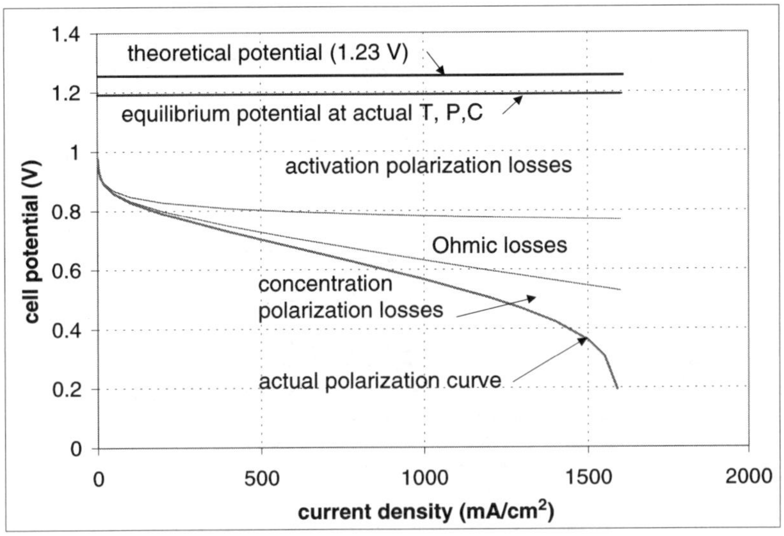

그림 3-8 연료전지에서의 전압 손실과 이로 인한 분극곡선.

의 증가에 따라 반응물 농도가 선형적으로 감소한다고 가정했으므로, 다음과 같은 식이 된다.

$$i_{loss}(i_{ext}) = i_{loss}^{ref} \frac{i_L - i_{ext}}{i_L + i_{loss}^{ref}} \tag{3-46}$$

$$i_0(i_{ext}) = \frac{i_0^{ref}}{i_L}(i_L - i_{ext} - i_{loss}) \tag{3-47}$$

i_{loss}^{ref} = 표면 농도가 벌크 농도와 같을 때의 전류 손실

i_0^{ref} = 표면 농도가 벌크 농도와 같을 때의 교환전류밀도

수소 크로스오버 또는 내부 전류 손실의 경우, 외부 전류가 없으면($i_{ext} = 0$), 표면 농도는 벌크 농도와 같지 않을 수 있다.

연료전지 분극 곡선의 근사치를 다음 식으로 비교적 정확하게 구할 수 있다.

$$E_{cell} = E_{r,T,P} - \frac{RT}{\alpha F}\ln\left(\frac{i}{i_0}\right) - \frac{RT}{nF}\ln\left(\frac{i_L}{i_L - i}\right) - iR_i \tag{3-48}$$

이 식은 식 (3-44)와 같은 형태이고 매개 변수가 같지만, 캐소드 손실에 비해 애노드 손실은 무시할 수 있다고 가정한 것이다. 애노드 활성화 손실을 무시할 수 없을 경우에도 연료전

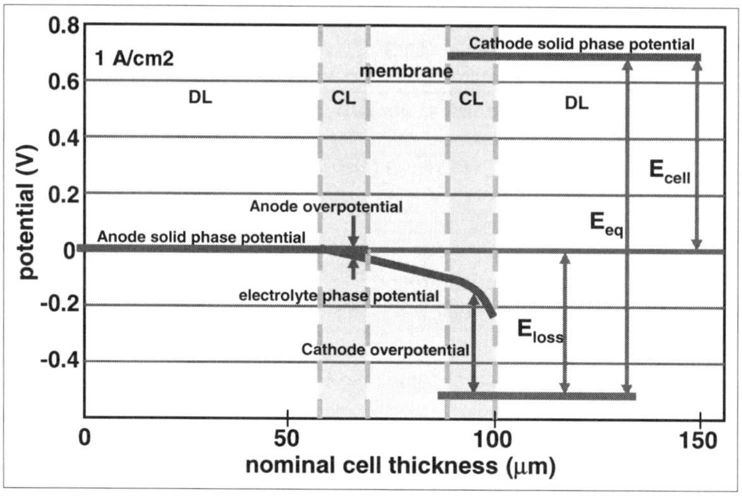

그림 3-9 연료전지 단면에서의 전위 분포.

지 분극 곡선을 식 (3-48)로 나타낼 수 있지만 이때는 다음 식이 된다.

$$\frac{1}{\alpha}=\frac{1}{\alpha_a}+\frac{1}{\alpha_c}, \quad i_0 = i_{0,a}{}^{\alpha/\alpha_a}\cdot i_{0,c}{}^{\alpha/\alpha_c}$$

그림 3-8은 셀 분극 곡선의 형성을 보인 것인데, 평형 전위로부터 활성화 분극 손실, 저항 손실, 농도 분극 손실을 뺀 것이다. 애노드 및 캐소드 활성화 손실은 함께 묶어서 나타냈는데, 위에서 언급한 것처럼, 주된 손실은 캐소드에서 생기는 데, 이는 산소 환원 반응이 느리기 때문이다.

3.4 연료전지에서의 전위 분포

수소/산소 연료전지 단면에서의 전위 분포를 그림 3-9에 예시했다. 개회로에서 전류가 발생되지 않을 때는 애노드가 기준 전위(0 전위)에 있고 캐소드가 주어진 온도, 압력, 산소 농도에서의 가역 전위에 해당하는 전위에 있다. 전류가 발생되면, 앞에서 언급한 여러 손실 때문에, 캐소드 및 애노드의 고상(solid phase; 전기전도성 부분) 전위차로 측정한 셀 전위가 떨어진다.

셀 전위는 가역 셀 전위(또는 평형 전위, Eeq)에서 전위 손실을 뺀 값과 같다.

$$E_{cell} = E_r - E_{loss} \tag{3-49}$$

이미 언급한 것처럼, 전위 손실은 애노드 및 캐소드에서의 활성화 및 농도 분극 손실과 저항 손실로 구성된다.

$$E_{loss} = (\Delta V_{act} + \Delta V_{conc})_a + (\Delta V_{act} + \Delta V_{conc})_c + \Delta V_{ohm} \tag{3-50}$$

셀 전위는 캐소드 및 애노드의 고상 전위차와 같다.

$$E_{cell} = E_c - E_a \tag{3-51}$$

캐소드 전위:

$$E_c = E_{r,c} - (\Delta V_{act} + \Delta V_{conc})_c \tag{3-52}$$

애노드 전위:

$$E_a = E_{r,a} + (\Delta V_{act} + \Delta V_{conc})_a \tag{3-53}$$

$$E_{r,a} = 0 \text{ (정의)}$$

이러한 전위를 그림 3-9에 나타냈다.

3.5 분극 곡선 매개 변수의 감도

연료전지 및 그 성능에서 가장 중요한 특성은 분극 곡선이다. 여기에는 간단한 표현([식 (3-48)]에도 여러 매개 변수가 포함된다.

$$E_{cell} = E_{r,T,P} - \frac{RT}{\alpha F}\ln\left(\frac{i + i_{loss}}{i_0}\right) - \frac{RT}{nF}\ln\left(\frac{i_L}{i_L - i}\right) - iR_i \tag{3-54}$$

이러한 매개 변수가 각각 분극 곡선의 모양에 어떤 영향을 미치는지를 알아두는 것이 좋다. 실제 연료전지 분극 곡선을 만드는 다음 매개 변수들을 기준으로 선택한다(그림 3-10).

연료: 수소

산화제: 공기

온도: 333 K

압력: 101.3 kPa(대기압)

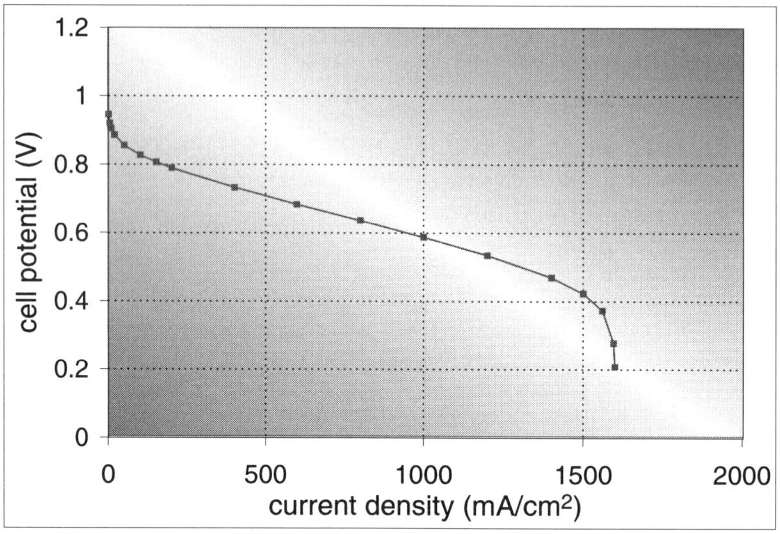

그림 3-10 전형적 연료전지 분극곡선.

기체 상수, $R = 8.314$ J/mol K

전달계수, $\alpha = 1$

참여하는 전자 수, $n = 2$

Faraday 상수, $F = 96\,485$ C/mol

전류 손실, $i_{loss} = 0.002\ A/cm^2$

기준 교환전류밀도, $i_0 = 3 \times 10^{-6}\ A/cm^2$

한계전류밀도, $i_L = 1.6\ A/cm^2$

내부 저항, $R_i = 0.15\ \Omega cm^2$

이러한 수치를 식(3-54)에 대입하면 다음과 같이 기준선 분극곡선(baseline polarization curve)이 얻어진다(그림 3-10).

3.5.1 전달계수/Tafel 기울기의 영향

전달계수 α는 연료전지 성능에 큰 영향을 미친다. 그 전형적 값은 1이지만(α 대신에 n을 사용하는 경우에는 $\alpha n \approx 1$), 그림 3-11에는 $\alpha = 0.5$ 및 1.5일 때의 성능을 나타냈다.

전달계수는 Tafel 기울기를 결정하는 인자이다. Tafel 기울기는 식 (3-25)의 매개 변수로서 다음 식으로 정의된다.

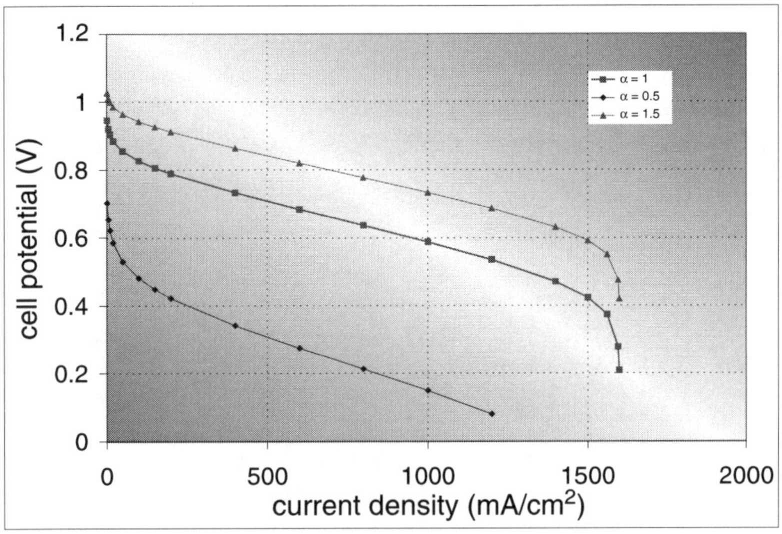

그림 3-11 전달계수가 연료전지 성능에 미치는 영향.

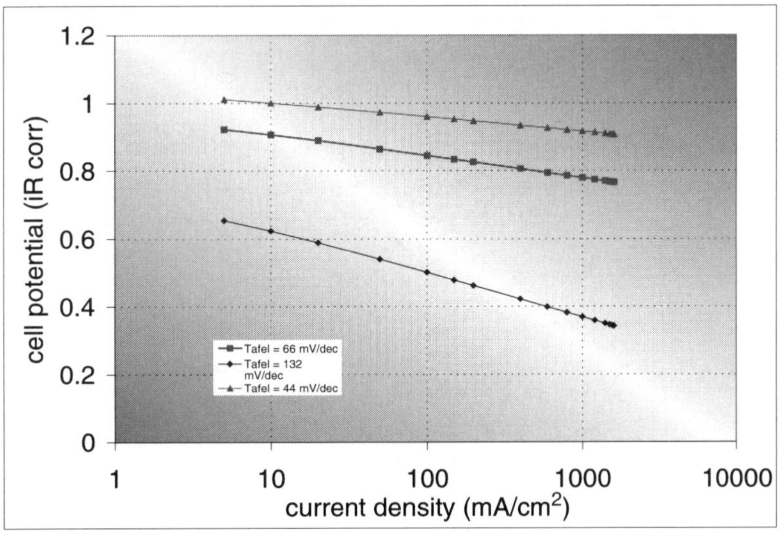

그림 3-12 Tafel 기울기가 연료전지 분극곡선에 미치는 영향.

$$b = 2.3\frac{RT}{\alpha F}$$

이러한 수치를 사용하면 Tafel 기울기는 0.066 V/decade로서, 이 값은 수소/산소 연료전지의 전형적 값이다. $\alpha = 0.5$ 및 1.5일 때의 Tafel 기울기는 각각 0.132 및 0.44 V/decade

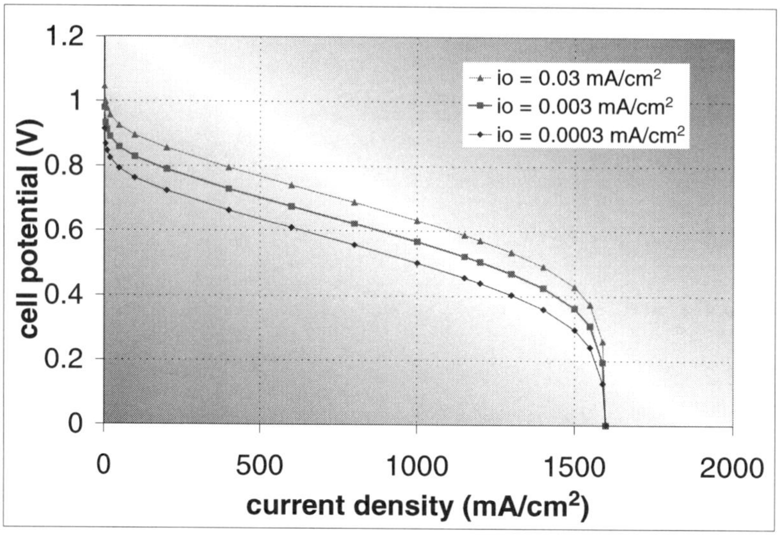

그림 3-13 교환전류밀도가 연료전지 분극곡선에 미치는 영향.

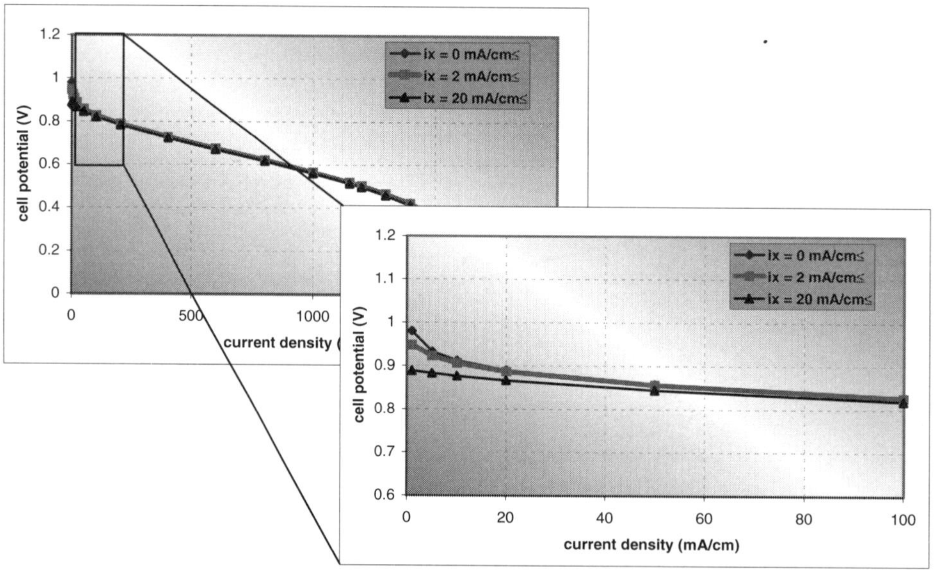

그림 3-14 내부 전류와 수소 크로스오버가 연료전지 분극곡선에 미치는 영향.

이다. 세 가지 Tafel 기울기 값에 대한 분극곡선을 그림 3-12에 보였다. 편의상 이 곡선은 로그 눈금에 표시했는데, 셀 전위는 저항 손실을 감안하고, 농도 분극 손실은 무시했다. 이 경우 분극곡선은 직선이 된다. Tafel 기울기가 커지면 성능이 저하된다.

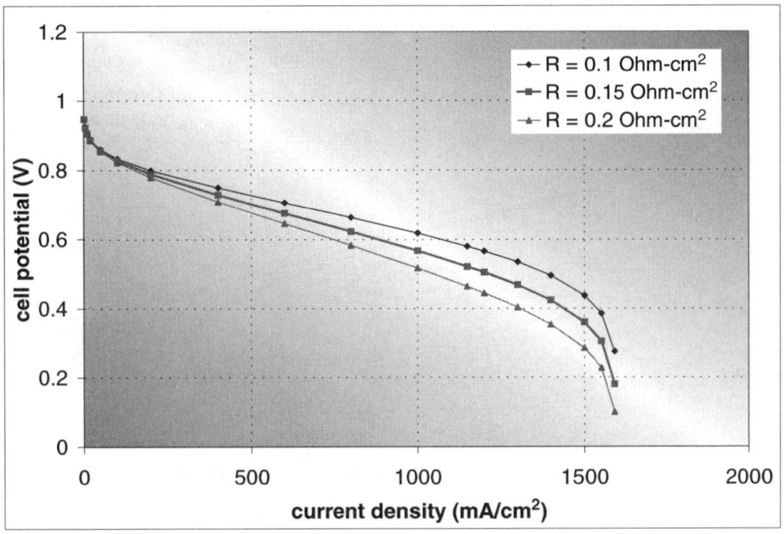

그림 3-15 내부 저항이 분극곡선에 미치는 영향.

3.5.2 교환전류밀도의 영향

세 가지 교환전류밀도 값에 대한 분극곡선을 그림 3-13에 보였다. 크기가 같은 수준에서, 교환전류밀도가 커지면 전체 곡선이 b만큼, 즉 Tafel 기울기만큼, 위로 이동한다.

3.5.3 수소 크로스오버와 내부 전류 손실의 영향

이미 검토했지만, 수소 크로스오버와 내부 전류 손실이 영향을 미치는 것은 전류밀도가 아주 낮을 때이다(그림 3-14). 이러한 손실로 인해 셀의 개회로 전위와, 전류밀도가 100 mA/cm^2 미만일 때의 전위가 낮아진다. 손실이 한 자리 정도 크다고 하더라도 심각하게 큰 영향은 없다.

3.5.4 내부 저항의 영향

저항 손실은 전류밀도에 정비례한다. 전류밀도가 증가하면 기준선으로부터의 편차가 커진다(그림 3-15).

3.5.6 조작 압력의 영향

전지 조작 압력이 증가하면 셀 전위가 높아진다. 그 원인은 다음과 같다.

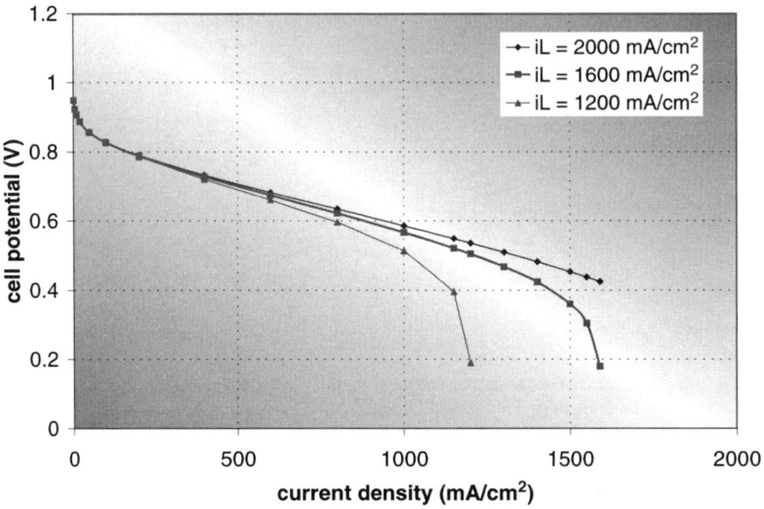

그림 3-16 내부 전류밀도가 연료전지 분극곡선에 미치는 영향.

a) Nernst 식

$$E = E_0 + \frac{RT}{nF}\ln\left(\frac{P_{H_2}P_{O_2}^{0.5}}{P_{H_2O}}\right) \tag{3-55}$$

b) 전극에서의 반응 기체의 농도 증가로 인한 교환전류밀도의 증가. 교환전류밀도는 표면 농도에 비례하며[식 (3-10)], 표면 농도는 압력에 정비례한다. 기준 압력(대기압)과 다른 압력에서의 교환전류밀도는 다음과 같다[식 (3-15) 참고].

$$i_0 = i_0^{ref}\left(\frac{P}{P_0}\right)^{\gamma} \tag{3-56}$$

높은 압력으로 인한 셀 전위 이득(gain)은 다음과 같다.

$$\Delta V = \frac{RT}{nF}\ln\left[\left(\frac{P_{H2}}{P_0}\right)\left(\frac{P_{O2}}{P_0}\right)^{0.5}\right] + \frac{RT}{\alpha F}\ln\left(\frac{P}{P_0}\right) \tag{3-57}$$

주어진 조건에서 압력이 대기압에서 200 kPa로 증가할 때의 이득은 34 mV이고, 대기압에서 300 kPa로 증가할 때의 이득은 55 mV이다. 이러한 이득은 어떤 전류밀도에도 적용되

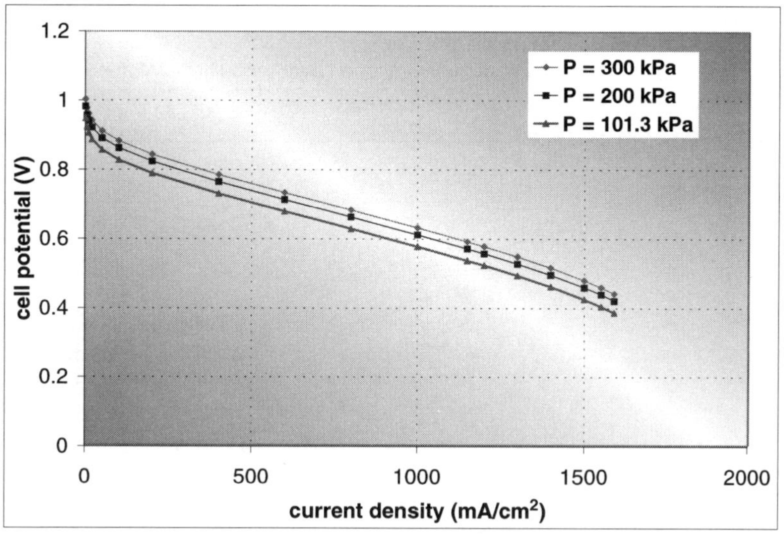

그림 3-17 조작 압력이 연료전지 분극곡선에 미치는 영향.

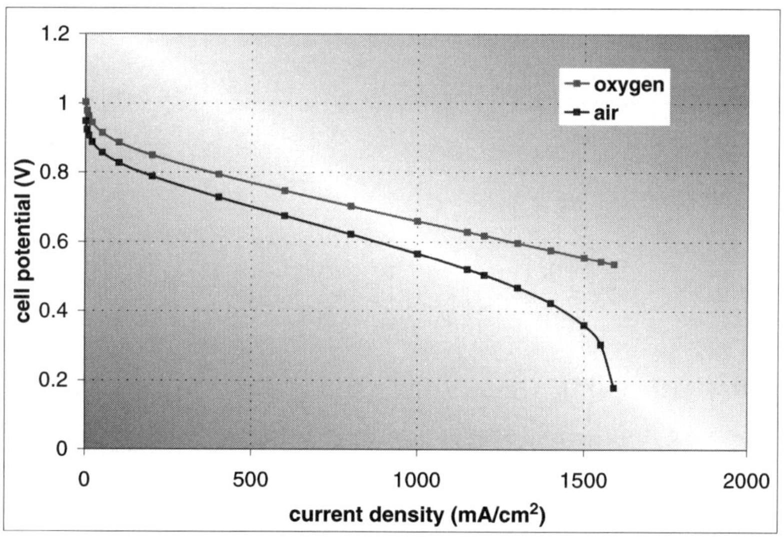

그림 3-18 산소 농도가 연료전지 분극곡선에 미치는 영향.

며, 높은 압력에서는 분극곡선이 높아진다(그림 3-17). 또 높은 압력은 기체 성분의 물질전달을 개선함으로써 한계전류밀도에 영향을 미칠 수 있다.

3.5.7 공기와 산소

공기 대신에 순수 산소를 사용할 경우에도 유사한 영향을 예상할 수 있다. 공기 중의 산소

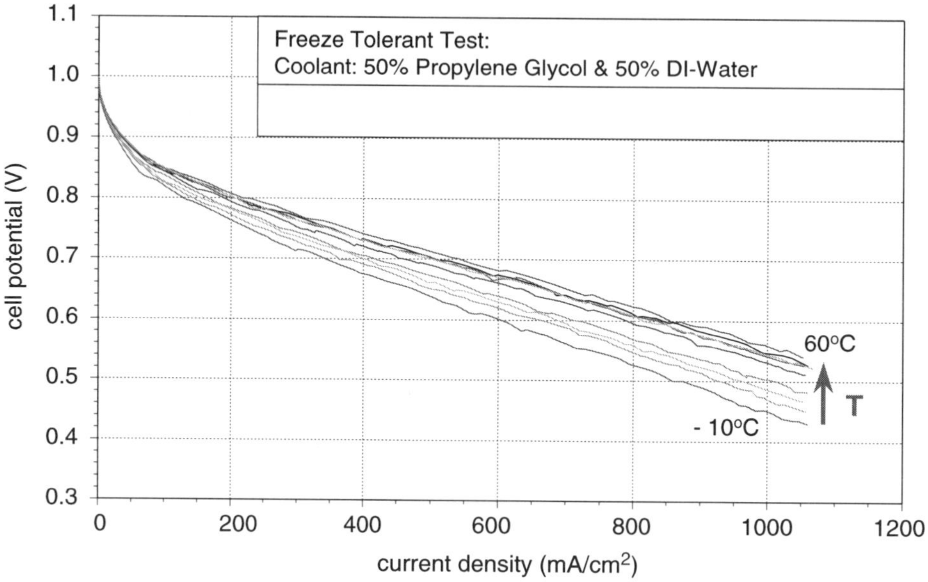

그림 3-19 운전 온도가 연료전지 분극 곡선에 미치는 영향.

농도는 21%에 불과하므로, 순수 산소를 사용하면 공기 압력을 1/0.21만큼 증가시키는 효과가 얻어진다.

이때의 이득은 다음과 같다.

$$\Delta V = \frac{RT}{nF}\ln\left[\left(\frac{1}{0.21}\right)^{0.5}\right] + \frac{RT}{\alpha F}\ln\left(\frac{1}{0.21}\right) \tag{3-58}$$

주어진 조건에서 이득 계산치는 56 mV이다. 순수 산소를 사용하면 대개 농도 분극이 생기지 않는다(그림 3-18). 질소 또는 헬륨과 산소의 혼합물과 순수 산소를 비교하는 방법으로 농도 분극을 조사할 수 있다.

3.5.8 운전온도의 영향

연료전지 성능은 대개 온도를 높여서 개선할 수 있지만, 앞에서 유도한 분극곡선을 나타내는 식으로 간단히 예측할 수는 없다. 온도를 높이면 $T\Delta S/nF$에 따라 전위가 손실된다[식 (2-18) 및 그림 2-4 참고]. 또한 Tafel 기울기의 증가로 인해서도 전위가 손실된다(그림 3-12). 그러나 온도가 증가하면 교환전류밀도가 지수적으로 증가하며[식 (3-22)], 물질전달 특성이 현저하게 개선된다. 전지 온도를 −10°C에서 60°C로 점진적으로 증가시킨 실험에서 얻어진 분극곡선으로부터 전압 이득이 생기는 결과를 그림 3-19에 보였다[11].

3.6 연료전지 효율

연료전지 효율은 전기 발생량/수소 소비량의 비로 정의한다. 물론 이 때 두 양의 단위가 같아야 하며, watt(W)나 kilowatt(kW)로 나타낸다.

$$\eta = \frac{W_{el}}{W_{H2}} \tag{3-59}$$

전기 발생량은 전압과 전류의 곱과 같다.

$$W_{el} = I \cdot V \tag{3-60}$$

여기에서 I의 단위는 ampere(A)이고, 셀 전위의 단위는 volt(V)이다. Faraday 법칙에 따라, 수소 소비량은 전류에 정비례한다.

$$N_{H2} = \frac{I}{nF} \tag{3-61}$$

N_{H2}의 단위는 mol s^{-1}이다. 또한

$$W_{H2} = \Delta H \frac{I}{nF} \tag{3-62}$$

W_{H2} = 수소 소비량의 전력량 값(energy value)(J/s=W)

ΔH = 수소의 발열량(286 kJ mol^{-1})

$\Delta H/nF$의 단위는 V이며, $\Delta H = 286$ kJ mol^{-1}일 때의 값은 1.482 V로서, 이를 열 중립 전위(thermoneutral potential)라 한다. 식 (3-59)~식 (3-62)를 결합하면, 연료전지 효율은 단지 셀 전위에 정비례함을 알 수 있다.

$$\eta = \frac{V}{1.482} \tag{3-63}$$

경우에 따라서는 수소의 고발열량(HHV, $\Delta H = 286$ kJ/mol) 대신 저발열량(LHV, $\Delta H_{LHV} = 241$ kJ/mol)을 사용한다. 고발열량과 저발열량의 차이는 생성된 수증기의 응축열

이다. 생성된 H_2O는 액체(물)나 기체(수증기)의 두 형태로 배출되므로, 어느 값이나 맞는다. 그러나 효율 계산에서는 어떤 발열량을 사용했는지 명시해야 한다. 저발열량 기준의 효율은 다음과 같다.

$$\eta_{LHV} = \frac{V}{1.254} \tag{3-64}$$

수소가 막을 통해 확산되거나, 막을 통해 확산된 산소와 결합하거나, 또는 내부 전류 때문에 손실되면, 수소 소비량은 발생 전류에 대응하는 양보다 많아진다[식 (3-61) 참고]. 결과적으로 연료전지 효율은 식 (3−63)의 값보다 낮아진다. 그러나 대체로 이 손실은 아주 적어서, 몇 mA/cm^2 정도이며, 전류밀도가 아주 낮을 경우에만 연료전지 효율에 영향을 미친다(그림 3-14 참고). 연료전지 효율은 전압 효율과 전류 효율의 곱으로 나타낸다.

$$\eta = \frac{V}{1.482}\frac{i}{(i + i_{loss})} \tag{3-65}$$

연료전지에 공급하는 수소의 양이 반응의 이론량보다 많으면, 과잉 수소는 반응하지 않고 배출된다. 순수 수소의 경우에는 과잉량을 전지 스택으로 순환시켜서 연료전지 효율을 유지할 수 있지만(수소 순환 펌프에 드는 동력은 별도), 개질가스 연료처럼 수소가 순수하지 않으면, 소비되지 않은 수소는 순환시키지 않고 연료전지에서 배출한다. 이때의 연료전지 효율은 다음과 같다.

$$\eta = \frac{V}{1.482}\eta_{fu} \tag{3-66}$$

η_{fu} = 연료이용률 = $1/S_{H2}$

S_{H2} = 수소 양론비(stoichiometric ratio). 연료전지에 실제로 공급한 수소의 양을 전기화학 반응에서 소비된 양으로 나눈 값.

$$S_{H2} = \frac{N_{H2,act}}{N_{H2,theor}} = \frac{nF}{I}N_{H2,act} \tag{3-67}$$

잘 설계된 연료전지의 연료 이용률은 개질가스(reformate)인 경우 83%~85% 정도이고, 순수 수소의 경우 90% 정도이다. 한편 식 (3-65)의 전류 효율 항은 식 (3-66)의 연료 이용률 η_{fu}에 포함되어 있다.

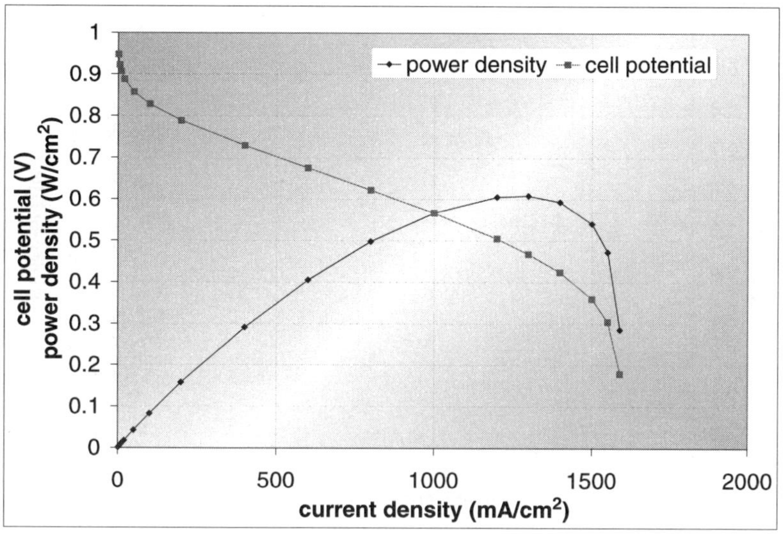

그림 3-20 연료전지 분극곡선과 동력곡선의 예.

3.7 연료전지 분극곡선의 해석과 이용

분극곡선은 연료전지의 가장 중요한 특성이다. 연료전지의 진단 목적으로 사용할 수도 있고, 규모 결정과 제어 목적으로도 이용할 수 있다. 전위-전류 자료를 재구성하면, 연료전지에 관한 다른 정보도 얻을 수 있다.

3.7.1 분극곡선에서 얻는 다른 곡선

예컨대 동력은 전위와 전류의 곱이다[식 (3-60)]. 마찬가지로 동력밀도(power density; W/cm^2)는 전위와 전류밀도의 곱이다.

$$w = V \cdot i \tag{3-68}$$

동력밀도~전류밀도 관계는 동일한 선도에 분극곡선과 함께 나타낼 수 있다(그림 3-20). 이러한 그래프에서 보면, 연료전지에서 도달할 수 있는 동력밀도에는 최댓값이 있음을 알 수 있다. 이 동력의 최댓값 이상으로 연료전지를 가동한다는 것은 의미가 없다고 하겠다. 이보다 낮은 전류와 높은 전위에서도 동일한 동력을 얻을 수 있기 때문이다. 그림 3-20에서는 최대 동력밀도가 0.6 W/cm^2 정도이지만, PEM 연료전지에서는 1 W/cm^2 이상의 동력밀도가 보고되어 있다.

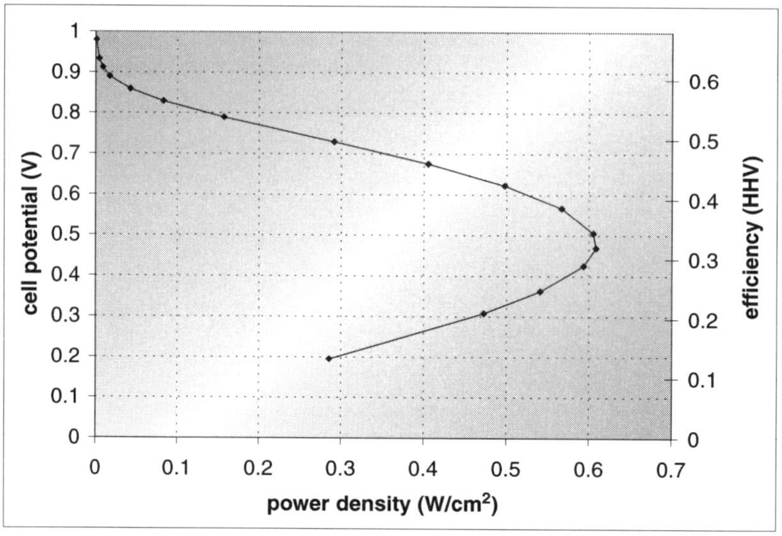

그림 3-21 분극곡선이 그림 3-20과 같은 연료전지의 전지 전위와 동력밀도.

셀 전위를 동력밀도에 대해 나타내도 동일한 정보를 얻을 수 있다(그림 3-21). 예컨대 전지가 도달할 수 있는 동력에는 최대값이 있다. 연료전지 효율은 셀 전위에 정비례하므로[식 (3-63)과 식 (3-65)], 이러한 그래프는 아주 유용한 정보, 즉 셀 효율과 동력밀도의 관계에 관한 정보를 제공해준다. 분극곡선이 그림 3-20과 같은 연료전지에서는 효율 33%에서 최대 동력에 도달한다. 이 값은 연료전지의 이론적 최대 효율 83%에 비하면 아주 낮은 값이다. 동일한 연료전지에서 효율을 더 높일 수 있지만, 동력밀도가 현저하게 낮아진다. 요컨대, 필요한 동력을 얻으려면, 분극곡선이나 효율–동력밀도 그래프에서 임의의 조작점을 선택하여, 연료전지를 더 크게(활성 면적이 크게) 만들고 효율을 더 높이거나, 더욱 치밀하지만 효율을 낮게 만들어야 한다. 대개 최대 동력밀도에 가까운 크기로 만드는 일은 거의 없다. 셀 전위 0.7 V 정도를 조작점으로 선택하는 것이 일반적이다. 그림 3-21의 경우, 동력밀도는 0.36 W/cm^{2}이고, 효율은 47%이다. 효율이 이보다 높아야 할 경우에는 명목(nominal) 셀 전위를 높게(0.8 V나 그 이상) 선택할 수 있지만, 이때 셀 효율은 55%~60%가 되고 동력밀도는 0.1 W/cm^2 미만이 된다. 마찬가지로 연료전지 크기가 중요한 경우에는, 낮은 명목 전지 전위(0.6 V 정도)를 선택하면 동력밀도가 높아지고, 연료전지는 작아진다.

그림 3-21에서는 아주 낮은 전류밀도와 동력밀도에서 연료전지 효율이 60% 이상 될 수 있지만, 실제로 그런 경우는 아주 드물다. 아주 낮은 전류밀도에서는 수소 크로스오버와 내부 전류 손실이 아주 적어도 중요해지며, 효율–동력 곡선은 평평해진다. 최대 효율이 ~55%에

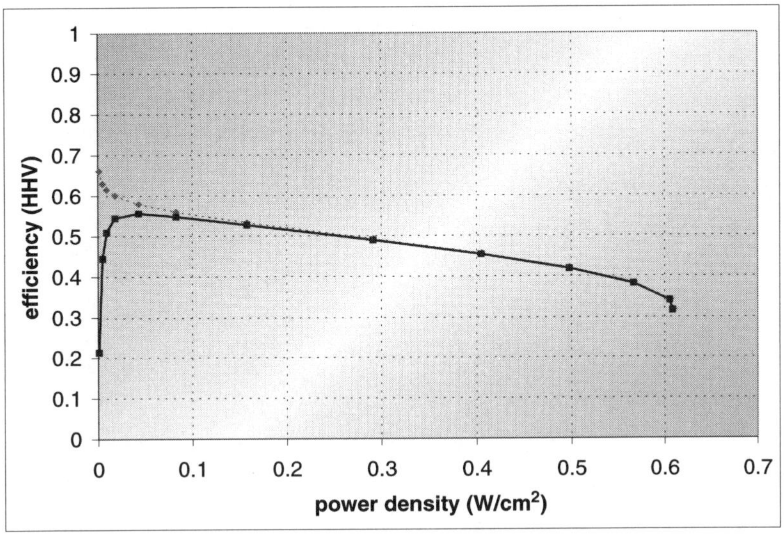

그림 3-22 연료전지 효율~동력밀도 곡선; 실선은 내부 전류 및 수소 크로스오버가 있는 경우, 파선은 없는 경우.

도달한 특수한 경우도 있다(그림 3-22).

3.7.2 분극곡선의 선형 근사가정

연료전지 효율-동력-크기의 관계를 빨리 계산하는 방법이 필요할 때가 있다. 연료전지 분극곡선을 나타내는 식 (3-52)와는 달리, 선형 근사식이 있으면 좋을 것이다. 대부분의 연료전지에서 일반적 운전 범위에서는, 그림 3-23에 보인 것처럼, 선형 근사식이 그런대로 잘 맞는다.

선형 분극곡선은 다음 형태로 나타낼 수 있다.

$$V_{cell} = V_0 - k \cdot i \tag{3-69}$$

V_0 = 절편의 값(실제 개회로 전압은 언제나 이보다 높다.)

k = 선의 기울기

이 경우 전류밀도는 다음과 같다.

$$i = \frac{V_0 - V_{cell}}{k} \tag{3-70}$$

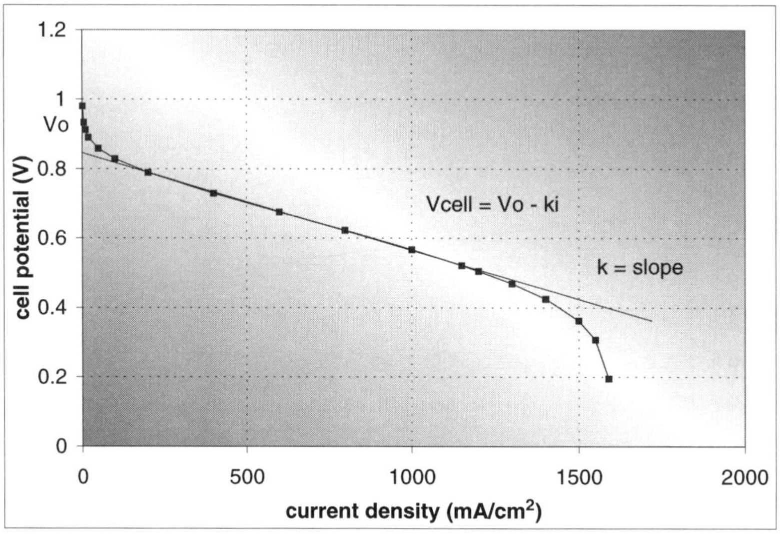

그림 3-23 연료전지 분극곡선의 선형 가정.

동력밀도는 셀 전위의 함수이다.

$$w = \frac{V_{cell}(V_0 - V_{cell})}{k} \tag{3-71}$$

최대 동력밀도는 다음과 같다.

$$w_{max} = \frac{V_0^2}{4k} \tag{3-72}$$

이 값에 도달하는 셀 전위는 다음과 같다.

$$V_{cell}\big|_{w_{max}} = \frac{V_0}{2} \tag{3-73}$$

3.7.3 분극곡선을 이용한 연료전지 크기 결정

예제

H_2/공기 연료전지 분극곡선의 매개 변수가 다음과 같다.

$\alpha = 1$

$i_0 = 0.001\ \mathrm{mA\ cm^{-2}}$

$R_i = 0.2\ W\ cm^2$

운전 조건은 다음과 같다.

$T = 60°C$
$P = 101.3\ kPa$

0.6 V를 운전 점으로 선택한다.
활성 면적은 $100\ cm^2$이다.
a) 명목 동력출력을 구하여라.

풀이

동력출력은 다음과 같다.

$W_{el} = V_{cell} \times i \times A$
$V_{cell} = 0.6\ V$
$A = 100\ cm^2$
$i = ?$

전류밀도는 분극곡선에서 구해야 한다. 수소 크로스오버, 내부 전류 손실, 한계 전류에 관한 자료가 없으므로, 연료전지 분극곡선을 다음 식으로 구한다.

$$V_{cell} = E_r - \frac{RT}{\alpha F} \ln\left(\frac{i}{i_0}\right) - iR_i$$

여기에서

$V_{cell} = 0.6\ V$
$E_{r,P,T} = 1.482 - 0.000845T + 0.0000431T\ln(P_{H_2}P_{O_2}^{0.5}) = 1.482 - 0.000845 \times 333.15 + 0.0000431 \times 333.15 \times \ln(0.21)^{0.5} = 1.189\ V$
$R = 8.314\ J\ mol^{-1}\ K^{-1}$
$T = 60°C = 333.15\ K$
$\alpha = 1$
$n = 2$
$F = 96{,}485\ C\ mol^{-1}$
$i0 = 0.001\ mA\ cm^{-2}$
$Ri = 0.2\ \Omega\ cm^2$

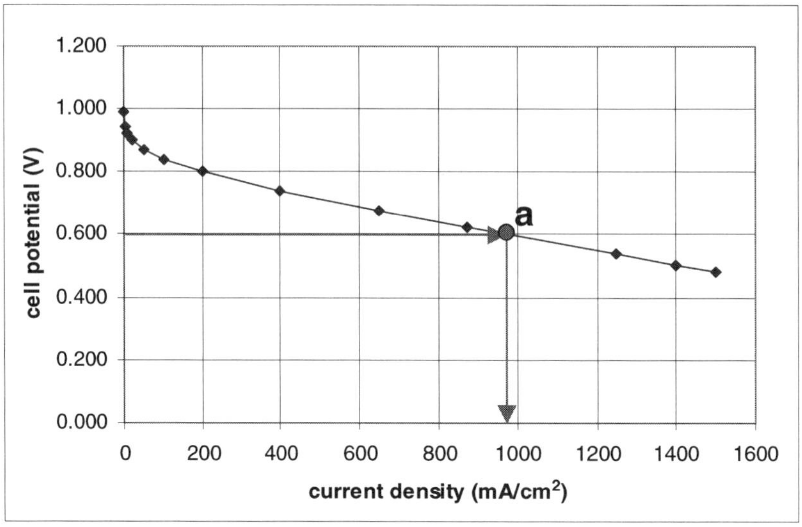

그림 3-24 예제의 분극곡선과 운전 점 a.

전류밀도는 위의 식으로부터 직접 구할 수가 없다. 따라서 다음과 같이 구한다.

a) 분극곡선을 그리고 도식적으로 구한다.
b) 반복 계산(시행착오법)으로 구한다.
c) 선형 근사식으로 구한다.

그림 3-24에서처럼, 이 연료전지의 분극곡선을 그리고, 0.6 V일 때의 전류밀도를 도식적으로 구하면 다음과 같다.

$$i = 970\ \mathrm{mA\ cm^{-2}}$$

따라서 연료전지 동력출력은 다음과 같다.

$$W_{el} = V_{cell} \times i \times A = 0.6 \times 0.970 \times 100 = \underline{58.2\ \mathrm{W}}$$

b) 기술자들이 내부 저항을 $R_i = 0.15\ \Omega\mathrm{cm}^2$으로 개선하여 연료전지 성능을 향상시켰다. 0.6 V에서의 동력 이득을 구하여라.

풀이

새로운 분극곡선은 그림 3-25와 같다. 새로운 전류밀도는 다음과 같다.

$$i = 1.25\ \mathrm{A\ cm^{-2}}$$

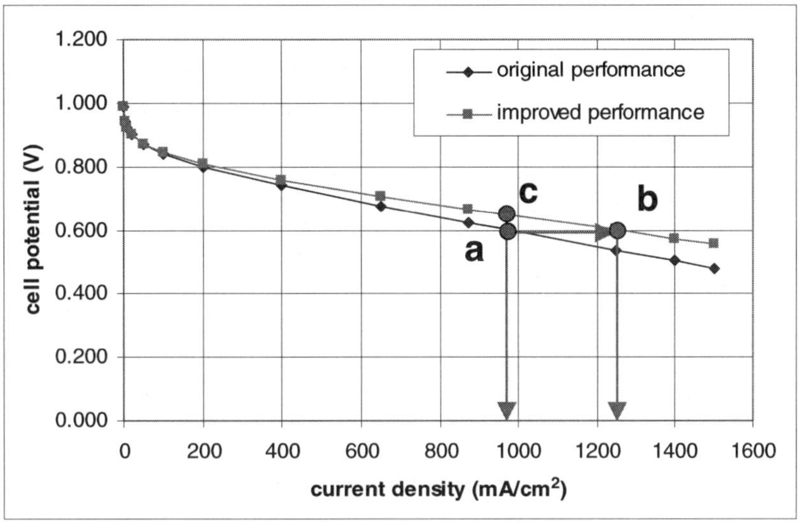

그림 3-25 예제의 분극곡선과 운전 점 b와 c.

새로운 연료전지 동력출력은 다음과 같다.

$$W_{el} = V_{cell} \times i \times A = 0.6 \times 1.25 \times 100 = 75.0\ W$$

동력이득은 다음과 같다.

$$\Delta W = 87\ W - 58.2\ W = \underline{16.8\ W\ \overset{즉}{or}\ 28.9\%}$$

c) 기술자들이 발견한 바에 따르면, 이 연료전지를 높은 전류밀도로 운전하는 데 필요한 공기 흐름이 충분치 않다. 이 개선된 연료전지를 처음 전류밀도로 운전할 때의 동력 및 효율이득을 구하라.

풀이

$$V_{cell} = E_r - \frac{RT}{\alpha F}\ln\left(\frac{i}{i_0}\right) - iR_i$$

$$V_{cell} = 1.189 - \frac{8.314 \times 333.15}{0.5 \times 2 \times 96,485}\ln\left(\frac{970}{0.001}\right) - 0.97 \times 0.15 = 0.648\ V$$

새로운 연료전지 동력출력은 다음과 같다.

$$W_{el} = V_{cell} \times i \times A = 0.648 \times 0.97 \times 100 = 62.9\ W$$

동력이득:

$$\Delta W = 62.9\ W - 58.2\ W = \underline{4.7\ W\ \overset{즉}{or}\ 8\%}$$

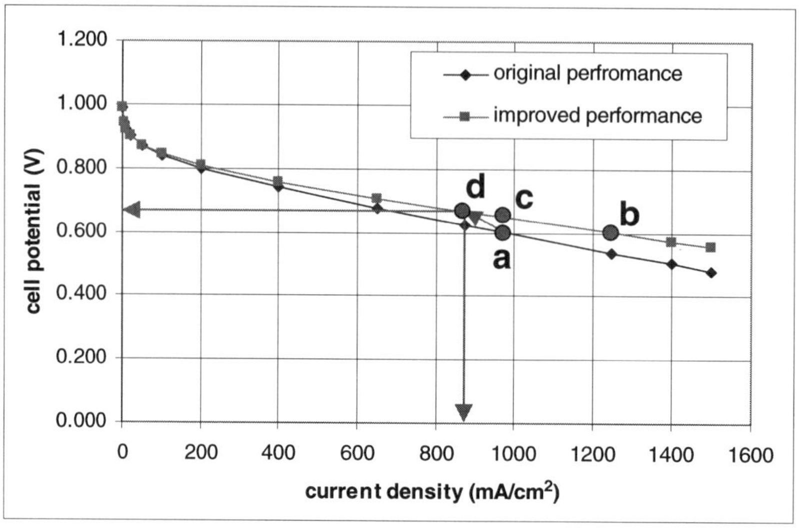

그림 3-26 예제의 운전 점 d.

개선 전의 효율은 다음과 같다.

$$\eta = V_{cell}/1.482 = 0.6/1.482 = 0.405$$

개선 후의 효율은 다음과 같다.

$$\eta = V_{cell}/1.482 = 0.648/1.482 = 0.437$$

d) 기술자들은 추가 동력이 필요 없다는 것을 알았다. 개선된 연료전지를 처음 동력출력으로 운전할 때의 효율 이득을 구하라.

연료전지 동력출력:

$$58.2 = V_{cell} \times i \times 100$$

분극곡선으로부터 다른 V_{cell}–i 관계를 구한다.

$$V_{cell} = 1.189 - \frac{8.314 \times 333.15}{0.5 \times 2 \times 96,485} \ln\left(\frac{1}{0.001}\right) - i \times 0.15$$

반복 계산이나 도식법에 의해 구하면 답은 다음과 같다.

$V_{cell} = 0.666\ \mathrm{V}$
$i = 875\ \mathrm{mA\ cm^{-2}}$

그림 3-26에서 점 a와 b(처음 점과 새로운 운전 점)는 두 분극곡선 상에 있지만, 동력선은 일정하다.

새로운 효율:

$$\eta = V_{cell}/1.482 = 0.666/1.482 = \underline{0.449}$$

참고문헌

1. Chen, E., Thermodynamics and Electrochemical Kinetics, in G. Hoogers (editor), *Fuel Cell Technology Handbook* (CRC Press, Boca Raton, FL, 2003).
2. Atkins, P. W., *Physical Chemistry*, Sixth ed. (Oxford University Press, Oxford, 1998).
3. Gileadi, E., *Electrode Kinetics for Chemists, Chemical Engineers and Material Scientists* (VCH Publishers, New York, 1993).
4. Bockris, J.O'M. and S. Srinivasan, *Fuel Cells: Their Electrochemistry* (McGraw-Hill, New York, 1969).
5. Bard, A. J. and L. R. Faulkner, *Electrochemical Methods* (John Wiley & Sons, New York, 1980).
6. Larminie, J. and A. Dicks, *Fuel Cell Systems Explained*, Second ed. (John Wiley & Sons, Chichester, England, 2003).
7. Newman, J. S., *Electrochemical Systems,* Second ed. (Prentice Hall, Englewood Cliffs, NJ, 1991).
8. Gasteiger, H. A., W. Gu, R. Makharia, and M. F. Matthias, *Catalyst Utilization and Mass Transfer Limitations in the Polymer Electrolyte Fuel Cells*, Tutorial (Electrochemical Society Meeting, Orlando, FL, 2003).
9. Barbir, F., J. Braun, and J. Neutzler, Properties of Molded Graphite Bi-Polar Plates for PEM Fuel Cells, *International Journal on New Materials for Electrochemical Systems*, No. 2, 1999, pp. 197–200.
10. Kim, J., S.-M. Lee, S. Srinivasan, and C. E. Chamberlain, Modeling of Proton Exchange Fuel Cell Performance with an Empirical Equation, *Journal of Electrochemical Society*, Vol. 142, No. 8, 1995, pp. 2670–2674.
11. Fuchs, M. and F. Barbir, *Development of Advanced, Low-Cost PEM Fuel Cell Stack and System Design for Operation on Reformate Used in Vehicle Power Systems, Transportation Fuel Cell Power Systems, 2000 Annual Progress Report* (U.S. Department of Energy, Office of Advanced Automotive Technologies, Washington, D.C., October 2000) pp. 79–84.

익힘 문제

3-1 연료전지를 60°C, 대기압에서 운전한다. 교환전류밀도 $i_0 = 0.005\,\mathrm{mA\,cm^{-2}}$, 전하 전달계수는 0.5라 가정한다.

a) 1.5 A/cm^2에서의 활성화 전압 손실을 구하여라.

b) 1.5 A/cm^2에서의 저항 손실이 활성화 손실의 1/2일 때 저항 손실 R_i를 구하여라.

c) 농도 분극 손실이 없다고 가정하고, 1.5, 1, 0.5 A/cm^2일 때의 전지 전위를 구하여라.

3-2 연료전지 전압을 측정한 결과 0.2 A/cm^2에서 0.8 V이고, 0.8 A/cm^2에서 0.6 V이다. 선형 분극곡선($V = V_0 - ki$)을 가정하고 다음을 구하여라.

a) 최대 동력출력

b) 최대 동력의 1/2에서의 전지 전압과 전류밀도

c) 최대 동력에서의 효율

d) 최대 동력의 1/2에서의 효율

3-3 캐소드 교환전류밀도가 1×10^{-10} A/cm^2(촉매 표면)이다. (25°C, 대기압에서 산소를 사용해 측정했다.) MEA[1]는 촉매 비표면적이 640 cm^2/mg이고 Pt 사용량 0.4 mg/cm^2이며, 전지를 60°C, 300 kPa에서 H_2/공기로 운전할 경우, 0.9 V(iR 보정)에서의 예상 전류를 구하여라. 캐소드의 Pt 사용량을 2 mg/cm^2으로 증가시키고 동일한 전류밀도로 운전할 경우의 전위 이득을 구하라.

3-4 H_2/O_2 연료전지의 분극곡선 매개 변수가 다음과 같다.

$i_0 = 0.003$, $\alpha = 0.5$, $R_i = 0.15\ \Omega\, cm^2$

연료전지는 65°C, 1 bar에서 운전한다.

a) 1 A/cm^2에서의 전지 전압을 구하여라.

b) 이 전지를 6 bar에서 운전할 때의 전압 이득을 구하여라. (이상적 전압 이득, 교환 전류밀도 증가는 압력 증가에 정비례한다고 본다.)

3-5 H_2/공기 연료전지를 80°C, 1 atm에서 운전한다. 이 조건에서 교환전류밀도는 0.0012 A/cm^2(전극 면적)이고, Pt 사용량은 0.4 mg/cm^2이다. 전하 전달계수는 0.5, 전극 면적은 100 cm^2이다.

a) 이러한 조건에서 이론 전지 전압을 구하여라.

b) 이 연료전지에 전압계를 연결했더니 개회로 전압이 0.975 V이다. 수소 크로스오버나 내부 전류로 인한 전류밀도 손실을 구하여라.

3-6 100 cm^2 연료전지에서 수소 유량이 0.0018 g/s이다. 한계전류밀도를 구하여라.

3-7 100 cm^2 수소/산소 연료전지를 0.5 A/cm^2, 0.7 V로 운전한다. 수소 유량은 양론비 1.5에서 발생 전류에 비례하도록 한다. 수소 크로스오버와 내부 전류 손실은 2 mA/cm^2으로 본다.

a) 이러한 조건에서 연료전지 효율을 구하여라.

b) 수소 도입 유량을 구하여라.

c) 수소 배출 유량을 구하여라.

---

1) membrane electrode assembly, 촉매-전극 복합체.

3-8 문제 3-5의 연료전지에서 한계 전류에 도달할 때 촉매 표면에서의 산소 농도(mol/cm^3)를 구하여라. 조건은 다음과 같다.
Pt 사용량=0.4 mg/cm^2, 기체 확산층 두께=0.3 mm, 기체 확산층 세공률=0.7, 유효 산소 확산계수 0.14 cm^2/s, 채널에서의 유속=75 cm/s.

퀴즈

3-1 정상 운전 중인 연료전지에서 전압 손실이 가장 큰 원인은?
a) 활성화
b) 농도/물질 전달 어려움
c) 저항

3-2 교환전류밀도가 높다는 의미는?
a) 전압 손실이 많다.
b) 전압 손실이 적다.
c) 전압 손실과는 무관하다.

3-3 농도 분극이란?
a) 촉매 부위의 반응물 농도가 너무 높다.
b) 촉매 부위에 반응물이 도달하는 속도가 불충분하다.
c) 반응물 유량이 필요 이상으로 크다.

3-4 연료전지의 저항은?
a) 막을 통한 이온 저항
b) 전기 전도성 부품을 통한 전기 저항
c) 이온 및 전기 저항 모두

3-5 막을 통해 수소가 누출되면
a) 특히 외부 전류가 없거나 낮을 경우, 연료전지 전압이 낮아진다.
b) 전지 전압을 증가시킨다.
c) 전지 전류를 증가시킨다.

3-6 연료전지에서 압력이 증가하면 생기는 것은?
a) 전압 이득
b) 전압 손실
c) 효율 저하

3-7 Pt 사용량이 많으면
a) 전지 전압은 변하지 않는다.
b) 전압 손실이 생긴다.
c) 전압 이득이 생긴다.

3-8 iR 보정 전지 전압은
a) 전지 전압+저항으로 인한 전압 손실
b) 전지 전압−저항으로 인한 전압 손실
c) 저항 손실+활성화 전압 손실

3-9 연료전지 분극곡선에서 전압이 높은 조작 점을 선택하면
a) 전압이 더 높아진다.
b) 동일한 크기의 연료전지에서 동력 출력이 증가한다.
c) 동일한 동력출력에서 전지가 커진다.
d) 전류밀도가 증가한다.

3-10 수소/공기 연료전지의 출력이 10 W이다. 공기 대신에 순수 수소를 사용하고, 전류와 전압을 조정하여 출력이 10 W로 유지되도록 한다. 이때 연료전지는?
a) O_2 도입 전보다 전류가 증가한다.
b) O_2 도입 전보다 전류가 감소한다.
c) 처음에는 전지 전위가 증가하다가 처음 전류 및 전압 수준으로 복귀함으로써 동력출력이 변하지 않는다.

Chapter 04

연료전지의 기본 성분, 물성 및 프로세스

4.1 전지

연료전지의 핵심은 고분자물질인 양이온 전도성 막이다. 이 막의 양쪽에 다공질 전극이 있다. 전극은 다공질로 만들어서, 후면에서 공급한 기상 반응물이 전극과 막의 계면, 즉 촉매층, 좀더 정확하게는 촉매 표면에 도달해 전기화학 반응이 일어날 수 있도록 한다. 기술적으로 촉매층은, 제조방법에 따라, 다공질 전극 부분일 수도 있고, 막 부분일 수도 있다. 두 전극 사이에 샌드위치처럼 막을 끼운 다층 복합체를 대개 막-전극 복합체(membrane electrode assembly, MEA)라 한다. 이 MEA는 다시 집전체/분리판 사이에 샌드위치처럼 끼운다. 집전체(collector)는 전류를 모아서 전도하고, 다중 셀(multicell) 구조에서 분리판(separator)는 인접한 셀의 기체를 분리한다. 다중 셀 구조에서는 한 셀의 음극을 인접한 셀의 양극과 물리적/전기적으로 연결하므로 이극판(bipolar plate)이라고도 한다. 이극판은 반응 기체의 통로(흐름장, flow field)를 제공하는 동시에 셀의 구조적 강도를 제공한다.

연료전지 안에서는 다음과 같은 과정이 일어난다(번호는 그림 4-1의 수치에 해당한다).

1. 채널을 통해 기체가 흐른다. 다공질 층 안에서는 다소의 대류도 생긴다.
2. 다공질 매체를 통해 기체가 확산된다.
3. 모든 중간 단계 반응을 포함한 전기화학 반응이 일어난다.
4. 양이온 전도성 고분자 막을 통해 양이온이 전달된다.
5. 전기전도성 셀 성분을 통해 전자가 전도된다.

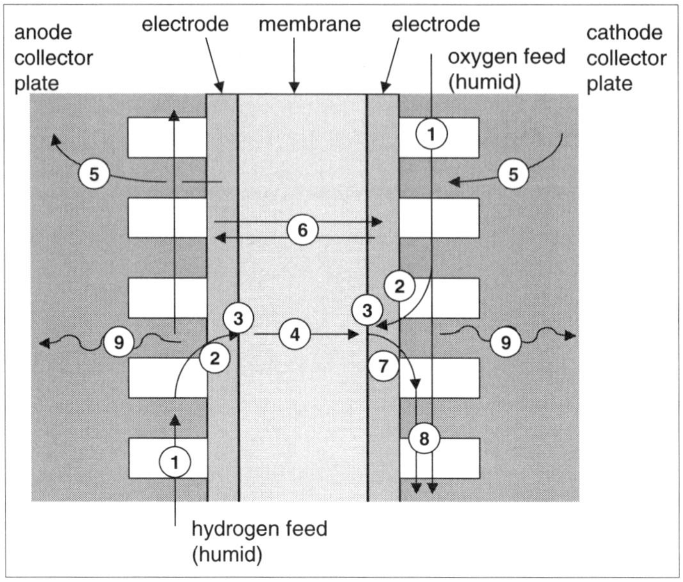

그림 4-1 셀의 기본 성분(축척 무시)과 프로세스.

6. 고분자 막을 통해 수분이 수송된다. 전기화학적 드랙(drag)과 역확산(back diffusion)이 관여한다.
7. 다공질 촉매층과 기체 확산층을 통해 수증기와 물이 수송된다.
8. 물방울(water droplet)을 동반한 미반응 기체의 2상 흐름이다.
9. 셀의 고체 성분을 통한 전도, 반응 기체와 냉매로의 대류 등에 의한 열전달이 일어난다.

당연히 구성 성분의 설계와 재료 물성은 위에서 열거한 과정에 부합되어야 하며, 장애나 손실이 최소화 되도록 해야 한다. 일부 성분에서는 한 가지 이상의 과정이 일어나고, 요건이 서로 상충되는 경우가 있으므로, 물성과 설계의 최적화가 필요하다. 예컨대, 기체 확산층은, 반응 기체가 쉽게 확산되면서도, 반대 방향으로 이동하는 수분은 세공 중에 축적되지 않도록

> 연료전지 제1법칙:
>
> 연료전지에서 하나의 매개 변수만을 독립적으로 변화시킬 수는 없다. 하나의 매개 변수를 변화시키면 적어도 두 개의 다른 매개 변수들이 함께 변할 뿐 아니라, 이들 중 하나는 예상과 달리 반대 영향을 미칠 수 있다.

최적화해야 한다. 그 위의 확산층(또는 집전체 층)은 전기적으로나 열적으로 전도성이어야 한다. 이러한 요건들이 거의 모든 연료전지 성분에서 충족되어야 한다. 연료전지는 아주 단순한 기구이지만, 무수한 과정이 동시에 진행된다. 따라서 이러한 과정, 이들의 상호 의존 관계, 그리고 성분 설계 및 물성이 여기에 미치는 영향 등을 잘 파악해야 한다.

4.2 막

연료전지 막(membrane)은 양이온 전도성이 비교적 높고, 연료와 반응 기체가 잘 혼합되도록 적절한 방편을 제공하며, 연료전지 환경에서 화학적 기계적으로 안정적이어야 한다[1]. 전형적으로 PEM 연료전지 막은 PSA 이오노머(perfluorocarbon-sulfonic acid ionomer)로 만드는 데, 기본적으로 TFE(tetrafluoroethylene)와 여러 퍼플루오로카본 모노머의 공중합체이다. 가장 유명한 막 재료는 Dupont의 Nafion™ 막인데, PSEPVE(perfluoro-sulfonylfluoride ethyl-propyl-vinyl ether)를 사용한 것이다. Nafion과 같은 퍼플루오로술포네이트 이오노머의 화학 구조를 그림 4-2에 보였다. 유사한 재료를 개발해 상품이나 개발제품으로 판매하고 있는 곳으로는 Dupont 외에도 Asahi Glass(Flemion), Asahi Chemical(Aciplex), Chlorine Engineers("C" membrane), Dow Chemical 등이 있다. W. L. Gore and Associates는 Teflon 유사 성분으로 기계적 강도와 치수 안정성이 있는 복합막을 개발하고, 퍼플루오로술폰산 성분으로 양이온 전도성을 제공했다.

SO_3H 기는 이온 결합을 하므로, 곁사슬 말단은 사실상 H^+ 이온을 가진 SO_3^- 이온이다. 이러한 이유 때문에 이 구조를 이오노머(ionomer)라 한다. 그리고 이온 성질 때문에 곁사슬의 말단은 막의 전체 구조 안에서 클러스터(cluster)를 형성하는 경향이 있다. Teflon 유사 주사슬(backbone)은 소수성이 강하지만, 곁사슬 말단의 술폰산은 친수성이 강하다. 따라서 술폰화 곁사슬의 클러스터 둘레에는 친수성 영역이 형성된다. 이 때문에 이러한 종류의 물질은 비교적 다량의 수분을 흡수한다. (질량 기준으로 50%까지 흡수하는 경우도 있다.) 잘 수화된 영역 안에서의 H^+ 이온 이동으로 이러한 물질이 양이온 전도성을 가지게 된다.

Nafion 막은 사출 성형에 의해 다양한 크기와 두께로 만들며, 문자 N과 3~4 자리의 숫자로 구분한다. 처음 두 자리 숫자는 당량(equivalent weight)을 100으로 나눈 값이고, 마지막 한 자리나 두 자리 숫자는 mill 단위로 나타낸 막 두께이다.[1] Nafion 막 두께는 2,

1) 1 mill = 1/1000 inch = 0.0254 mm

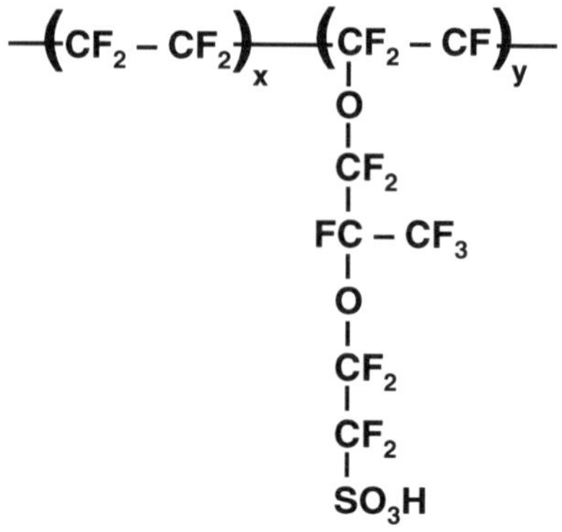

그림 4-2 PFSA 고분자(Nafion)의 구조.

3.5, 5, 7, 10 mill 등 여러 가지이다.[2] 예컨대 Nafion N117은 당량이 1100이고 두께가 7 mill(0.178 mm)이다. 고분자 막의 당량(EW; $g\,eq^{-1}$)은 다음 식으로 나타낼 수 있다.

$$EW = 100n + 446 \tag{4-1}$$

n = TFE 기의 평균 수/PSEPVE 모노머[2]

EW는 사실상 이오노머 중의 이온 농도의 척도이다. 합성하여 연구 중인 Nafion 막 중에는 EW가 700 정도로 낮은 것도 있지만, Nafion 막의 전형적 EW는 1100이다. EW가 1500 $g\,eq^{-1}$ 이상인 공중합체는 이온 전도성이 충분치 않아서 실제 연료전지에는 응용되지 않는다.

4.2.1 수분 흡수

고분자 막의 양이온 전도성은 막 구조와 수분 함유량에 크게 좌우된다. 막의 수분 함유량은 주로 g(수분)/g(건조 고분자), 또는 물 분자 수/고분자 중의 술폰산 기 수, $\lambda = N(H_2O)/N(SO_3H)$로 나타낸다. 막 중의 최대 수분량은 막의 평형을 유지하는 수분의 상태에 따라 크게 달라진다. 물과 평형에 있는(물속에서 끓인) Nafion 막은 대체로 술폰산 기 하나 당 물 22 분자를 흡수하지만, 기상에서의 최대 수분 흡수량은 술폰산 기 하나 당 물 14 분자에 불과하다. 또한 액상에서의 수분 흡수량은 막의 전처리에 따라 달라진다. Zawodzinski 등[3, 4]에 따르면, 105°C에서 완전 건조한 막의 수분 흡수량은 실온 건조 막에 비해 아주 적어진다.

2) 각각 50, 89, 127, 178, 254 μm

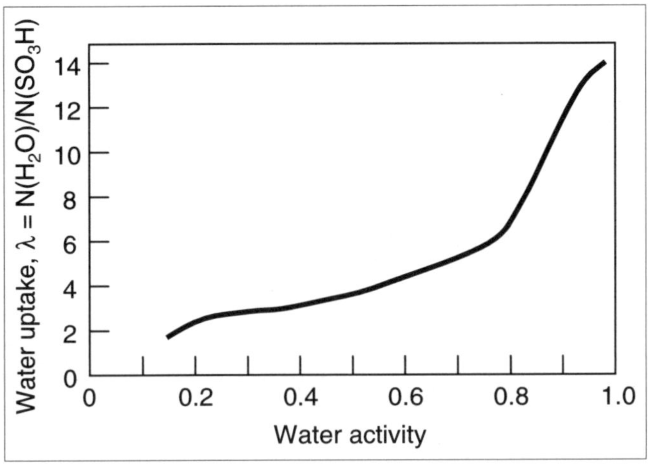

그림 4-3 양이온 전도성 막의 수분 흡수(30°C) [4].

105°C에서 건조한 막의 수분 흡수량은 온도에 따라 $\lambda = 12 \sim 16$ 정도이지만, 실온에서 건조한 막은 온도에 관계없이 $\lambda = 22$이다. 이는 높은 온도에서는 고분자의 형태가 변하기 때문이라 할 수 있다. 실제로 실험용 Dow 막은 Nafion 막에 비해 유리전이온도가 높은데, 105°C 건조의 영향은 Nafion 막에 비해 현저하지 않다. 즉 실온에서 건조한 막과 80°C에서 건조한 막의 수분 흡수량은 $\lambda = 25$로 마찬가지이다.

기상에서의 수분 흡수량은 연료전지 운전과 관계가 깊다. 반응 기체를 가습하고, 수분은 기상으로 존재하기 때문이다. 이온교환 고분자의 일반적 등온선 모양을 그림 4-3에 보였다. 기상에서의 수분 흡수에서는 특이한 두 단계가 있음을 알 수 있다.

a) 증기 활성이 낮은 영역, $a_{H2O} = 0.15 - 0.75$, 수분 흡수량이 $\lambda = 5$ 정도까지 증가.
b) 증기 활성이 높은 영역, $a_{H2O} = 0.75 - 1.0$, 수분 흡수량이 $\lambda = 14.4$ 정도까지 급증.

첫 단계는 막 안의 이온의 용매화로 흡수되는 수분에 해당하고, 둘째 단계는 고분자의 세공에 들어가 팽윤시키는 수분에 해당한다. 완전 포화된 기상($a_{H2O} = 1$) 중에서의 수분 흡수량($\lambda = 14$)은 액상(역시 $a_{H2O} = 1$) 중에서의 수분 흡수량($\lambda = 22$)에 비해 낮다. 이러한 현상은 1903년 처음 보고한 Schroeder에 따라, Schroeder 패러독스[1]라 한다. 이처럼 기상과 액상에서의 수분 흡수량에 차이가 생기는 현상을 다음과 같이 설명할 수 있다. 즉 기상 중 흡수에서는, 고분자 내부, 특히 소수성 고분자 주사슬에서 수분이 응축하는 데 비해, 액상 중에서는 직접 수분의 흡수와 팽윤이 일어나기 때문에, 기상 중 흡수량이 액상 중 흡수량에 비해 적어지는 것이다[1].

Zawondzinski 등[4]은 실험 결과를 다항식에 맞춰서, 막 표면의 수분 활성과 수분 함유량의 관계를 구했다.

$$\lambda = 0.043 + 17.18a - 39.85a^2 + 36a^3 \tag{4-2}$$

a = 수분 활성 = p/p_{sat}

p = 수분 분압

p_{sat} = 주어진 온도에서의 포화 압력

4.2.2 물성

수분을 흡수하여 막이 팽윤되면 치수가 달라지는 데, 치수는 연료전지 설계와 조립에서 아주 중요한 인자이다. Nafion 막의 수분 함유량에 따른 중요 특성을 나타낸 표 4-1에서 보면 [2, 5], 치수 변화는 10% 정도이므로, 전지 설계와 전지 안에 막의 배치에서는 이를 감안해야 한다.

1995년 W. L. Gore and Associates가 소개한 Gore-Select 막은 특별히 PEMFC용으로 개발한 미세강화 폴리테트라플루오로에틸렌(ePTFE) 고분자 전해질 막이다[6]. 미세강화법(microreinforcement)은 Gore-Select 막에서 기계적 성질이 충분하지 않은 이오노머 (EW<1000)를 이용할 수 있도록 했다. 이러한 막은, 미세강화하지 않은 Nafion 막에 비해

표 4-1 Nafion 막(1100 EW)의 기계적 특성

물성	50% RH, 23°C	물에 침적, 23°C	물에 침적, 100°C
두께 변화(%)[1]	—	10	14
선형 팽창(%)[1]	—	10	15
인장계수(kPa)	249	114	64
인장강도(kPa)[2]	43	34	25
	32	26	24
파괴신장률(%)[2]	225	200	180
	310	275	240

[1] 50% RH, 23°C에 대한 상대적 두께 및 선형 팽창

[2] 윗줄 값은 기계 방향(machine direction) 성질이고, 아랫줄 값은 횡단 방향 성질.

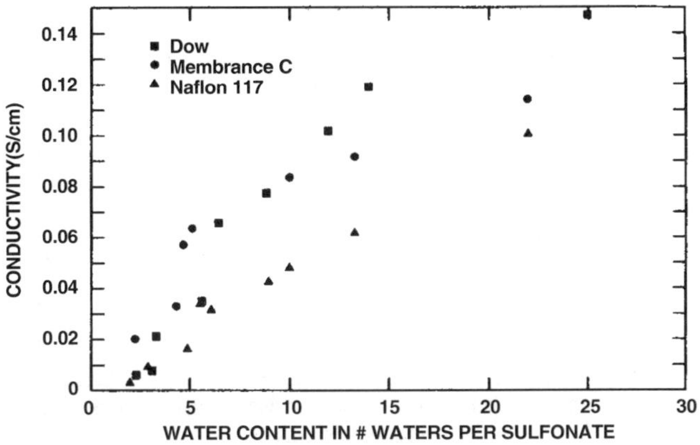

그림 4-4 양이온 전도성 막의 전도도와 막의 수화 상태와의 관계(30°C)[4]. (출처: Electrochemical Society)

강도가 아주 높고, 치수 안정성이 좋으며, 기체 투과도가 낮고, 전도도가 높다[6].

4.2.3 양이온 전도도

연료전지에서 사용하는 고분자 막에서 가장 중요한 기능은 양이온 전도도(proton conductivity)이다. EW 1100인 전도성 막의 이오노머 부분의 전하 운반체 밀도는 1 M 황산 수용액과 비슷하다. 완전 수화 막에서의 양이온 이동도는 황산 수용액에 비해 한 자리 낮다. 결과적으로 완전 수화 막의 양이온 전도도는 실온에서 0.1 $S\,cm^{-1}$ 정도이다. PFSA 막의 전도도는 수분 함유량과 온도에 따라 크게 다르다(그림 4-4 및 4-5). $\lambda = 0.5$ 이상에서, 수분 함유량과 양이온 전도도의 관계는 거의 선형적이다. $\lambda = 0.5$ 이하에서는 수분 흡수량이 아주 적은데(그림 4-3), 이는 술폰화 곁사슬 말단 주변의 클러스터에 수분이 충분치 않음을 의미하며, 이 때문에 양이온이 술폰산 기에 의해 격리됨을 의미한다. $\lambda = 14$(수증기와 평형인 막)의 전도도는 0.06 $S\,cm^{-1}$ 정도이다. 양이온 전도도는 온도에 따라 극적으로 증가하는데(그림 4-5), 물에 침적시킨 막의 경우 80°C에서 0.18 $S\,cm^{-1}$에 이른다. 이러한 측정치에 기초하여 Springer 등[7]은 이온 전도도($S\,cm^{-1}$)와 수분 함유량 및 온도의 관계에 관한 다음 식을 얻었다.

$$\kappa = (0.005139\lambda - 0.00326)\exp\left[1268\left(\frac{1}{303} - \frac{1}{T}\right)\right] \tag{4-3}$$

Zawodzinski[8]에 따르면, Nafion 유사 막의 이온 전도도는 여러 가지이다(그림 4-6).

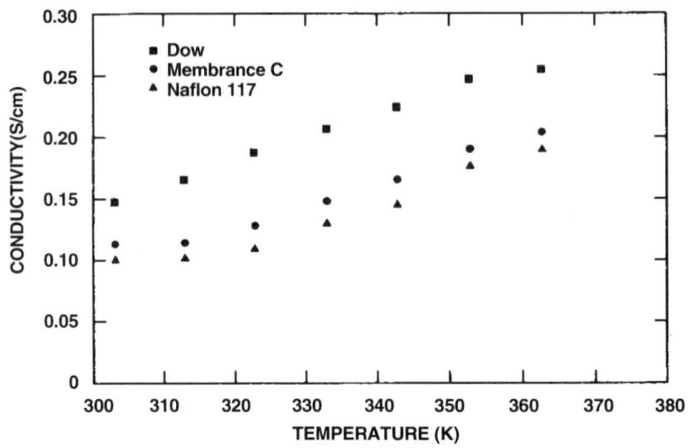

그림 4-5 물에 침적시킨 양이온 전도성 막의 전도도와 온도의 관계(30°C)[4]. (출처: Electrochemical Society)

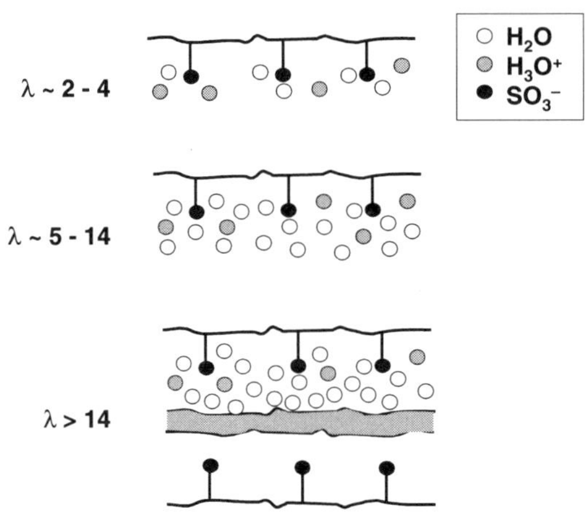

그림 4-6 수화 수준에 따른 PFSA 이오노머를 통한 수분과 하이드로늄 이온의 이동 메커니즘[8].

- 수분 함유량이 아주 낮으면($\lambda = 2-4$), 하이드로늄 이온(H_3O^+)이 운반체 메커니즘(vehicle mechanism)에 의해 이동한다.
- 수분 함유량이 증가하면($\lambda = 5-14$), 하이드로늄 이온의 이동이 촉진된다.
- 완전 수화된 막($\lambda > 14$)에서는 계면 영역의 수분이 이온-쌍극자 상호작용으로 약하게 결합된 수분을 분리하며, 수분과 이온이 모두 자유롭게 이동한다.

4.2.4 수분 수송

고분자 막을 통한 수분 수송 메커니즘에는 몇 가지가 있다. 물은 캐소드 쪽에서 전기화학 반응의 결과로 생성된다[식 (2.2)]. 물의 생성 속도($mol\,s^{-1}\,cm^{-2}$)는 다음과 같다.

$$N_{H2O,gen} = \frac{i}{2F} \tag{4-4}$$

i = 전류밀도(A/cm^2)

F = Faraday 상수

물은 전해질을 통해 이동하는 양이온에 의해 애노드에서 캐소드으로 끌려가는데, 이를 전기삼투 드랙(electroosmotic drag)이라 한다. 이로 인한 물의 플럭스($mol\,s^{-1}\,cm^{-2}$)는 다음과 같다.

$$N_{H2O,drag} = \xi(\lambda)\frac{i}{F} \tag{4-5}$$

ξ = 전기삼투 드랙계수; 양이온 당 물 분자 수로 정의한다.

일반적으로 이 계수는 막 수화(hydration, λ)의 함수이다. 그동안 발표된 이 계수는 측정법과 자료처리법에 따라 다양하다[1]. 전기삼투 드랙의 한 가지 측정법은 막을 통해 전류가 흐르도록 하고 물기둥의 수위를 감시하는 것이다[9]. 이 방법을 사용해 Le Conti 등[9]이 발표한 드랙계수는, 막의 수분 함유량의 범위가 $15 \le \lambda \le 25$인 경우, 양이온 당 2–3 물 분자였다. 드랙계수는 침적 막의 수분 함유량에 따라 선형적으로 감소한다. Zawodzinski 등[4]은 동일한 방법을 사용해 드랙계수를 측정했는데, 완전 수화되고 침적한 Nafion 1100 막의 경우 2.5였다. $\lambda = 11$인 경우 드랙계수 측정치는 $0.9\,N(H_2O)/N(H^+)$였다.

Fuller와 Newman[10]은 막 양쪽에 상이한 수분 활성에 노출시킨 막 시료에서 생기는 전기화학 전위에 기초한 전기화학법을 개발했다. 이 경우 전기화학 드랙은 다음과 같다.

$$\xi(\lambda) = \frac{F\Delta\Phi}{RT\log\frac{a_{H2O,r}}{a_{H2O,l}}} \tag{4-6}$$

$\Delta\Phi$ = 전위 측정치

a_{H2O} = 수분 활성

하첨자 r과 l = 각각 막의 오른쪽과 왼쪽

이 방법은 물과 평형인 막에 적절하다. Fuller와 Newman의 보고[10]에 따르면, $5 \le \lambda \le 14$인 경우 드랙계수는 1.4 $N(H_2O)/N(H^+)$로 거의 일정하다. Zawodzinski 등[11]은 좀 더 넓은 범위의 수분 활성을 사용했는데, $1.4 \le \lambda \le 14$에서 드랙계수가 1.0 $N(H_2O)/N(H^+)$였다.

수분 생성과 전기삼투 드랙으로 인해 막을 통한 농도 구배가 커질 수 있다. 이러한 농도구배로 인해 물의 일부는 캐소드에서 애노드로 역확산 되기도 한다. 물의 확산속도는 다음과 같다.

$$N_{H2O,diff} = D(\lambda)\frac{\Delta c}{\Delta z} \tag{4-7}$$

D = 수분 함유량이 λ인 이오노머에서의 물의 확산계수
$\Delta c/\Delta z$ = 막을 통한 z 방향에서의 물의 농도구배

고분자 막에서의 물의 확산계수 측정은 간단하지 않다. 사용되는 방법을 들면 다음과 같다.

- 물 흡수 동특성/ Yeo and Eisenberg[12]
  활성화 에너지 18.8 kJ mol^{-1}인 경우, 0~99°C 범위에서 온도에 따라 확산계수는 증가하며, $1 \times 10^{-6} \sim 10 \times 10^{-6}\ cm^2 s^{-1}$ 정도이다. Eisman[13]도 유사한 결과를 얻었다.
- 방사능 추적자(radiotracer) 및 열화학 기법/ Verbrugge 등이 개발[14]
  상온에서 완전 수화된 Nafion 막에서 물의 자체 확산계수는 $6 \sim 10 \times 10^{-6}\ cm^2 s^{-1}$ 범위이다.
- 맥동장 구배 NMR[3]/ Slade 등[15]과 Zawodzinski 등[16]
  완전 수화 Nafion 시료에서 물의 자체 확산계수가 $10 \times 10^{-6} cm^2 s^{-1}$에 가까웠다. Zawodzinski 등[16]도 수증기와 평형에 있는 Nafion 막의 자체 확산계수를 측정했는데, 막의 수분 함유량이 $\lambda = 14$에서 $\lambda = 2$로 감소함에 따라 확산계수는 $6 \times 10^{-6} cm^2 s^{-1}$에서 $0.6 \times 10^{-6} cm^2 s^{-1}$으로 감소했다.

방사능 추적자 및 맥동장 구배 NMR 기법에서는 고분자 막을 통한 물의 Fick 또는 상호 확산계수 D 대신에 물의 자체 확산계수 D_S를 측정하므로, 보정이 필요하다. 물의 확산에 관

3) pulsed field gradient neutron magnetic resonance

한 거시적 연구에서 사용하기에 적절한 수송 특성은 물의 Fick 확산계수이기 때문이다[17]. 이 관계는 다음과 같다.

$$D = \frac{\partial(\ln a)}{\partial(\ln C)} D_S \tag{4-8}$$

a = 물의 열역학 활성

C = 수분 농도 또는 λ

Motupally 등[18]은 Nafion 막에서의 물 수송을 연구하고, 물의 확산계수에 관한 문헌치 및 Zawodzinski 등의 결과[16]와 비교했다. 그리고 다음 관계를 제안했다.

$$D(\lambda) = 3.1 \times 10^{-3} \lambda \left(e^{0.28\lambda} - 1\right) \exp\left(\frac{-2436}{T}\right) \quad (0 < \lambda < 3) \tag{4-9}$$

$$D(\lambda) = 4.17 \times 10^{-4} \lambda \left(161 e^{-\lambda} + 1\right) \exp\left(\frac{-2436}{T}\right) \quad (3 < \lambda < 17) \tag{4-10}$$

농도 구배로 인한 확산 뿐 아니라, 캐소드와 애노드 사이에 압력차가 존재하면, 막의 한 쪽에서 다른 쪽으로 수력학적으로 밀려들어가게 된다. 이 수력학적 투과 속도(mol s^{-1} cm^{-2})는 다음과 같다[1].

$$N_{H2O,hyd} = k_{hyd}(\lambda) \frac{\Delta P}{\Delta z} \tag{4-11}$$

k_{hyd} = 수분 함유량 λ인 막의 수력학적 투과계수(hydraulic permeability coefficient)

$\Delta P/\Delta z$ = 막을 통한 z 방향에서의 압력 구배

얇은 막에서는 물의 역확산이 전기삼투 드랙으로 인한 애노드 건조 효과를 보상하는 데 충분하다. 그러나 두꺼운 막에서는 애노드 쪽에서 건조가 일어날 수 있다. 이를 분명히 보여준 이들이 Büchi와 Scherer[19]인데, 여러 장의 Nafion 막을 겹쳐서 두꺼운 막을 만들었다. 막의 두께가 120 μm에 이르기까지는 막 저항이 전류밀도와 무관하지만, 이보다 두꺼운 막에서는 증가한다(그림 4-7).

두꺼운 막은 여러 겹으로 되어 있어서 각 층에서의 저항을 측정할 수 있다. 전류밀도에 따라 저항 증가를 나타내는 유일한 층은 애노드에 접한 층이다(그림 4-8). 여기에서 분명히 알

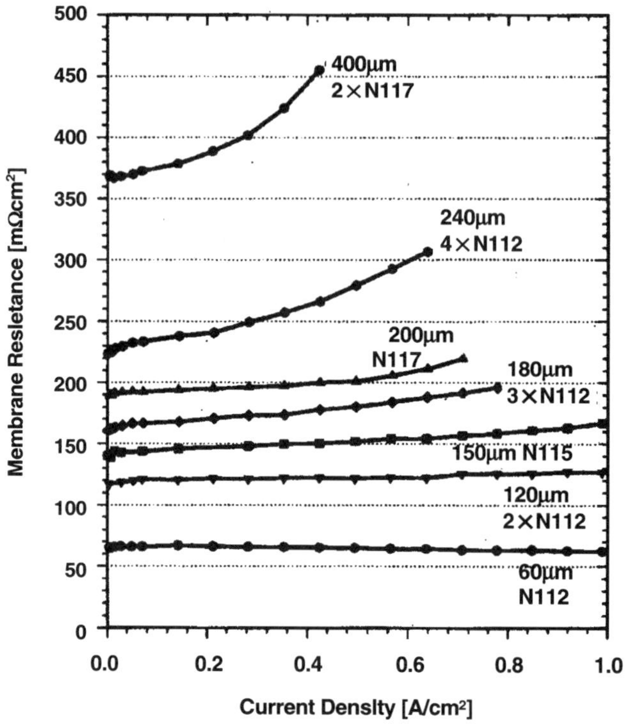

그림 4-7 Nafion 막의 두께에 따른 실제 저항과 전류밀도의 관계(셀 온도 60°C)[19]. (자료: Electrochemical Society)

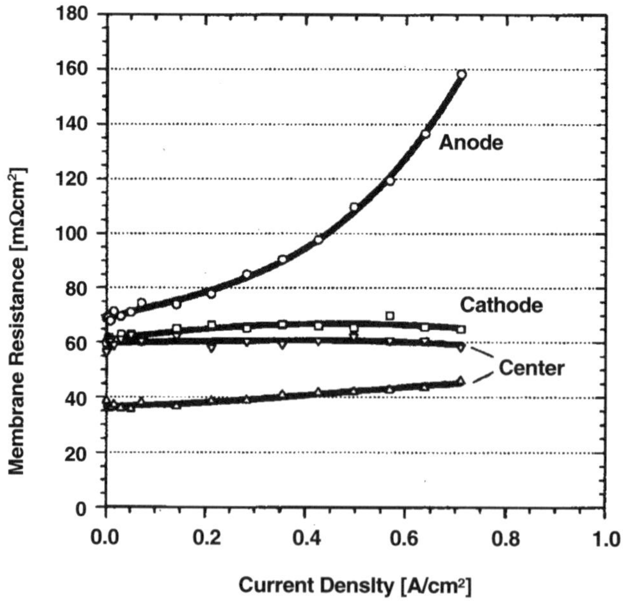

그림 4-8 Nafion 112 막 4겹을 사용한 H_2/O_2 연료전지에서, 막 층의 저항과 전류밀도의 관계(셀 온도 60°C)[19]. (자료: Electrochemical Society)

수 있는 것처럼, 전기삼투 드랙으로 인한 건조는 애노드와 인접한 곳에서 일어난다는 것인데, 이는 전기삼투 드랙을 보상할 수 있을 만큼 역확산이 충분치 않기 때문이다.

Janssen과 Overvelde[20]가 Nafion 105 및 112 막을 사용해 운전 중인 연료전지에서 물의 실질 수송을 조사한 결과, 유효 드랙(막을 통한 물의 실질 수송)은 전에 발표한 값보다 적었다. −0.3∼+0.1의 값[4)]을 보고했으며, 애노드 습도(humidification)에 따라 크게 달라짐을 알았다. 반응물의 양론관계와 압력차에 따라서는 별로 달라지지 않는데, 이는 이러한 막에서는 수력학적 투과를 무시할 수 있음을 나타낸다. 예상한 일이지만, Nafion 112 막은 이보다 두꺼운 105 막보다 실질 드랙이 다소 적다.

4.2.5 기체 투과

원리적으로는, 막은 반응물 성분에 대해 비투과성이어야, 전기화학 반응에 참여하기 전에 혼합되는 것을 방지할 수 있다. 그러나 막은 실질적으로 다공질 구조로서, 물을 함유하고 수소와 산소가 물에 녹으며, 기체 일부가 막을 투과하게 된다.

투과도는 확산계수와 용해도의 곱이다.

$$P_m = D \times S \tag{4-12}$$

확산계수는 $cm^2\,s^{-1}$, 용해도는 $mol\,cm^{-3}\,Pa^{-1}$, 투과도는 $mol\,cm\,s^{-1}\,cm^{-2}\,Pa^{-1}$ 단위로 나타낸다. 투과도의 관습 단위는 Barrer이다.

$$1\ \text{Barrer} = 10^{10}\,cm^3\,cm\,s^{-1}\,cm^{-2}\,cmHg^{-1}$$

Nafion에서의 수소의 용해도는 $S_{H2} = 2.2 \times 10^{-10}\,mol\,cm^{-3}\,Pa^{-1}$[21]이며, 온도와는 거의 무관하다. 확산계수는 온도의 함수이다[21, 22].

$$D_{H2} = 0.0041\exp\left(-\frac{2602}{T}\right) \tag{4-13}$$

산소 용해도($mol\,cm^{-3}\,Pa^{-1}$)는 온도의 함수이며, 다음 식으로 나타낸다[22, 23].

$$S_{O2} = 7.43 \times 10^{-12}\exp\left(\frac{666}{T}\right) \tag{4-14}$$

4) − 값은 전기삼투보다 역확산이 큼을 나타낸다.

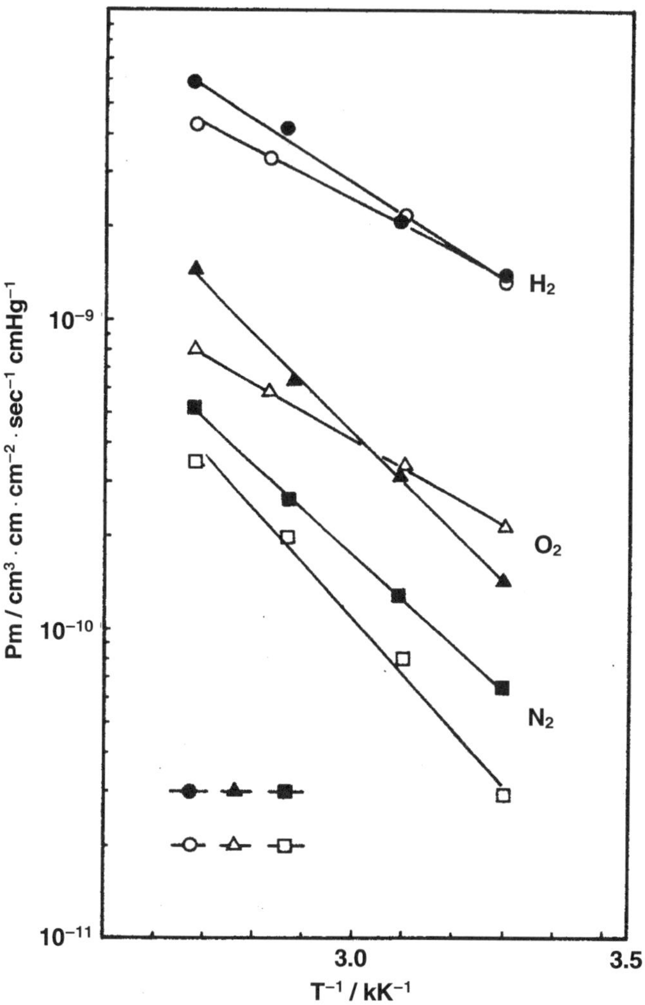

그림 4-9 Nafion 125 막에서 수소, 산소, 질소의 투과도[24]. (자료: Electrochemical Society)

산소 확산계수($cm^2 s^{-1}$)는 다음과 같다.

$$D_{O2} = 0.0031 \exp\left(-\frac{2768}{T}\right) \tag{4-15}$$

건조 Nafion 막을 통한 여러 기체의 투과도를 그림 4-9에 보였다[24]. 예상한 것처럼, 수소는 산소에 비해 투과도 값이 한 자리 정도 높다. 젖은 Nafion 막에서의 투과도는 다시 한 자리 정도 높다(그림 4-10). 젖은 Nafion 막을 통한 투과는 물을 통한 투과보다 다소 낮으며, 마른 Nafion 막을 통한 투과는 Teflon을 통한 투과보다 다소 낮다.

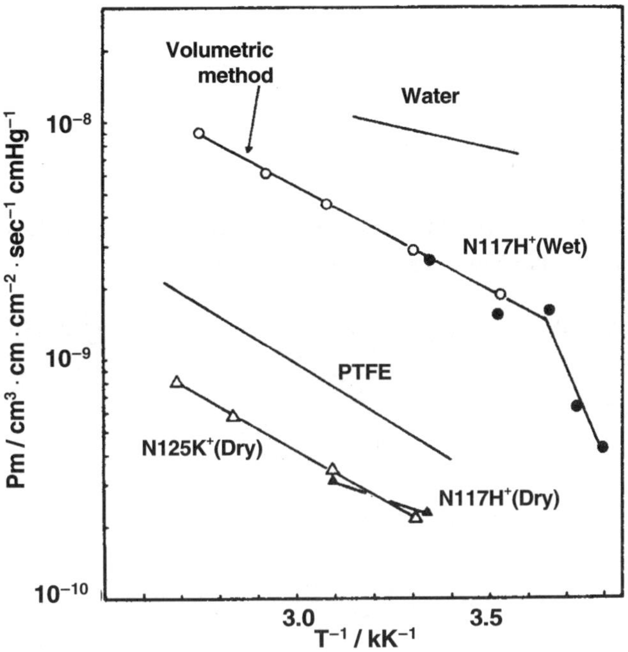

그림 4-10 건조 및 수화 Nafion 막을 통한 산소 투과도[24]. (자료: Electrochemical Society)

예제

25°C, 101.3 kPa(1 atm)에서 Nafion을 통한 수소의 투과도(Barrer)를 구하라.

풀이

25°C(298.15 K)에서 수소의 확산계수는 다음과 같다.

$$D_{H2} = 0.0041 \exp\left(-\frac{2602}{298.15}\right) = 6.65 \times 10^{-7}\,cm^2\,s^{-1}$$

수소 투과도는 확산계수와 투과계수의 곱과 같다.

$$P_m = 6.65 \times 10^{-7}\,cm^2\,s^{-1} \times 2.2 \times 10^{-10}\,mol\,cm^{-3}\,Pa^{-1}$$
$$= 1.44 \times 10^{-16}\,mol\,cm\,s^{-1}cm^{-2}\,Pa^{-1}$$

기체의 몰부피($cm^3\,mol^{-1}$)는 다음과 같다.

$$v_m = \frac{RT}{P}$$

R = 기체 상수 = 8.314 J $mol^{-1}\,K^{-1}$

P = 압력 = 101,300 Pa

T = 온도 = 298.15 K

$$v_m = \frac{8.314 \times 298.15}{101,300} = 0.02447\ m^3mol^{-1} = 24,470\ cm^3mol^{-1}$$

25°C, 101.3 kPa에서 Nafion을 통한 수소의 투과도는 다음과 같다.

$$\begin{aligned} P_m &= 1.44 \times 10^{-16} mol\,cm\,s^{-1}cm^{-2}\,Pa^{-1} \times 24,470 cm^3\,mol^{-1} \times 1350\ Pa/cmHg \\ &= 47.7 \times 10^{-10}\ cm^3 cm\,s^{-1}\,cm^{-2}\,cmHg^{-1} = \underline{47.7\ \ Barrers} \end{aligned}$$

투과도뿐만 아니라 투과 속도도 압력 및 막 면적에 비례하고 막 두께에 반비례한다. 투과 속도는 다음과 같다.

$$N_{gas} = P_m \frac{AP}{d} \tag{4-16}$$

예컨대, 25°C, 300 kPa에서 100 cm^{2}의 Nafion 112를 통한 투과 속도는 다음과 같다.

$$N_{gas} = 1.44 \times 10^{-16} \times \frac{100 \times 300 \times 10^3}{50.8 \times 10^{-4}} = 8.5 \times 10^{-7}\ mol\ s^{-1}$$

수소 투과도 역시 A cm^{-2}으로 나타낼 수 있다.

$$N_{H2} = \frac{I}{2F} \Rightarrow i = \frac{2FN_{H2}}{A} = \frac{2 \times 96,485 \times 8.5 \times 10^{-7}}{100} = 0.0016\,A\ cm^{-2}$$

4.3 전극

연료전지 전극은 기본적으로 이오노머 막과 전기 전도성인 다공질 기판 사이에 압착한 얇은 촉매층이다. 여기에서 전기화학 반응이 일어난다. 좀더 정확하게는 촉매 표면에서 전기화학 반응이 진행된다. 반응에 참여하는 성분은 반응 기체, 전자 및 양이온의 세 가지로서, 이들이 접근하는 촉매 표면에서 반응이 일어난다. 전자는 촉매를 포함한 전기전도성 고체를 통해 이동하지만, 촉매 입자는 기판에 전기적으로 연결되어 있다. 양이온은 이오노머를 통해 이동하므로, 촉매는 이오노머와 밀접한 접촉을 유지해야 한다. 반응 기체는 공극을 통해서만 이동하므로, 전극이 다공질이어야 기체가 반응 부위로 이동할 수 있다. 동시에 생성된 수분이 효과적으로 제거되어야 한다. 그렇지 못하면 전극이 수분으로 젖어서 산소 접근을 방해하게 된다.

그림 4-11a에 간단히 보였지만, 반응은 이오노머, 고체, 공극의 3상 경계에서 일어난다. 그러나 이 경계는 아주 작은 면적(실제로는 면적이 아니라 선)으로, 전류밀도는 무한히 크다.

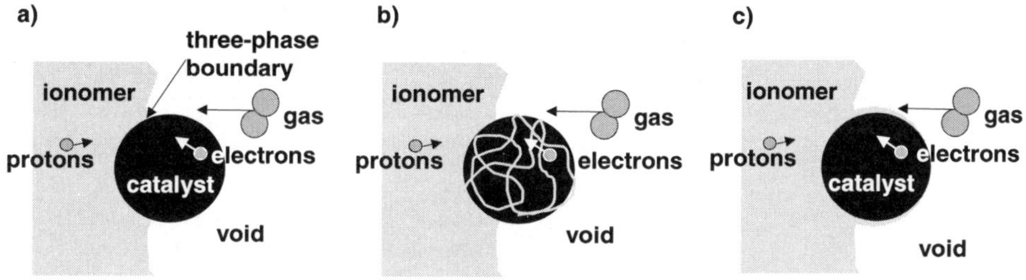

그림 4-11 반응 부위.

실제로는 기체 일부가 고분자를 투과하므로 반응 영역은 하나의 3상 경계선보다는 커진다. 반응 영역을 크게 하려면, 막 표면을 거칠게(roughening) 하거나 촉매층에 이오노머를 결합한다(그림 4-11b). 극단적인 경우에는, 전기적 접촉 부분을 제외한 촉매 표면 전체를 얇은 이오노머 층으로 피복한다(그림 4-11c). 물론 공극으로 개방된 촉매 면적에서, 이오노머로 피복하는 촉매 면적과, 다른 촉매 입자 또는 전기전도성 담체와 접촉하는 촉매 면적의 비율을 최적화해야 한다.

PEM 연료전지에서 산소 환원 및 수소 산화에 쓰이는 가장 일반적 촉매는 백금이다. PEMFC 개발 초기에는 다량의 Pt 촉매를 사용했다(~28 mg cm^{-2}). 1990년대 후반에는 담체를 사용한 촉매 구조로 백금 양이 0.3–0.4 mg cm^{-2}까지 감소했다. 중요한 것은 질량보다 촉매 표면적이므로, 백금 입자는 작고(4 nm 이하) 표면적을 크게 하여 담체 표면에 정밀하게 분산시키는 것이 중요하다. 전형적 담체는 표면적이 크고 다공질인(> 75 $m^2 g^{-1}$) 탄소 분말(40 nm 정도)이다. Cabot의 Vulcan XC72R가 대표적이지만, Black Pearls BP 2000, Ketjen Black Intl., Chevron Shawinigan 등과 같은 탄소도 있다.

양이온 수송 속도와 전해질 층 깊이까지의 반응 기체 투과로 인한 전지 전위 손실을 최소화하려면, 이 층을 되도록 얇게 만들어야 한다. 동시에 금속 활성 표면적을 최대화해야 하며, 그러려면 Pt 입자를 가능한 작게 만들어야 한다. 위의 첫째 목적으로는 Pt/C 비를 높게 해야 한다(질량 기준으로 40% 이상). 그러나 Pt 입자를 작게 하여 금속 면적을 증가시키면 사용량(loading)이 적어도 된다(표 4-2). Paganin 등[25]에 따르면, Pt 사용량이 0.4 mg/cm^2일 경우, Pt/C 비가 10%에서 40%로 변해도 전지 성능은 실질적으로 변하지 않았다. 그러나 Pt/C 비를 40% 이상으로 증가시키면 성능이 떨어졌다. 요컨대, Pt/C 비 10~40% 범위에서는 촉매 활성 면적의 변화를 무시할 수 있지만, Pt/C 비 40% 이상에서는 촉매 활성 면적이 현저하게 감소한다(표 4-2). Ketjen Carbon Black 담체를 이용한 전극 촉매에서 Pt/C 조성에 따라 달성할 수 있는 촉매 활성 면적을 표 4-2에 보였다[26].

표 4-2 Pt/C 조성에 따라 달성할 수 있는 Pt 활성 면적[26] (Ketjen Carbon Black 담체 촉매)

Pt/C 비 (질량 %)	XRD Pt 결정 크기(nm)	활성 면적* (m^2/g Pt)
40	2.2	120
50	2.5	105
60	3.2	88
70	4.5	62
무담체 Pt 블랙	5.5–6	20–25

* CO 화학흡착

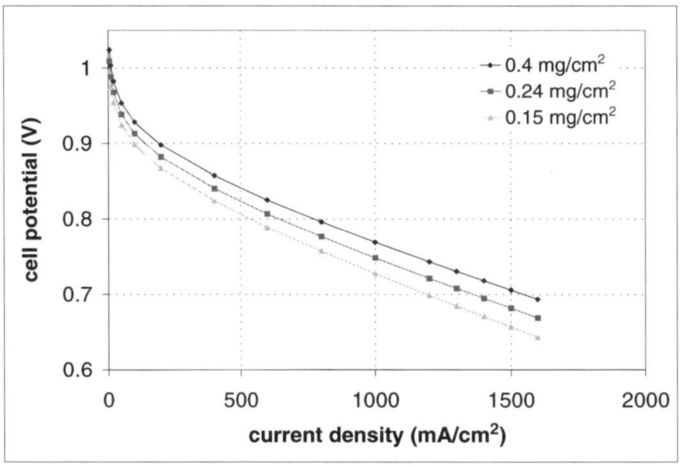

그림 4-12 Pt 사용량이 H_2/O_2 연료전지 분극곡선에 미치는 영향.

촉매 이용률이 동등하고 촉매층 두께가 타당할 경우, 일반적으로, Pt 사용량이 많을수록 전압 이득이 생긴다(그림 4-12)[27]. 그러나 Pt 표면적 기준의 전류밀도를 계산하면 성능에는 거의 차이가 없다. 즉 모든 분극곡선이 겹치게 된다(그림 4-13)[27]. Tafel 기울기는 70 mV/decade 정도이다.

PEM 연료전지 성능을 개선하는 핵심은 Pt 사용량의 증가가 아니라 촉매층에서 Pt 이용률의 증가이다.

촉매 표면 활성 면적을 크게 증가시키려면 촉매층에 이오노머가 포함되도록 하면 되는데, 알코올–물 혼합물에 용해시킨 PFSA를 도포하거나, 촉매층 형성 과정에서 촉매와 이오노머를 사전에 혼합한다. Zawodzinski 등[28]에 따르면, 촉매층 중 이오노머의 함유량 최적치는 질량 기준으로 28% 정도이다(그림 4-14). Qi와 Kaufman[29], Sasikumar 등[30]도 유사한 결과를 보고했다.

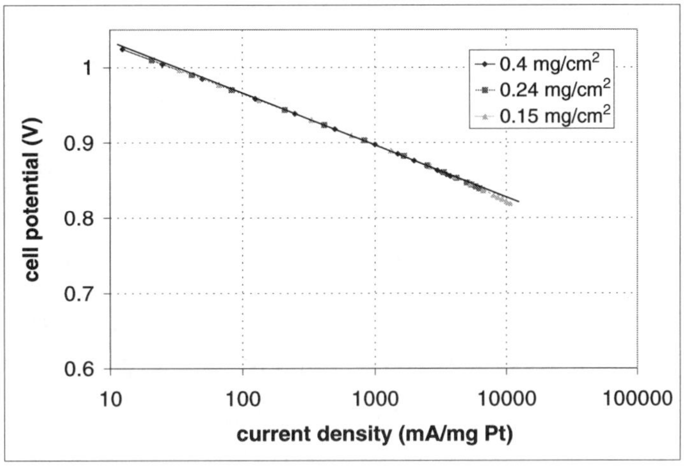

그림 4-13 Pt 전극촉매 단위량 기준의 전지 성능.

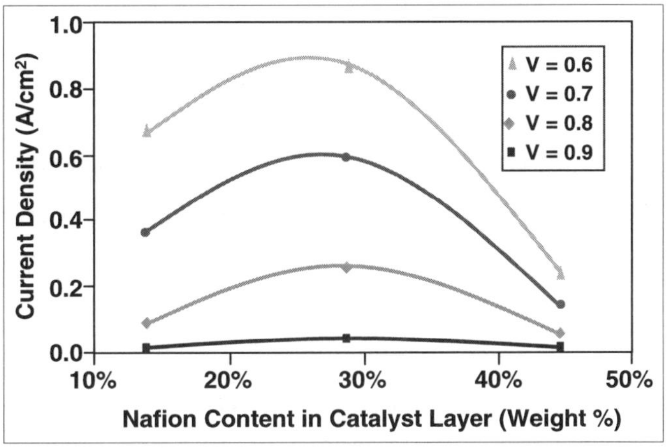

그림 4-14 촉매층 중의 Nafion 함유량이 연료전지 성능에 미치는 영향[28].

원리적으로는, 촉매층을 조제하고 이를 이오노머 막에 부착시키는 방법에는 두 가지가 있다. 막과 촉매층을 조합한 것을 막-전극 복합체(MEA; membrane-electrode assembly)라 한다. 첫 번째 MEA 조제법은, 촉매층을 다공성 기판(전형적으로 탄소섬유 종이 또는 천으로 된 기체 확산층)에 침적시킨 다음, 막에 고온압착(hot-press)하는 것이다. 두 번째 MEA 조제법은, 촉매층을 직접 막에 부착하여, 3층 MEA 또는 촉매 막을 형성하는 것이다. 기체 확산층은 나중에 추가할 수 있는데, MEA 조제의 추가 단계를 사용하거나(이 경우 5층 MEA가 형성된다), 스택 조립 과정에서 추가한다.

촉매층을 다공성 기판이나 막에 침적시키는 방법으로는 여러 가지가 개발되어 있는데, 도포(spreading), 분무(spraying), 스퍼터링(sputtering), 도포(painting), 스크린 인쇄(screen printing), 전사(decaling), 전착(electrodeposition), 증착(evaporative deposition), 함침환원(impregnation reduction) 등을 들 수 있다. MEA 제조업자에는 Dupont, 3M, Johnson Matthey, W.L. Gore & Associates, Umicore(전신은 dmc^2 and Degussa) 등이 있다. 이들의 제법은 대개 사업 비밀에 속한다.

현재 캐소드 전극촉매는 백금뿐이다. 전형적 카본블랙 담체에 조제한 백금 합금 전극촉매 중에는 백금 전극에 비해 성능 이득이 25 mV인 것이 있다. 그러나 PEMFC에 사용할 수 있는 것은 PtCr, PtZr, PtTi처럼, 한층 안정적인 Pt 기반 금속 합금뿐인데, 전극 촉매층과 막에서 퍼플루오르화 술폰산에 의한 기반 금속의 용해(dissolution) 때문이다[26]. 산성 환경에서의 산소 환원용으로 좋은 전극 촉매의 탐색에서는 Pt보다 안정성과 활성이 우수한 물질 개발에 초점이 맞추어져 있다.

4.4 기체확산층

촉매층과 이극판(bipolar plate) 사이의 층을 기체확산층(gas diffusion layer), 전극 기판(electrode substrate), 또는 확산/집전체(diffusor/current collector)라 한다. PEM 연료전지의 확산층은 전기화학 반응에 직접 참여하지 않지만, 몇 가지 중요한 기능이 있다.

- 반응 기체가 흐름장 채널(flow field channel)에서 촉매층으로 가는 통로를 제공하며, 채널 부근 뿐 아니라 전체 활성 면적에 접근하도록 한다.
- 생성된 수분이 촉매층으로부터 흐름장 채널로 가는 통로를 제공한다.
- 촉매층과 이극판을 전기적으로 연결하여, 전자가 전기회로를 완결하도록 한다.
- 촉매층에서 전기화학 반응에 의해 발생된 열이 이극판으로 전도되어, 열이 제거되도록 한다(제6장 참고).
- MEA를 기계적으로 지지하여, 흐름장 채널을 향해 휘는 것을 방지한다.

이러한 기능의 관점에서 볼 때 기체확산층의 요건은 다음과 같다.

- 반응물 기체와 생성된 물이 충분히 흐를 수 있는(이 두 플럭스는 방향이 반대이다) 다공질이어야 한다. 흐름장의 설계에 따라서는 판통과(through-plane) 및 판내(in-plane) 확산이 모두 중요하다.

- 판통과 및 판내에서 모두 전기적 열적으로 전도성이어야 한다. 계면 또는 접촉 저항이 벌크 전도도보다 더욱 중요하다.
- 촉매층은 분산된 작은 입자로 되어 있으므로, 촉매층에 면한 기체확산층의 세공은 너무 크지 않아야 한다.
- '취약한' MEA를 지지할 수 있을 만큼 단단해야 한다. 그러면서도 유연성이 있어서 전기적 접촉을 잘 유지할 수 있어야 한다.

이러한 요건 중에는 상충적인 것도 있지만, 탄소섬유 종이와 탄소 직물이나 천과 같은 탄소섬유로 만든 재질로 충분히 충족시킬 수 있다. 여러 제조업자들이 탄소섬유 종이 및 천으로 만든 전형적 기체확산층의 성질을 표 4-3에 보였다.

표 4-3에서 보면, 다양한 기체 확산층의 두께는 0.017~0.04 cm이고, 밀도는 0.21~0.73 g/cm^{3}이며, 세공률(porosity)은 70%~80% 정도이다.

4.4.1 처리 및 피복

확산 매체는 일반적으로 소수성으로 만들어서 수분 범람(flooding)을 피하도록 한다. 전형적으로 캐소드 및 애노드의 기체확산 매체는 모두 처리한 PTFE이다. PEMFC 확산 매체에서 PTFE 사용량(loading)은 5%~30% 범위이며, 대개 확산 매체를 PTFE 용액에 담근 다음 건조하고 소성하여 만든다.

기체확산 매체의 소수성을 제조업자가 보고하는 일은 드물다. 이러한 성질은 특정 전지 설계에 맞추는 것이 일반적이며, 직접 측정하여 전지 성능과 연관시켜야 한다. 이때 전형적으로 Sessile 낙하법(drop method)이나 Wilhelmy 법으로 표면에서 접촉각을 측정한다.

그림 4-15에 보인 것은 처리 및 미처리 캐소드 확산 매체를 가진 연료전지 성능이다[31]. 미처리 매체는 특히 전류밀도가 높을 경우 범람하기 쉽다.

또한 인접한 촉매층의 계면은 피복물(coating)이나 미세공층으로 마감 처리하여 전기 접촉을 보장하는 동시에 수분이 확산층을 효과적으로 출입할 수 있어야 한다. 이 층은 탄소나 흑연 입자를 PTFE 결합제(binder)와 혼합하여 만든다. 결과적으로 생성되는 세공은 0.1~0.5 μm 정도로서, 탄소섬유 종이의 세공 크기(20–50 μm)보다 작다. 그림 4-16에 보인 것은, 상부에 미세공 층이 있는 비직조(nonwoven) 기체확산 매체이다. 작은 세공은 인접 촉매층과의 전기적 접촉을 개선하는데 도움이 된다. 그러나 이러한 미세공 층의 기본 역할은 캐소드 촉매층으로부터 확산 매체를 향한 물의 효과적 스밈(wicking)을 촉진하는 것으로서,

표 4-13 전형적인 연료전지 기체 확산층의 성질

회사	재질	두께	밀도	질량	세공률	전기 저항, Ohmcm	
탄소섬유 종이		cm	g/m^3	g/m^2	%	판통과	판내
Toray	TGP-H-060	0.019	0.44	84	78	0.080	0.0058
	TGP-H-090	0.028	0.44	123	78	0.080	0.0056
	TGP-H-120	0.037	0.45	167	78	0.080	0.0047
Spectracorp	2050-A	0.026	0.48	125		2.692	0.012
	2050-L	0.02	0.46	92		7.500	0.022
	2050-HF	0.026	0.46	120		3.462	0.014
Ballard	AvCarb P50	0.0172	0.28	48		0.564	
	AvCarb P50T	0.0172	0.28	48		0.564	
SGL Carbon	10-BA	0.038	0.22	84	88	0.263	
	10-BB	0.042	0.30	125	84	0.357	
	20-BA	0.022	0.30	65	83	0.455	
	20-BC	0.026	0.42	110	76	0.538	
	21-BA	0.02	0.21	42	88	0.550	
	21-BC	0.026	0.37	95	79	0.577	
	30-BA	0.031	0.31	95	81	0.323	
	30-BC	0.033	0.42	140	77	0.394	
	31-BA	0.03	0.22	65		0.317	
	31-BC	0.034	0.35	120	82	0.441	
E-TEK	LT 1100-N	0.018	0.50	90		0.360	
	LT 1200-W	0.0275	0.73	200		0.410	
	LT 1400-W	0.04	0.53	210		0.500	
	LT 2500-W	0.043	0.56	240		0.550	
Carbon cloth	AvCarb	0.038	0.31	118		0.132	0.009
Ballard	1071 HCB*						

* 출처: General Motors[31]

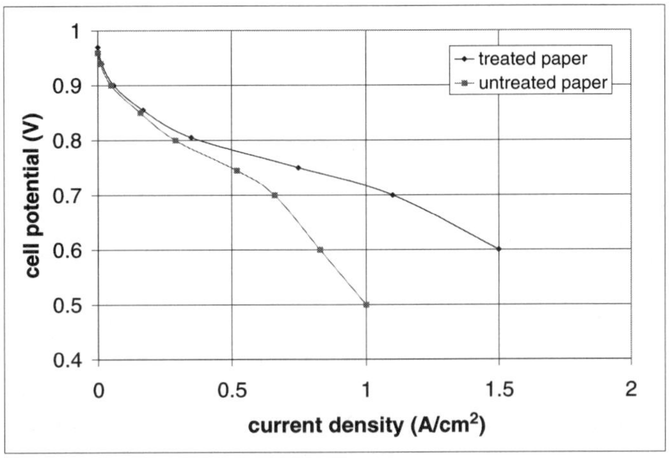

그림 4-15 처리 및 미처리 탄소섬유 종이로 된 연료전지 성능[31]. 50 cm^2, H^2/공기, 80°C, 270 kPa, 양론비 2.0/2.0, 상대습도 100%/50%/an/ca.

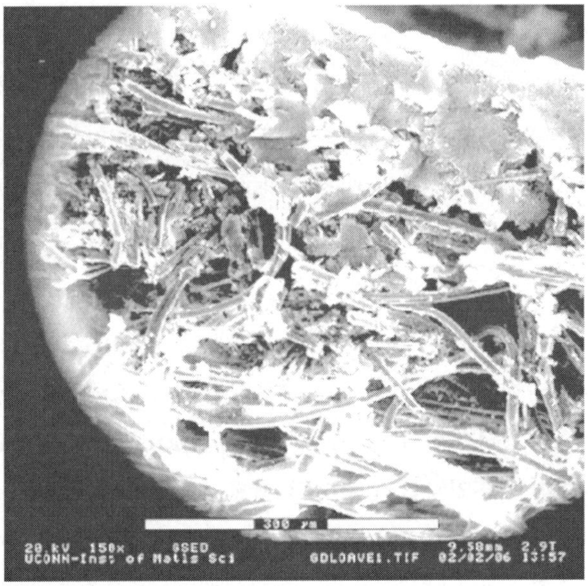

그림 4-16 상부에 미세공 층이 있는 비직조 기체 확산 매체.

아주 작은 물방울이 기체 확산 매체 구조를 막아서 범람하는 것을 막도록 하는 것이다.

4.4.2 세공률

기체 확산 매체는 다공질로서, 전형적 세공률은 70%~80% 사이이며(표 4-3), 면적질량(areal weight), 두께, 고상의 밀도로부터 쉽게 계산할 수 있다. (탄소 기반 물질의 경우 ρ_{real} =

$1.6 \sim 1.95\,g\,cm^{-3}$ 사이이다.) 세공률 ε은 압착 두께(compressed thickness)에 따라서도 달라진다.

$$\varepsilon = 1 - \frac{W_A}{\rho_{real} d} \tag{4-17}$$

W_A = 면적질량($g\ cm^{-2}$)
ρ_{real} = 고상밀도
d = 두께(압착 또는 비압착)

세공률은 수은 세공측정기나 모세관 세공측정기(capillary flow porosimeter)로 측정한다[31].

4.4.3 전기 전도도

기체확산층의 한 가지 기능은 촉매층과 이극판을 전기적으로 연결하는 것이다. 이극판은 일부만 접촉하기 때문에(다른 부분은 반응 기체가 접근하도록 개방되어 있다), 기체확산층은 채널들의 다리 역할을 하여 전류를 재분배한다. 이 때문에 기체 확산층 재질의 판통과 및 판내 비저항(resistivity)이 중요하다. 판통과 비저항(through-plane resistivity) ρ_z는 대개 벌크 및 접촉 저항을 모두 포함하며, 측정법에 따라 달라진다. Toray와 같은 제조업자가 보고한 판통과 참 비저항은 접촉 저항을 제거하기 위해 수은 접촉법으로 측정한 것이지만(표 4-3), 다른 자료는 접촉 저항이 포함되는 방법으로 측정한 것이다. Mathias 등[31]은 Toray TCG-H-060의 판통과 비저항을 측정하여 제조업자의 자료인 $0.08\,\Omega cm$를 확인했다. 또한 판통과 총 저항이 $0.009\,\Omega cm^2$임을 측정했는데, 이를 두께(0.019 cm)로 나누면 $0.473\,\Omega cm$가 된다(이 값은 표 4-3에서 다른 제조업자들이 보고한 값과 비슷하다). 통상적 기체확산 매체의 판내 비저항 ρ_{xy}는 전형적으로 4점 검침법(four-point probe method)으로 측정하는데, 판통과 값에 비해 대개 한 자리 정도 낮은 값이다. 판통과 및 판내 비저항의 관계에 관해서는 스택 설계를 다룬 제6장에서 설명하고, 기체확산층과 이극판 사이의 접촉 저항의 중요성에 관해서는 이 장과 이극판을 다룬 4.5절에서 설명하기로 한다.

4.4.4 압착도

연료전지에서 기체확산층은 압착하여 접촉 저항 손실을 최소로 한다. 탄소 종이와 탄소 천은 모두 비교적 유연하고 쉽게 변형될 수 있는 재질이다. 천은 종이에 비해 압착성이 크다(그

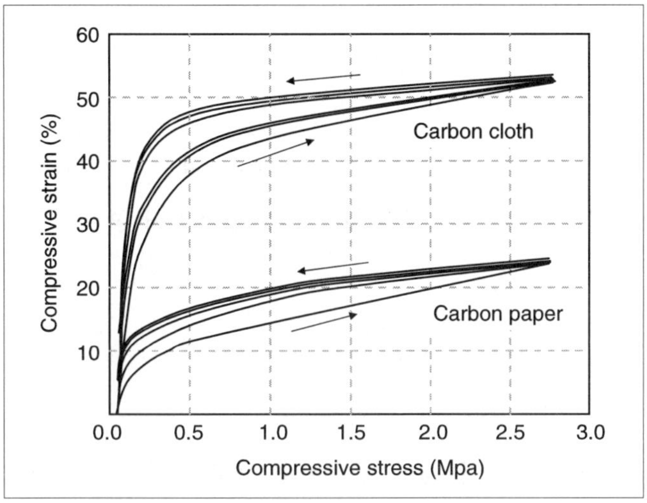

그림 4-17 탄소종이(Toray TGP-H-060)와 탄소 천(Textron 1071HCB)의 응력-변형률곡선[31].

림 4-17). 순환압착시험(cyclic compression test)을 해 보면, 모든 재질이 약화되는데, 첫 번째 압착응력-변형률곡선(stress-strain curve)은 다음번의 경우와 다르다[31].

4.4.5 투과도

전형적 PEMFC 확산 매체의 유효확산계수는 재료의 세공도와 굴곡도(tortuosity) 영향을 포함한 것이다. 세공 지름이 평균 자유행로에 비해 몇 자리나 크기 때문에, 이는 Knudsen 확산이 아니라 벌크 영향을 반영한 것이다. 그러나 세공 크기가 기체 분자의 평균 자유행로와 비슷한 세공층에서는 Knudsen 확산이 지배적일 수 있다. 확산 매체의 대류 저항은 Gurley 수 또는 Darcy 계수로 나타낸다. Gurley 수는 주어진 압력 강하에서 시료를 특정 부피의 흐름이 통과하는데 필요한 시간이다. Darcy 계수는 압력 강하와 관련시킬 수 있는데, Darcy 법칙에 따르면 압력 강하는 부피 유량에 비례한다.

$$Q = K_D \frac{A}{\mu l} \Delta P \tag{4-18}$$

Q = 부피유량($m^3 s^{-1}$)

K_D = Darcy계수(m^2)

A = 흐름에 수직인 단면적(m^2)

μ = 기체 저항($kg\ m^{-1} s^{-1}$)

l = 행로의 길이(확산 매체의 두께)(m)

ΔP = 압력 강하(Pa)

비압착 Toray TGP-H-060 탄소섬유 종이의 Darcy 계수는 $5 \sim 10 \times 10^{-12}\,m^2$으로 보고되었다[31]. 초기 두께의 75%로 압착한 동일 재료를 통한 판내 흐름에 대해서도 거의 비슷한 값이 보고되었다[31].

4.5 이극판

그림 4-1에 보인 것과 같은 단위셀(single cell) 구조에서는 이극판(bipolar plate)이 없다. 막–전극 복합체 양쪽의 두 판은 각각 이극판의 반쪽이라 할 수 있다. 완전한 기능을 하는 이극판은 다중셀(multicell) 구조(그림 4-18)에서 필수적인데, 한 셀의 애노드를 인접한 셀의 캐소드와 전기적으로 연결한다.

연료전지 스택에서 이극 집전/분리 판(bipolar collector/separator plate)의 기능은 여러 가지로서, 요구되는 특성은 다음과 같다.

- 여러 셀을 직렬적으로 전기적 연결을 한다. 따라서 전기전도성이 있어야 한다.
- 인접한 셀의 기체를 분리한다. 따라서 기체의 비투과성이어야 한다.
- 스택의 구조적 지지체 역할을 한다. 따라서 적절한 강도가 있으면서도 가벼워야 한다.
- 활성 셀에서 냉각 셀 또는 도관으로 열을 전도한다. 따라서 열적 도체여야 한다.
- 전형적으로 흐름장 채널의 하우스(house) 역할을 한다. 따라서 이에 적합해야 한다.

또한 연료전지 환경에서 부식 저항성이 있어야 하지만, 특이하거나 비싼 재료로 만들지는 말아야 한다. 가격을 낮추려면 재료가 싸야 할 뿐만 아니라 제법이 대량 생산에 적합해야 한다.

위에서 언급한 요건 중에는 상충적인 것도 있으므로, 재료 선정을 최적화해야 한다. 결정한 재질이 물성 측면에서는 최선이 아니더라도 최적 지표(전형적으로 생산 전력 kWh 당 최저 비용)는 만족시킬 수도 있을 것이다. 이극판 설계 지표를 표 4-4에 요약했다.

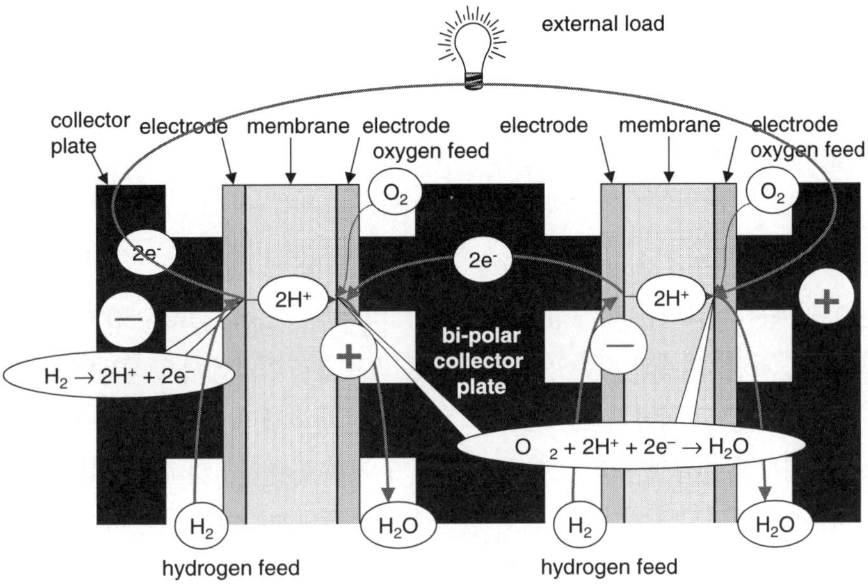

그림 4-18 이극판은 인접한 두 셀을 연결하고 분리한다.

표 4-4 이극판 설계 지표[32]

성질	요건	비고
전기전도도	$> 100\ S\ cm^{-1}$	벌크 전도도
부식 속도	$< 16\ \mu A\ cm^{-2}$	
수소 투과도	$< 2 \times 10^{-6}\ cm^3\ cm^{-2}\ s^{-1}$	@80°C, 3 atm
압착강도	> 2 MPa	
열전도도	> 20 W/m K	스택 설계의 중요 함수. 일부 설계에서는 높은 열전도도가 요구된다.
허용오차	< 0.05 mm	
가격	< $10/kW	재료비 및 가공비 포함
중량	< 1 kg/kW	

4.5.1 재료

PEM 연료전지 이극판 재료로 처음 사용된 것의 하나는 흑연인데, 주로 연료전지 환경에서의 안정성이 입증되었기 때문이다. 흑연은 원래 다공질로서, 연료전지용으로는 부적절하므로, 판을 비투과성으로 만들기 위해 함침 시킨다. 이 재료는 실험용 연료전지(주로 단일셀)에서 사용된다. 그러나 흑연판을 만들기는 쉽지 않으며, 연료전지용으로는 대개 너무 고가이다.

한편 연료전지 제조업자의 하나(UTC Fuel Cell)는 연료전지 스택 내부의 수분 관리용으로 다공질 흑연판을 사용한다.

일반적으로 두 부류의 재료가 연료전지 이극판용으로 사용되는데, 흑연 기반(흑연/복합체 포함)과 금속이다.

금속판

연료전지 안에서 이극판은 부식성이 심한 환경(pH 2~3, 온도 60~80°C)에 노출된다. 알루미늄, 강철, 티탄, 니켈과 같은 전형적 금속은 연료전지 환경에서 부식되며, 용해된 금속 이온은 이오노머 막으로 확산되어, 결과적으로 이온 전도도가 낮아지고 연료전지 수명이 줄어든다. 뿐만 아니라 이극판 표면의 부식층은 전기 저항을 증가시킨다. 이러한 문제 때문에 금속판은 비부식성이면서도 전기전도성인 층으로 피복해야 하는데, 흑연, 다이아몬드와 같은 탄소, 전도성 고분자, 유기 자기조립 고분자(organic self-assembled polymer), 귀금속, 금속 질소화물, 인듐을 도핑한 산화주석 등을 들 수 있다. PEM 연료전지의 부식성 환경에서 이극판을 보호하기 위한 피복의 효과는, (i) 피복물의 부식 저항성, (ii) 피복층의 미세공 및 미세 균열(microcrack), (iii) 기반 재료와 피복물의 열 팽창도 차이 등에 따라 달라진다. 금속판은 대량 제조[틀로 찍어내기, 엠보스(embossing) 가공]에 적절하며, 아주 얇게(< 1 mm) 만들 수 있으므로, 치밀하고 가벼운 스택을 만들 수 있다. 보호 피복의 필요성과 연료전지 운전과 관련된 문제는 PEM 연료전지용 금속판의 기본적 단점이다.

흑연-복합체 판

흑연-복합체 이극판은 열가소성 수지(폴리프로필렌, 폴리에틸렌, 플루오르화 폴리비닐리덴) 또는 열경화성 수지(페놀, 에폭시, 비닐 에스테르 수지)와 충전제(탄소/흑연 가루, 카본블랙, 코크스-흑연 등)를 사용하여 만드는 데, 섬유 강화제는 사용하기도 하고 사용하지 않기도 한다. 이러한 물질은 전형적으로 연료전지 환경에서 화학적으로 안정하지만, 일부 열경화성 수지는 침출되어 열화된다. 또한 유동 특성에 따라, 압착 성형, 이송 성형, 사출 성형 등 적절한 성형법이 다르다. 제조원가(가격 등)와 기능성 특성(전기전도도 등) 사이에서 절충함으로써 재료의 조성과 특성을 최적화해야 할 것이다. 예컨대, 벌크 비저항이 2.9 m Ωcm인 압착 성형 재료를 벌크 비저항이 26 m Ωcm인 사출성형 재료로 대체함으로써 제조 속도를 개선할 수 있다.(사출성형의 주기는 20 s이지만 열가소성 압착 성형의 주기는 20 min이다.) 흑연/복합체 이극판 설계와 제조에서 고려해야 할 중요 성질은 허용오차(tolerance), 뒤틀림

(warping), 표면부착(skinning)효과(성형 과정에서 판 표면에 고분자 부착) 등이다. 고속 성형법은 비용 목표를 충족시킬 수 있고, 재료(흑연과 고분자)는 비싸지 않다. 이러한 판, 특히 플루오르화 고분자를 사용한 판은 연료전지 환경에서 화학적 안정성이 다른 것보다 좋다. 그러나 부피가 크며(최소 두께 ~2 mm), 부서지기 쉬운 편이다. (고속 자동 스택 조립 과정에서 문제가 된다.) 금속판에 비해서는 전기전도도가 몇 자리나 낮지만, 벌크 저항 손실은 몇 mV 수준에 불과하다.

흑연/금속 복합판

엠보싱한 흑연 박지(embossed graphite foil) 두 장 사이에 금속판을 끼워 넣은 샌드위치 구조의 특허를 Ballard가 취득했다[34]. 이 개념은 흑연의 장점(부식, 저항)을 금속판의 장점(비투과성, 구조적 견고성)과 결합한 것으로, 가볍고 내구적이며 만들기 쉬운 이극판이 된다. 또한 흑연 박지는 정합성(conformability)이 있어서 접촉 저항이 아주 적다.

4.5.2 성질

여러 가지 금속 및 흑연/복합체 이극판 재료의 가장 중요한 성질을 각각 표 4-5 및 4-6에 요약했다. 연료전지 이극판의 가장 중요한 성질의 하나는 전기전도도이다. 벌크 전도도와 총 전도도 또는 비저항을 구분해야 하는 데, 총 전도도에는 벌크 및 계면 접촉 성분이 포함된다. 실제 연료전지 스택에서는 접촉(계면) 저항이 벌크 저항보다 중요하다.

판의 전기 비저항은, Smits[36]가 기술한 것처럼 4점 탐침법(four-point probe method)으로 측정할 수 있다. 실험장치는 그림 4-19와 같다. 이 방법으로는 얇은 판의 벌크 비저항을 측정할 수 있는데, 압력 강하와 적용 전류의 측정치에 기하학적 보정인자(geometry-dependent correction factor)를 적용한다.

표 4-5 금속 이극판 재료의 성질[35]

성질	단위	재료			
		SS	Al	Ti	Ni
밀도	$g\ cm^{-3}$	7.95	2.7	4.55	8.94
벌크 전기전도도	$S\ cm^{-1}$	14,000	377,000	23,000	146,000
열전도도	$W\ m^{-1}\ K^{-1}$	15	223	17	60.7
열팽창	$\mu m\ m^{-1}\ K^{-1}$	18.5	24	8.5	13

표 4-6 흑연/복합체 이극판 재료의 성질

성질	단위	재료 및 제조업자			
		흑연 POCO	BBP4 SGL	PPG86 SGL	BMC940 BMC
밀도	$g\ cm^{-3}$	1.78	1.97	1.85	1.82
벌크 전기전도도	$S\ cm^{-1}$	680	200	56	100
열전도도	$W\ m^{-1}\ K^{-1}$	95	20.5	14	19.2
열팽창	$\mu m\ m^{-1}\ K^{-1}$	7.9	3.2	27	30
인장강도	MPa	60			30
굽힘강도	MPa	90	50	35	40
압착강도	MPa	145	76	50	

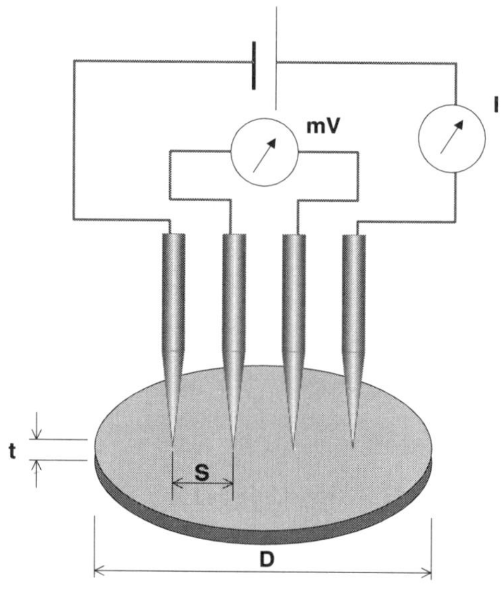

그림 4-19 4점 탐침법으로 시료의 비저항을 측정하는 실험장치.

$$\rho = k\frac{V}{I}t \tag{4-19}$$

ρ =비저항(Ωcm)

k =보정인자, D/S의 함수이다. 표 4-7 참조[36].

D =시료 지름

S =탐침 간격

t =시료 두께(cm)

표 4-7 4점 탐침법으로 측정한 얇고 둥근 시료의 벌크 비저항의 보정인자

	t/S									
D/S	<0.4	0.4	0.5	0.6	0.7	0.8	1	1.25	1.666	2
3	2.2662	2.2651	2.2603	2.2476	2.2240	2.1882	2.0881	1.9240	1.6373	1.4359
4	2.9289	2.9274	2.9213	2.9049	2.8744	2.8281	2.6987	2.4866	2.1161	1.8558
5	3.3625	3.3608	3.3538	3.3349	3.3000	3.2468	3.0982	2.8548	2.4294	2.1305
7.5	3.9273	3.9253	3.9171	3.8951	3.8543	3.7922	3.6186	3.3343	2.8375	2.4883
10	4.1716	4.1695	4.1608	4.1374	4.0940	4.0281	3.8437	3.5417	3.0140	2.6431
15	4.3646	4.3624	4.3533	4.3288	4.2834	4.2145	4.0215	3.7055	3.1534	2.7654
20	4.4364	4.4342	4.4249	4.4000	4.3539	4.2838	4.0877	3.7665	3.2053	2.8109
40	4.5076	4.5053	4.4959	4.4706	4.4238	4.3525	4.1533	3.8270	3.2567	2.8560
∞	4.5324	4.5301	4.5206	4.4952	4.4481	4.3765	4.1762	3.8480	3.2747	2.8717

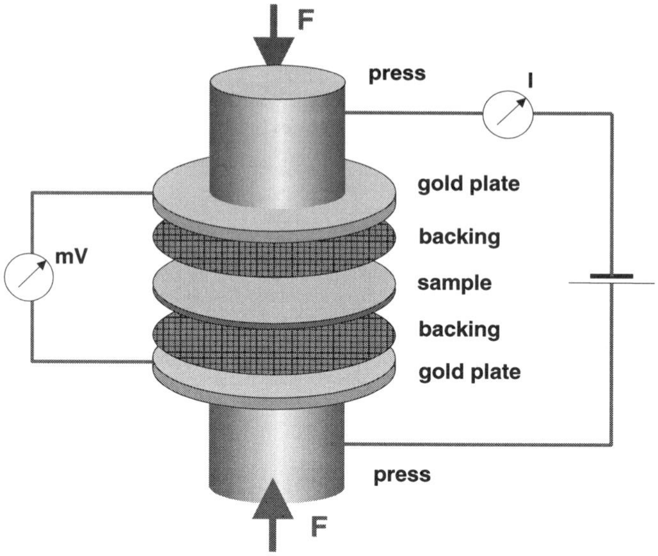

그림 4-20 흑연 및 성형 흑연 복합체 시료의 총(접촉 및 벌크) 비저항 측정용 실험장치[33, 37].

V =측정 전압(V)

I =적용 전류(A)

그러나 연료전지에서 비교적 비저항이 높은 판이라고 하더라도 전압 손실의 중요한 원인이 벌크 비저항 때문은 아니다. 예컨대, 벌크 비저항이 8 m Ωcm나 되는 성형 흑연/복합체 판에서의 전압 손실은 1 A/cm^{2}일 때 2.4 mV 정도이다. 이극판과 기체 확산층 사이와 같은 계면 접촉의 비저항은 이보다 아주 커진다.

계면 접촉 저항의 측정에서는, 두 기체확산층 사이에 이극판을 샌드위처럼 끼우고(또는 두 이극판 사이에 기체확산층을 끼운다.[38]), 샌드위치를 통해 전류를 통과시킨 다음 전압 강하를 측정한다(그림 4-20). 이 실험에서 총 전압 강하(또는 저항, R = V/I)는 클램핑 압력(clamping pressure)의 강한 함수이다. 이 실험에서는 직렬 저항이 여럿인데, 금 접촉판과 기체확산 매체 사이의 접촉 저항 $R_{Au\text{-}GDL}$, 기체확산층의 벌크(판통과) 저항 R_{GDL}, 기체확산층과 이극판 사의 접촉 저항 $R_{GDL\text{-}BP}$, 이극판의 벌크 저항 R_{BP}이다(그림 4-21).

$$R_{mes} = 2R_{Au\text{-}GDL} + 2R_{GDL} + 2R_{GDL\text{-}BP} + R_{BP} \tag{4-20}$$

기체확산 매체의 벌크 비저항 R_{GDL}과 이극판의 벌크 비저항 R_{BP}은 독립적 측정치나 제조

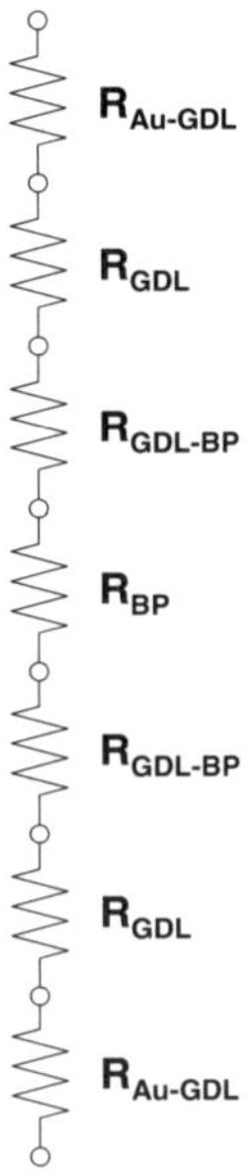

그림 4-21 그림 4-20의 측정에 포함되는 저항.

업자의 규격으로부터 알 수 있지만, 금 접촉판과 기체확산층 사이의 원하지 않는 접촉 저항은, 두 금 접촉판 사이에 기체 접촉 매체를 포함시켜서 추가 실험으로 구해야 할 것이다.

$$R'_{mes} = 2R_{Au\text{-}GDL} + R_{GDL} \tag{4-21}$$

접촉 저항은 다음과 같다.

$$R_{GDL\text{-}BP} = (R_{mes} - R'_{mes} - R_{BP} - R_{GDL})/2 \tag{4-22}$$

이극판과 기체확산 매체의 벌크 저항은 클램핑 힘(clamping force)과는 독립적이지만, 접촉 저항은 분명히 클램핑 힘의 강한 함수이다. 몇 가지 기체확산층의 접촉 저항을 그림 4-22에 보였다[38]. 2 MPa에서 탄소섬유 종이의 접촉 저항은 3 mΩcm 정도이다. 탄소 천은 접촉 저항이 이보다 낮아서 2 mΩcm 정도이다. 거의 같은 값을 Mathias 등[31]이 발표 했는데, 측정법은 약간 다르다.

계면 접촉 저항은 접촉(클램핑) 압력 뿐 아니라 접촉하는 두 표면의 특성 및 유효 전도도에 따라서도 달라진다. Majumdar와 Tien[38]은 표면 형태의 기하학적 프락탈(fractal)을 사용하여, 접촉 저항과 클램핑 압력 사이의 관계를 얻었다. Mishra 등[38]은 이들의 관계식을 수정하여, 기체확산층처럼 비교적 무른 재료와 이극판처럼 비교적 단단한 재료에 맞춘 식을

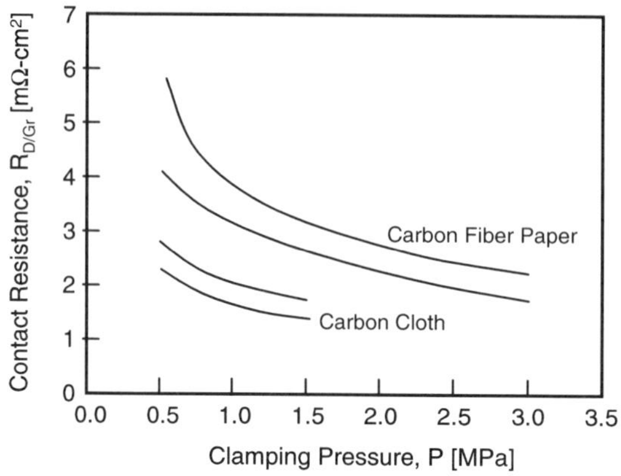

그림 4-22 기체 확산층과 흑연 복합체 이극판 사이의 접촉 저항 측정치[38].

얻었다.

$$R = \frac{A_a K G^{D-1}}{\kappa L^D}\left[\frac{D}{(2-D)p^*}\right]^{\frac{D}{2}} \tag{4-23}$$

R = 접촉 저항($\Omega\, m^2$)

A_a = 계면의 겉보기 접촉 면적(m^2)

K = 기하학적 상수

G = 표면 프로필의 토포세시(topothesy)

D = 표면 프로필의 프랙탈 치수(fractal dimension)

κ = 두 표면에서의 유효 전기전도도($S\, m^{-1}$)

$$\frac{1}{\kappa} = \frac{1}{2}\left(\frac{1}{\kappa_1} + \frac{1}{\kappa_2}\right)$$

L = 스캔 길이(m)

P^* = 무차원 클램핑 압력(실제 클램핑 압력과 기체확산층의 압착계수의 비)

Mishra 등[37]은 표면 프로필로메트릭 스캔(surface profilometric scan)에서 기하학적 매개 변수를 구하고 이를 식 (4-21)에 대입하여 접촉 저항의 측정치와 비교적 잘 맞는 관계식을 구했다.

참고문헌

1. Gottesfeld, S. and T. A. Zawodzinski, Polymer Electrolyte Fuel Cells, in R. C. Alkire, H. Gerischer, D. M. Kolb, and C. W. Tobias (editors), *Advances in Electrochemical Science and Engineering*, Vol. 5 (Wiley-VCH, New York, 1997).
2. Doyle, M. and G. Rajendran, Perfluorinated Membranes, in W. Vielstich, A. Lamm, and H. A. Gastegier (editors), *Handbook of Fuel Cells, Fundamentals, Technology and Applications, Vol. 3 Fuel Cell Technology and Applications* (John Wiley & Sons, New York, 2003), pp. 351–395.
3. Zawodzinski, Jr., T. A., C. Deroiun, S. Radzinski, R. J. Sherman, T. Springer, and S. Gottesfeld, Water Uptake By and Transport Through Nafion 117 Membranes, *Journal of the Electrochemical Society*, Vol. 140, 1993, p. 1041.
4. Zawodzinski, Jr., T. A., C. Lopez, R. Jestel, J. Valerio, and S. Gottesfeld, A Comparative Study of Water Uptake By and Transport Through Ionomeric Fuel Cell Membranes, *Journal of the Electrochemical Society*, Vol. 140, 1993, p. 1981.
5. Nafion product sheet, Dupont NAE101, February 2004.
6. Cleghorn, S., J. Kolde, and W. Liu, Catalyst Coated Composite Membranes, in W. Vielstich, A. Lamm, and H. A. Gastegier (editors), *Handbook of Fuel Cells, Fundamentals, Technology and Applications, Vol. 3 Fuel Cell Technology and Applications* (John Wiley & Sons, New York, 2003), pp. 566–575.
7. Springer, T. E., T. A. Zawodzinski, and S. Gottesfeld, Polymer Electrolyte Fuel Cell Model, *Journal of the Electrochemical Society*, Vol. 138, No. 8, 1991, pp. 2334–2342.
8. Zawodzinski, T. A., *Membranes Performance and Evaluation*, NSF Workshop on Engineering Fundamentals of Low Temperature PEM Fuel Cells (Arlington, VA, November 2001) (http://electrochem.cwru.edu/NSF/presentations/NSF_Tom-Zawodzinsk_Membranes.pdf).
9. La Conti, A. B., A. R. Fragala, J. R. Boyack, Solid Polymer Electrolyte Electrochemical Cells: Electrode and Other Materials Considerations, in J. D. E. McIntyre, S. Srinivasan, and F. G. Will (editors), Electrode Materials and Processes for Energy Conversion and Storage, in *Proc. the Electrochemical Society*, PV 77-6 (Pennington, NJ, 1977), p. 354.
10. Fuller, T. and J. Newman, Experimental Determination of the Transport Number of Water in Nafion 117 Membrane, *Journal of the Electrochemical Society*, Vol. 139, 1992, p. 1332.
11. Zawodzinski, Jr., T. A., T. Springer, F. Uribe, and S. Gottesfeld, Characterization of polymer electrolytes for fuel cell applications, *Solid State Ionics*, Vol. 60, 1993, p. 199.
12. Yeo, S. C. and A. Eisenberg, Physical properties and supermolecular structure of perfluorinated ion-containing (nafion) polymers, *Journal of Applied Polymer Science*, Vol. 21, 1977, p. 875.
13. Eisman, G. A., The physical and mechanical properties of a new perfluorosulfonic acid ionomer for use as a separator/membrane in proton exchange processes, in J. W. Van Zee,

R. E. White, K. Kinoshita, and H. S. Burney (editors), *Diaphragms, Separators, and Ion Exchange Membranes*, in *Proc. the Electrochemical Society*, PV 86-13 (Pennington, NJ, 1986) pp. 156–171.
14. Verbruge, M., Methanol Diffusion in Perfluorinated Ion-Exchange Membranes, *Journal of the Electrochemical Society*, Vol. 136, 1989, p. 417.
15. Slade, R. C. T., A. Hardwick, and P. G. Dickens, Investigation of H^+ motion in NAFION film by pulsed ^1H NMR and A.C. conductivity measurements, *Solid State Ionics*, Vols 9–10, Part 2, 1983, p. 1093.
16. Zawodzinski, Jr., T. A., M. Neeman, L. Sillerud, and S. Gottesfeld, Determination of water diffusion coefficients in perfluorosulfonate ionomeric membranes, *Journal of Physical Chemistry*, Vol. 95, 1991, p. 6040.
17. Newman, J., *Electrochemical Systems* (Prentice Hall, Englewood Cliffs, NJ, 1991).
18. Motupally, S., A. J. Becker, and J. W. Weidner, Diffusion of Water in Nafion 115 Membranes, *Journal of the Electrochemical Society*, Vol. 147, 2000, p. 3171.
19. Buchi, F. N. and G. G. Scherer, Investigation of the Transversal Water Profile in Nafion Membranes in Polymer Electrolyte Fuel Cells, *Journal of the Electrochemical Society*, Vol. 148, No. 3, 2000, pp. A181–A188.
20. Janssen, G. J. M. and M. L. J. Overvelde, Water transport in the proton-exchange-membrane fuel cell: measurements of the effective drag coefficient, *Journal of Power Sources*, Vol. 101, 2001, pp. 117–125.
21. Jeo, R. S. and J. McBreen, Transport Properties of Nafion Membranes in Electrochemically Regenerative Hydrogen/Halogen Cells, *Journal of the Electrochemical Society*, Vol. 126, 1979, p. 1682.
22. Ogumi, Z., Z. Takehara, and S. Yoshizawa, Gas Permeation in SPE Method, *Journal of the Electrochemical Society*, Vol. 131, 1984, p. 769.
23. Bernardi, D. M. and M. W. Verbrugge, A Mathematical Model of the Solid-Polymer-Electrolyte Fuel Cell, *Journal of the Electrochemical Society*, Vol. 139, 1992, p. 2477.
24. Sakai, T. H. Takeraka and E. Torikai, Gas Diffusion in the Dried and Hydrated Nafions, *Journal of the Electrochemical Society*, Vol. 133, No. 1, 1986, pp. 88–92.
25. Paganin, V. A., E. A. Ticianelli, and E. R. Gonzales, Development and electrochemical studies of gas diffusion electrodes for polymer electrolyte fuel cells, *Journal of Applied Electrochemistry*, Vol. 26, 1996, pp. 297–304.
26. Ralph, T. R. and M. P. Hogarth, Catalysis for Low Temperature Fuel Cells, Part I: The Cathode Challenges, *Platinum Metals Review*, Vol. 46, No. 1, 2002, pp. 3–14.
27. Gasteiger, H. A., W. Gu, R. Makharia, and M. F. Mathias, Catalyst Utilization and Mass Transfer Limitations in the Polymer Electrolyte Fuel Cells, *Electrochemical Society Meeting* (Orlando, FL, September 2003).
28. F. Uribe, T. Zawodzinski, J. Valerio, G. Bender, F. Garzon, A. Saab, T. Rockward, P. Adcock, J. Xie, and W. Smith, Fuel cell electrode optimization for operation on reformate and air, in *Proc. 2002 Fuel Cells Lab R&D Meeting, DOE Fuel Cells for Transportation Program* (Golden, CO, May 9, 2002).

29 Qi, Z. and A. Kaufman, Low Pt loading high performance cathodes for PEM fuel cells, *Journal of Power Sources*, Vol. 113, 2003, pp. 37–43.

30. Sasikumar, G., J. W. Ihm, and H. Ryu, Dependence of optimum Nafion content in catalyst layer on platinum loading, *Journal of Power Sources*, Vol. 132, 2004, pp. 11–17.

31. Mathias, M. F., J. Roth, J. Fleming, and W. Lehnert, Diffusion Media Materials and Characterization, in W. Vielstich, A. Lamm, and H. A. Gastegier (editors), *Handbook of Fuel Cells, Fundamentals, Technology and Applications, Vol. 3 Fuel Cell Technology and Applications* (John Wiley & Sons, New York, 2003) pp. 517–537.

32. U.S. Department of Energy, *Transportation Fuel Cell Power Systems, 2000 Annual Progress Report* (U.S. Department of Energy, Washington, D.C., 2000).

33. Barbir, F. and J. Braun, Development of Low Cost Bi-Polar Plates for PEM Fuel Cells, in *Proc. Fuel Cell 2000 Research & Development, Strategic Research Institute Conference* (Philadelphia, September 2000).

34. Wilkinson, D. P., G. J. Lamont, H. H. Voss, and C. Schwab, Method of fabricating an embossed fluid flow field plate, U.S. Patent #5, 527, 363, 1996.

35. MatWeb Materials Properties Data, http://www.matweb.com (accessed October 2004.)

36. Smits, F. M., Measurement of Sheet Resistivities with the Four-Point Probe, *Bell System Technical Journal*, May 1958, pp. 711–718.

37. Barbir, F., J. Braun, and J. Neutzler, Properties of Molded Graphite Bi-Polar Plates for PEM Fuel Cells, *International Journal on New Materials for Electrochemical Systems*, No. 2, 1999, pp. 197–200.

38. Mishra, V., F. Yang, and R. Pitchumani, Electrical Contact Resistance Between Gas Diffusion Layers and Bi-Polar Plates in a PEM Fuel Cell, in *Proc. 2nd International Conference on Fuel Cell Science, Engineering and Technology* (Rochester NY, 2004).

39. Majumdar, A. and C. L. Tien, Fractal Network Model for Contact Conductance, Joint ASME/AIChE National Heat Transfer Conference, (Philadelphia, PA, 1989), pp. 1–9.

익힘 문제

4-1 완전 수화된 Nafion의 전도도는 0.1 S/cm이다.

a) Nafion 117 막의 저항을 구하여라.

b) Nafion 112 두 층의 저항을 구하여라. 계면 저항은 무시한다.

c) 두 Nafion 112 층 한 쪽의 수분 수준이 완전 수화된 수준의 50%로 감소했다. 두 층의 총괄 저항을 구하여라.

4-2 연료전지의 운전 조건이 다음과 같다.

온도=80℃, 압력=300 kPa, 두 기체는 모두 완전 포화되어 있다.

Nafion 112와 117의 셀 이온 저항과 수소 크로스오버를 구하여라.

4-3 Nafion 막으로 된 65 cm^2의 연료전지의 저항 측정치가 2.61 mΩ이다. 반응 기체는 전지 운전 온도 70°C에서 완전 포화되어 있다. 막 두께를 추산하여라. 상기 저항의 2/3는 양이온 저항(protonic resistance)이라 가정한다.

4-4 다음을 구하여라.

a) 60°C에서 수소의 투과도

b) 수소 압력이 300 kPa일 때 200 cm^2인 Nafion 115를 통한 투과 속도

c) 상당 전류 손실(equivalent current loss)

4-5 Nafion 115를 사용하고 활성 면적이 각각 300 cm^2인 셀 10개로 연료전지를 만들었다. 운전하기 전에 누설 여부를 검사해야 한다.

a) 허용할 수 있는 수소 누설 속도를 구하여라. (실온과 대기압보다 0.5 bar 높은 압력에서 시험한다.) Nafion은 완전 포화되었다고 가정한다.

b) 조립한 다음 Nafion을 건조할 경우, 투과 속도는 건조 상태일 경우에 비해 높아지나 낮아지나?

c) 운전 중의 투과 속도를 구하여라. 운전 온도는 80°C, 운전 압력은 200 kPa이다.

d) 상당 전류 손실을 구하여라.

4-6 활성 면적이 같은 두 연료전지를 같은 운전 조건(H_2/O_2, 80°C, 1 atm, 두 기체는 완전 포화)에서 운전하여 전류를 발생시킨다. 그런데 전지 #1은 전지 #2보다 전위가 30 mV 높다. 두 전지의 유일한 차이는 촉매 사용량이다. 전지 #1의 Pt 사용량은 0.4 mg/cm^2일 때, 전지 #2의 Pt 사용량은 얼마인가?

4-7 세계적으로 생산되는 자동차의 1%가 Pt 사용량 0.1 mg/cm^2인 PEM 연료전지를 사용한다고 가정할 경우, Pt의 연간 사용량을 구하여라. 이를 현재의 Pt 소비량과 비교하여라. 차량 당 75 kW 연료전지를 사용하고 셀 당 0.65 V에서 1.3 A/cm^2로 운전한다고 가정한다.

퀴즈

4-1 연료전지에서 Nafion 막이 쓰이는 이유는?

a) 얇기 때문이다.

b) 물이 가득 차 있기 때문이다.

c) 양이온을 전도하기 때문이다.

4-2 Nafion 막의 수분 함유량이 많으면

a) 이온 전도도가 높아진다.

b) 막이 두꺼워지기 때문에 이온 전도도가 낮아진다.

c) 이온 저항이 증가한다.

4-3 막 두께의 영향을 받는 것은
a) 이온 전도도
b) 기체 투과도
c) 이온 전도와 기체 투과도

4-4 촉매 입자가 작아지면
a) 표면적이 증가해 교환전류밀도가 높아진다.
b) 촉매층이 두꺼워진다.
c) 촉매 사용량이 증가한다.

4-5 캐소드(공기) 쪽의 기체 확산층에서는
a) 산소와 수분이 반대 방향으로 흐른다.
b) 산소와 수분이 같은 방향으로 흐른다.
c) 산소와 수분이 혼합된다.

4-6 이극판 벌크 저항은
a) 그 두께의 함수이다.
b) 재료 전도도의 함수이다.
c) 두께와 전도도의 함수이다.

4-7 금속판에 비해 흑연 기반 이극판의 장점은
a) 전도도 향상
b) 부식 저항 향상
c) 무게 감소

4-8 촉매 사용량(loading)에 영향이 큰 것은
a) 담체 입자에 촉매를 붙이는 과정
b) 전극 기하학적 면적 당 촉매량
c) 전지 당 촉매량

4-9 전기삼투 드랙은
a) 수분을 애노드에서 캐소드로 이동한다.
b) 수분을 캐소드에서 애노드로 이동한다.
c) 수분을 압력차에 따라 양방향으로 이동한다.

4-10 접촉(클램핑) 압력이 영향을 미치는 것은
a) 이극판의 벌크 저항
b) 막내 저항
c) 계면 저항

05 연료전지 운전 조건

Chapter

5.1 운전 압력

연료전지는 상압이나 가압 하에서 운전할 수 있다. 압력을 증가시키면 다소의 압력 이득이 생기지만(그림 5-1), 압축 동력 소비를 고려하면, 실질 이득(net gain)은 분명치 않다(제9장). 또한 가압은 수분 관리 문제와 관련이 있으므로, 시스템 전체의 관점에서 고려해야 한다.

연료전지 반응 기체를 가압 탱크로부터 공급할 때의 압력은 출구에 설치한 역압 조절장치로 제어한다(그림 5-2a). 이 압력 조절장치로, 연료전지 출구에서 사전에 설정한 목표 압력을 유지한다. 실험장치에서는 입구 압력조차 기록하지 않는 경우가 많다. 입구 압력은 연료전지 내부의 미세 채널에서의 압력 강하로 인해 언제나 높을 수밖에 없다. 그러나 실제로 송풍기나 압축기와 같은 기계장치에 의해 반응 기체(예컨대 공기)를 연료전지에 공급할 경우에는 입구 압력이 중요하다(그림 5-2b). 압축기나 송풍기는 목표 압력에서 필요한 유량을 수송할 수 있어야 한다. 역압 조절장치는 전지의 가압에도 사용하는데, 역압 조절장치를 사용하지 않으면 기체는 전지에서 대기압으로부터 배출된다. 대기압은 기후 조건이나 고도에 따라 바뀐다. (Los Alamos National Laboratory에서 발표한 연료전지 실험 자료는, 높은 고도에서 실험한 것이므로, 대부분 상압 이하에서 실행한 것에 해당한다.)

5.2 운전온도

셀 온도 역시 미리 설정할 수 있는 운전 매개 변수이다. 일반적으로 운전온도가 높으면 셀

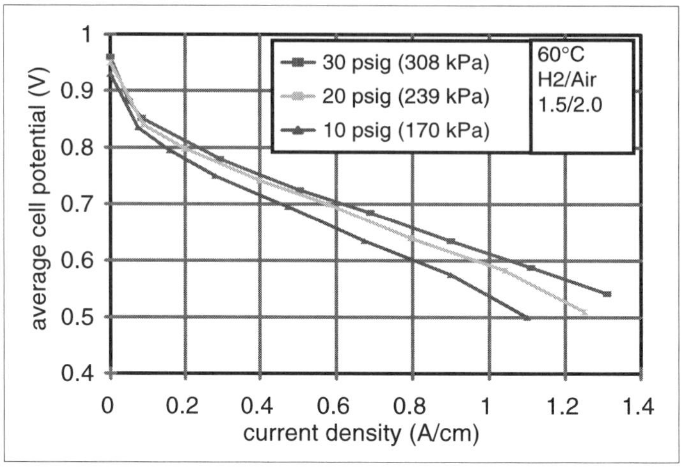

그림 5-1 연료전지 성능과 운전 압력[1].

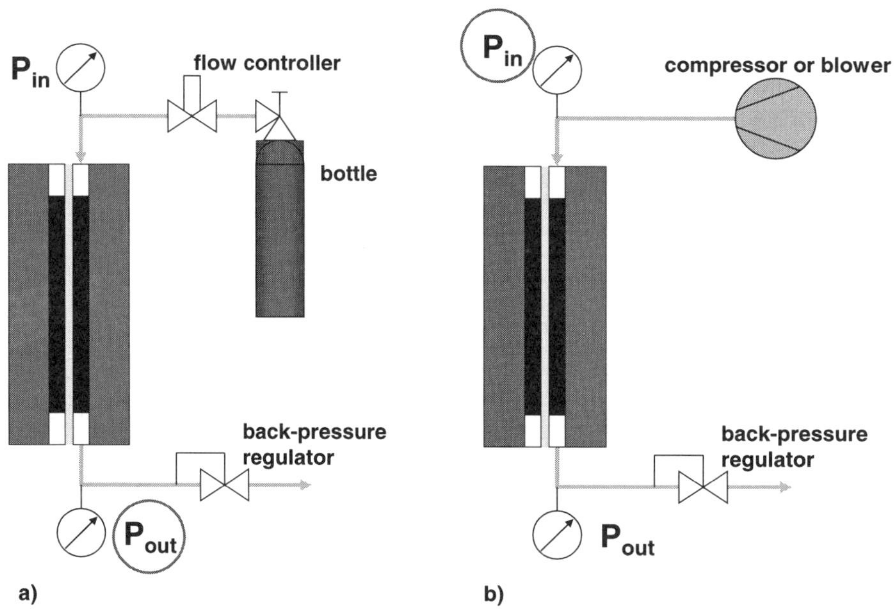

그림 5-2 연료전지 운전 압력과 반응 기체 공급의 관계; a) 고압 탱크로부터 공급, b) 압축기나 송풍기와 같은 기계적 장치로 공급.

전위가 높아진다. 그러나 연료전지 설계마다 최적 온도가 다를 수 있다. 그림 3-19에 보였지만, PEM 연료전지는 운전을 시작하기 위해 운전온도까지 가열할 필요가 없다.

실제 연료전지의 운전온도는, 운전압력과 마찬가지로, 시스템 관점에서 선택해야 하는데, 셀 성능뿐만 아니라, 특히 열관리 부분시스템의 크기와 보조 동력 요건 등 시스템 요건도 고려해야 한다. 연료전지에서는 전기화학 반응의 부산물로 열이 발생된다. 목표 온도로 유지하려면 연료전지로부터 이 열을 제거해야 한다. 열의 일부는 연료전지의 외부 표면에서 소산되지만, 나머지는 냉각장치를 사용해 제거해야 한다. 열 제거 매체로서는 공기, 물, 또는 특수 냉매를 사용한다. 연료전지 내부는 열전달이 일어나도록 설계해야 한다. 소형 연료전지에서는 운전온도까지 높이기 위해 가열기가 필요한 경우도 있다. 이러한 연료전지에서는 외면에서 제거되는 열이 너무 많아서 추가 가열기가 필요한 것이다.

연료전지의 열수지는 다음과 같다.

$$Q_{gen} + Q_{react,in} = Q_{dis} + Q_{react,out} + Q_{cool} \tag{5-1}$$

연료전지에서 발생하는 열과 반응 기체가 전지 안으로 도입하는 열을 더한 값은, 연료전지 외면서에서 외계로 소산되는 열, 전지를 떠나는 반응 기체가 동반하는 열, 냉매가 제거하는 열을 더한 값과 같다.

연료전지 내부의 온도는 균일하지 않을 수 있다. 입구와 출구에서 다르고, 내부와 외부에서 다르며, 캐소드와 애노드에서 다를 수 있다. 그렇다면 어떤 온도가 연료전지 온도인가? 전지온도는 다음 온도를 근사치로 하는데, 이 편이 전지온도를 직접 측정하는 것보다 쉽다.

- 표면온도
- 전지에서 배출되는 공기온도
- 전지에서 배출되는 냉매온도

실제로는 이 중의 어떤 온도도 연료전지 운전온도와 정확히 같을 수는 없다. 적절한 온도차이가 있어야 연료전지 내부에서 열전달이 일어날 수 있기 때문이다. 연료전지가 내부적으로 가열된다면 표면온도가 내부 온도보다 낮을 것이 분명하고, 가열 패드로 연료전지 표면을 가열한다면 표면온도가 내부 온도보다 높을 것이 분명하다. 연료전지에서 대부분의 손실은 캐소드 반응과 관련이 있으므로, 배출 공기의 온도는 전지 운전온도와 비슷하겠지만, 내부 온도는 배출 공기온도보다 다소 높을 것이다. 전지를 통과하는 냉매 흐름의 온도로 전지온도를 유지할 경우에는, 냉매 배출온도를 운전온도로 가정할 수 있을 것이다. 이러한 근사치의 정확도는 전지 재료의 열전도도와 공기, 냉매의 유량에 따라 달라진다.

5.3 반응물 유량

연료전지에 도입되는 반응물의 양은 내부에서 소비되는 양과 같거나 많아야 한다. 수소와 산소의 소비 속도($mol\ s^{-1}$)와 수분의 생성 속도는 Faraday 법칙으로 구할 수 있다.

$$\dot{N}_{H2} = \frac{I}{2F} \tag{5-2}$$

$$\dot{N}_{O2} = \frac{I}{4F} \tag{5-3}$$

$$\dot{N}_{H2O} = \frac{I}{2F} \tag{5-4}$$

$\dot{N}$ = 소비 속도($mol\ s^{-1}$)
I = 전류(A)
F = Faraday 상수($C\ mol^{-1}$)

소비되는 반응물의 질량유량($g\ s^{-1}$)은 다음과 같다.

$$\dot{m}_{H2} = \frac{I}{2F} M_{H2} \tag{5-5}$$

$$\dot{m}_{O2} = \frac{I}{4F} M_{O2} \tag{5-6}$$

생성되는 수분의 질량유량($g\ s^{-1}$)은 다음과 같다.

$$\dot{m}_{H2O} = \frac{I}{2F} M_{H2O} \tag{5-7}$$

기체의 유량은 대개 L/min(slpm) 단위로 나타낸다. 부피의 표준상태는 101.3 kPa, 15°C이다. 대개의 화학 편람에서는 표준(기준)온도가 25°C이지만, 유체역학 전문분야에서는 표준온도를 대개 15°C로 한다(20°C나 70°F를 사용하는 책도 있다). 표준온도에 관한 혼동을 피하기 위해 유럽에서는 0°C에서의 부피로 환산하여 표준 부피로 한다.

이상 기체의 몰수와 부피 관계가 다음과 같다.

$$PV = NRT \tag{5-8}$$

몰부피는 다음과 같다.

$$v_m = \frac{V}{N} = \frac{RT}{P} \tag{5-9}$$

표준상태(대기압, 15°C) 몰부피는 다음과 같다.

$$v_m = \frac{RT}{P} = \frac{8.314 \times 288.15}{101,300} = 0.02365\ m^3\ mol^{-1}$$
$$= 23.65\ lit\ mol^{-1} = 23,650\ cm^3\ mol^{-1}$$

소비 반응물의 부피 유량(표준상태, slpm)은 다음과 같다.

$$\dot{V}_{H2} = 23.65 \times 60 \times \frac{I}{2F} \tag{5-10}$$

$$\dot{V}_{O2} = 23.65 \times 60 \times \frac{I}{4F} \tag{5-11}$$

연료전지에서 반응물(수소와 산소)의 소비량과 수분 생성량을 표 5-1에 요약했다.

경우에 따라서는 반응물을 소비량보다 과잉으로 공급해야 한다. 예컨대 전지의 캐소드에서 생성되는 수분을 과잉 흐름으로 제거할 수 있다. 반응물의 실제 도입량과 소비량의 비를 양론비(stoichiometric ratio) S라 한다.

$$S = \frac{\dot{N}_{act}}{\dot{N}_{cons}} = \frac{\dot{m}_{act}}{\dot{m}_{cons}} = \frac{\dot{V}_{act}}{\dot{V}_{cons}} \tag{5-12}$$

수소는 소비되는 양과 정확하게 같은 양만을 공급할 수 있는데, 이런 경우를 데드엔드 모드(dead-end mode; 완전 소비 모드)라 한다(그림 5-3a). 고압 저장탱크처럼 고압의 수소가 있는 경우에는 수소를 소비량만큼 공급할 수 있으므로, 이런 데드엔드 모드에서는 제어가 필요하지 않다. 데드엔드 모드에서는 $S = 1$이다. 교차 투과(crossover permeation)나 내부 흐

표 5-1 반응물 소비량과 수분 생성량 (단위: 셀에서 단위 Amp 기준)

	수소 소비량	산소 소비량	수분 생성량
$mol\ s^{-1}$	5.18×10^{-6}	2.59×10^{-6}	5.18×10^{-6}
$g\ s^{-1}$	10.4×10^{-6}	82.9×10^{-6}	93.3×10^{-6}
$cm^3\ s^{-1}$	0.1225	0.06125	93.3×10^{-6}
slpm	0.00735	0.003675	N/A
$Nm^3\ h^{-1}$	0.418×10^{-3}	0.209×10^{-3}	N/A

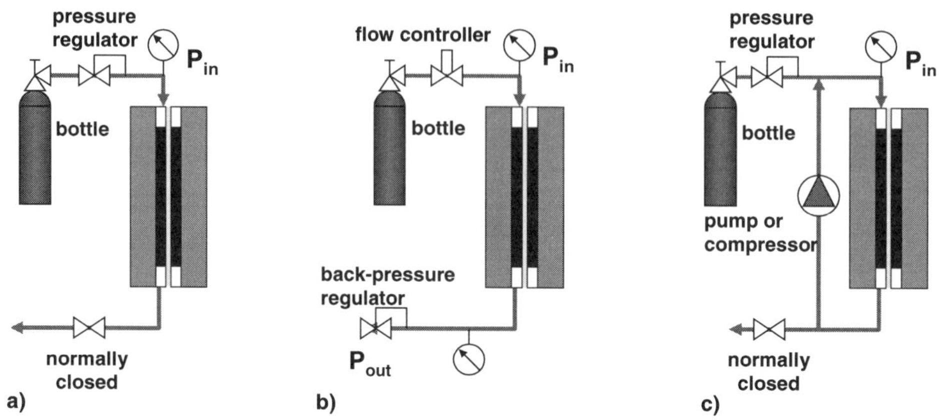

그림 5-3 반응물 공급 모드: a) 데드엔드 모드, b) 통과흐름 모드, c) 순환 모드.

름으로 인한 수소 손실을 감안할 경우에는, 발전량에 해당하는 수소 소비량보다 다소 많은 양을 연료전지에 도입한다.

$$S = \frac{\dot{N}_{cons} + \dot{N}_{loss}}{\dot{N}_{cons}} > 1 \tag{5-13}$$

연료 이용률은 양론비의 역수이다.

$$\eta_{fu} = \frac{1}{S} \tag{5-14}$$

데드엔드 모드에서도, 불활성물이나 수분이 축적되면, 수소를 간헐적으로 퍼지시켜야 한다. 퍼지(purge)의 빈도와 지속시간은 수소 순도, 막을 통한 질소 투과량 및 수분 실질 수송량에 따라 달라진다. 연료전지 효율 계산에서는 퍼지로 인한 수소 손실량을 연료 효율에서 고려해야 한다.

$$\eta_{fu} = \frac{\dot{N}_{cons}}{\dot{N}_{cons} + \dot{N}_{loss} + \dot{N}_{prg}\tau_{prg}f_{prg}} \tag{5-15}$$

$\dot{N}_{loss}$ = 수소 손실 속도(mol s^{-1})

$\dot{N}_{prg}$ = 수소 퍼지 속도(mol s^{-1})

τ_{prg} = 수소 퍼지 지속시간(s)

f_{prg} = 수소 퍼지 빈도(s^{-1})

퍼지 대신에 통과흐름 모드(flow-through mode)에서 수소를 과잉(S > 1)으로 공급할 수 있다(그림 5-3b). 이 경우 연료 이용률은 식 (5-14)과 같다. 공기는 언제나 통과흐름 모드로 공급하는데, 양론비 S = 2 또는 그 이상으로 한다. 순수 반응물(수소와 산소)인 경우, 순환 모드(recirculation mode)를 사용하기도 한다(그림 5-3c). 이 경우 미사용 기체는 펌프나 압축기를 사용해 입구로 반송하기도 하고, 이젝터(ejector)(Venturi 튜브에 기초)와 같은 피동식 장치(passive device)를 사용하기도 한다. 순환 모드의 경우 전지는 1보다 큰 양론비로 운전하지만, 미사용 반응물(수소나 산소)은 폐기하는 대신에 전지 입구로 반송하여 재사용하므로, 시스템 수준에서의 연료나 산화제 이용률은 아주 높다(1에 가까워진다).

다양한 운전 모드에서의 연료 이용률을 요약하면 다음과 같다.

데드엔드 및 순환 모드:

$$\eta_{fu} = \frac{\dot{N}_{cons}}{\dot{N}_{cons} + \dot{N}_{loss}} \tag{5-16}$$

데드엔드 및 퍼지:

$$\eta_{fu} = \frac{\dot{N}_{cons}}{\dot{N}_{cons} + \dot{N}_{loss} + \dot{N}_{prg}\tau_{prg}f_{prg}} \tag{5-17}$$

통과흐름 모드:

$$\eta_{fu} = \frac{\dot{N}_{cons}}{\dot{N}_{act}} \tag{5-18}$$

일반적으로, 유량이 클수록 연료전지 성능이 좋아진다. 순수 수소는 데드엔드 모드(S≈1)로 공급하거나 양론비를 1보다 약간 크게(1.1∼1.2) 하지만, 기체 혼합물(연료 처리장치에서 배출되는 기체) 중의 수소는 양론비 1 이상(1.1∼1.5)으로 공급해야 한다. 정확한 유량은 사실상 설계변수이다. 유량이 너무 크면 수소의 폐기로 인해 효율이 낮아지고, 유량이 너무 작으면 연료전지 성능이 발휘되지 않는다.

마찬가지로, 순수 산소의 경우 양론비 요건은 1.2∼1.5이지만 공기를 사용할 경우에는 전형적으로 양론비를 2 이상으로 한다. 공기 유량이 많으면 연료전지 성능이 좋아지지만(그림 5-4), 공기 유량 역시 설계변수이다. 운전압력에 따라 공기는 송풍기나 압축기로 공급하는데, 동력 소비량은 유량에 정비례한다. 따라서 공기 유량이 많으면 연료전지 성능이 개선되지만, 송풍기 또는 특히 압축기의 동력 소비량은 시스템 효율에 상당한 영향을 미친다. 이에 관한

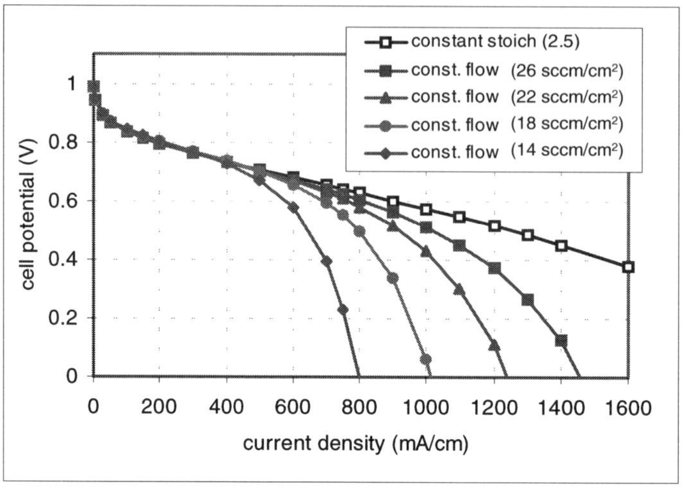

그림 5-4 연료전지 성능과 공기 유량.

자세한 내용은 9장에서 다룬다.

과잉 공기 유량에 따라 연료전지 성능이 개선되는 이유는 최소한 두 가지가 있다.

1. 공기 유량이 많으면 전지로부터 생성되는 수분 제거에 도움이 된다.
2. 공기 유량이 많으면 산소 농도가 높게 유지된다.

산소는 전지에서 소비되므로, 전지 출구에서의 산소 배출농도는 유량에 따라 달라진다. 공기를 양론비(S = 1)대로 정확하게 공급하면 공기와 함께 공급된 산소는 모두 전지 안에서 소비될 것이므로, 배출 공기 중의 산소 농도는 0이 된다. 유량이 증가하면 전지 출구와 내부에서의 산소 농도는 그림 5-5처럼 된다.

연료전지 도입흐름 중의 산소 부피분율 또는 몰분율을 $r_{O2,in}$이라 하면 배출흐름 중의 산소 부피분율 또는 몰분율은 다음과 같다.

$$r_{O2,out} = \frac{S-1}{\dfrac{S}{r_{O2,in}} - 1} \tag{5-19}$$

그림 5-6에서 분명히 알 수 있지만, 양론비가 2 이하이면 배출흐름의 산소 함유량은 급격히 줄어든다. 배출 공기는 거의 언제나 수증기로 포화되어 있으므로, 산소 함유량은 건조 공기 중일 때보다도 낮아진다. 예컨대 양론비 2이고 대기압 및 80°C에서 운전되는 연료전지 배출흐름의 산소 함유량은 6%에 불과하다. 양론비를 3으로 높이면 산소 함유량이 8%로 증가

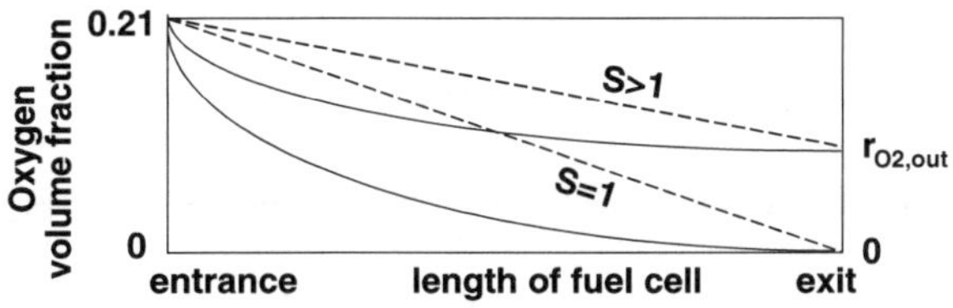

그림 5-5 연료전지를 통한 산소 부피분률(몰분률). (파선은 산소 소비가 일정한 이상적인 경우, 실선은 실제 경우. 소비 속도는 산소 농도의 함수이다.)

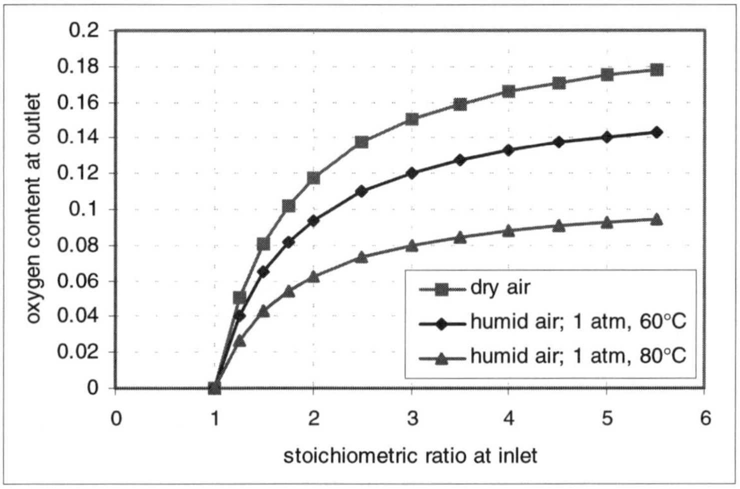

그림 5-6 연료전지 배출 흐름의 산소 함유량(부피 기준)과 양론비의 관계.

한다. 양론비 3 이상에서는 곡선이 평평해지며, 산소 농도의 이득과 연료전지 성능의 개선이 거의 없다.

5.4 반응물 습도

4장에서 설명했지만, 막이 양이온 전도도를 유지하려면 수분이 필요하므로, 반응 기체는 연료전지에 도입하기 전에 가습하는 것이 일반적이다. 수분으로 포화시켜야 하는 경우도 있지만, 애노드 쪽에서는 과잉의 습도가 필요하고 캐소드 쪽에서는 불포화 상태로 충분한 경우도 있다.

기체 흐름 중의 수증기 함유량과 건조 기체 함유량의 비를 습도(humidity ratio)라 한다. 질량습도(humidity mass ratio; 수증기 질량/건조 기체 질량)는 다음과 같다.

$$x = \frac{G_v}{G_a} \tag{5-20}$$

몰습도(humidity molar ratio; 수증기 몰수/건조 기체 몰수)는 다음과 같다.

$$\chi = \frac{N_v}{N_a} \tag{5-21}$$

질량습도와 몰습도의 관계는 다음과 같다.

$$x = \frac{M_w}{M_a}\chi \tag{5-22}$$

기체의 몰비는 분압비와 같다.

$$\chi = \frac{p_v}{p_a} = \frac{p_v}{P - p_v} \tag{5-23}$$

P = 전압

p_v, p_a = 각각 증기와 기체의 분압

상대습도(relative humidity)는 수증기 분압 p_v과 포화 압력 p_{vs}의 비이다. 포화 압력은 주어진 상태에서 존재할 수 있는 수증기의 최대량에 해당한다.

$$\varphi = \frac{p_v}{p_{vs}} \tag{5-24}$$

포화압력은 온도만의 함수이며, 열역학 표에서 값을 구할 수 있다. *ASHRAE Fundamentals*[2]는 0°C~100°C에서의 포화압력(Pa)을 계산할 수 있는 식을 제공한다.

$$p_{vs} = e^{aT^{-1}+b+cT+dT^2+eT^3+f\,ln(T)} \tag{5-25}$$

a, b, c, d, e, f = 계수

a = −5800.2206

b = 1.3914993

c = −0.048640239

d = $0.41764768 \times 10^{-4}$

e = $-0.14452093 \times 10^{-7}$

f = 6.5459673

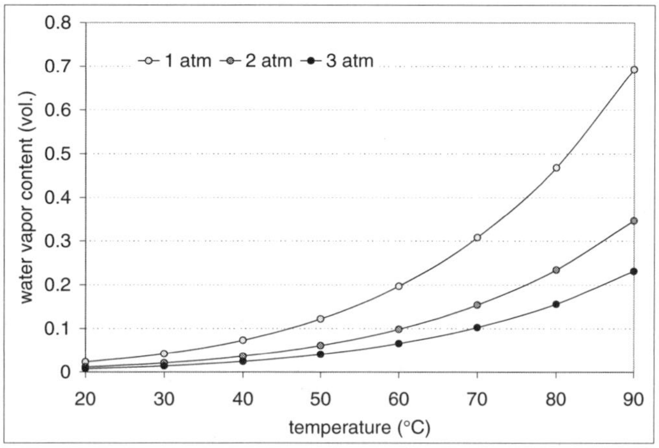

그림 5-7 압력과 온도가 다른 기체 중의 수분 함유량.

식 (5-22), (5-23), (5-24)로부터, 상대습도, 포화압력, 전압으로 습도를 나타낼 수 있다.

$$x = \frac{M_w}{M_a} \frac{\varphi p_{vs}}{P - \varphi p_{vs}} \tag{5-26}$$

$$\chi = \frac{\varphi p_{vs}}{P - \varphi p_{vs}} \tag{5-27}$$

그림 5-7은 온도와 압력이 다른 기체 중의 수분 함유량을 보인 것이다. 식 (5-27)에 따르면 저압일수록 기체 중에 더 많은 수증기가 함유되고, 식 (5-25)과 식 (5-27)에 따르면 기체 중의 수분 함유량은 온도에 따라 지수적으로 증가한다. 80°C, 상압에서 공기 중의 수분 함유량은 50%에 가깝다. 부피 기준의 수증기 함유량은 다음과 같다.

$$r_{H2O,v} = \frac{\chi}{\chi + 1} = \frac{\varphi p_{vs}}{P} \tag{5-28}$$

건조 공기의 엔탈피는 다음과 같다.

$$h_g = c_{pg} t \tag{5-29}$$

h_g = 건조 기체의 엔탈피(J g^{-1})
c_{pg} = 기체의 비열(J g^{-1} K^{-1})
t = 온도(°C)

이 식에서는 섭씨온도를 사용하며, 기준 상태($h_0 = 0$)를 0°C로 한다. 섭씨온도 1도 차는 켈빈온도 1도 차와 같다.

수증기의 엔탈피는 다음과 같다[3].

$$h_v = c_{pv}t + h_{fg} \tag{5-30}$$

h_{fg} = 기화열 = 0°C에서 2500 J g^{-1}

습한 기체의 엔탈피(J/g 건조 기체)는 다음과 같다[3].

$$h_{vg} = c_{pg}t + x(c_{pv}t + h_{fg}) \tag{5-31}$$

물의 엔탈피는 다음과 같다.

$$h_w = c_{pw}t \tag{5-32}$$

연료전지 출구에서처럼, 기체 중에 수증기와 물이 모두 들어 있는 흐름의 엔탈피는 다음과 같다[3].

$$h_{vg} = c_{pg}t + x_v(c_{pv}t + h_{fg}) + x_w c_{pw}t \tag{5-33}$$

x_v = 수증기 함유량(g 수증기/g 건조 기체)
x_w = 물 함유량(g 물/g 건조 기체)

총 수분 함유량은 다음과 같다.

$$x = x_v + x_w \tag{5-34}$$

$x_w = 0$이면, $x = x_v$이고, $x_w > 0$이면 $x_v = x_{vs}$이다. (기체 중에 물이 존재하면 기체는 이미 수증기로 포화되어 있다.)

습한 기체에 관한 과정은 h-x 선도(Mollier 선도, 그림 5-8[3])에서 잘 볼 수 있다. x 축은 다음 양만큼 기울었다.

$$\left(\frac{dh}{dx}\right)_{t=0°C} = h_{fg} \tag{5-35}$$

포화선은 이 선도를 두 영역으로 나누는데, 포화선 윗부분이 불포화 영역이고, 그 아래가 안개(미스트) 영역이다(그림 5-8). 습한 기체의 상태를 결정하는 것은, 온도와 상대습도, 또

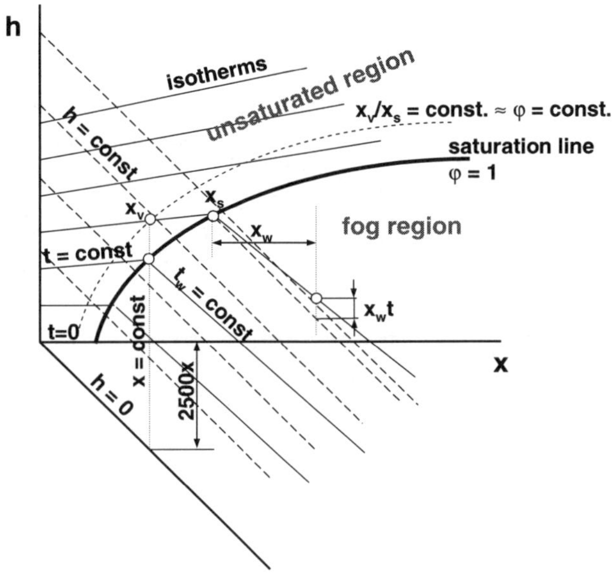

그림 5-8 습한 공기의 Mollier h-x 선도.

는 온도와 수분 함유량, 또는 온도와 이슬점이다. 이슬점(dew point)은 기체 중의 수증기가 응축하는 온도이다.

PEM 연료전지에서는 대개 반응 기체를 가습한다. 일반적으로는 두 반응 기체를 모두 전지 운전온도에서 포화시켜야 하지만, 부분포화나 과포화가 필요한 셀이나 MEA도 있다. 가습방법은 단순하므로, 물이나 수증기를 주입하면 된다. 어느 경우에나 건조 기체나 상압의 공기를 전지 운전온도에서 완전히 포화시키려면, 수분과 열이 모두 필요하다. 상대적으로 건조한 기체에 물을 주입하면, 포화 후의 온도가 처음 공기와 수분의 온도보다 낮아진다(그림 5-9).

특히 상압의 공기를 비교적 높은 온도에서 포화시킬 경우, 증습에는 많은 열량이 필요하다.

예제

활성면적이 300 cm^2인 연료전지를 0.6 A/cm^2, 0.65 V에서 운전한다. 공기는 압력 1.15 bar에서 양론비 2로 공급하며, 스택 도입 전에 더운 물(60°C)을 주입해 가습한다. 대기 상태는 1 bar, 20°C, 60% RH이다. 공기는 전지 운전온도 60°C에서 포화시켜야 한다. 공기 유량, 공기를 100% 가습하는 데 필요한 물의 양과 열량을 구하여라.

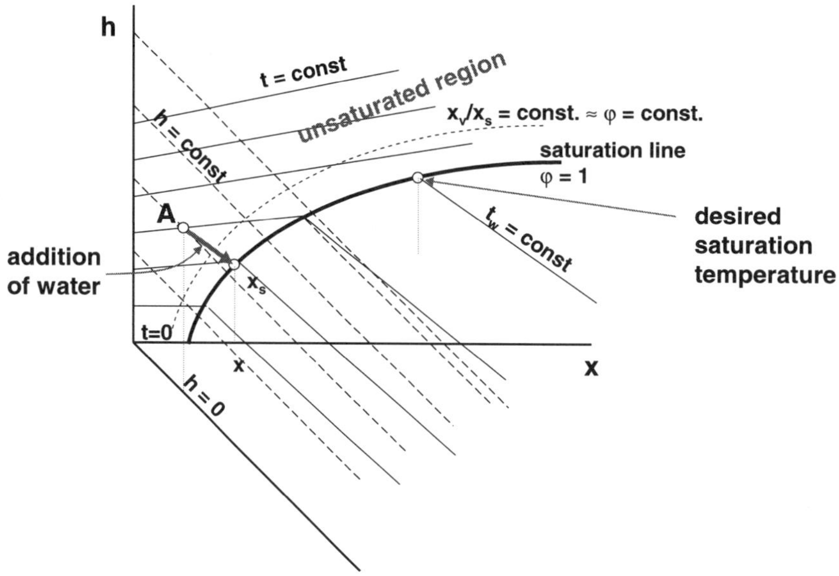

그림 5-9 h-x 선도와 증습 과정.

풀이

산소 소비량[식 (5-3)]:

$$\dot{N}_{O2,cons} = \frac{I}{4F} = \frac{0.6\ A\ cm^{-2} \times 300\ cm^2}{4 \times 96{,}485} = 0.466 \times 10^{-3}\ mol\ s^{-1}$$

전지 도입 산소 유량[식 (5-12)]:

$$\dot{N}_{O2,act} = S\dot{N}_{O2,cons} = 2 \times 0.466 \times 10^{-3} = 0.933 \times 10^{-3}\ mol\ s^{-1}$$

전지 도입 공기 유량:

$$\dot{N}_{air} = N_{O2,act}\frac{1}{r_{O2}} = \frac{1.933 \times 10^{-3}}{0.21} = 4.44 \times 10^{-3}\ mol\ s^{-1}$$
$$\dot{m}_{air} = \dot{N}_{air} m_{air} = 4.44 \times 10^{-3}\ mol\ s^{-1} \times 28.85\ g\ mol^{-1} = \underline{0.128\ g\ s^{-1}}$$

m_{air} = 공기 분자량 ≈ (0.21)(32)+(0.79)(28) = 28.85 mol s^{-1}

연료전지 도입 공기(1.15 bar, 60°C에서 포화) 중의 수분 함유량은, 식 (5-20)에서,

$$\dot{m}_{H2O} = x_s \dot{m}_{air}$$

포화 공기(φ = 1) 중의 수분 함유량 x_s는, 식 (5-26)에서,

$$x_s = \frac{m_{H2O}}{m_{air}} \frac{p_{vs}}{P - p_{vs}}$$

p_{vs} = 60°C에서의 포화압력, 식 (5-25)

P = 전압, 1.15 bar = 115 kPa

$$p_{vs} = e^{aT^{-1}+b+cT+dT^2+eT^3+f\,ln(T)} = 19.944\ \text{kPa} \quad (T = 333.15K)$$

$$x_s = \frac{m_{H2O}}{m_{air}} \frac{p_{vs}}{P - p_{vs}} = \frac{18}{28.85} \frac{19.944}{115 - 19.944} = 0.131\ g_{H2O}/g_{air}$$

$$\dot{m}_{H2O} = x_s \dot{m}_{air} = 0.131\ g_{H2O}/g_{air} \times 0.128\ g_{air}\ s^{-1} = 0.0168\ g_{H2O}\ s^{-1}$$

대기 중에는 이미 수분이 들어 있다(20°C에서 상대습도 60%).

$$x_s = \frac{m_{H2O}}{m_{air}} \frac{\varphi p_{vs}}{P - \varphi p_{vs}} = \frac{18}{28.85} \frac{0.6 \times 2.339}{100 - 0.6 \times 2.339} = 0.00888\ g_{H2O}/g_{air}$$

$$\dot{m}_{H2O} = x_s \dot{m}_{air} = 0.0088\ g_{H2O}/g_{air} \times 0.128\ g_{air}\ s^{-1} = 0.0011\ g_{H2O}\ s^{-1}$$

전지 도입 공기의 가습에 필요한 수분의 양은 다음과 같다.

$$\dot{m}_{H2O} = 0.0168 - 0.0011 = \underline{0.0157\ g_{H2O}\ s^{-1}}$$

가습에 필요한 열량을 열수지에서 구하면 다음과 같다.

$$H_{air,in} + H_{H2O,in} + Q = H_{air,out} \Rightarrow Q = H_{air,out} - H_{air,in} - H_{H2O,in}$$

습한 공기의 엔탈피는, 식 (5-31)에서,

$$h_{vair} = c_{p,air}t + x(c_{p,v}t + h_{fg})$$

습한 공기 : $h_{vair} = (1.01)(60) + 0.131(1.87 \times 60 + 2500) = 402.8\ J\ g^{-1}$

대기 : $h_{vair} = (1.01)(20) + 0.00888(1.87 \times 20 + 2500) = 42.73\ J\ g^{-1}$

수분 : $h_{H2O} = c_{p,w}t = (4.18)(60) = 250.8\ J\ g^{-1}$

$$\begin{aligned} Q &= 402.8\ J\ g^{-1} \times 0.128\ g/s - 42.73\ J\ g^{-1} \times 0.128\ g\ s^{-1} - 250.8\ J\ g^{-1} \times 0.0157\ g\ s^{-1} \\ &= 51.56\ W - 5.47\ W - 3.94\ W = \underline{42.15\ W} \end{aligned}$$

비교해 보면 다음과 같다.

전지 발전량 : $W_{el} = (I)(V) = (0.6\ A\ cm^{-2})(300\ cm^2)(0.65\ V) = 117\ W$

전지 효율 : $\eta = V/1.482 = 0.65/1.482 = 0.439$

전지 발열량 : $Q = 117/0.439 - 117 = 149.5\ W$

수분 발생 속도 : $\dot{m}_{H2O} = \frac{I}{2F} M_{H2O} = \frac{0.6 \times 300}{2 \times 96{,}485} 18 = 0.0168\ g\ s^{-1}$

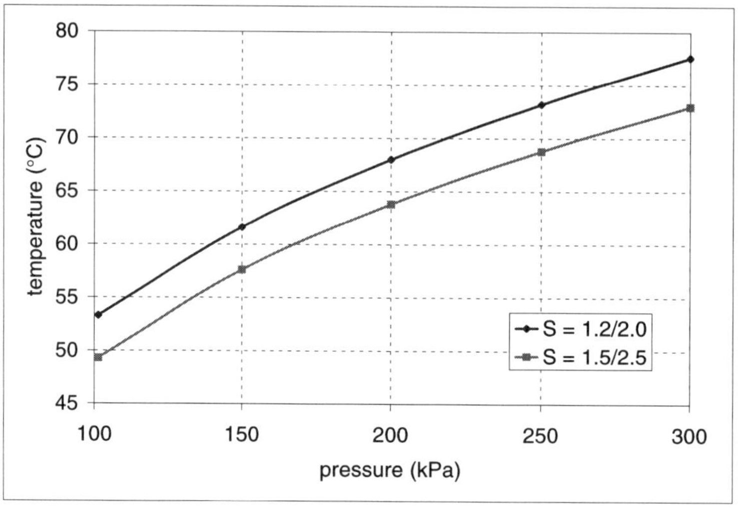

그림 5-10 도입 공기와 수소를 가습하는 데 충분한 물을 생성하는 연료전지의 온도와 압력

이 예제의 연료전지는 도입 공기를 가습하는데 충분한 양 이상의 열과 충분한 양의 수분을 생성한다. 시스템을 잘 설계하면 전지에서 생성되는 열과 수분을 포집하여 도입 공기의 가습에 사용할 수 있다.

도입 공기와 수소가 완전 건조 상태에 있다 가정하고, 이를 가습하는 데 충분한 수분을 생성하는 연료전지의 조건을 그림 5-10에 보였다. 주어진 양론비에 관한 선의 상부에서는 반응기체의 가습에 필요한 수분의 양이 스택에서 생성되는 수분의 양보다 많다.

그런데, 연료전지의 캐소드 쪽에서 충분한 수분이 생성된다면, 연료전지 도입 공기를 가습해야 하는 이유가 무엇인가? 공기를 가습하는 일반적 이유는 공기 입구 부근의 막의 건조를 막기 위해서이다. 그림 5-11a에 보였지만, 전지 안에서 충분한 수분이 생성되더라도, 전지 안 대부분의 영역에서는 공기가 불포화 상태이다. 그림 5-11a에 보인 다음과 같은 조건은 현실적이 아니다.

- 공기는 건조 상태에서 전지에 도입되고, 전지 운전온도로 가열된다고 가정했다.
- 전지는 등온이다.
- 압력 강하가 없다.
- 수분 생성 속도(즉 반응 속도)는 일정하다.

좀더 현실적 조건을 적용한다면, 전지에서의 수분 프로필은 그림 5-11b에 보인 것처럼 극

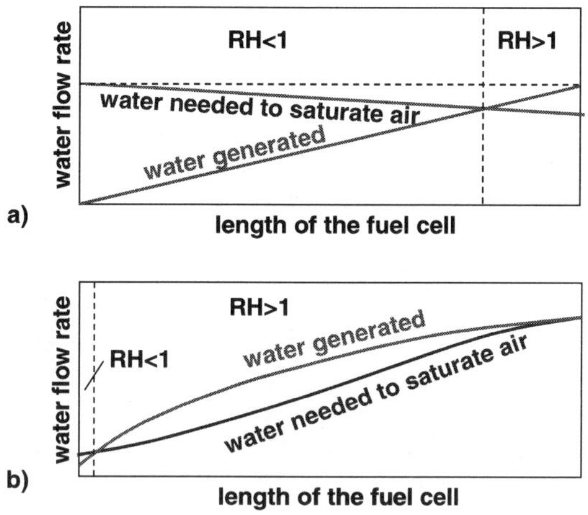

그림 5-11 연료전지 안의 수분 프로필: a) 전류밀도의 분포가 균일하고 등온 조건이라 가정한 경우, b) 전류밀도의 분포가 현실적이고 공기온도가 입구에서 출구로 가면서 상승하는 경우.

적으로 변한다. 조건을 잘 선택하여, 연료전지 배출 공기의 포화에 충분한 수분이 생성되도록 한다. 대기 조건에서 연료전지에 도입되는 공기는 비교적 건조한 상태이다. 낮은 온도(20°C~30°C)에서는 공기를 포화시키는 데 필요한 수분이 소량이므로, 생성된 물만으로도 충분하다. 공기를 가열하면 분압이 감소하므로 더 많은 수분이 필요하다. 연료전지 내부의 공기 통로와 열전달을 주의 깊게 설계하면, 두 수분의 프로필이 거의 일치하도록 할 수 있을 것이다.

그림 5-12에 보인 것은, 전형적 공기 흐름일 경우 연료전지 배출 공기가 포화되는데 필요한 도입 공기의 수분 함유량이다. 선 상부는 물이 배출되는 조건이고, 선 하부는 불포화 공기가 배출되는 조건이다.

5.5 연료전지 질량수지

연료전지 질량수지에서는 도입 질량의 합계가 배출 질량의 합계와 같아야 한다. 도입량은 연료 및 산화제와 동반 수분 흐름이다. 배출량은 미반응 연료 및 산화제와 동반 수분(수증기와 물)이다.

$$\sum(\dot{m}_i)_{in} = \sum(\dot{m}_i)_{out} \tag{5-36}$$

i = 성분, H_2, O_2, N_2, $H_2O(g)$, $H_2O(l)$

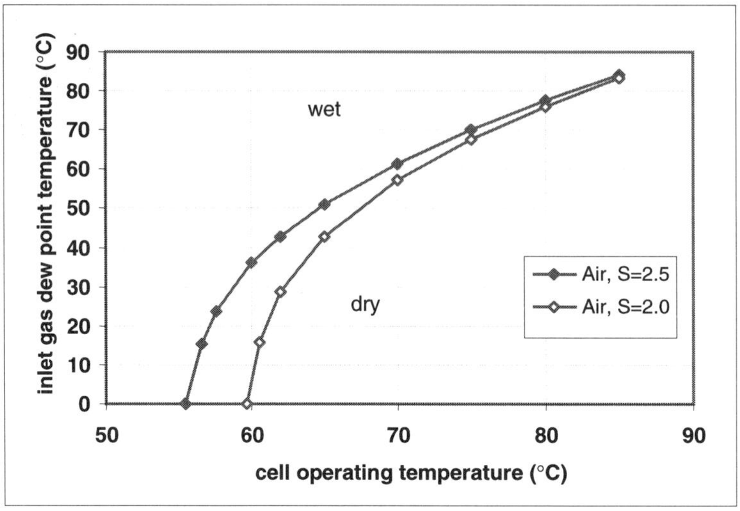

그림 5-12 연료전지 배출 공기가 포화 상태가 되는 데 필요한 도입 공기 중의 수분 함유량(이슬점으로 규정).

연료 처리장치로부터 수소를 공급하는 경우에는, CO_2와 소량의 CO, CH_4 등 다른 성분도 존재할 것이므로, 에너지 수지에서 고려해야 한다.

5.5.1 도입 유량

도입 유량은 전류 및 셀 수에 비례한다. 셀 출력은 다음과 같다.

$$W_{el} = n_{cell} V_{cell} I \tag{5-37}$$

모든 흐름은 또한 동력 출력에 비례하고 셀 전압에 역비례 한다.

$$I \cdot n_{cell} = \frac{W_{el}}{V_{cell}} \tag{5-38}$$

수소 질량유량($g\,s^{-1}$)은 다음과 같다.

$$\dot{m}_{H2in} = S_{H2}\dot{m}_{H2,cons} = S_{H2}\frac{M_{H2}}{2F} I \cdot n_{cell} \tag{5-39}$$

기체 혼합물 중에 들어 있는 수소의 부피분율(몰분율)이 r_{H2}이면, 혼합물 유량은 다음과 같다.

$$\dot{m}_{fuel} = \frac{S_{H2}}{r_{H2}} \frac{M_{fuel}}{2F} I \cdot n_{cell} \tag{5-40}$$

산소 질량유량($g\,s^{-1}$)은 다음과 같다.

$$\dot{m}_{O2in} = S_{O2}\dot{m}_{O2,cons} = S_{O2}\frac{M_{O2}}{4F} I \cdot n_{cell} \tag{5-41}$$

공기 질량유량($g\,s^{-1}$)은 다음과 같다.

$$\dot{m}_{Airin} = \frac{S_{O2}}{r_{O2}}\frac{M_{Air}}{4F} I \cdot n_{cell} \tag{5-42}$$

질소 질량유량($g\,s^{-1}$)은 다음과 같다.

$$\dot{m}_{N2in} = S_{O2}\frac{M_{N2}}{4F}\frac{1-r_{O2in}}{r_{O2in}} I \cdot n_{cell} \tag{5-43}$$

도입 수소 중의 수증기 유량($g\,s^{-1}$)은 다음과 같다.

$$\dot{m}_{H2OinH2in} = S_{H2}\frac{M_{H2O}}{2F}\frac{\varphi_{an}P_{vs(T_{an,in})}}{P_{an}-\varphi_{an}P_{vs(T_{an,in})}} I \cdot n_{cell} \tag{5-44}$$

도입 연료 중의 수증기 유량($g\,s^{-1}$)은 다음과 같다.

$$\dot{m}_{H2O,fuelin} = \frac{S_{H2}}{r_{H2}}\frac{M_{H2O}}{2F}\frac{\varphi_{an}P_{vs(T_{an,in})}}{P_{an}-\varphi_{an}P_{vs(T_{an,in})}} I \cdot n_{cell} \tag{5-45}$$

도입 산소 중의 수증기 유량($g\,s^{-1}$)은 다음과 같다.

$$\dot{m}_{H2OinO2in} = S_{O2}\frac{M_{H2O}}{4F}\frac{\varphi_{ca}P_{vs(T_{ca,in})}}{P_{ca}-\varphi_{ca}P_{vs(T_{ca,in})}} I \cdot n_{cell} \tag{5-46}$$

도입 공기 중의 수증기 유량($g\,s^{-1}$)은 다음과 같다.

$$\dot{m}_{H2OinAirin} = \frac{S_{O2}}{r_{O2}}\frac{M_{H2O}}{4F}\frac{\varphi_{ca}P_{vs(T_{ca,in})}}{P_{ca}-\varphi_{ca}P_{vs(T_{ca,in})}} I \cdot n_{cell} \tag{5-47}$$

5.5.2 배출 유량

배출 질량유량을 나타내는 식에서 반응물 소비량, 수분 생성량, 막을 통한 수분의 실질 수송량을 고려해야 한다.

미반응 수소 유량은 다음과 같다.

$$\dot{m}_{H2out} = (S_{H2}-1)\frac{M_{H2}}{2F} I \cdot n_{cell} \tag{5-48}$$

배출 수소 중의 수분 함유량은, 도입 수소에 동반되어 셀에 들어온 수분량에서, 막을 통한 수분의 실질 수송량을 뺀 값과 같다. 3장에서 검토했지만, 수분은 전기삼투 드랙(electroosmotic drag)으로 인해 애노드에서 캐소드로 수송된다. 동시에 수분 농도구배와 압력차로 인해 수분의 일부는 반대방향으로 확산(역확산; back diffusion)된다. 따라서 수분 실질 수송량은 이러한 두 플럭스의 차이와 같다.

$$\dot{m}_{H2OinH2out} = \dot{m}_{H2OinH2in} - \dot{m}_{H2OED} + \dot{m}_{H2OBD} \tag{5-49}$$

전기삼투 드랙은 전류에 비례하는데, 연료전지에서의 다른 도입 또는 배출 흐름도 마찬가지이다. 비례상수 ξ는 양성자 당 수분 분자 수를 나타낸다. $\xi = 1$이면, 양성자마다 하나의 물 분자가 동반되어 H_3O^+를 형성한다.

$$\dot{m}_{H2OED} = \xi \frac{M_{H2O}}{F} I \cdot n_{cell} \tag{5-50}$$

수분의 역확산은 막 양쪽의 수분 농도, 막을 통한 수분의 확산계수, 막 두께에 따라 달라진다. 수분 농도는 균일하지 않으므로, 셀 전체나 특정 스택에서 역확산을 명확하게 계산하기는 쉽지 않다. 질량수지를 취하기 위해, 역확산을 전기삼투 드랙의 분율 β로 나타내기도 한다. $\beta = 1$이면 역확산은 전기삼투 드랙과 같다. 즉 막을 통한 수분의 실질 수송이 없다. 계수 β는, 애노드와 캐소드 배출흐름 중의 수분을 응축시켜서 측정함으로써, 실험적으로 구할 수 있다.

$$\dot{m}_{H2OBD} = \beta \dot{m}_{H2OED} = \beta\xi \frac{M_{H2O}}{F} I \cdot n_{cell} \tag{5-51}$$

수소 유량 즉 양론과, 배출흐름의 상태(온도와 압력)에 따라서 수소 배출흐름 중의 수분은 수증기로만 존재할 수도 있고, 수증기가 포화된 경우에는 물이 존재할 수도 있다. 애노드 배출흐름에서의 수증기 함유량/플럭스는, 애노드 배출흐름에서 수분의 총 플럭스와 배출가스가 동반할 수 있는 최대량(포화량)보다 적다.

$$\dot{m}_{H2OinH2out,V} = min\left[(S_{H2} - 1)\frac{M_{H2O}}{2F} \frac{P_{vs(T_{out,an})}}{P_{an} - \Delta P_{an} - P_{vs(T_{out,an})}} I \cdot n_{cell}, m_{H2OinH2out} \right] \tag{5-52}$$

ΔP_{an} = 애노드 쪽의 압력 강하, 즉 입구와 출구 사이의 압력차

물이 있다면, 그 양은 배출흐름 중 물의 총량과 수증기의 차와 같다.

$$\dot{m}_{H2OinH2out,L} = m_{H2OinH2out} - \dot{m}_{H2OinH2out,V} \tag{5-53}$$

캐소드 배기에도 유사한 식들을 적용할 수 있다. 출구에서의 산소 유량, 즉 미이용 산소의 양은 입구에서 도입된 산소의 양에서, 전기화학 반응으로 소비된 산소의 양을 뺀 값과 같다.

$$\dot{m}_{O2out} = (S_{O2} - 1)\frac{M_{O2}}{4F} I \cdot n_{cell} \tag{5-54}$$

질소는 연료전지 반응에 참여하지 않으므로 배출유량이 도입유량과 같다.

$$\dot{m}_{N2out} = \dot{m}_{N2in} = S_{O2}\frac{M_{N2}}{4F}\frac{1 - r_{O2in}}{r_{O2in}} I \cdot n_{cell} \tag{5-55}$$

따라서 공기의 배출유량은 산소 유량과 질소 유량을 더한 값과 같다.

$$\dot{m}_{Airout} = \left[(S_{O2} - 1)M_{O2} + S_{O2}\frac{1 - r_{O2in}}{r_{O2in}} M_{N2}\right]\frac{I \cdot n_{cell}}{4F} \tag{5-56}$$

배출흐름 중 산소의 부피분율은 당연히 도입흐름 중의 부피분율 보다 적다.

$$r_{O2,out} = \frac{S_{O2} - 1}{\frac{S_{O2}}{r_{O2,in}} - 1} \tag{5-57}$$

$r_{O2,in}$과 $r_{O2,out}$은 건조 공기의 부피분율 또는 몰분율이다. 습한 공기 중의 실제 부피분율은 이보다 낮다(그림 5-6 참고).

$$r^{\star}_{O2,out} = \frac{S_{O2} - 1}{\frac{S_{O2}}{r_{O2,in}} - 1}\left(1 - \frac{\varphi p_{vs}}{P}\right) \tag{5-58}$$

캐소드 배출흐름 중의 수분 함유량은, 습한 공기에 동반되어 전지에 도입된 수분의 양과, 전지 안에서 생성된 수분의 양, 막을 통한 수분의 실질 수송량(전기삼투 드랙과 수분 역확산의 차이)을 더한 값과 같다.

$$\dot{m}_{H2OinAirout} = \dot{m}_{H2OinAirin} + \dot{m}_{H2Ogen} + \dot{m}_{H2OED} - \dot{m}_{H2OBD} \tag{5-59}$$

산소/공기 유량비(양론관계), 배출 상태(온도, 압력)에 따라서, 캐소드 배출흐름 중의 수분은 수증기뿐일 수도 있고, 가스가 수증기로 포화된 경우에는 물이 존재할 수도 있다. 캐소드 출구에서의 수증기 함유량/플럭스는 캐소드 출구에서 수분의 총 플럭스와 배출 가스가 동반할 수 있는 최대량(포화량)보다 적다.

$$\dot{m}_{H2OinAirout,V} = min\left[\frac{S_{O2} - r_{O2in}}{r_{O2in}} \frac{M_{H2O}}{4F} \frac{P_{vs(T_{out,ca})}}{P_{ca} - \Delta P_{ca} - P_{vs(T_{out,ca})}} I \cdot n_{cell} m_{H2OinAirout}\right] \tag{5-60}$$

ΔP_{ca} = 캐소드 쪽의 압력 강하= 입구와 출구 사이의 압력차

물이 존재한다면, 그 양은 배출흐름 중의 수분 총량과 수증기량의 차이와 같다.

$$\dot{m}_{H2OinAirout,L} = m_{H2OinAirout} - \dot{m}_{H2OinAirout,V} \tag{5-61}$$

이상의 식 (5-36)－식 (5-60)은 연료전지 질량수지를 나타낸 것이다. 도입 조건(온도, 압력, 유량, 상대습도)이 일정하고, 스택 성능 특성(전류, 압력 강하, 온도차, 전기삼투 드랙, 역확산 등)의 일부를 알거나 추정할 수 있으면, 유량과 출구의 수분 조건을 계산할 수 있으며, 원하는 출구 조건에 맞춰서 입구 조건을 조정할 수도 있다. 관련 예제를 이 장의 말미에서 다뤘다.

5.6 연료전지 에너지 수지

연료전지 에너지 수지에서는 에너지 도입량의 합계가 에너지 배출량의 합계와 같아야 한다.

$$\sum(H_i)_{in} = W_{el} + \sum(H_i)_{out} + Q \tag{5-62}$$

에너지 도입량은 연료전지에 도입되는 모든 흐름(연료와 산화제)의 엔탈피와 이 기체에 동반되는 수증기의 엔탈피를 더한 것이다. 에너지 배출량은 다음과 같다.

a) 전기 에너지 생성량
b) 연료전지에서 배출되는 모든 흐름(미반응 연료와 산화제)의 엔탈피, 이 기체에 동반되는 수증기의 엔탈피, 연료 또는 산화제 중에 들어있는 물의 엔탈피
c) 연료전지에서 배출되는 열 플럭스. 냉매를 통해 조절한 배출량과, 연료전지 표면에서 주변으로의 열 소산량(heat dissipation)(복사 및 대류)

단일 또는 혼합 건조 기체의 엔탈피($J\,s^{-1}$)는 다음과 같다.

$$H = \dot{m} c_p t \tag{5-63}$$

$\dot{m}$ = 기체 또는 혼합물의 질량유량($g\,s^{-1}$)

c_p = 비열($J g^{-1}\ K^{-1}$)

t = 온도(°C)

여기서 섭씨온도를 사용한 것은 0°C를 모든 엔탈피의 기준 상태로 정했기 때문이다.

기체가 가연성이어서 발열량(heating value)이 있으면, 그 엔탈피는 다음과 같다.

$$H = \dot{m}\left(c_p t + h^0_{HHV}\right) \tag{5-64}$$

h^0_{HHV}는 기체의 0°C에서 고발열량($J\,g^{-1}$)이다. 발열량은 대개 25°C 기준으로 발표해 표를 작성한다. 25°C와 0°C의 발열량 차이는 두 온도의 반응물과 생성물의 엔탈피 차이와 같다. 수소의 경우 다음과 같다.

$$h^0_{HHV} = h^{25}_{HHV} - \left(c_{p,H2} + \frac{1}{2}\frac{M_{O2}}{M_{H2}} c_{p,O2} - \frac{M_{H2O}}{M_{H2}} c_{p,H2O(l)}\right) \cdot 25 \tag{5-65}$$

수증기의 엔탈피는 식 (5-30)에서 다음과 같다.

$$H = \dot{m}_{H2O(g)}\left(c_{p,H2O(g)} t + h^0_{fg}\right) \tag{5-66}$$

물의 엔탈피는 다음과 같다.

$$H = \dot{m}_{H2O(l)} c_{p,H2O(l)} t \tag{5-67}$$

연료전지의 도입물과 배출물 성분의 성질을 표 5-2에 나타냈다.

질량수지와 에너지수지의 예를 다음 예제에서 다룬다.

예제

수소/공기 연료전지에서, 도입 공기에 물을 주입하고 공기 유량을 충분히 크게 함으로써, 증발냉각법(evaporative cooling)으로 냉각한다. 0.7 V에서 1 kW를 발생하는 연료전지에서, 배출 공기가 65°C에서 완전 포화되도록 하고(배출물에 물이 존재하지 않는다), 연료전지를 추가로 냉각하거나 가열하지 않아도 되도록 하는데 필요한 산소 양론비와 물의 주입 유량($g\,s^{-1}$)을 구하여라. 도입 공기는 실온(20°C)에서 상대습도 70%이다. 막을 통한 수분의 실질 수송량은 애노드 실을 65°C에서 포화 상태

표 5-2 기체와 액체의 물성

	분자량(g mol^{-1})	비열(J g^{-1} K^{-1})	고발열량(J g^{-1})
수소, H_2	2.0158	14.2	141,900
산소, O_2	31.9988	0.913	
질소, N_2	28.0134	1.04	
공기	28.848	1.01	
수증기, $H_2O(g)$	18.0152	1.87	
물, $H_2O(l)$	18.0152	4.18	
일산화탄소, CO	28.0105	1.1	10,100
이산화탄소, CO_2	44.0099	0.84	
메탄, CH_4	16.0427	2.18	55,500
메탄올, $CH_3OH(l)$	32.04	2.5	22,700

로 유지하는 데 충분한 양이라고 가정한다. 공기와 수소의 도입 압력은 120 kPa이고, 공기의 배출 압력은 상압이다.

수분수지:

$$\dot{m}_{H2OinAirin} + \dot{m}_{H2OInject} + \dot{m}_{H2Ogen} = \dot{m}_{H2OinAirOut,V}$$

도입 공기 중의 수분은 식 (5-47)에서 다음과 같다.

$$\dot{m}_{H2OinAirin} = \frac{S_{O2}}{r_{O2}} \frac{M_{H2O}}{4F} \frac{\varphi_{ca} P_{vs(T_{ca,in})}}{P_{ca} - \varphi_{ca} P_{vs(T_{ca,in})}} I \cdot n_{cell}$$

r_{O2} $=0.2095$

$M_{H2O} = 18.015$ (표 5-2에서)

F $= 96,485 \text{ As mol}^{-1}$

φ_{ca} $= 70\%$

p_{vs} $= e^{aT^{-1}+b+cT+dT^2+eT^3+f\ln(T)}$; $T = 293.15$; $P_{vs} = 2.339$ kPa

$I \cdot n_{cell} = W/V = 1000\,W/0.7\,V = 1428.6\,A$

$$\dot{m}_{H2OinAirin} = 0.004397 S_{O2}\ g\,s^{-1}$$

생성된 수분은 식 (5-7)에서 다음과 같다.

$$\dot{m}_{H2O,gen} = \frac{I}{2F} M_{H2O} = \frac{1,428.6}{2 \times 96,485} 18.015 = 0.1333\ g\ s^{-1}$$

배출 공기 중의 수증기는 식 (5-60)에서 다음과 같다.

$$\dot{m}_{H2OinAirout,V} = \left[\frac{S_{O2} - r_{O2in}}{r_{O2in}} \frac{M_{H2O}}{4F} \frac{P_{vs(T_{out,ca})}}{P_{ca} - \Delta P_{ca} - P_{vs(T_{out,ca})}} I \cdot n_{cell}\right]$$
$$p_{vs} = e^{aT^{-1}+b+cT+dT^2+eT^3+f\,ln(T)};\ T = 65°C = 338.15\ K;\ P_{vs} = 25.04\ kPa$$
$$P_{ca} - \Delta P_{ca} = 101.3\ kPa$$
$$\dot{m}_{H2OinAirout,V} = 0.1044 S_{O2} - 0.02188\ g\ s^{-1}$$

따라서 수분수지는 다음과 같다.

$$0.004397 S_{O2} + \dot{m}_{H2OInject} + 0.1333 = 0.1044 S_{O2} - 0.02188$$

이 식을 정리하면,

$$\dot{m}_{H2OInject} - 0.1 S_{O2} + 0.15518 = 0 \qquad \text{(E1)}$$

엔탈피수지는 다음과 같다.

$$H_{H2in} + H_{Airin} + H_{H2OinAirin} + H_{H2Oinject} = H_{Airout} + H_{H2OinAirOut,V} + W_{el}$$

유량은 다음과 같다.
수소 유량: 식 (5-39)에서,

$$\dot{m}_{H2in} = S_{H2} \frac{M_{H2}}{2F} I \cdot n_{cell}$$

$$S_{H2} = 1\ \text{(dead-end mode)}$$
$$\dot{m}_{H2in} = 1 \frac{2.0158}{2 \times 96,485} 1,428.6 = 0.0149\ g\ s^{-1}$$

공기 유량: 식 (5-42)에서,

$$\dot{m}_{Airin} = \frac{S_{O2}}{r_{O2}} \frac{M_{Air}}{4F} I \cdot n_{cell} = \frac{S_{O2}}{0.2095} \frac{28.848}{4 \times 96,485} 1,428.6 = 0.5097 S_{O2}$$

이상의 수분 수지로부터 도입 공기 중의 수증기 유량은 다음과 같다.

$$\dot{m}_{H2OinAirin} = 0.004397 S_{O2}$$

공기 배출: 식 (5-56)에서,

$$\dot{m}_{Airout} = \dot{m}_{O2Out} + \dot{m}_{N2Out}$$
$$\dot{m}_{O2out} = [(S_{O2} - 1) M_{O2}] \frac{I \cdot n_{cell}}{4F} = 0.1184 S_{O2} - 0.1184$$
$$\dot{m}_{N2out} = \left[S_{O2} \frac{1 - r_{O2in}}{r_{O2in}} M_{N2}\right] \frac{I \cdot n_{cell}}{4F} = 0.3913 S_{O2}$$

이상의 수분 수지로부터 배출 공기 중의 수증기 유량은 다음과 같다.

$$\dot{m}_{H2OinAirout,V} = 0.1044S_{O2} - 0.02188\ g\ s^{-1}$$

에너지수지(엔탈피수지)는 다음과 같다.

수소 엔탈피: 식 (5-64)에서,

$$H_{H2in} = \dot{m}_{H2in}\left(c_{p,H2}t_{in} + h^0_{HHV}\right)$$

수소의 고발열량(0°C)은 식 (5-65)에서 다음과 같다.

$$h^0_{HHV} = h^{25}_{HHV} - \left(c_{p,H2} + \frac{1}{2}\frac{M_{O2}}{M_{H2}}c_{p,O2} - \frac{M_{H2O}}{M_{H2}}c_{p,H2O(l)}\right)\cdot 25$$
$$h^0_{HHV} = 141,900 - \left(14.2 + \frac{31.9988/2}{2.0158}0.913 - \frac{18.0152}{2.0158}4.18\right)\cdot 25$$
$$h^0_{HHV} = 142,298\ J/gK$$
$$H_{H2in} = 0.0149(14.2\times 20 + 142,298) = 2124.5\ (W)$$

도입 공기의 엔탈피: 식 (5-63)에서,

$$H_{AirIn} = \dot{m}_{Airin}c_{p,Air}t_{in} = 0.5097S_{O2}\times 1.01\times 20 = 10.296S_{O2}$$

도입 공기 중의 수증기의 엔탈피: 식 (5-66)에서 다음과 같다.

$$H_{H2OinAirin} = \dot{m}_{H2OinAirin}\left(c_{p,H2O(g)}t_{in} + h^0_{fg}\right)$$
$$H_{H2OinAirIn} = 0.004397S_{O2}(1.85\times 20 + 2500) = 11.155S_{O2}(W)$$

물 주입량: 식 (5-67)에서,

$$H_{H2OInject} = \dot{m}_{H2OInject}\times 4.18\times 20 = 83.6\,\dot{m}_{H2OInject}$$

공기 배출량:

$$\begin{aligned}H_{AirOut} &= \dot{m}_{O2Out}c_{p,O2}t_{out} + \dot{m}_{N2in}c_{p,N2}t_{out}\\ &= (0.1184S_{O2} - 0.1184)\times 0.913\times 65 + 0.3913S_{O2}\times 1.04\times 65\\ &= 33.478S_{O2} - 7.0264\end{aligned}$$

배출 공기 중의 수증기: 식 (5-66)에서,

$$\begin{aligned}H_{H2OinAirOut} &= \dot{m}_{H2OinAirOut}\left(c_{p,H2O(g)}t_{out} + h^0_{fg}\right)\\ &= (0.1044S_{O2} - 0.02188)\times(1.85\times 65 + 2500) = 273.55S_{O2} - 57.331\end{aligned}$$

전기 발생량:

$$W_{el} = 1000\ W$$

에너지수지:

$$2124.5 + 10.296S_{O2} + 11.155S_{O2} + 83.6\dot{m}_{H2OInject}$$
$$= 33.478S_{O2} - 7.0264 + 273.55S_{O2} - 57.331 + 1000$$

이 식을 정리하면 다음과 같다.

$$83.6\dot{m}_{H2OInject} - 285.58S_{O2} + 1188.85 = 0 \quad \text{(E2)}$$

수분수지를 통합해 위의 식 E1과 식 E2를 풀어서 두 미지량을 구하면 다음과 같다.

$$S_{O2} = \underline{4.24}$$
$$\dot{m}_{H2OInject} = 0.26688 \text{ g s}^{-1}$$

따라서, 연료전지 도입 공기에 물을 0.2688 g s^{-1}(양론비 4.24)로 주입하면, 목표 조작온도인 65°C로 유지하는 동시에, 배출 공기에 물이 동반되거나 지나치게 건조되지 않은 상태로 적절히 유지할 수 있다. 이러한 연료전지는 단열해야 한다. 한편 건조 수소를 사용해 운전할 수는 없으므로, 수소의 습도를 유지하기 위한 수분이 추가로 필요할 것이다.

하지만 이러한 연료전지는 아주 간단한 장치다. 부피가 아주 큰 보조 장치인 공기 가습장치나 스택 냉각장치가 필요하지 않다.

참고문헌

1. Barbir, F., M. Fuchs, A. Husar, and J. Neutzler, *Design and Operational Characteristics of Automotive PEM Fuel Cell Stacks, Fuel Cell Power for Transportation,* SAE SP-1505 (SAE, Warrendale, PA, 2000), pp. 63–69.
2. *ASHRAE Handbook, 1981 Fundamentals* (ASHRAE, Atlanta, GA, 1982).
3. Bosnjakovic, F., *Technical Thermodynamics* (Holt Rinehart and Winston, New York, 1965).

익힘 문제

5-1 0.6 V에서 100 Amp를 생산하는 연료전지가 있다. 수소 도입 유량은 1.8 slpm[1)]이고 공기유량은 8.9 slpm이다. 다음을 구하여라.

a) 수소 양론비

b) 산소 양론비

1) slpm = standard liter per minute

c) 배출흐름 중의 산소 농도(수분 존재량은 무시)

5-2 문제 5-1에서 기체는 60°C, 120 kPa에서 100% 포화되어 있다. 다음을 구하여라.
a) 수소 중의 수증기 유량(g/s)
b) 산소 중의 수증기 유량(g/s)
c) 연료전지 반응에서 생성되는 수분(g/s)

5-3 문제 5-2에서 전지 출구에서의 수분의 배출량을 구하여라. (막을 통한 수분 수송량은 0이라 가정한다.) 배출 공기와 수소는 모두 상압, 60°C이다.
a) 배출 수소 중의 수분
b) 배출 공기 중의 수분

5-4 문제 5-3에서 다음을 구하여라.
a) 연료전지 효율
b) 열 발생 속도(W)

5-5 H_2/공기 연료전지를 80°C, 170 kPa에서 운전한다. 수소는 데드엔드 모드(dead-end mode; 완전 소비)로 공급한다. 실질 전기화학 드랙은 0.25 molecule H_2O/proton이다. 연료전지의 수소 쪽 막에 수분이 축적되거나 건조되지 않도록 하는 데 필요한 도입 수소의 상대습도를 구하고, 그 물리적 의미를 설명하여라.

5-6 H_2/공기 연료전지에서 수소 소비율이 84%이고 산소 양론비가 2이다. 수소와 공기는 전지의 운전 압력과 온도에서 완전히 포화되어야 한다. 다음 중 맞는 것을 골라라.
a) 공기 필요량은 수분의 4 배 정도 많다.
b) 공기 필요량은 수분의 2 배 정도 많다.
c) 수소 필요량은 수분의 4 배 정도 많다.
d) 온도와 압력을 알지 못하므로, 수분보다 많이 필요한 반응물이 어떤 것인지 알 수 없다.

5-7 연료전지 도입 공기와 배출 공기가 수증기로 완전 포화되어 있다. (실제로는 출구에서 물이 떨어지기도 한다.) 입구와 출구에서의 공기 온도는 같다. 산소 양론비는 2이다. 공기는 구불구불한 단일 채널의 흐름장(flow field)을 통과한다.
출구에서의 수증기 함유량(mol 수증기/mol 건조 공기)은 어떤가?
a) 입구에서보다 많다.
b) 입구에서보다 적다.
c) 입구에서와 같다.

설명 하여라!

퀴즈

5-1 양론비는

a) 연료전지 입구에서 수소와 산소의 비이다.

b) 연료전지에서 소비되는 수소와 산소의 비이다.

c) 어떤 반응물의 연료전지 입구에서 실제 유량과 소비 속도의 비이다.

5-2 공기 흡입(air-breathing) 연료전지에서 산소 양론비는

a) 출구에서 산소의 고농도를 의미한다.

b) 입구에서 산소의 고농도를 의미한다.

c) 농도와는 관계가 없다.

5-3 데드엔드 모드 조작이란

a) 연료전지에서 배출되는 수소가 없다.

b) 연료전지가 휴면 상태이다. 즉 전류가 생성되지 않는다.

c) 수소 소비량이 전지 전압에 비례한다.

5-4 데드엔드 모드 조작에서는 입구에서의 양론비가 어떤가?

a) 출구에서와 같다.

b) 1

c) 0

5-5 연료전지 도입 공기의 압력은

a) 배출 공기보다 낮다.

b) 배출 공기보다 높다.

c) 전류에 따라 달라지므로 뭐라 말할 수 없다.

5-6 고온의 기체 일정량의 수증기 함유량은

a) 저온의 기체보다 적다.

b) 저온의 기체보다 많다.

c) 저온의 기체와 마찬가지다.

5-7 상대습도란

a) 포화 압력에 상대적인 수증기 분압의 백분율이다.

b) 수증기 양과 건조 공기 양의 비이다.

c) 공기 중의 수분의 백분율이다.

5-8 입구에서의 공기 유량을 전류에 비례하도록 하면(가령 2 × 양론비),
a) 전류에 관계없이 전지 전체에서 O_2 농도가 일정하다.
b) 전지 길이에 따라 O_2 농도가 감소한다.
c) 특정 전류에서 O_2 농도가 0이 된다.

5-9 수분의 역혼합이 전기화학 드랙과 같고, 입구에서 두 기체가 포화되어 있으면,
a) 막을 통한 수분의 실질 수송이 없다.
b) 공기 쪽(캐소드)에서 연료전지가 범람한다.
c) 공기 쪽(캐소드)에서 연료전지가 건조된다.

5-10 연료전지의 캐소드(공기) 출구에서의 수분 형성은
a) 조작 압력과 온도에 따라서만 달라진다.
b) 양론비와 온도에 따라서만 달라진다.
c) 도입 공기의 양론비, 온도, 압력, 습도에 따라 달라진다.

06

스택 설계

Chapter

연료전지 전기화학 반응에 의한 이론 전위는 1.23 V지만, 실제 운전 전위는 1 V 이하이다(3장 참고). 1 kW의 전력을 생산하는 단일 전지가 필요하다면 1000 A 이상의 전류를 발생해야 한다. 이러한 전류를 발생하려면 활성 면적(active area)이 커야 하며(1000 cm^2 이상), 저항 손실을 최소화하려면 연료전지와 부하(load) 사이의 케이블이 아주 굵어야 한다. 한층 실질적인 해결책은 전기적으로 직렬한 다중 셀을 사용하는 것이다. 직렬한 셀의 수에 따라 셀 활성면적과 연결 케이블의 단면적이 감소하게 된다. 예컨대, 40개의 셀을 직렬하면 1 kW의 전력을 얻을 수 있는데, 각 전지는 0.6 V, 1 A/cm^2로 운전한다. 총 전력은 24 V에서 약 42 A이다.

6.1 연료전지 스택의 크기

연료전지 스택 설계의 첫 단계에서는 스택 중의 활성면적과 셀 수를 정한다. 특정 용도의 스택 설계에서는, 원하는 동력 출력, 스택 전압 또는 전압 범위, 효율, 부피 및 무게 한계 등 응용 요건을 설계 입력(design input)으로 고려한다. 이러한 요건 중에는 상충적인 것도 있으므로, 핵심 요건(전력출력)을 만족시킬 수 있는 스택 크기와 설계 과정을 절충하여, 상충적 요건 사이의 최적 해결책을 찾도록 한다.

또 다른 설계 입력은 단위전지 성능(unit performance)으로서, 분극곡선(polarization curve)으로 잘 나타낼 수 있다. 연료전지 분극곡선은 연료전지 스택의 크기와 디자인의 핵심이다. 그러나 연료전지 성능은 운전조건(압력, 온도, 반응 기체의 습도)에 따라 결정되며(5장 참고), 적용 요건과 제약 조건에 기초하여 정해야 한다.

스택의 전력출력은 스택 전압과 전류의 곱과 같다.

$$W = V_{st} \cdot I \tag{6-1}$$

스택 전위는 스택 안의 각 셀 전압의 합, 또는 개별 셀의 전위와 셀 수의 곱과 같다.

$$V_{st} = \sum_{i=1}^{N_{cell}} V_i = \overline{V}_{cell} \cdot N_{cell} \tag{6-2}$$

전류는 전류밀도와 셀 활성면적의 곱과 같다.

$$I = i \cdot A_{cell} \tag{6-3}$$

셀 전위와 전류밀도는 분극곡선과 관련이 있다.

$$V_{cell} = f(i) \tag{6-4}$$

분극곡선은 자료의 집합(V_{cell}-i)으로 정의하거나, 식 (3-43), (3-46) 또는 (3-52)로 정의하거나, 식 (3-68)에 의한 선형 근사법(linear approximation)으로 정의할 수 있다.

연료전지 효율의 근사치는 식 (3-61)로 구할 수 있다.

$$\eta = V_{cell}/1.482 \tag{6-5}$$

이 식은 전위가 개회로 전위와 비슷할 때는 유효하지 않다.

앞의 절에서는 변수가 여덟인 다섯 식의 집합을 나타냈다. 추가 변수 또는 제약조건으로는 스택 구조와 재료 선택에 추가하여, 스택 부피와 크기가 있는데, 이 둘은 스택 중의 셀 수와 셀 활성면적의 함수이다. 따라서 이 중에 세 가지, 예컨대, 전력출력, 스택 전위, 스택 효율을 알면 나머지 변수들은 간단한 산술 계산으로 구할 수 있다. (식 $V_{cell} = f(i)$의 형태는 다소 복잡한데, 전지 전압 V_{cell}을 알고 전류밀도 i를 구하려면 반복 계산이 필요하다.) 입력이 셋 이하이면, 제약 조건이 있기는 하지만, 앞의 식들을 만족시키는 셀 활성면적과 셀 수의 조합은 무수히 많아진다(그림 6-1). 스택 안의 활성면적과 셀 수, 그리고 이들의 조합은 기술적 및 물리적 한계가 있다. 예컨대, 활성면적이 아주 작은 셀을 무수히 많이 배치해 조립하기는 아주 어렵다. 반면에 활성면적이 큰 셀 몇 개를 조립하면 고전류-저전압 조합이 되는데, 이때는 연결 케이블에서 저항 손실이 심각해진다.

스택 안의 셀 수는 요구되는 전지 전압에 의해 제약을 받거나 정해지는 경우가 많다. 활성

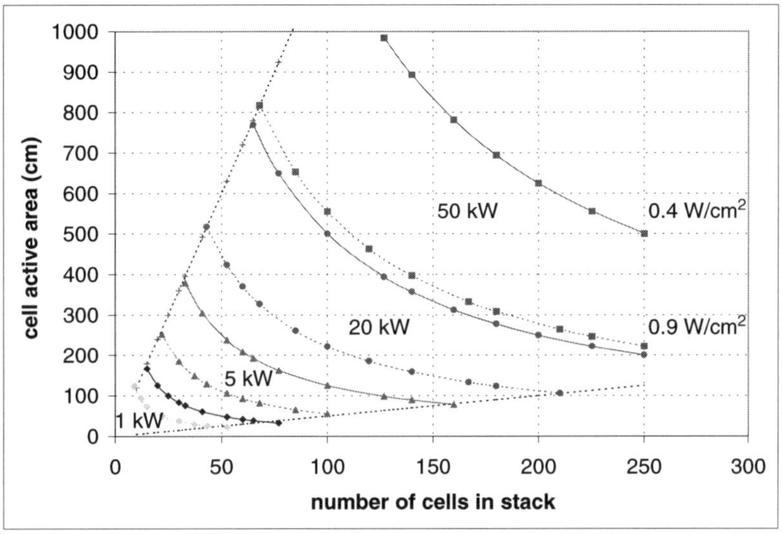

그림 6-1 연료전지 스택 크기. 셀 수 및 셀 활성면적과 전력출력. (실선은 0.4 W/cm^2, 파선은 0.9 W/cm^2.)

면적이 1000 cm^{2}에 이르는 스택을 시범하기는 했지만, 실제로는 용도와 목표 전력출력에 따라 활성면적이 50–300 cm^{2}인 스택을 만든다. 활성면적이 이보다 크면 균일 상태를 유지하기가 어려워진다. 스택의 성공적 설계의 핵심적 측면의 하나가 균일 상태로서, 이를 아래에서 설명하기로 한다. 하나의 스택 안의 셀의 최대 수는 압축력(compression force), 구조적 견고성, 긴 매니폴드(manifold)를 통한 압력 강하에 의해 제약을 받는다. 셀 수가 200–250인 스택이 시범되었다.

이러한 한계는 세 변수가 주어진 결정적 시스템의 경우에도 적용된다. 셀 수와 셀 활성면적에 관한 답이 제약 범위를 벗어나면, 요건을 재고하여 수정해야 한다.

스택 효율과 크기는 최적화해야 할 경우가 많다. 이 두 가지는 전력출력과 분극곡선이 주어졌을 경우 상충적 요건이다. 전지의 전형적 분극곡선을 그림 6-2에 보였다. 연료전지에 관해 발표된 분극곡선은 대체로 이 두 선 사이의 범위이다.

공칭 조작점(셀 전압과 대응 전류밀도)은 공칭 출력전력의 조작점으로, 분극곡선 상의 어떤 점에서도 선택할 수 있다. 이 점의 선택은 스택 크기와 효율에 큰 영향을 미친다. 공칭 전력에서 선택한 전지 전위가 낮으면 전력밀도가 높아지고 결과적으로 주어진 전력출력에서의 스택 크기가 줄어든다. 그림 6-3은, 그림 6-2의 두 분극곡선에 대해, 스택 크기(총활성면적/전력출력)와 공칭 셀 전위의 관계를 보인 것이다. 그림 6-3에서 보면, 공칭 전지 전압 0.7 V인 스택은 0.6 V인 스택에 비해 약 40% 더 큰 활성면적이 요구된다. 공칭 전력에서

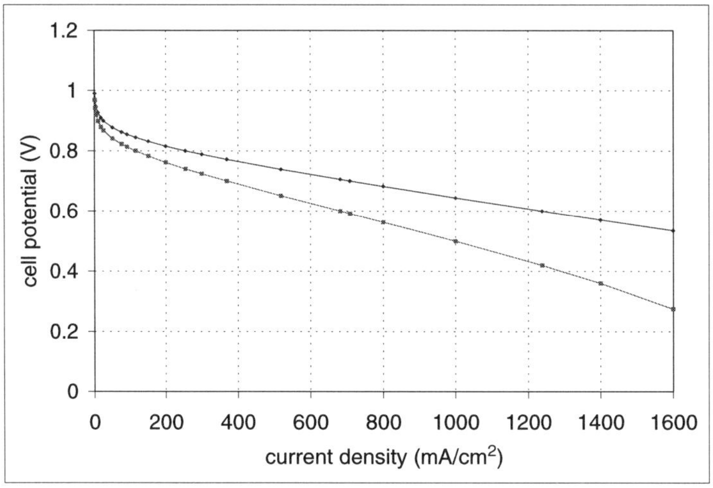

그림 6-2 PEM 연료전지의 전형적 분극곡선.

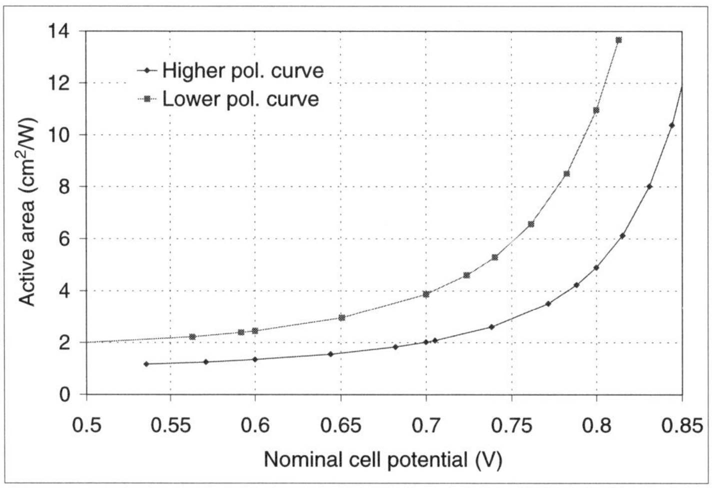

그림 6-3 스택 크기와 선택한 공칭 전지 전위(그림 6-2의 분극곡선에 대응).

0.8 V/cell을 선택하면 0.7 V/cell일 경우에 비해 두 배가 더 큰 스택이 필요하다. 그러나 셀 전압이 높으면 효율이 좋아지며, 결과적으로 연료 소비가 줄어든다. 현재 대부분의 연료전지 제작업자/개발업자는 공칭 동력에서의 전압으로 0.6 V~0.7 V를 사용한다. 그러나 시스템의 효율 목표를 달성하려면 연료전지의 전압을 0.8 V/cell로 하거나 더 높여야 한다. 실제 응용에서 효율(반응물 소비량)은 치명적이다. 우주선 응용과 같은 경우에는 두 반응물을 모두 실어야 하며, 연료전지는 0.8 V 이상으로 만들어 운전한다. 더 이상의 연료전지 크기는 수소와

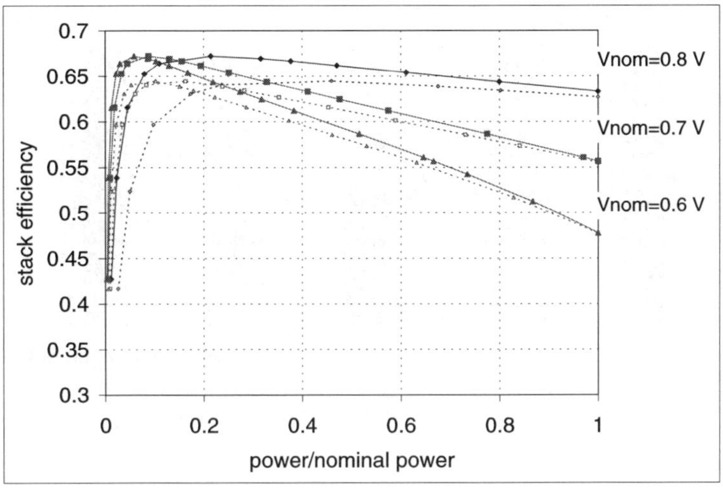

그림 6-4 스택 효율(LHV 기준) 및 동력 출력과 선택한 공칭 셀 전위. (실선은 그림 6-2의 높은 분극곡선, 파선은 낮은 분극곡선)

산소의 절약량(질량)에 비해 이득이 없다.

공칭 전력에서 최적 셀 전압은 최적화 기준(최저 발전 비용, 가장 저렴한 시스템, 최저 크기 및 무게 등)에 기초하여 각 용도별로 정해야 하며, 연료전지 비용, 연료비, 수명, 커패시티 인자(capacity factor), 부하 프로필(load profile), 시스템 효율 등의 여러 매개 변수들을 고려해야 한다.[1] 대부분의 운전기간 중에 스택을 부분 부하(partial load)(공칭 전력의 20% 이하)로 운전한다면, 선택한 공칭 셀 전압이 높아도 반드시 운전 효율이 향상되는 것은 아니다. 그림 6-4에 보였지만, 공칭 전력의 20%에서는 높은 공칭 셀 전압을 선택해도 효율 이점이 없다. 이는 아주 낮은 전류밀도에서의 운전에 의한 기생손실(parasitic loss)(고분자막을 통한 기체 투과 포함)을 무시할 수 없기 때문이다.

6.2 스택 구조

연료전지 스택은 다수의 단위 셀을 쌓은 것이므로, 한 셀의 캐소드는 인접 셀의 애노드와 전기적으로 연결된다. 이 경우 동일한 전류가 각 셀을 통해 흐른다. 전기회로는 스택의 고체 부분(외부 회로 포함)을 통과하는 전자 흐름 및 전해질(이오노머)을 통과하는 이온 흐름과 그 계면(촉매층)에서의 전기화학 반응으로 이루어진다.

대형 연료전지에서는 이극 구조(bipolar configuration)가 가장 좋은데, 전류가 비교적

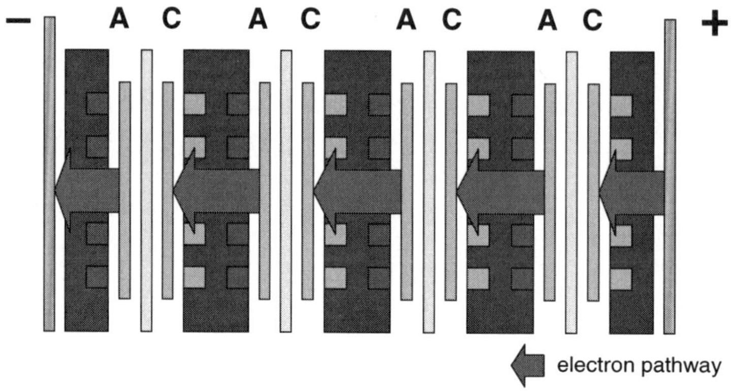

그림 6-5 이극 구조(bipolar cofiguration).

얇은 전도성 판(conductive plate)을 통해 전도되고, 큰 면적을 통해 아주 짧은 거리를 이동하기 때문이다(그림 6-5). 이렇게 하면, 흑연(또는 흑연 고분자 복합체)과 같은 비교적 열등한 전기 전도체를 사용할 경우에도 전기 저항 손실을 최소화할 수 있다. 소형 연료전지에서는, 적절한 커넥터(connector)를 사용해, 한 전극의 말단을 인접한 셀의 반대 전극과 연결할 수 있다[2–4]. 이러한 방법은 활성 면적이 아주 작은 전지에만 적용할 수 있는데, 전류가 아주 얇은 전극 판에서 전도되어, 아주 작은 단면을 통해 비교적 긴 거리를 이동하기 때문이다(그림 6-6).

연료전지 스택의 기본 성분은, 막–전극 복합체(MEA; 막의 양쪽에 전극이 있고, 그 사이에 촉매층이 있다), MEA 둘레의 개스킷, 전기 연결선이 있는 이극판, 버스판(bus plate; 스택의 활성 부분 끝마다 하나), 유체 연결부가 있는 말단판(end plate; 스택의 끝마다 하나) 등이다[5]. 스택의 냉각, 즉 그 활성 셀의 냉각은 아래에서 설명한 방법으로 시행한다. 스택 전체는 타이로드(tie-rod), 볼트, 덮개(shroud), 기타 설비에 의해 한 장치로 만들어야 한다.

스택 구조 중에서, 두 반응 기체 중 하나나 모두의 습도를 조절하는 경우에는 스택과 별도의 부분이나 셀 사이에서 수행한다. 어느 경우나 물을 사용해 냉각과 증습을 동시에 수행하는데, 각 활성 셀에서 발생한 열을 증습에 이용한다. 그림 6-8에 보인 스택 구조에서는, 반응 기체가 먼저 증습부를 통과하고 나서 활성 셀을 통과하며, 물은 먼저 스택의 활성부를 통과하여 가열된 다음 증습부를 통과하는 데, 여기에서 고분자 막을 통해 물과 반응 기체 사이에서 열과 물이 전달된다.[6] 이러한 구조의 장점은 기체 증습 시스템이 치밀하고 열 소산이 적다는 것이지만, 이러한 장점이 그대로 단점이 되기도 한다. 물과 열 관리의 신축성이 결여되어 있어서, 열과 물을 별도로 관리할 수가 없다.

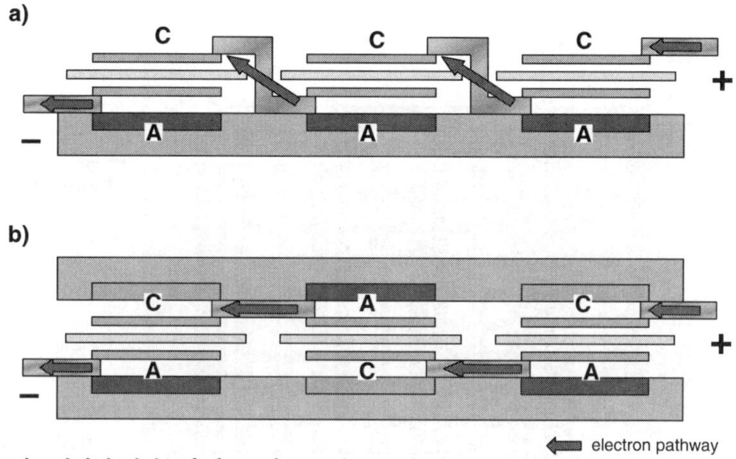

그림 6-6 소규모 연료전지의 병렬(side-by-side) 스택 구조의 예. a) 개방형 캐소드의 지그재그(zigzag) 연결, b) 플립플롭(flip-flop) 구조.

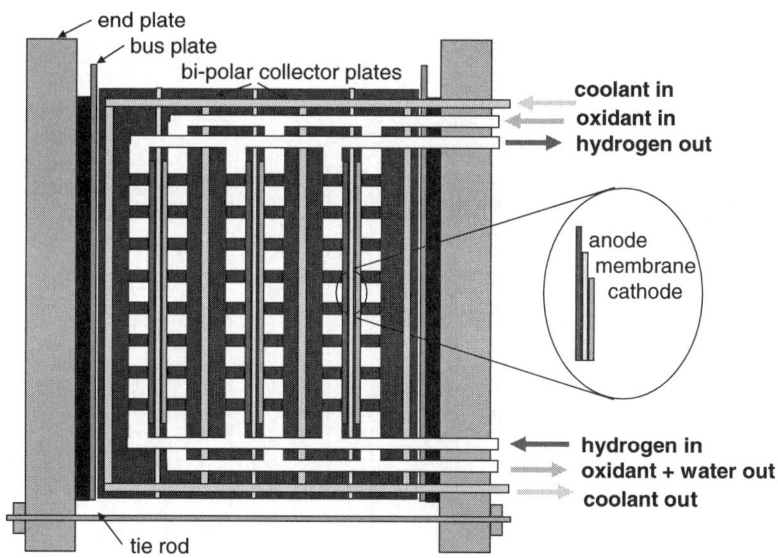

그림 6-7 스택 개요[5].

다른 구조(그림 6-9)에서는, 물이 다공질 흑연판에 의해 반응 기체와 격리된 각 셀 사이를 통과한다.[7] 다공질 판에서는 물이 수송될 수 있으며, 각 셀에서 물과 열을 효과적이고 용이하게 관리할 수 있다. 수소, 공기, 물의 압력을 신중하게 조절함으로써, 다공질판 채널 중의 물이 반응 기체 압력에 비해 항상 부압이 되도록 해야 한다. 세공 크기가 거품점을 조절하여 반응물이 섞이지 않도록 하고, 방열기로 물을 재순환하여 스택을 냉각하도록 한다. 이러한 방

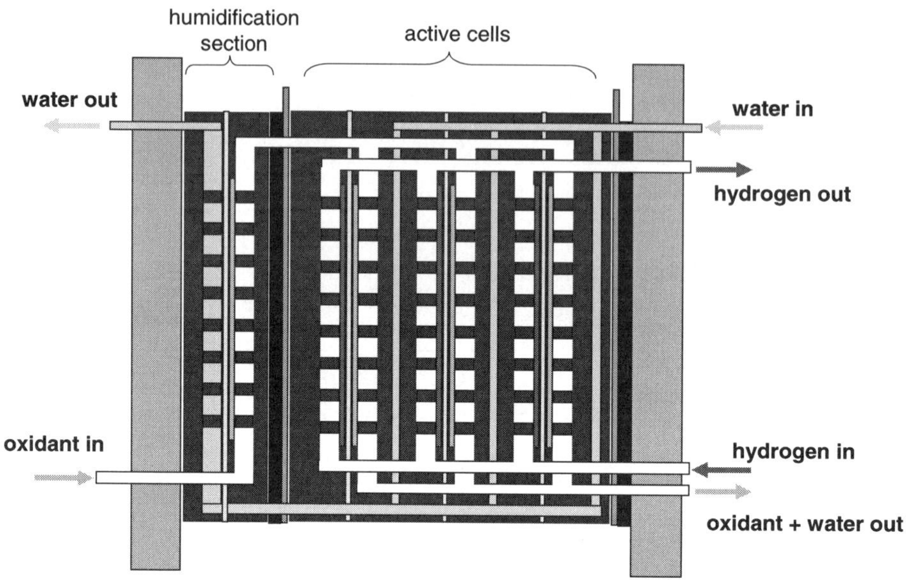

그림 6-8 내부 증습식 스택 구조.

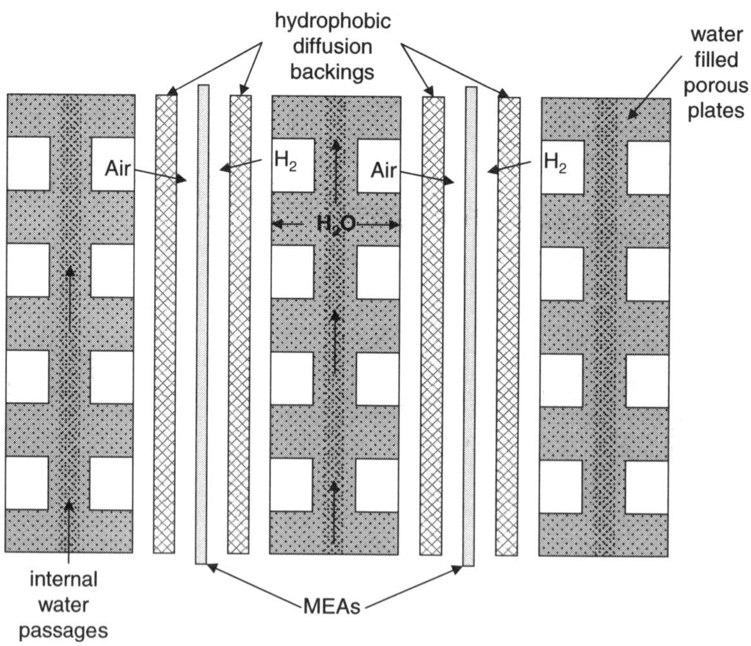

그림 6-9 다공질 판을 통한 물 관리식 스택 구조[7].

식의 기본적 단점은 물과 열 관리를 별도로 행할 수 없다는 것이지만, 다른 방식은 압력 조절 요건이 아주 엄격하고 아주 낮은 압력에서만 운전할 수 있다.

연료전지 스택 설계의 핵심 사항은 다음과 같다.

- 반응물을 각 셀에 균등하게 공급한다.
- 반응물을 각 셀 내부에 균등하게 분배한다.
- 각 셀에서 적정 온도를 유지한다.
- 저항 손실을 최소화한다. (재질 선택, 구조, 균일한 접촉 압력)
- 반응 기체의 누설이 없도록 한다. (셀 사이의 내부 또는 외부)
- 기계적 강도 (내부 압력, 열팽창 포함, 취급 및 운전 중의 외력, 충격 및 진동 포함)

이러한 사항을 각각 다음 절에서 다룬다.

6.3 반응물을 각 셀에 균등하게 공급한다.

연료전지 성능은 반응물의 유량에 민감하므로, 스택 중의 각 셀에 같은 양의 반응 기체를 공급하는 것이 필수적이다. 반응물 공급이 균등하지 못하면 각 전지의 성능이 불균일해진다. 균일도를 보장하려면, 외부 또는 내부의 다기관(manifold)을 통해 스택 안의 각 셀에 병렬로 공급하도록 한다. 외부 다기관은 아주 크게 만들어서 균일도를 보장하도록 한다. 이 경우 스택 디자인은 단순해지지만, 교차흐름(crossflow) 구조에서만 사용할 수 있으며, 일반적으로 밀폐하기가 쉽지 않다. 내부 다기관은 PEM 연료전지 디자인에서 자주 사용하는데, 밀폐가 쉬울 뿐만 아니라 기체 흐름 구조의 다양성을 유지할 수 있기 때문이다.

각 셀에 기체를 공급하는 다기관과 미반응 기체를 수집하는 다기관은 적절한 크기로 설계해야 한다. 다기관의 단면적에 따라 기체 유속과 압력 강하가 달라진다. 경험법칙에 따르면, 다기관에서의 압력 강하는 각 셀에서의 압력 강하보다 한 자리 수 정도 낮아야 흐름을 균일하게 분배할 수 있다.

스택을 통한 흐름 패턴은 U자형이거나 Z자형으로 하는데, 입구와 출구가 스택의 같은 쪽에 있으면 입구 다기관과 출구 다기관에서의 흐름이 서로 반대 방향이 되어 U자형이 되고, 입구와 출구가 스택의 반대쪽에 있으면 입구 다기관과 출구 다기관 흐름이 병렬이 된다(그림 6-10). 크기가 적절하면 어느 방법이거나 각 셀에 분배되는 흐름이 균일하게 된다. 100개 이

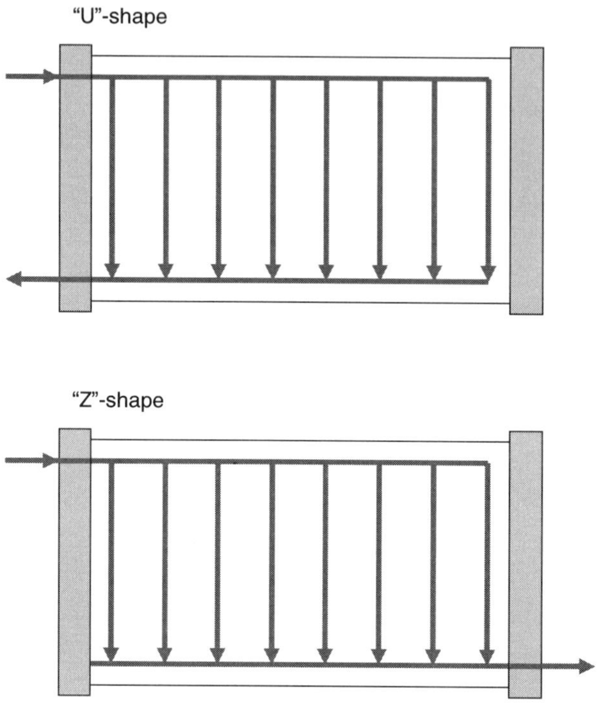

그림 6-10 스택 흐름 구조.

상의 셀로 된 스택을 성공적으로 만든 사례가 있다.

다기관과 스택 전체에서의 압력 강하와 흐름 분배를 구하려면 N-1 루프[8](N은 스택 안의 셀의 수)로 된 흐름 네트워크(flow network) 문제의 수법을 사용한다. 어떤 네트워크에서나 흐름은 기본적인 연속의 식(equation of continuity)[1)]과 에너지보존의 법칙을 만족시켜야 한다.

1. 어느 합류점(junction)에서나 도입 유량과 배출 유량이 같아야 한다.
2. 어느 구획의 흐름에서나 발생하는 압력 강하는 해당 구획을 통과하는 유속의 함수이다.
3. 어느 폐회로에서나 압력 강하의 산술적 합은 0이다.

첫째 요건은 다음 관계에 의해 성립된다.

입구 다기관: $$Q_{in}(i) = Q_{cell}(i) + Q_{in}(i+1) \tag{6-6}$$

1) 질량보존의 법칙과 같은 개념이다.(역주)

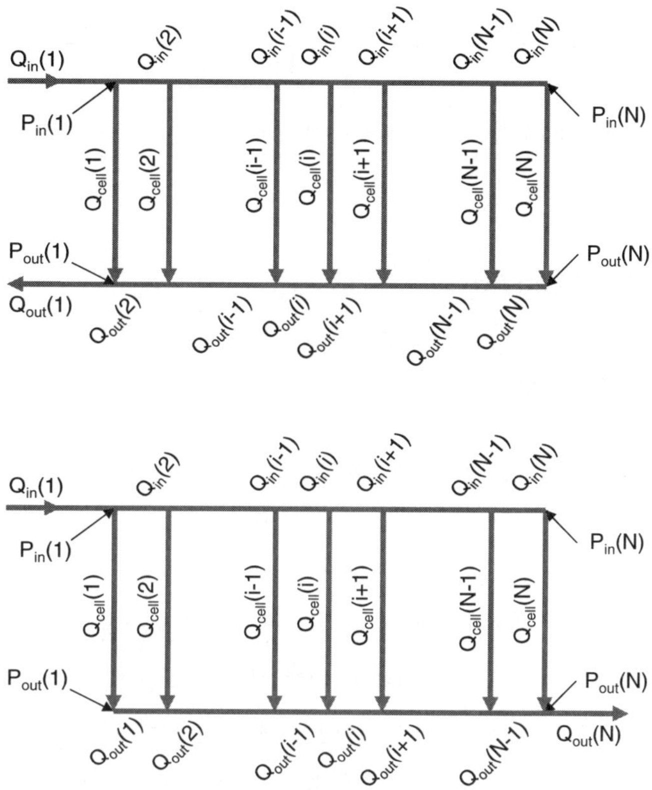

그림 6-11 U자 구조(위) 및 Z자 구조(아래) 스택 흐름의 압력, 흐름 및 흐름변수 표기.

출구 다기관: U자 구조: $Q_{out}(i) = Q_{cell}(i) + Q_{out}(i+1)$ (6-7)

출구 다기관: Z자 구조: $Q_{out}(i) = Q_{cell}(i) + Q_{out}(i-1)$ (6-8)

그림 6-11에 보인 셀 및 흐름의 번호에 따르면,

$$Q_{out}(1) = Q_{stack} \quad (6\text{-}9)$$

성분이 소비되거나 생성되지 않는 운전 정지 상태의 스택의 경우, 스택 도입 유량은 스택 배출 유량과 같다.

U자 구조: $Q_{out}(1) = Q_{in}(1)$ (6-10)

Z자 구조: $Q_{out}(N) = Q_{in}(1)$ (6-11)

각각의 다기관 부분에서의 압력 강하를 Bernoulli 식으로부터 직접 구하면[8],

$$\Delta P(i) = -\rho \frac{[u(i)]^2 - [u(i-1)]^2}{2} + f\rho \frac{L}{D_H} \frac{[u(i)]^2}{2} + K_f \rho \frac{[u(i-1)]^2}{2} \tag{6-12}$$

ρ = 기체의 밀도 ($kg\,m^{-3}$)

u = 유속 ($m\,s^{-1}$)

f = 마찰계수

L = 다기관 부분의 길이 (m)

D_H = 다기관 부분의 수력학적 지름 (m)

K_f = 국부 압력 손실계수

식 (6-12) 우변의 첫 항은 다기관의 유선에서 유속 감소로 인한 에너지 손실을 나타낸다. 두 번째 항은 벽면 마찰로 인한 압력 강하이고, 마지막 항은 국부 교란으로 압력 손실을 기하학적 계수(geometric coefficient)로 나타낸 것이다.

각 부분에서의 압력 강하를 계산하려면, 국부 교란, 즉 티(tee)를 통한 흐름 분할이나 통합 또는 엘보(elbow)에서의 흐름 방향의 급격한 변화 등으로 인한 압력 손실을 계상해야 한다. 유체역학 교과서에서는 일반적으로 이러한 손실을 "사소한 손실"로 취급하지만, 연료전지 다기관에서는 이러한 손실을 무시할 수 없다. Koh 등[8]에 따르면, 흐름 분포는 주로 국부 압력손실계수에 따라 달라진다. 다양한 파이프 연결구(fitting)에 관한 기하학적 압력손실계수가 일부 발표되어 있지만, 연료전지의 기체흐름 다기관의 특수 형태에 맞는 것은 없다. Koh 등[8]에 따르면, 각 스택 구조에 대한 실험에 의해 기하학적 압력손실계수를 구해야 한다.

원형 도관 안의 층류($Re < 2000$)에서는 마찰계수 f가 다음과 같다.

$$f = \frac{64}{Re} \tag{6-13}$$

난류에서는 마찰계수가 주로 벽면 거칠기(roughness)의 함수이다. 연료전지 다기관의 벽면은 매끈하지 않아서 거칠다고 할 수 있지만, 고정시킨 이극판(bipolar plate)으로 되어 있고, 개스킷(gasket) 재질이 다기관 안으로 내밀어진 경우가 많다. 상대 거칠기(relative roughness) ε/D는 0.1 정도로 클 수 있다. 이 경우 Karman[9]에 따르면 마찰계수는 다음과 같다.

$$f = \frac{1}{\left(1.14 - 2\log\frac{\varepsilon}{D}\right)^2} \tag{6-14}$$

셀을 통한 압력 강하 ΔP_{cell}은 6.4.5절에서 다룬다. 이 값은 대개의 경우 각 셀을 통한 유속의 선형함수이다.

세 번째 요건은 어떤 폐회로에서나 압력 강하의 산술적 합은 0이 되어야 한다는 것이다.

$$i = 1 \text{에서 } (N-1) \text{ 까지} \quad (6\text{-}15)$$

$$\text{U자 구조:} \quad \Delta P_{in}(i+1) + \Delta P_{cell}(i+1) + \Delta P_{out}(i+1) - \Delta P_{cell}(i) = 0 \quad (6\text{-}16)$$

$$\text{Z자 구조:} \quad \Delta P_{in}(i+1) + \Delta P_{cell}(i+1) - \Delta P_{out}(i) - \Delta P_{cell}(i) = 0 \quad (6\text{-}17)$$

스택 입구의 유량, 스택 입구 및 출구의 압력을 알면, 각 셀에서의 유량을 계산할 수 있는데, 이때 배관에 관해 통용되는 Hardy-Cross법과 같은 순차 근사법(successive approximation)[9]이나 Koh 등의 방법[8]을 사용할 수 있다. 어느 방법이나 수법은 마찬가지이다.

1. 먼저 각 셀의 유량을 가정한다. $Q_{cell} = Q_{stack}/N_{cell}$
2. 각 다기관 부분과 셀에서의 압력 강하를 계산한다.
3. 각 회로에서 압력 강하의 합산치를 검토한다. (합산치는 0이 되어야 한다.)
4. 각 회로에서 유량을 수정하여 조정한다. 수정치 ΔQ는 압력 강하 합산치의 오차에 비례하며, 한 회로에서 오차를 무시할 수 있을 때까지 이 과정을 반복한다.

도관의 크기가 같을 경우, U자형 구조에 비하면 Z자형 구조의 유량 분포가 한층 균일하다. U자형 구조에서 각 셀을 통한 유량 분포가 균일하려면, 셀을 통한 압력 강하가 스택 입구 다기관을 통한 압력 강하보다 최소한 한 자리 수 정도 커야 한다[그림 6-12]. 이에 따라서 입구 및 출구 다기관의 크기를 정해야 한다. 특히 스택의 활성 면적이 큰 경우에는 한 반응물에 대한 다기관을 하나 이상 설치하는 것이 편리한 경우가 있다. 이 경우 각 다기관을 통한 압력 강하는 균형이 이루어져야 균일한 유량 분포를 보장할 수 있다. 이 계산에서도 위에서 설명한 방법을 사용할 수 있다.

운전 중인 스택에서, 성분의 소비 및 생성으로 인한 유량, 기체 밀도, 점도의 변화를 고려해야 하지만, 압력 강하에는 큰 영향은 미치지 않는다($<5\%$).

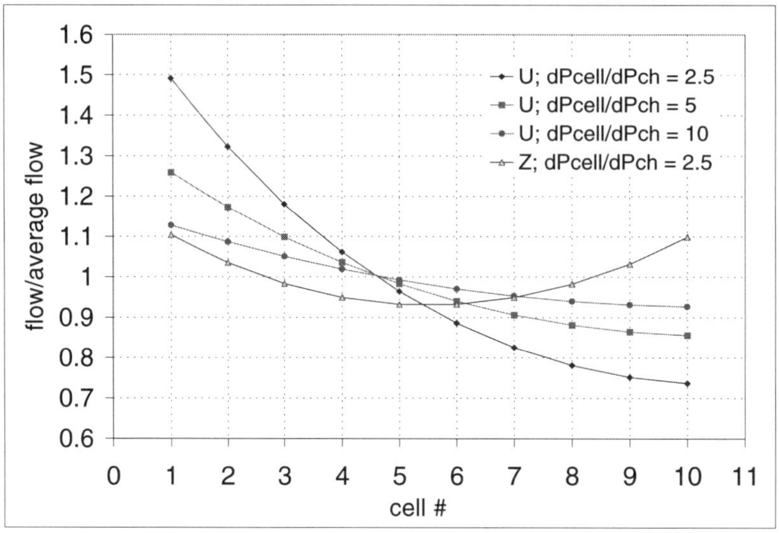

그림 6-12 U자형 및 Z자형 구조의 10 셀 스택의 각 셀에서의 유량 분포. 각 셀에서의 압력 강하와 입구 다기관에서의 압력 강하의 비(dP_{cell}/dP_{ch})에 대해 나타냈다.

6.4 각 셀 내부에서의 반응물의 균일한 분포

반응 기체가 일단 각 셀에 도입되면 활성 표면 전체에 골고루 분포되어야 한다. 이는 전형적으로 흐름장(flow field)을 통해 달성되는 데, 어떤 패턴에서는 전체 면적을 망라하는 채널 형태일 경우도 있고 다공질 구조일 경우도 있다. 흐름장 설계의 핵심 변수들을 아래에서 설명한다.

6.4.1 흐름장 형태

흐름장은 형태와 크기가 다양하다. 크기는 전력/전압 요건에 따라 달라진다(제6절 참고). 형태는 입구 및 출구 다기관의 위치, 흐름장 설계, 열 관리, 제조 요건에 따라 달라진다. 흐름장의 일반 형태는 정사각형과 직사각형이지만, 원형, 육각형, 팔각형, 불규칙형이 사용되거나 시험되고 있다(그림 6-13).

6.4.2 흐름장 배향

흐름장의 배향(orientation)과 입구 및 출구 다기관의 위치가 중요한 이유는 흐름장에서 응축되는 수분에 대한 중력 영향 때문이다. (반응 기체에 대한 중력 영향은 무시할 수 있다.)

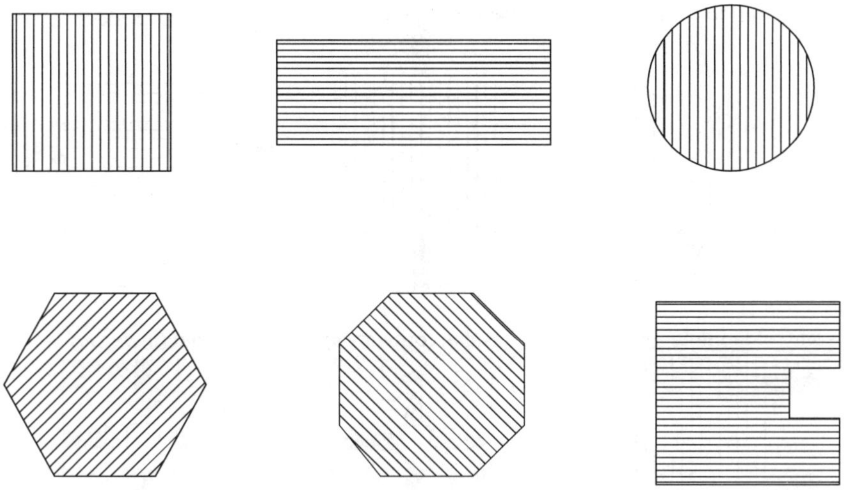

그림 6-13 연료전지 활성 면적의 다양한 형태.

운전 조건의 선택에 따라 응축이 운전 중에 일어나거나 운전 정지 후에 일어난다. 다양한 조합이 가능하며, 그림 6-14에 예시했다.

애노드와 캐소드는, 동일 방향, 반대 방향, 또는 교차 방향으로 배향될 수 있다. 반응 기체 및 수분의 농도에 따라 다르지만, 애노드와 캐소드의 상대적 위치는 연료전지 성능에 영향을 미칠 수 있다. 캐소드 출구를 애노드 입구 옆에 설치하는 식으로 흐름장을 배향시킴으로서, 수분 농도구배에 의해(즉 배출 기체는 온도와 수분 농도가 높다) 막을 통한 수분 교환이 이루어지도록 하는 경우도 있다.

스택 배향과 이에 따른 흐름장 배향은 수직 또는 수평이다. 수평인 경우 애노드나 캐소드의 어느 것이나 상향(face up)되도록 할 수 있다(그림 6-15). 이 역시, 특히 운전 정지 후나 냉각 후의 수분 제거에 영향을 미칠 수 있다.

6.4.3 채널 구조

PEM 연료전지에서 시도한 채널 구조에는 여러 가지가 있지만, 어느 것이나 목적은 한 가지이다. 즉 반응 기체의 균일한 분배와 생성되는 물의 제거가 목적이다(그림 6-16). 통용되는 설계는 다음과 같다.

- 곧은 채널과 큰 다기관(straight channels with large manifolds)

  균일한 분배를 보장할 수 있겠지만, PEM 연료전지에서는 실용적이 아니다. 이상적 조

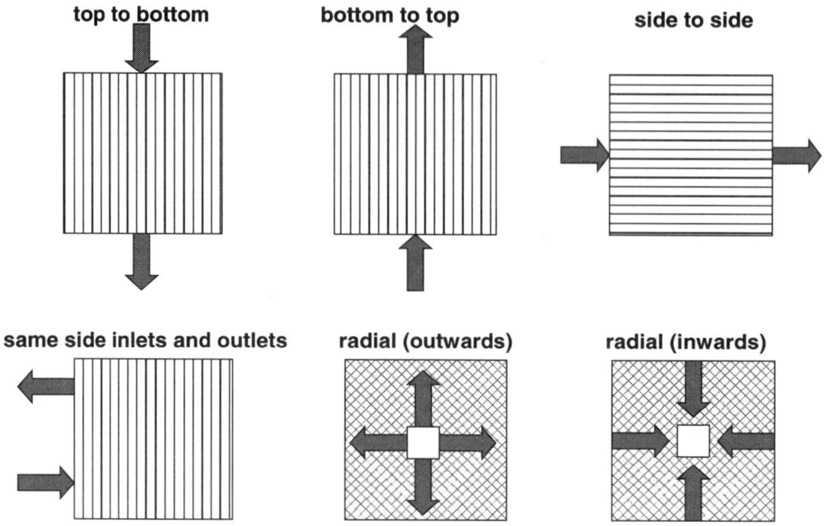

그림 6-14 다양한 흐름 배향.

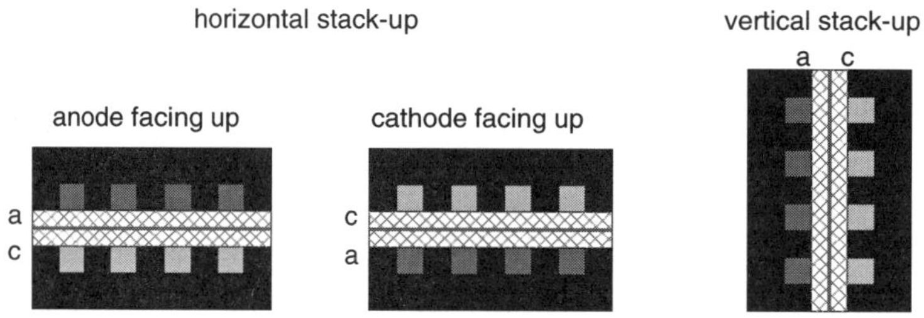

그림 6-15 스택과 셀의 배향 방법.

건에서만 분배가 균일하기 때문이다. 채널에서 물방울이 형성되면 채널 전체를 차단할 수 있으며, 유속이 충분치 못하면 이 물방울을 밀어내기 어렵다.

- 곧은 채널과 작은 다기관(straight channels with small manifolds)

  이 설계도 마찬가지 결점이 있으며, 본질적으로 반응 기체의 분배가 좋지 않다. 다기관 바로 위나 아래의 채널에 흐름의 대부분이 들어가기 때문이다. 이러한 흐름장이 있는 초기의 연료전지는 셀 전압이 낮고 불안정했다.

- 십자형 구조(crisscross configuration)

  이러한 흐름장은 곧은 채널 흐름장의 단점을 없애기 위해 횡단 채널을 도입하여 말썽 부위(trouble spot; 응축한 물방울이 있는 곳)를 우회하도록 한 것이다. 그러나 입구 및 출구 다기관의 위치로 인해 발생하는 낮은 유속이나 불균일한 흐름 분배는 이 설계로 대

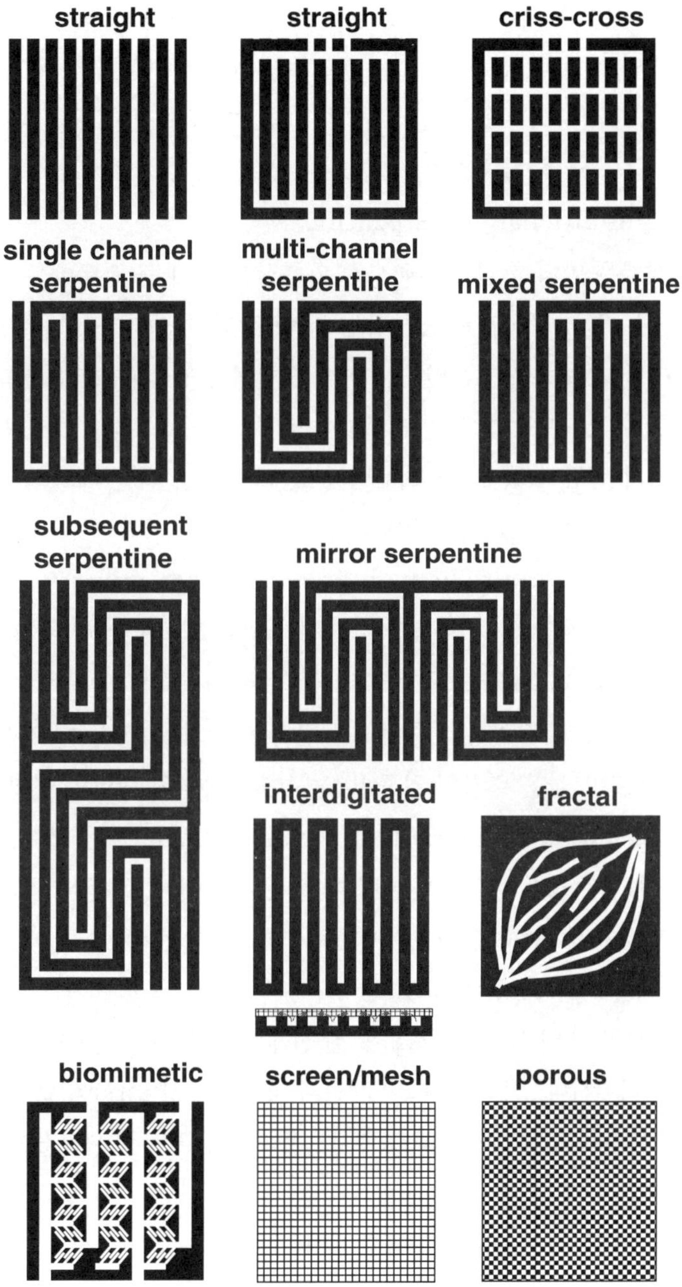

그림 6-16 여러 가지 흐름장 구조.

처할 수 없다.

- S자형 단일 채널(single-channel serpentine)

Watkins 등[10]에 따르면, 이것은 활성 면적이 작을 경우의 가장 일반적 흐름장이다.

반응물 농도는 채널을 따라가면서 낮아지지만, 활성 면적 전체가 반응물과 접촉한다. 채널에서는 벽면 마찰과 180도 턴(turn)으로 인해 압력이 손실된다. 유속은 충분히 높아서 채널 안에서 생성되는 물방울이 밀려나간다. 한편 인접한 채널 사이의 압력차가 크면 채널 부분에서 극심한 우회흐름이 생길 수 있으므로 주의해야 한다.

- S자형 복수 채널(multichannel serpentine)

  S자형 단일 채널은 압력 손실이 심하므로 흐름장 면적이 큰 경우에는 사용하기 어렵다. 물방울 제거에는 압력 강하가 유용하기는 하지만, 압력 강하가 지나치면 그만큼 에너지 손실이 초래된다. Watkins 등[11]은, 면적 전체에서 구불구불한 S자형의 병렬 채널 흐름장을 제안했다. 낮은 압력 강하를 제외하면, 이러한 흐름장은 S자형 단일 채널과 마찬가지의 장점과 단점이 있다. 병렬 채널이 있다는 것은, 곧은 채널의 경우처럼, 채널의 일부가 언제나 차단될 수 있음을 의미한다.

- S자형 복수 채널과 혼합(multichannel serpentine with mixing)

  Cavalca 등[12]이 제안한 이 흐름장은 기체가 180도 턴할 때마다 혼합이 이루어져서 채널 차단의 영향을 최소화하도록 한 것이다. 채널 차단의 가능성 자체를 없애는 것이 아니라 채널 일부에서 그 영향을 줄이도록 한 것으로, 흐름장을 더 작은 부분으로 분할한다. 이 분할된 부분들은 각각의 입구 및 출구에서 각각의 채널과 연결된다.

- 직렬 S자형 채널(subsequent serially linked serpentine)

  이 흐름장 역시 부분으로 분할하여, 인접한 부분 사이에 길고 곧은 채널과 비교적 큰 압력차가 생기지 않도록 하여, 우회흐름 영향을 최소화한 것이다[13].

- 거울상 S자형 채널(mirror serpentine)

  인접한 채널에서의 큰 압력차를 피하도록 한 설계의 하나로서, 입구와 출구가 복수인 대형 흐름장에 특히 적절하다. 인접한 S자형 채널이 서로 거울상(鏡像)이 되도록 배치한 것으로서, 인접한 채널 사이의 압력이 균형을 유지하여 우회흐름 영향을 최소화하도록 한 것이다[14].

- 깍지낀 손 모양 흐름장(interdigitated flow field)

  Ledjeff[15]가 처음 제안하고 Nguyen[16]이 지원했으며, Energy Partners가 NG 2000 스택 계열[17, 18]에서 채용한 이 흐름장은 위에서 설명한 것들과는 다르다. 즉 채널이 불연속적이며, 입구와 출구 다기관에 연결되지 않는다. 이 방법에서는 기체가 입구 채널에서 다공질 역확산층을 통해 출구 채널로 강제 수송된다. Wilson 등[19]은 깍지 낀 손 모양 흐름장의 새로운 형태를 제안했는데, 기체 확산층의 스트립(strip)을 잘라내어 채널을 만든 것이다. 다공질 층을 통한 대류는 확산 경로를 단축함으로써 기체 확산층에 축적되는 물을 잘 제거한다. 결과적으로 특히 전류밀도가 높은 경우의 성능을 향상시킨다. 그러나 기체 확산층의 성질에 따라서는 이러한 흐름장에서 압력 강하가 커질 수 있다. 압력 강하의 대부분은 다공질 매체 안에서 생기므로, 각 채널 사이 및 각 셀 사이의 흐름 분포의 균일도는 기체 확산층 두께와 압착 후의 유효 공극률에 따라 크게 달라진다. 이 흐름장에서의 한 가지 문제는 도입 채널에서 물을 제거할 수 없다는 것이다. Issacci와 Rehg[20]는 물을 제거하기 위해 도입 채널 끝에 다공질 블럭을 설치할 것을 제안했다.

• 바이오미메틱 흐름장(BioMimetic flow field)

Morgan Carbon[21]이 제안한 것으로, 깍지 낀 손 형태를 개량한 것이다. 큰 채널의 측면에 작은 채널들을 가지처럼 연결하고, 이러한 작은 채널에 다시 더 얇은 채널들을 연결한 것이다. 출구 채널도 마찬가지 모양으로 만든다. 즉 얇은 채널들을 큰 채널에 연결하고 이것을 큰 채널에 가치처럼 연결했다. 이런 형태의 가지 모양 채널은 자연계의 식물 잎이나 허파에서 볼 수 있는 것이므로 바이오미메틱(생체 모방)이라 한다.

• 프랙틀 흐름장(fractal flow field)

이 흐름장은 Fraunhoffer Institute[22]에서 제안한 것으로, 기본 개념은 깍지 낀 손 형태의 흐름장이지만, 채널은 직선이 아니고 가지 모양이다.

• 망 모양 흐름장(mesh flow field)

다양한 크기의 금속 망이나 스크린을 전해조에서 사용해 좋은 결과를 얻는다. 입구 다기관의 위치에 따라 균일도가 크게 영향을 받는다. Los Alamos National Lab의 연구자들은 연료전지 설계에서 금속망 사용에 성공했다.[23] 이러한 설계의 문제는, 틈이 없고 부식이 없으며 계면 접촉 저항이 적은 부속 성분의 설치 문제이다.

• 다공질 매체 흐름장(porous media flow field)[24]

망 모양 흐름장과 비슷하다. 차이는 세공 크기와 재질이다. 기체 분배층은 충분히 두껍고 세공이 충분히 커서, 촉매층과 직각 및 평행으로 반응 기체가 자유롭게 흐를 수 있어야 한다. 금속 다공질 재질(foam)은 부서지기 쉽지만, 탄소 재질로 만든 것은 상당히 유연성이 있다. 이러한 형태의 흐름장은 압력 강하가 크므로, 소형 연료전지에나 사용할 수 있다.

그림 6-17 채널의 단면 형태가 물 형성에 영향을 미친다.

6.4.4 채널의 형태, 치수, 간격

흐름장 채널은 형태가 다양하지만, 기능보다는 제조과정의 문제로 인해 달라지는 경우가 많다. 예를 들면, 완만한 테이퍼드 채널(tapered channel)은 기계공작(machining)으로 만들기는 아주 어렵지만, 몰딩(molding)하여 이극판(bipolar plate)을 만들 경우에는 필수적인 것이다. 채널 형상은 수분 축적에 영향을 미칠 수 있다. 둥근 바닥 채널(round-bottomed channel)은 응축수가 바닥에서 필름을 만들며, 지름 점증 채널(Channel with tapered wall)에서는 응축수가 작은 물방울을 만든다(그림 6-17). 채널 바닥의 예리한 구석은 물 필름의 표면장력을 파괴하여 필름 형성을 방해한다[25].

채널 안의 물방울 모양과 크기는 다공질의 친수성 및 채널 벽의 소수성에 따라서도 달라진다. 다공질 확산층 및 채널 벽의 소수성 및 친수성의 조합, 이것이 물방울의 형태와 크기에 미치는 영향을 그림 6-18에 보였다.[26]

채널의 전형적 크기는 1 mm 정도이지만, 범위는 0.4–4 mm 정도로 다양하다. 채널 사이의 간격은 비슷하다. 미세가공기술(MEMS[2]), 포토리소그래피[3]) 등)의 발전 덕분에 0.1 mm 이하의 채널을 만들 수 있다. 채널의 크기와 간격은 반응 기체의 확산층으로 접근과 압력 강하에 영향을 미치며, 전류 및 열전도에도 영향을 미친다. 넓은 채널은 반응 기체와 기체 확산층의 직접적 접촉을 증가시키며 기체 확산층으로부터 물의 제거 면적이 확대된다. H_2/공기 연료전지의 S자형 또는 곧은 채널의 단면에서 O_2 농도를 그림 6-19에 보였다.[27] 산소 농도와 전류밀도는 채널 바로 위의 면적에서 높고, 채널 사이의 랜드(land; 두둑 부분)의 바로 위에서는 상당히 낮다.

그러나 채널이 너무 넓으면, 어떤 MEA용 지지체도 채널 쪽으로 휠 것이다. 간격이 넓으

2) Microelectromechanical systems

3) photolithography

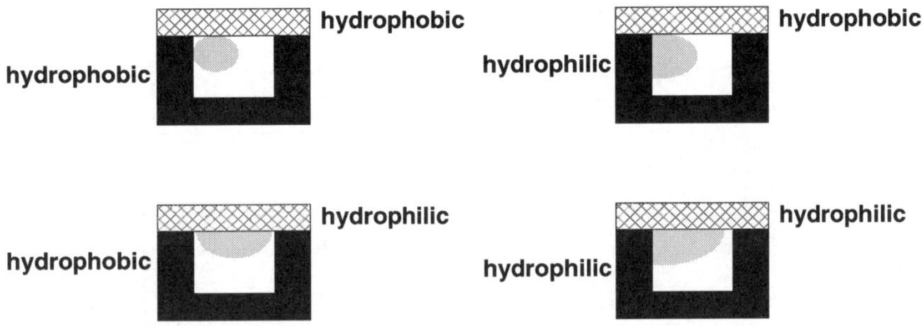

그림 6-18 다공질 기체 확산층 및 채널 벽의 소수성 및 친수성의 조합과 이것이 물방울의 형태와 크기에 미치는 영향.

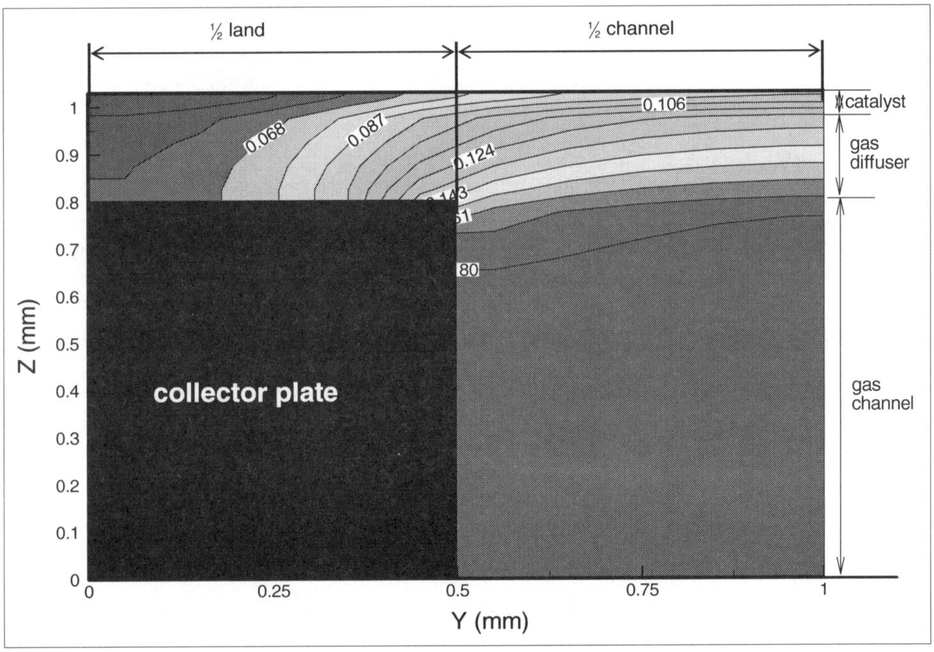

그림 6-19 채널 내부와 상부의 산소 농도 분포[27].

면 전류와 열의 전도를 촉진하지만, 반응물에 직접 노출되는 면적이 줄고, 이러한 영역에 가까운 기체 확산층 안에 물이 축적되기 쉽다. 그림 6-20에 보인 것과 모양이 같고, 제어 면적(control area)에서 흐름 경로를 단순화한 경우(채널이 절반이고 채널 사이의 간격이 절반), 제어 면적을 통한 전압 강하는 다음과 같다.[28]

$$\Delta V = \Delta V_{BP} + \Delta V_{GDL} + \Delta V_{CR} \tag{6-18}$$

ΔV_{BP} = 이극판을 통한 전압 강하

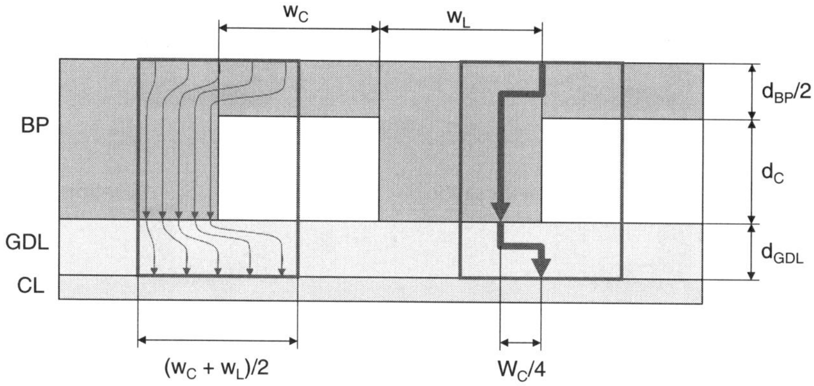

그림 6-20 이극판과 기체 확산층을 통한 흐름 경로(왼쪽, 실제; 오른쪽, 추정치).

$$\Delta V_{BP} = \left[\left(\frac{w_L + w_C}{w_L} d_C + \frac{d_{BP}}{2}\right)\rho_{BP,z} + \frac{(w_L + w_C)w_C}{4d_{BP}}\rho_{BP,xy}\right] i \qquad (6\text{-}19)$$

ΔV_{GDL} = 기체 확산층을 통한 전압 강하.

$$\Delta V_{GDL} = \left[d_{GDL}\rho_{GDL,z} + \frac{(w_L + w_C)w_C}{8d_{GDL}}\rho_{GDL,xy}\right] i \qquad (6\text{-}20)$$

ΔV_{CR} = 계면 접촉으로 인한 전압 강하

$$\Delta V_{CR} = R_{CR}\frac{w_L + w_C}{w_C} i \qquad (6\text{-}21)$$

w_L, w_C, d_{GDL}, d_C, d_{BP}는 그림 6-20에서 정의했다.

ρ = z-방향(평면을 통한) 또는 xy 방향(평면 내부)에서 이극판(BP) 또는 기체 확산층(GDL)의 저항률(resistivity)(Ω cm)

R_{CR} = 기체 확산층과 이극판 사이의 접촉 저항(Ω cm^2)

i = GDL-촉매층 계면에서의 전류밀도(A cm^{-2})

이극판, 두 기체 확산층, 두 계면에서의 전압 손실은 식(6-18)에 의한 계산치의 두 배 정도가 된다.

일반적으로, 랜딩폭(landing width) w_L이 좁아지면, 과도한 힘의 적용으로 인해, 채널로 MEA가 휘거나 기체 확산층이 파괴되기까지는, 연료전지 성능이 개선된다. 따라서 채널 크

기와 간격의 최적치는, 기체 확산층에 접근하는 반응 기체용 개방 면적의 최대화, MEA에 대한 충분한 기계적 지지능의 제공, 전류 및 열의 충분한 전도 경로 사이의 균형 등에 따라 달라진다.

Wilkinson과 Vanderleeden[25]은 채널에서의 MEA의 최대 휨 d_{max}(mm)을 계산하기 위한 다음 식을 제안했다.

$$d_{max} = \frac{0.032(1-v^2)}{t^3\left(\frac{1}{b^4}+\frac{1}{L^4}\right)}\frac{p}{E} \tag{6-22}$$

v = Poisson 비

t = MEA 두께(mm)

b = 지지하지 않은 채널 폭(mm)

L = 채널 길이(mm)

p = 압력(kPa)

E = Young율(kPa)

6.4.5 흐름장을 통한 압력강하

흐름장의 대부분은 다수의 병렬 채널로 배열한다(그림 6-17). 이 경우 채널에서의 압력 강하는 전체 흐름장에서의 압력 강하와 마찬가지다. 흐름장 채널에서의 압력 강하는, 입구 압력의 30%를 넘지 않는 한, 관(pipe)과 도관(conduit) 안의 비압축성 흐름에 관한 식으로 상당히 근사치를 구할 수 있다.

$$\Delta P = f\frac{L}{D_H}\rho\frac{\bar{v}^2}{2} + \sum K_L\rho\frac{\bar{v}^2}{2} \tag{6-23}$$

f = 마찰인자

L = 채널 길이(m)

D_H = 수력반경(m)

ρ = 유체 밀도($kg\,m^{-3}$)

$\bar{v}$ = 평균 유속($m\,s^{-1}$)

K_L = 국부 저항[예컨대 예리한 턴(turn)]

수력반경(hydraulic diameter)은 (4)(채널단면적/채널 둘레)로 정의한다. 전형적 장방형 채널에서 폭이 w_C이고 깊이가 d_c인 경우(그림 6-21) 수력반경은 다음과 같다.

$$D_H = \frac{2w_C d_C}{w_C + d_C} \tag{6-24}$$

채널 길이

$$L = \frac{A_{cell}}{N_{ch}(w_C + w_L)} \tag{6-25}$$

A_{cell} = 셀 활성 면적(m^2)

N_{ch} = 병렬 채널 수

w_C = 채널 폭(m)

w_L = 채널 사이의 간격(m)

연료전지 입구 채널에서의 유속은 다음과 같다.

$$\overline{v} = \frac{Q_{stack}}{N_{cell} N_{ch} A_{ch}} \tag{6-26}$$

$\overline{v}$ = 채널 안의 유속($m\,s^{-1}$)

Q_{stack} = 스택 입구에서의 공기 유량($m^3\,s^{-1}$)

N_{cell} = 스택 안의 셀의 수

N_{ch} = 각 셀 안의 병렬 채널의 수

A_{ch} = 장방형 채널에서 채널의 단면적; $A_{ch} = bd$

스택 입구에서의 총 유량은, 식 (5-42)와 식 (5-47)를 결합하고 습한 공기의 밀도로 나누어서 구한다.

$$Q_{stack} = \frac{I}{4F}\frac{S}{r_{O2}}\frac{RT_{in}}{P_{in} - \varphi P_{sat(Tin)}} N_{cell} \tag{6-27}$$

Q = 부피유량($m^3\,s^{-1}$)

I = 스택 전류(A), $I = iA_{cell}$

F = Faraday 상수 = 96,485 As mol^{-1}

S = 산소 양론비

r_{O2} = 공기 중의 산소 함유량, 부피비 = 0.2095

R = 기체 상수 = 8.314 J mol^{-1} K^{-1}

T_{in} = 스택 입구 온도(K)

p_{in} = 스택 입구 압력(Pa)

φ = 상대습도

P_{sat} = 입구 온도에서의 포화 압력, 식 (5-25)

N_{cell} = 스택 안의 셀의 수

식 (6-24) – 식 (6-27)로부터, 스택 입구에서의 유속은 다음과 같다.

$$\bar{v} = \frac{i}{4F}\frac{S}{r_{O2}}\frac{(w_C + w_L)L}{w_C d_C}\frac{RT}{P - \varphi P_{sat}} \tag{6-28}$$

채널 안에서의 흐름이 층류인가 난류인가를 판별하는 데는 Reynolds 수를 사용한다. 채널 입구에서의 Reynolds 수는 다음과 같다.

$$Re = \frac{\rho \bar{v} D_H}{\mu} = \frac{1}{\mu}\frac{i}{2F}\frac{S}{r_{O2}}\frac{(w_C + w_L)L}{w_C + d_C}\left(M_{Air} + M_{H2O}\frac{\varphi P_{sat(Tin)}}{P_{in} - \varphi P_{sat(Tin)}}\right) \tag{6-29}$$

스택 출구에서의 유량은 입구에서와 다르다. 입구 및 출구의 상태(유량, 온도, 압력, 습도)에 따라, 작거나 같거나 클 수 있다. 출구 흐름이 수증기로 포화되었다고 가정하면, 출구에서의 유량은 다음과 같다.

$$Q_{stack}^{out} = \frac{I}{4F}\left(\frac{S}{r_{O2}} - 1\right)\frac{RT_{out}}{P_{in} - \Delta P - P_{sat(Tout)}} N_{cell} \tag{6-30}$$

ΔP = 스택에서의 압력 강하

출구 유량과 입구 유량의 비는 다음과 같다.

$$\frac{Q_{stack}^{out}}{Q_{stack}^{in}} = \frac{S - r_{O2in}}{S}\frac{T_{out}}{T_{in}}\frac{P_{in} - \varphi P_{vs(Tin)}}{P_{in} - \Delta P - P_{sat(Tout)}} \tag{6-31}$$

첫 번째 인수는 언제나 1보다 작고, 두 번째 인수는 출구 온도와 입구 온도의 관계에 따라 1보다 작거나 크거나 같을 수 있으며, 세 번째 인수 역시 입구 온도와 습도에 따라 달라진다. (도입 기체가 스택 온도에서 포화되어 있으면, 이 인수는 1보다 크다.) 일반적으로 도입 유량과 배출 유량의 차이는 ±5% 이내에서 변동한다.

표 6-1 연료전지 기체의 점도(25°C)

	점도(kg m^{-1} s^{-1})	계수 C
수소	0.92×10^{-5}	72
공기	1.81×10^{-5}	120
수증기	1.02×10^{-5}	660

연료전지 기체의 점도는 표 6-1과 같다. 대부분 기체의 점도는 압력에 따라서 그다지 변하지 않지만 온도에 따라서는 크게 변한다[29].

$$\mu = \mu_0 \left(\frac{T_0 + C}{T + C} \right) \left(\frac{T}{T_0} \right)^{\frac{3}{2}} \tag{6-32}$$

μ_0는 온도 T_0에서의 점도이고, C는 계수이며, 표 6-1에 보였다.

습한 공기나 습한 수소처럼 기체 혼합물의 점도는 다음 식으로 구할 수 있다[30].

$$\mu_{mix} = \frac{\mu_1}{1 + \Psi_1 \dfrac{M_2}{M_1}} + \frac{\mu_2}{1 + \Psi_2 \dfrac{M_1}{M_2}} \tag{6-33}$$

이 식에서

$$\Psi_1 = \frac{\sqrt{2}}{4} \left(1 + \left(\frac{\mu_1}{\mu_2} \right)^{0.5} \left(\frac{r_2}{r_1} \right)^{0.25} \right)^2 \left(1 + \frac{r_1}{r_2} \right)^{-0.5} \tag{6-34}$$

$$\Psi_2 = \frac{\sqrt{2}}{4} \left(1 + \left(\frac{\mu_2}{\mu_1} \right)^{0.5} \left(\frac{r_1}{r_2} \right)^{0.25} \right)^2 \left(1 + \frac{r_2}{r_1} \right)^{-0.5} \tag{6-35}$$

μ_1, μ_2 = 성분 1과 2의 점도

r_1, r_2 = 혼합물 중의 성분 1과 2의 부피분율

M_1, M_2 = 성분 1과 2의 분자량

채널 안에서의 정상 층류인 경우, 마찰계수와 Reynolds 수의 곱은 일정하다[31].

$$\mathrm{Re}\,f = \text{일정} \tag{6-36}$$

원형 채널에서는 $\mathrm{Re}\,f = 64$이다. 장방형 채널에서는 종횡비(aspect ratio) w_C/d_C에 따라 $\mathrm{Re}\,f$ 값이 달라진다.

$$\mathrm{Re}\,f \approx 55 + 41.5\exp\left(\frac{-3.4}{w_C/d_C}\right) \tag{6-37}$$

정방형 채널에서는 $\mathrm{Re}\,f \approx 56$이다.

벤드(bend)나 엘보(elbow)에 관한 기하학적 압력손실계수 K_L이 발표되기는 했지만, 연료전지에서의 기체 흐름 채널의 특수 형상에 맞는 것은 없다. 90도 벤드의 경우 $30f$ 정도로 크고, 180도 벤드의 경우 $50f$ 정도나 된다[29].

완전 난류에서는 마찰계수 f가 Reynolds 수와 독립적이며, Karman 식 (6-14)로 추산할 수 있다. 채널의 세 가지 벽은 매끈하지만, 네 번째 벽은 다공질 기체 확산층이다.

다공질 흐름장에서는 Darcy 법칙[32]으로 압력 강하를 구할 수 있다.

$$\Delta P = \mu \frac{Q_{cell}}{kA} L \tag{6-38}$$

μ = 유체 점도($kg\,m^{-1}\,s^{-1}$)
Q_{cell} = 셀을 통한 부피유량($m^3\,s^{-1}$)
k = 투과도(permeability)(m^2)
A = 흐름장의 단면적(m^2)
L = 흐름장의 길이(m)

이 식을 사용하여 흐름이 층류인 흐름장에서의 압력 강하를 추산할 수 있다. 투과인자 k는 흐름장 전체에 관한 값이며, 실험에 의해 구해야 한다.

대개의 경우 연료전지 흐름장에서의 흐름은 층류이며, 압력강하는 유속(따라서 유량)에 정비례한다. 그러나 연료전지 채널의 흐름은 균일한 파이프 흐름과는 다소 다르다.

- GDL의 거칠기는 채널 벽의 거칠기와 다르다.
- 반응 기체는 화학 반응에 참여하므로, 채널 안의 위치에 따라 유량이 다소 달라진다.
- 채널 내부 온도가 균일하지 않을 수 있다.
- 채널은 대개 곧지 않으며, 예리한 턴(turn, 90도 또는 180도)이 여럿이다.
- 채널 내부에 물이 방울이나 필름의 형태로 존재하면 채널 단면적을 축소시킨다.

65 cm^2 셀이 셋인 연료전지에서, 상온의 건조 공기가 스택을 통과하고 전류나 물이 생성되지 않을 경우, 유량과 캐소드 쪽 압력강하의 관계를 그림 6-21에 보였다.[33] 캐소드 채널

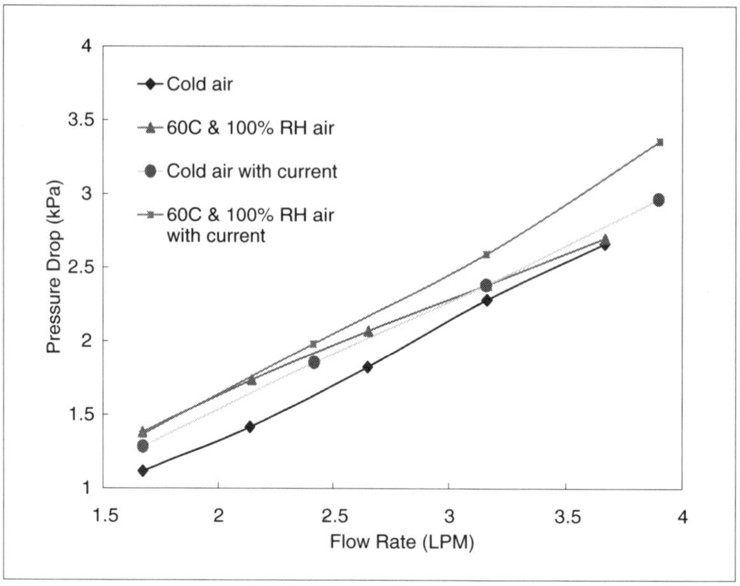

그림 6-21 65 cm^2 셀이 셋인 스택에서 압력 강하와 유량의 관계[33].

입구에서의 Reynolds 수는 최고 유량일 경우 <250이다. 습한 공기(60°C에서 RH 100%)가 스택을 통과할 경우에는, 운전 중이 아닌 찬 스택에서 응축이 일어나기 때문에 압력 강하가 증가한다. 그러나 유량이 증가하면 압력 강하는 건조 공기의 경우와 마찬가지 수준이 되는데, 이는 채널에서 유속이 높으면 스택에서 물이 제거되기 때문이다.

운전 중인 스택에서 물이 생성되면, 도입 공기가 건조 상태일 경우 생성된 물이 모두 공기 흐름 중으로 증발되므로 압력 강하가 유량에 정비례한다. (몰 유량은 입구에서보다 출구에서 큰데, 산소 분자 하나가 소비될 때마다 두 분자의 수증기가 생성되기 때문이다.)[4] 도입 공기가 충분히 가습되어 있으면 생성되는 물이 더 이상 증발하지 못하므로, 공기 유량(그리고 전류, 즉 수분 생성 속도)에 따라 압력 강하가 지수적으로 커지기 시작한다(그림 6-21).

예제

65 cm^2 셀 60개로 된 스택의 캐소드 흐름장에서의 압력 강하를 구하여라. 스택은 125 kPa(입구), 60°C에서 운전하며 포화 공기를 도입한다. 유량은 양론비의 3배에서 전류에 비례하도록 한다. 공칭 조작점은 0.7 V에서 0.4 Acm^{-2}이다. 캐소드 흐름장은 폭 0.8 mm, 깊이 0.8 mm, 간격 0.8 mm인 S자형 병렬 채널 6개로 구성되어 있으며, 90° 벤드가 넷이다.

4) $2H_2 + O_2 \rightarrow 2H_2O$ (역주)

풀이

압력 강하는 식 (6-23)에서,

$$\Delta P = f\frac{L}{D_H}\rho\frac{\overline{v}^2}{2} + \sum K_L\rho\frac{\overline{v}^2}{2}$$

수력학적 지름은 식 (6-24)에서,

$$D_H = \frac{2w_C d_C}{w_C + d_C} = 2 \times 0.08 \times 0.08/(0.08 + 0.08) = 0.08\ \text{cm}$$

채널 길이는 식 (6-25)에서,

$$L = \frac{A_{cell}}{N_{ch}(w_C + w_L)} = \frac{65}{6 \times (0.08 + 0.08)} = 67.7\ \text{cm}$$

스택 입구에서의 유량은 식 (6-27)에서,

$$Q_{stack} = \frac{I}{4F}\frac{S}{r_{O2}}\frac{RT_{in}}{P_{in} - \varphi P_{sat(Tin)}}N_{cell} = \frac{0.4 \times 65}{4 \times 96,485}\frac{3}{0.21}\frac{8.314 \times (273.15 + 60)}{125,000 - 19,944}60$$
$$= 0.00152\ \text{m}^3\ \text{s}^{-1} = 1520\ \text{cm}^3\ \text{s}^{-1}$$

여기에서 19,944 Pa은 60°C에서의 포화압력이다.
셀 입구에서 연료전지 채널 안에 유속은 식 (6-26)에서,

$$v = \frac{Q_{stack}}{N_{cell}N_{ch}A_{ch}} = \frac{1520}{60 \times 6 \times 0.08 \times 0.08} = 660\ \text{cm s}^{-1}$$

채널 입구에서의 Reynolds 수는 식 (6-29)에서,

$$Re = \frac{\rho\overline{v}D_H}{\mu}$$

$$\rho = \text{습한 공기의 밀도} = \frac{(P - P_{sat})M_{air} + P_{sat}M_{H2O}}{RT}$$

$$= \frac{(125,000 - 19,944) \times 29 + 19,944 \times 18}{8314 \times (273.15 + 60)} = 1.23\ \text{kg m}^3 = 0.00123\ \text{g cm}^3$$

습한 공기의 점도는 표 6-1과 식 (6-32)~(6-36)에서,

$$\mu = 2 \times 10^{-5}\ \text{kg m}^{-1}\ \text{s}^{-1} = 0.0002\ \text{g cm}^{-1}\ \text{s}^{-1}$$

$$Re = \frac{\rho v D_H}{\mu} = 0.00123 \times 660 \times 0.08/0.0002 = 324.7$$

$$\text{Re}\,f \approx 55 + 41.5\exp\left(\frac{-3.4}{b/d}\right) = 56$$

마찰계수:

$$f = 56/\mathrm{Re} = 56/324.7 = 0.172$$

끝으로 압력 강하는 다음과 같다.

$$\Delta P = f\frac{L}{D_H}\rho\frac{\bar{v}^2}{2} + \sum K_L\rho\frac{\bar{v}^2}{2} = 0.172\frac{0.677}{0.0008}1.23\frac{6.6^2}{2} + (4\times 30\times 0.172)1.23\frac{6.6^2}{2}$$
$$= \underline{\Delta P = 4452\ \mathrm{Pa}}$$

입구 조건에 기초하여 압력 강하를 구했다. 출구에서의 유속이 다소 낮으면, 채널 안의 평균 유속은 낮을 것이므로, 압력 강하는 다소 적어질 것이다. 정확한 답은 반복 계산으로 구할 수 있다.

이 셀이 60개인 스택의 입구 및 출구 다기관의 크기는, 다기관을 통한 압력 강하가 최소한 각 셀을 통한 압력 강하보다 한 자리 정도 낮은 값(445 Pa 이하)이 되도록 설계해야 할 것이다. 따라서 스택 전체에서의 압력 강하는 5300 Pa 정도가 된다.

6.5 연료전지 스택의 열 제거

셀 내부 온도를 목적 값으로 유지하려면, 전기화학 반응의 부산물로 생성되는 열을 셀과 스택으로부터 제거해야 한다. 열관리 수법을 열거하면 다음과 같다(그림 6-22).

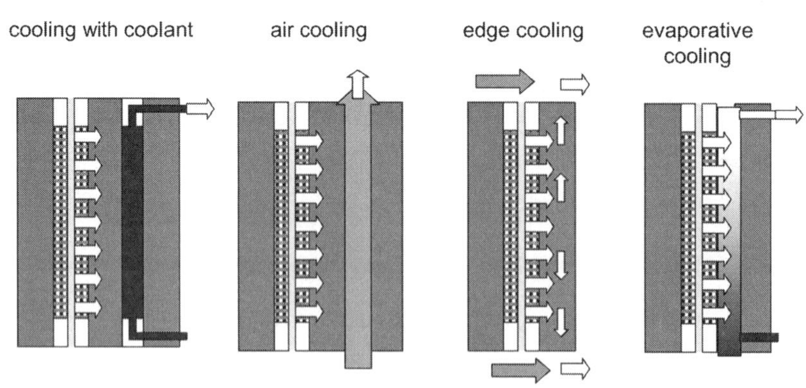

그림 6-22 연료전지 셀/스택의 냉각 수법

- 셀 사이에 냉매를 흐르게 하여 냉각한다.

  냉매로는 탈이온화 물, 부동액, 공기 등을 사용한다. 각 셀 사이, 한 쌍의 셀 사이(냉각 구조의 양쪽에 각각 두 셀의 캐소드 또는 애노드가 있는 배열인 경우), 한 무리의 셀 사이(중심 셀의 온도가 높아질 수 있으므로, 전력 밀도가 낮은 경우에만 가능)에서 냉각되도록 한다. 반응 기체의 경우와 비슷하게 다기관을 설치하면 냉매의 균등 분배가 가능하다. 냉매가 공기인 경우에는 강제송풍시스템(plenum)으로 균등 분배를 도모한다.

- 활성 면적 말단에서의 냉매에 의한 냉각(핀의 유무와는 무관하다)

  열이 이극판을 통해 전도된 다음 냉매 유체(주로 공기)로 전달되도록 한다. 활성 면적 내부의 온도가 비교적 균일하게 분포되도록 하려면 이극판의 열전도도가 아주 좋아야 한다. 또한 말단 표면에서 열전달이 충분치 않으면, 핀(fin)을 설치해야 할 것이다. 이 방법을 채택하면 연료전지 스택이 아주 간단해지며 부품 수가 적어지지만, 열전달의 한계로 인해 출력 전력이 낮은 경우에 주로 채용된다.

- 상 변화에 의한 냉각

  냉매로 물을 비롯한 상 변화 매체를 사용할 수 있다. 물을 사용하면 스택 설계가 단순해지는데, 물은 이미 애노드 및 캐소드 영역에서 사용되기 때문이다.

6.5.1 스택 열수지

연료전지 스택의 에너지 수지를 취하는 방법에는 몇 가지가 있다. 일반적으로 연료의 에너지(고발열량)가 전력 또는 열로 변환된다.

반응 연료의 에너지 = 열 발생량 + 전력 발생량

$$\frac{I}{2F} H_{HHV} n_{cell} = Q_{gen} + IV_{cell} n_{cell} \tag{6-39}$$

연료전지 스택에서 발생하는 열량은 다음과 같다.

$$Q_{gen} = (1.482 - V_{cell}) I n_{cell} \tag{6-40}$$

이 식에서는, 생성된 물은 모두 25°C의 물의 상태로 스택을 떠난다고 가정했다. 도입 연료가 스택 운전 온도에서 수분으로 완전 포화되어 있는 경우에 해당한다. 생성된 물이 모두 수증기 상태로 스택에서 배출되면, 다음 식을 사용하는 편이 적절하다.

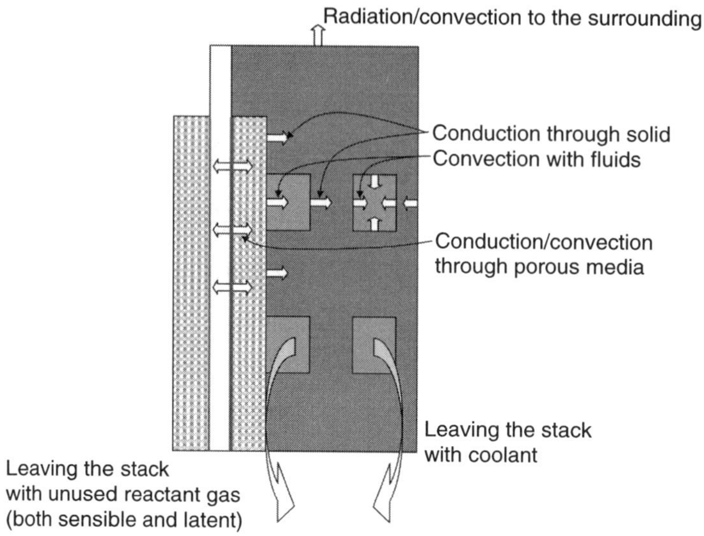

그림 6-23 연료전지에서 열전달 경로.

$$Q_{gen} = (1.254 - V_{cell})In_{cell} \tag{6-41}$$

식 (6-39)~(6-41)은 모두 근사식이다. 식 (5-62)~(5-67)과 같은 완전한 에너지 수지에서는, 반응 기체와 함께 스택에 도입된 열(엔탈피), 스택에서 배출되는 미반응 기체가 동반하는 열, 스택 입구 및 출구에서 물의 잠열과 현열을 모두 고려해야 한다.

반응 기체가 동반하는 엔탈피 = 전력 발생량 + 미반응 기체의 엔탈피(생성된 물의 열 포함) + 주변으로 소산되는 열 + 냉각 조작으로 스택에서 배출되는 열

$$\Sigma Q_{in} = W_{el} + \Sigma Q_{out} + Q_{dis} + Q_c \tag{6-42}$$

이 에너지 수지를 살펴보면 알 수 있지만, 스택에서 발생하는 열의 일부는 반응 기체와 생성되는 수분에 의해 배출되고, 일부는 자연 대류와 복사에 의해 주변으로 손실되며, 나머지는 강제 냉각으로 스택에서 배출시켜야 한다.

열 발생량은 연료전지의 전압 손실과 관련이 있다. 열의 일부는 촉매층, 특히 캐소드 쪽에서 발생하고, 저항 손실(ohmic loss)에 의해 막에서 발생하며, 역시 저항 손실에 의해 연료전지의 전기 전도성 고체 부품에서 발생한다. 이러한 열은 먼저 연료전지의 고체 부분, 즉 기체 확산층과 이극판을 포함한 다공질 전극 구조물을 통해 전도된다(그림 6-23). 온도에 따라서 다르지만, 열의 일부는 반응 기체로 전달되며, 일부는 대류를 통해 냉매로 전달되고, 일부

표 6-2 연료전지 관련 재료의 열전도도

재료	열전도도($W\ m^{-1}\ K^{-1}$)[a]
알루미늄	237
구리	401
니켈	91
니켈 합금(Inconel, Hasteloy)	12
티탄	22
스테인리스 강 316	13
백금	71
흑연	98
흑연/고분자 복합체	~20[b]
탄소 섬유 종이	1.7[b]
테플론	0.35
물	0.611
수증기	0.0198
공기	0.0267
수소	0.198

[a] 300 K의 값. [b] 판통과(through-plane).

는 스택의 말단으로 전도되어 복사와 자연 대류를 통해 주변 공기 중으로 전달된다. (스택 온도 조절 방법으로 강제 대류를 채용한 경우는 강제 대류에 의해 전달된다.)

6.5.2 열전도

Fourier의 열전도 법칙에 따르면, 일정한 단면적 A를 통해 x방향으로 전도에 의한 열전달 속도는 온도차에 비례한다.

$$Q_x = kA\frac{dT}{dx} \tag{6-43}$$

k = 열전도도($W\ m^{-1}\ K^{-1}$)

전형적 연료전지 재료의 열전도도 k의 값을 표 6-2에 나타냈다. 일반적으로 정상상태 열전도는, 식 (6-43)을 미분해 구한 다음 식에 따른다.

$$\frac{d^2T}{dx^2} = 0 \tag{6-44}$$

이 식을 삼차원 정상상태 열전도 식으로 전개하면 다음과 같다.

$$\nabla \cdot (\nabla T) = 0 \tag{6-45}$$

이 식을 풀려면, 각 방향의 계의 경계에서 T의 거동을 기술하는 두 경계 조건을 알아야 한다(일정 온도 또는 미리 정한 플럭스).

열전도도가 다른 두 인접한 물질을 통해 열이 전달되는 경우에는 세 번째 경계 조건을 정할 수 있는데, 두 물질의 경계에서 계면 온도가 같거나(이 경우 접촉 저항은 무시할 수 있다), 계면에서의 온도 분포가 불연속적일 수 있다. 접촉 저항을 R_{tc}, 열접촉계수를 h_{tc}라 하면,

$$Q = h_{tc} A \Delta T \tag{6-46}$$

$$R_{tc} = \frac{1}{h_{tc} A} \tag{6-47}$$

전기 저항으로 인한 내부 열 발생이 포함되는 경우에는 식 (6-44)가 다음과 같이 된다.

$$\frac{d^2T}{dx^2} + \frac{q_{int}}{k} = 0 \tag{6-48}$$

q_{int} = 단위 부피 당 열 발생 속도

연료전지에서 내부 열 발생은 전기 저항 및 이온저항 때문에 생긴다.

$$q_{int} = i^2 \rho_s \tag{6-49}$$

다공질 매체에서는, 매체의 다공도 ε을 고려한 유효 열전도도를 사용한다.

$$k_{eff} = -2k_s + \left[\frac{\varepsilon}{2k_s + k} + \frac{1-\varepsilon}{3k_s}\right]^{-1} \tag{6-50}$$

예제

연료전지를 0.6 V, 1 A cm^{-2}로 운전한다. 캐소드 쪽의 기체 확산층–이극판 샌드위치에서의 온도 분포를 구하여라. 기체 확산층–촉매층 계면에서의 열 플럭스는 일정하며 연료전지 전체 손실(이온 저항 및 전기 저항으로 인한 손실은 제외)과 같다고 가정한다. 저항 손실의 절반은 애노드 쪽, 나머지 절반은 캐소드 쪽에서 생긴다고 가정한다. 막을 통한 이온저항은 0.1 Ωcm^2이다. 이극판의 외부 말단에서는 60°C에서 냉매에 의해 열이 제거되며, 열전달계수 h = 1600 W m^{-2} K^{-1}이다. 기체 확산층과 이극판의 전기저항은 각각 0.08 및 0.06 Ωcm^2이다. 기체 확산층과 이극판 사이의 접촉 저항은 0.005 Ωcm^2이

다. GDL과 이극판의 유효 열전도도는 각각 1.7 및 20 W m^{-1} K^{-1}이다. 두 층 사이의 열 접촉저항은 1°C/W이다. GDL과 이극판의 두께는 각각 0.38 및 3.3 mm이다.

풀이

일차원 정상상태 열전도를 가정한다.

이극판-냉각 유체 계면의 온도를 T_1, 기체 확산층에 면한 이극판의 온도를 T_2, 이극판에 면한 기체 확산층의 온도를 T_3, 촉매층에 면한 기체 확산층의 온도를 T_4라 한다.

GDL을 통한 전압 손실 = V = IR = i $\rho_{GDL} d_{GDL} = 1 \times 0.08 \times 0.038 = 0.00304$ V
이극판을 통한 전압 손실 = i $\rho_{BP} d_{BP} = 1 \times 0.06 \times 0.33 = 0.00198$ V
접촉 저항으로 인한 전압 손실 = $1 \times 0.005 = 0.005$ V
총 전기 저항(한쪽) = $0.00304 + 0.00198 + 0.005 = 0.01$ V
총 전기 저항(양쪽) = $0.01 \times 2 = 0.02$ V
이온 저항으로 인한 전압 손실 = $1 \times 0.1 = 0.1$ V
총 저항 손실 = 0.12 V
저항 손실을 감안한 연료전지 전압 = $0.6 + 0.12 = 0.72$ V
연료전지 안의 열 발생량(저항 제외) = $(1.254 - 0.72) \times 1^2 = 0.534$ W cm^{-2}

촉매층-기체 확산층 계면에서 열 플럭스(이온저항의 1/2 포함)

$$Q_4 = 0.534 + 1^2 \times 0.1/2 = 0.584 \text{ W cm}^{-2}$$

GDL에서 저항으로 인한 열 발생 = $i \times \Delta V = 1 \times 0.00304 = 0.00304$ W cm^{-2}
이극판에서 저항으로 인한 열 발생 = $1 \times 0.00198 = 0.00198$ W cm^{-2}
접촉 저항으로 인한 열 발생량 = $1 \times 0.005 = 0.005$ W cm^{-2}
이극판-냉각 유체 계면에서의 열 플럭스

$$Q_1 = 0.584 + 0.00304 + 0.00198 + 0.005 = 0.594 \text{ W cm}^{-2}$$

이극판-기체 확산층 계면(이극판 쪽)에서의 열 플럭스

$$Q_2 = 0.594 - 0.00198 = 0.592 \text{ W cm}^{-2}$$

이극판-기체 확산층 계면(GDL 쪽)에서의 열 플럭스

$$Q_3 = 0.592 - 0.005 = 0.587 \text{ W cm}^{-2}$$

이극판 표면에서 냉각 유체 쪽으로의 대류 열 플럭스. 식 (6-52)에서,

$$Q_1 = h(T_F - T_1)$$

따라서 온도 T_1은 다음과 같다.

$$T_1 = T_F + Q_1/h = 60 + .594/0.16 = 63.71$$

이극판 내부의 열 플럭스에 관한 식은 식 (6-48)에서,

$$\frac{d^2T}{dx^2} + \frac{q_{int}}{k} = 0$$

두 번 적분하면 다음과 같다.

$$T = \frac{q_{int}}{k}\frac{x^2}{2} + C_1 x + C_2$$

적분상수 C_1과 C_2는 경계 조건에서 구할 수 있다.

$$x = 0 \text{ 에서,} \quad T = T_1$$

$$x = d_{BP} \text{ 에서,} \quad k\frac{dT}{dx} = Q_2$$

따라서

$$C_2 = T_1$$

또한

$$C_1 = \frac{Q_2}{k} + \frac{q_{int}}{k} d_{BP}$$

이극판에서의 온도 분포는 다음과 같다.

$$T = T_1 + \frac{Q_2}{k_{BP}}x + \frac{q_{int,BP}}{k_{BP}}\left(d_{BP}x - \frac{x^2}{2}\right)$$

여기에서

$$q_{int,BP} = 0.00198/0.33 = 0.006 \text{ W cm}^{-3}$$

온도 $T_2(x = d_{BP})$는 다음과 같다.

$$T_2 = T_1 + \frac{Q_2}{k_{BP}}d_{BP} + \frac{q_{int,BP}}{k_{BP}}\frac{d_{BP}{}^2}{2} = 63.71 + \frac{0.592}{0.19}0.33 + \frac{0.006}{0.19}\frac{0.33^2}{2} = 64.74°C$$

기체 확산층–이극판 계면에서는 접촉저항으로 인해 온도가 불연속으로 변한다. 따라서 T_3는 다음과 같다.

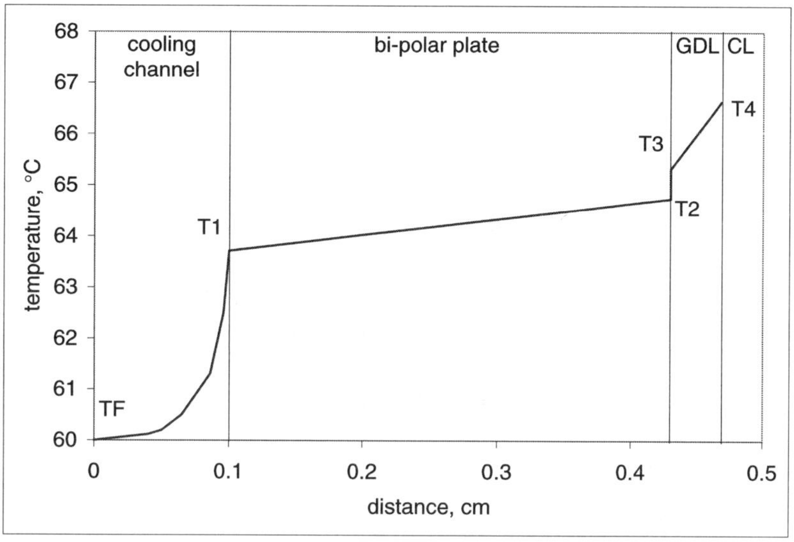

그림 6-24 이극판-기체 확산층 샌드위치에서의 온도 분포.

$$T_3 = T_2 + R_{tc}Q_3 = 64.74 + 1 \times 0.587 = 65.33°C$$

GDL 내부에서의 온도분포는, 이극판에 적용되는 식을 이용하면 다음과 같다.

$$T = T_3 + \frac{Q_4}{k_{GDL}}x + \frac{q_{int,GDL}}{k_{GDL}}\left(d_{GDL}x - \frac{x^2}{2}\right)$$

여기에서

$$q_{int,GDL} = 0.00304/0.038 = 0.080\ \mathrm{W\ cm^{-3}}$$

온도 $T_4(x = d_{GDL})$는 다음과 같다.

$$T_4 = T_3 + \frac{Q_4}{k_{GDL}}d_{GDL} + \frac{q_{int,GDL}}{k_{GDL}}\frac{{d_{GDL}}^2}{2} = 65.33 + \frac{0.584}{0.017}0.038 + \frac{0.08}{0.017}\frac{0.038^2}{2}$$

$$= T_4 = 66.6\ °C$$

이극판-기체 확산층 샌드위치에서의 온도 분포를 그림 6-24에 나타냈다.

6.5.3 열 제거량

열 제거 관점에서 보면, 연료전지 스택은 내부 열 발생장치가 있는 열 교환기인 셈이다. 연료전지 냉각 채널의 벽에서는 온도가 일정하지도 않고 열 플럭스가 일정하지도 않지만, 열전달 해석에서는 이 두 가지가 일정한 경우를 경계 조건으로 사용하는 경우가 많다.

냉각으로 제거되는 열은 식 (6-42)에서 다음과 같다.

$$Q_c = \Sigma Q_{in} - W_{el} - \Sigma Q_{out} - Q_{dis} \tag{6-51}$$

동일한 양의 열 Q_c가 냉각 유체로 전달된다.

$$\frac{dQ_c}{dA_c} = h(T_S - T_C) \tag{6-52}$$

열 교환기에서와 마찬가지로 열전달 면적 전체 A_c에 대해 적분하면,

$$Q_c = UA_c LMTD \tag{6-53}$$

h = 국부 열전달계수($W m^2 °C$)
U = 총괄 열전달계수($W m^2 °C$)
A_c = 열교환면적 = 냉각 채널의 표면적(m^2)

LMTD = 로그평균온도차(°C)로서 다음과 같이 정의한다.

$$LMTD = \frac{(T_S - T_C)_{in} - (T_S - T_C)_{out}}{\ln \dfrac{(T_S - T_C)_{in}}{(T_S - T_C)_{out}}} \tag{6-54}$$

스택 본체(T_s)와 냉각 유체(T_c) 사이의 온도차는 일정하거나(열플럭스가 일정한 경우), 스택의 한 쪽에서 다른 쪽으로 가면서 변할 수 있다. 이 경우 냉각제 및 반응물의 입구 및 출구에서의 상대적 위치, 냉각제와 반응물의 내부 통로 구조, 전류밀도 구조 등에 따라 달라진다.

동일한 양의 열(Q_c)이 냉각 유체에 '흡수'되어 연료전지 스택에서 배출된다.

$$Q_c = \dot{m} c_p (T_{c,out} - T_{c,in}) \tag{6-55}$$

온도차 $\Delta T_c = (T_{c,out} - T_{c,in})$는 설계변수로서, 냉각제 유속을 고려하여 선택해야 한다. 연료전지 설계에서는 일반적으로, 냉각제 출구 및 입구 사이의 온도차를 선택할 경우, 요건이 상충적일 수 있다. 스택 내부의 온도 분포를 균일하게 하려면, 스택 설계에서 온도 구배가 커야 할 경우(물 관리를 원활하게 할 경우)를 제외하고는, ΔT_c를 가능한 작게 해야 한다. 그러나 ΔT_c가 작으면 냉각제 유량이 많아야 하며, 이에 따른 추가 전류가 증가하여 시스템 효율을 감소시키게 된다. 반면에 ΔT_c가 크면 냉각제 온도가 더 낮아야 하지만, 주변 온도와 열 제거

표 6-3 여러 내부흐름 상태에 대한 Nusselt 수 [34]

조건	식
층류	
수력학적 완전 발달 흐름	
x/D > 0.05 Re Pr	
열적 완전 발달 흐름	
x/D > 0.05 Re Pr	
균일한 벽 온도	
사각관	$Nu = 2.98$
원관	$Nu = 3.66$
균일한 벽 열 플럭스	
사각관	$Nu = 3.61$
원관	$Nu = 4.36$
열적 도입	
균일한 벽 온도	$Nu = 3.66 + \dfrac{0.0668 \dfrac{RePr}{x/D}}{1 + 0.04\left(\dfrac{RePr}{x/D}\right)^{2/3}}$
균일한 벽 온도 x/D > 0.01 Re Pr	$Nu = 1.67\left(\dfrac{RePr}{x/D}\right)^{1/3}$
균일한 벽 열 플럭스 x/D > 0.01 Re Pr	$Nu = 1.95\left(\dfrac{RePr}{x/D}\right)^{1/3}$
수력학적 및 열적 도입 x/D > 0.01 Re Pr	$Nu = 1.86\left(\dfrac{RePr}{x/D}\right)^{1/3}$
난류	
수력학적 완전 발달 흐름	
열적 완전 발달 흐름	$Nu = \dfrac{(f/8)RePr}{1.07 + 12.7\sqrt{f/8}(Pr^{2/3} - 1)}$ $f = 4/(1.58 \ln Re - 3.28)^2$
열적 도입 x/D < 60	$Nu = Nu_{TFD}\left(1 + \dfrac{1.4}{x/D}\right)$
수력학적 및 열적 도입 x/D < 60	$Nu = Nu_{TFD}\left(1 + \dfrac{6}{x/D}\right)$
전이 난류	$Nu = C_{tr}Nu_{L2} + (1 - C_{tr})Nu_{T8}$ $Nu_{L2} = Nu\ (Re = 2000)$ $Nu_{T8} = Nu\ (Re = 8000)$ $C_{tr} = 1.33 - Re/6000$

표 6-4 연료전지 기체 및 냉각 매체의 성질(위쪽은 20°C, 아래쪽은 60°C의 값)

기체	밀도 ($kg\ m^{-3}$)	점도 ($kg\,m^{-1}\,s^{-1}$)	열전도도 ($W\,m^{-1}\,K^{-1}$)	비열 ($kJ\,kg^{-1}\,K^{-1}$)
물	998	0.001	0.602	4.18
	984	0.000466	0.654	4.18
에틸렌글리콜	1116	0.0214	0.249	2.38
	1088	0.0052	0.260	2.56
프로필렌글리콜	1036	0.054	0.200	2.47
	1010	0.0075		2.72
공기	1.21	18×10^{-6}	0.0257	1.005
	1.06	20×10^{-6}	0.0287	1.008
수소	0.0841	8.8×10^{-6}	0.178	14.2
	0.0741	9.6×10^{-6}	0.198	14.4

장치의 특성 및 성능에 의해 제약되기 마련이다.

대류 열전달계수 h는 Nusselt 수에 따라 달라진다. 즉 냉각제의 성질, 통로의 모양, 흐름 특성에 따라 변한다.

$$h = Nu\frac{k}{D_H},\quad h = Nu_L\frac{k}{L},\quad \bar{h} = \overline{Nu}_L\frac{k}{L} \tag{6-56}$$

Nusselt 수는 흐르는 유체의 대류 열전달과 정지 유체층의 전도 열전달의 비를 나타낸다[34]. Nusselt 수와 여러 흐름특성(층류/난류, 발달된 흐름/발달되지 않은 흐름 등)의 일반식을 표 6-3에 나타냈다[34]. 연료전지에서 일반적인 유체의 열적 특성은 표 6-4에 보였다.

예제

열전달계수가 다음과 같다.

$$h = Nu\frac{k}{D_H}$$

$Nu = 3.61$

$D_H = 4A/Pm = 4 \times 0.001^2/4 \times 0.001 = 0.001\ m$

k {80°C의 물} $= 0.671\ W\,m^{-1}\,K^{-1}$

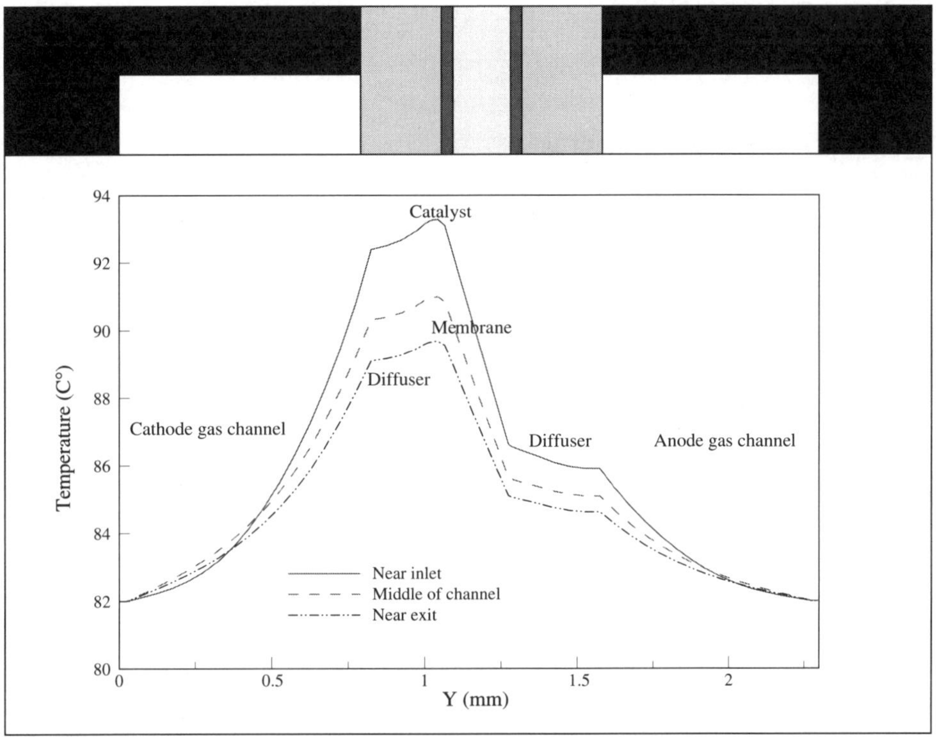

그림 6-25 연료전지 특성 단면적에서의 온도 분포[28].

k {80°C의 에틸렌 글리콜} = 0.261

k {물과 에틸렌 글리콜의 50/50 혼합물} = $0.466\ \mathrm{W\ m^{-1}\ K^{-1}}$

$$h = 3.61 \times 0.466/0.001 = 1682\ \mathrm{W\ m^{-2}\ K^{-1}}$$

냉각 채널의 벽과 $1\ \mathrm{W\ cm^{-2}}$(= $10\ 000\ \mathrm{W\ m^{-2}}$)의 열전달에 필요한 냉각제 사이의 평균 온도차는 다음과 같다.

$$T_S - T_C = \frac{Q}{Ak} = \frac{10000\ \mathrm{W\ m^{-2}}}{1682\ \mathrm{W\ m^{-2}\ K}} = 6°\mathrm{C}$$

식 (6-45)는 수치해석으로 풀 수 있는데, 경계 조건으로는 일정한 벽 온도 T_s, 일정한 열 플럭스 또는 열 플럭스의 설정 값을 사용할 수 있다. 열전달 경로는 3차원으로 복잡하므로(그림 6-23), 연료전지 스택의 열 플럭스와 온도 프로필을 계산하려면, 3–D 수치 시뮬레이션이 필요하다. 3–D 수치 시뮬레이션으로 구한 연료전지의 대표적 단면적에서 온도 분포를 그림 6-25에 보였다[28]. 그림 6-25에서 알 수 있지만, 연료전지 스택 내부에서는 온도 변동이 현저하다. 연료전지 스택 안의 열의 대부분은 캐소드 촉매층에서 발생하는데, 이 층의 온도가 가장 높을 수 있다.

6.5.4 스택에서의 열 소산: 자연대류 및 복사

자연대류 및 복사에 의해 스택에서 주위로 손실되는 최대 열량은 다음과 같다.

$$Q_{dis} = \frac{T_S - T_0}{R_{th}} \tag{6-57}$$

T_s = 스택 표면 온도

T_0 = 주변 벽의 온도

R_{th} = 열 저항

$$R_{th} = \frac{1}{\frac{1}{R_C} + \frac{1}{R_R}} \tag{6-58}$$

R_c = 대류 열 저항

$$R_C = \frac{1}{hA_S} \tag{6-59}$$

R_R = 복사 열 저항

$$R_R = \frac{1}{\sigma F A_S (T_S + T_0)(T_S^2 + T_0^2)} \tag{6-60}$$

σ = Stefan-Boltzman 상수 = $5.67 \times 10^{-8}\ W\,m^{-2}\,K^{-4}$

F = 형상인자. 첫 번째로는 F = 1이라 가정한다.

A_s = 스택 노출 표면적(m^2)

짧은 스택에서는 노출(외부) 표면적과 (내부) 활성 면적의 비 A_s/A_{act}가 너무 커서, 열 발생 속도에 비해 열 소산 속도가 크기 때문에, 스택이 전혀 운전온도에 도달하지 못할 수도 있다. 실험실용 단일 셀에서는 대개 열 패드(pad)(또는 다른 온도 조절 장치)를 사용해야 목표 운전 온도에 도달할 수 있다.

식 (6-59)에서 열전달계수 h는 Nusselt 수 Nu의 함수이다.

$$h = \frac{k}{L} Nu_L \tag{6-61}$$

수직 판 및 자연 대류에서는, Nusselt 수가 Prandtl 수 및 Rayleigh 수의 실험 함수로 나타낼 수 있는데, 예를 들면 다음과 같다.

$$Nu_L = \left\{ 0.825 + \frac{0.387 Ra_L^{1/6}}{\left[1 + \left(\frac{0.5}{Pr}\right)^{9/16}\right]^{8/27}} \right\}^2 \tag{6-62}$$

여기에서

$$Ra_L = \frac{g\beta(T_S - T_0)L^3}{\nu\alpha} \tag{6-63}$$

또한

$$Pr = \frac{\nu}{\alpha} \tag{6-64}$$

g = 중력가속도(9.81 m s^{-2})
β = 기체의 열팽창계수 $\beta = 1/T$
L = 특성 길이, 즉 경계층 내부에서 유체의 이동 거리, 즉 스택 높이(m)
ν = 동점도($m^2\ s^{-1}$)
α = 열확산계수($m^2\ s^{-1}$)

유체 성질은 유리 흐름(free stream) 또는 경막(벽) 온도에서 측정한다.
수직 평판의 경우:

$Nu_L = 0.54 Ra_L^{1/4}$
L = A/Pm (면적/둘레 길이)

300 K 및 350 K에서의 공기 성질 일부를 표 6-5에 보였다.

표 6-5 공기의 열적 성질

성질	300 K	350 K
밀도, $\rho(\text{kg m}^{-3})$	1.1774	0.998
비열, $c_p(\text{kJ kg}^{-1}\,°\text{C}^{-1})$	1.0057	1.0090
열전도도, $k(\text{W m}^{-1}\,°\text{C}^{-1})$	0.02624	0.03003
열확산계수, $\alpha(\text{m}^2\,\text{s}^{-1})$	0.2216×10^{-4}	0.2983×10^{-4}
열팽창, $\beta(°\text{C}^{-1})$	0.00333	0.00286
점도, $\mu(\text{kg m}^{-1}\,\text{s}^{-1})$	1.846×10^{-5}	2.075×10^{-5}
동점도, $\nu(\text{m}^2\,\text{s}^{-1})$	15.68×10^{-6}	20.76×10^{-6}
Prandtl 수, Pr	0.708	0.697

6.5.5 스택 냉각 방법

공기 냉각

이론량보다 과잉의 산소가 포함된 공기는 캐소드 부분을 통과한다. 반응에 사용되는 공기를 그대로 냉매로 사용할 수 있나? 이론상으로는 가능하다. 다만 유량이 너무 크지 않아야 한다. 상한은 어느 정도인가? 이 값은 간단한 열 수지로부터 구할 수 있다. 즉, 연료전지에서 발생된 열은 공기 흐름에 의해 제거되는 열량과 같아야 한다.

생성된 물이 증발하여 수증기로 스택에서 배출된다고 가정하면(공기 냉각법에서는 일반적 현상이다), 생성된 열은 다음과 같다[식 (6-41) 참고].

$$Q = (1.254 - V_{cell})In_{cell} \tag{6-65}$$

공기로 전달되는 열량은

$$Q = \dot{m}c_p(T_{Air,out} - T_{Air,in}) \tag{6-66}$$

스택 출구에서의 질량유량은 식 (5-56)에서 다음과 같다.

$$\dot{m}_{Airout} = \left[(S_{O2} - 1)M_{O2} + S_{O2}\frac{1 - r_{O2in}}{r_{O2in}}M_{N2}\right]\frac{i \cdot n_{cell}}{4F} \tag{6-67}$$

위의 식들을 조합하면 필요한 양론비에 관한 식이 얻어진다.

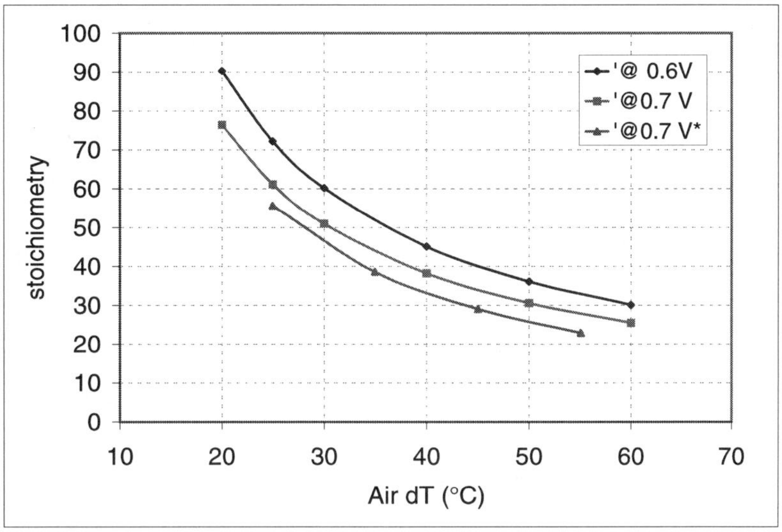

그림 6-26 스택 냉각에 필요한 양론비.(* 이 곡선은 스택 표면에서 열 소산을 고려한 것이다.)

$$S_{O2} = \frac{M_{O2} + \dfrac{4F(1.254 - V_{cell})}{c_p \Delta T}}{M_{O2} + \dfrac{1 - r_{O2in}}{r_{O2in}} M_{N2}} \tag{6-68}$$

이 식에서 변수는 셀 전위 V_{cell}과 스택 입구 및 출구 공기 사이의 온도차 ΔT 뿐이다. 셀 전위는 셀 효율을 결정하며, 효율이 낮을수록 더 많은 열을 발생한다[식 (6-65)]. 공기 온도차는 주변 공기와 스택 운전온도에 의해 정해진다. 캐소드 양론비와 전형적 셀 전위(0.6 V와 0.7 V) 및 공기 온도차 사이의 관계를 그림 6-26에 보였다. 위의 두 곡선은 식 (6-68)로 계산한 것이고, 맨 아래 곡선은 스택 표면에서의 열 소산을 감안한 것이다(1 kW 스택, 표면적/활성면적 비 $= A_s/A_{act} = 0.27$). 양론비가 20 이상이 되면 이주 다량의 공기 유량이 필요하다. 생성된 물은 이처럼 다량의 공기 포화에 충분하지 못하므로, 이러한 냉각법은 애노드 건조가 심각하게 되므로, 실용적이 아니다. 출구에서의 상대습도는 다음 식으로 구할 수 있다.

$$\varphi = \frac{2r_{O2,in}}{S_{O2} + r_{O2,in}} \frac{P}{P_{vs}} \tag{6-69}$$

정상적 조작 온도 범위(40–80°C)에서 양론비가 20 이상이면, 출구에서의 상대습도는 10% 미만이 되며 셀은 심각하게 건조 상태가 된다.

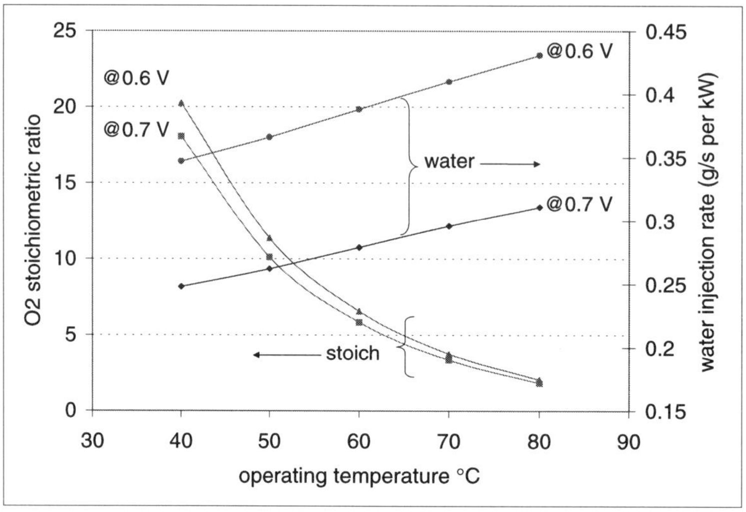

그림 6-27 스택 냉각 및 출구 공기의 포화에 필요한 공기 및 물 주입 유량.

증발 냉각

스택 캐소드 입구에 물을 추가로 주입하면 건조를 방지하는 동시에 필요한 공기 유량을 극적으로 줄일 수 있는데, 주입한 물의 증발에 의해 냉각할 수 있기 때문이다. 물질 및 에너지 수지식(제5장)을 이용하면, 출구에서 포화 상태를 유지하고 스택을 충분히 냉각하는 데 필요한 물의 양과 공기 유량을 계산할 수 있다. 이를 5장의 예제에서 다뤘다. 운전조건(셀 전위와 온도)의 범위에서 상압 연료전지(출구 압력은 상압, 도입 공기는 20°C, 상대습도 70%)의 증발 냉각에 필요한 물과 공기의 유량을 그림 6-27에 보였다. 그림 6-27의 조건에서는 막을 통한 물의 실질 플럭스가 없다고 가정했다. 즉 전기삼투 드랙(electroosmotic drag)이 역확산보다 커서, 필요한 물 주입량을 줄일 수 있다. 실제로 Wilson 등[35]은 상압 스택의 단열 냉각을 제안했는데, 물을 애노드 쪽에 도입하고, 친수성 실(hydrophilic thread)을 사용하여 기체 확산층을 통해 스미도록 하여, 전기삼투 드랙으로 캐소드 쪽 주변 공기가 포화되도록 한다.

말단 냉각(edge cooling)

연료전지 흐름장을 충분히 좁게 만들면, 발생되는 열을 셀 사이에서 제거하는 일반적 방법 대신에, 셀 측면에서 제거할 수 있다. 이 경우 열은 이극판을 통과하는 대신에 수평면으로 전도된다. 이극판 말단에서의 강제 냉각(active cooling)은 여전히 필요하다. 열전달을 촉진하기 위해서는 핀(fin)을 추가하고, 열전도도가 좋은 재료를 사용하면 좋다.

이 경우 흐름장 중심에서 최고 온도에 도달할 것이다. 좁고 긴 흐름장에서는 열전달이 일차원적이라 가정할 수 있다(좁은 쪽보다는 긴 쪽에서 제거되는 열이 아주 많다.)

내부 열 발생원이 있는 평판에서 일차원 열전달(전도)을 나타내는 식은 다음과 같다.

$$\frac{d^2T}{dx^2}+\frac{Q}{kAd_{BP}^{eff}}=0 \tag{6-70}$$

Q = 셀 안의 열 발생량(식 6-65 또는 상세 에너지 수지로 구한다)(W)

k = 이극판 평판내 열전도도(경우에 따라서는, 평판내(in-plane) 열전도도가 평판통과(through plane) 열전도도와 아주 다르다.)($W\,m^{-1}\,K^{-1}$)

A = 셀 활성면적(m^2)

d_{BP}^{eff} = 활성 면적 중에서 이극판의 유효 두께(또는 평균 두께)(m)

실제로는 판 내부가 아니라 판 위의 얇은 촉매층에서 열이 발생하지만, 판의 두께가 폭에 비해 아주 작기 때문에(수 mm 대 수 cm의 차이가 있다), 식 (6-70)을 사용해도 정확도가 충분하다. 이 경우 양쪽에서 대칭적 냉각이 이루어질 때의 식 (6-70)의 해는 다음과 같다. $T(0)=T(L)=T_0$이면,

$$T-T_0=\frac{Q}{kAd_{BP}^{eff}}\frac{L^2}{2}\left[\frac{x}{L}-\left(\frac{x}{L}\right)^2\right] \tag{6-71}$$

T_0 = 활성 면적 말단의 온도

L = 활성면적의 폭

최대 온도차는 말단($x=0$ 및 $x=L$)과 중심($x=L/2$) 사이의 온도차로서, 다음과 같다.

$$\Delta T_{max}=\frac{Q}{kAd_{BP}^{eff}}\frac{L^2}{8} \tag{6-72}$$

또한 열은 흐름장의 말단으로부터, 흐름장 가장자리의 두께 b인 판의 말단 또는 핀으로 전도된다. 가장자리에서 판의 두께는 d_{BP}이다. 이 때문에 온도는 Fourier 법칙에 따라 더욱 내려간다.

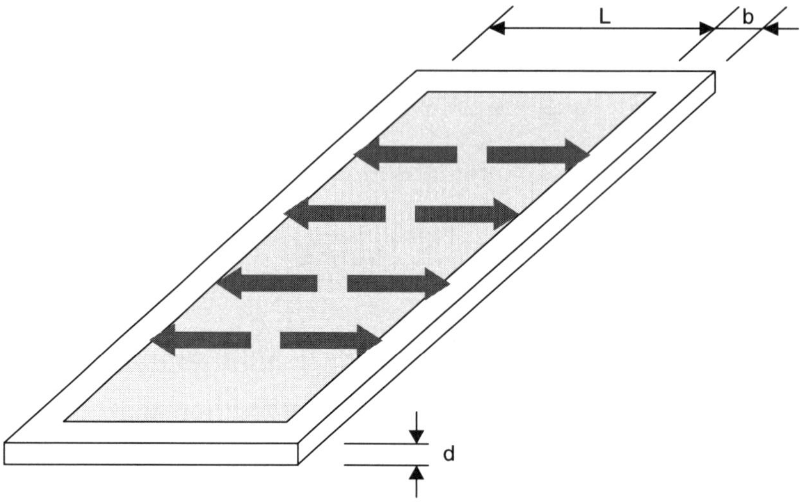

그림 6-28 활성 면적이 좁고 말단 냉각법을 이용한 형태.

$$T_0 - T_b = \frac{Q}{2kA}\frac{L}{d_b}b \qquad (6\text{-}73)$$

T_b = 이극판 말단의 온도

따라서 판의 중심과 말단(핀의 바닥) 사이의 전체 온도차는 다음과 같다.

$$\Delta T_{max} = \frac{Q}{kA}L\left(\frac{L}{8d_{BP}^{eff}} + \frac{b}{2d_{BP}}\right) \qquad (6\text{-}74)$$

그림 6-28에 좁은 평판의 형태를 나타내고, 그림 6-29에 활성 면적의 최대 온도차(활성 면적 중심 온도 − 말단 온도)를, 흐름장 폭 및 판 열전도도의 함수로 나타냈다($Q = 0.279\ W/cm^2$, $d_{BP}^{eff} = 1.8\ mm$). 활성 면적의 최대 온도차는 5~10°C 이내로 제한해야 한다. 이 경우 말단 냉각은 활성 면적 폭과 이극판 전도도에 의해 제약된다. 전도도가 큰 재료를 사용하지 않는 한, 이러한 냉각법은 동력 밀도가 작고($0.3/cm^2$ 이하) 흐름장이 좁은 경우(2~3 cm)에만 이용할 수 있다.

6.6 스택 고정(Clamping)

연료전지 스택의 각 성분, 즉 MEA(막−전극 복합체), 기체 확산층, 이극판 등은 충분한 접촉 압력으로 죄어서 고정함으로써, (1) 각 층 사이에서 반응물의 누출을 막고, (2) 각 층 사이

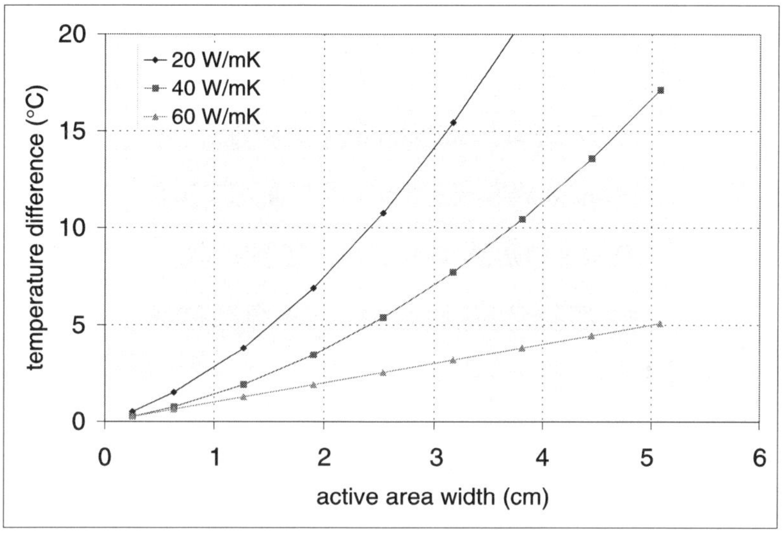

그림 6-29 활성 면적의 최대 온도차(활성 면적 중심 온도 – 말단 온도)와 흐름장 폭 및 판 열전도도의 관계($Q = 0.279\,W/cm^2$, $d_{BP}^{eff} = 1.8\,mm$).

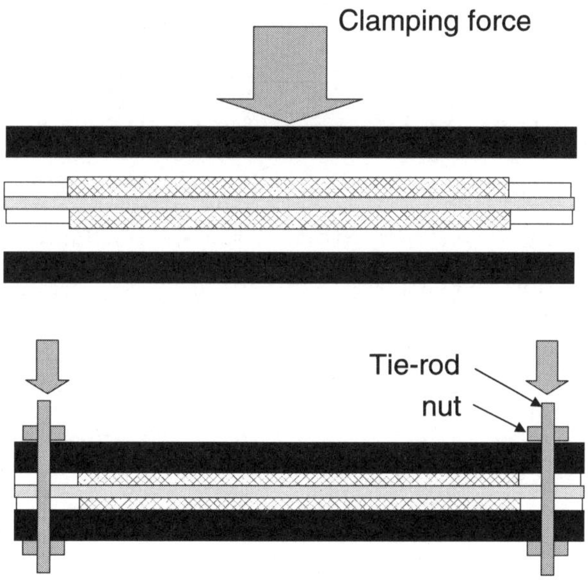

그림 6-30 연결 막대(tie rod)를 사용한 연료전지 성분의 압착.

의 접촉 저항을 최소화해야 한다. 이렇게 하는 전형적 방법은, 그림 6-30에 보인 것처럼, 주변이나 중심 부분의 몇 개의 연결 막대(tie rod)로 연결한 두 말단 판 사이에 성분들을 샌드위치처럼 겹쳐 넣고 죄는 방법이다. 압착하거나 죄는 방법에는 이 외에도 측판 물림법(snap-in

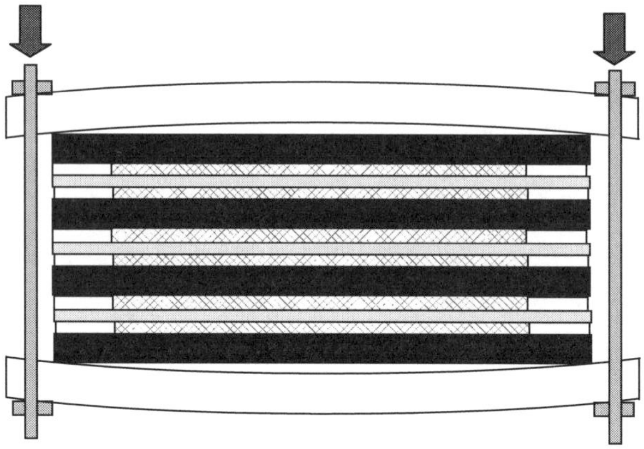

그림 6-31 둘레의 연결 막대에 가하는 힘이 지나칠 경우의 말단 판(end plate)의 휨.

shroud)이나 띠 묶음법(strap) 등이 있다.

죄는 힘(clamping force)은 개스킷을 압착하는 힘, 기체 확산층을 압착하는 힘, 내부 힘(내부 조작 압력 따위)을 더한 것과 같다.

각 층 사이에서 누출을 막는 데 필요한 압력은 개스킷 재질과 디자인에 따라 달라진다. 연료전지 개스킷으로는 고무에서 특수 고분자 구조물에 이르기까지 다양한 재료가 쓰인다. 디자인 역시 제작자마다 다른데, 평판 또는 프로필(profile) 개스킷, 개별 성분 또는 이극판에 몰딩한 개스킷, 기체 확산층 둘레에 붙인 개스킷 등 다양하다. 이른바 7층 MEA는, 촉매를 입힌 막, 두 기체 확산층(양쪽에 하나씩), MEA 전체를 막은 개스킷으로 되어 있다.

필요한 힘을 얻는 데 필요한 볼트에 대한 토크(torque)는 다음 식으로 구할 수 있다.

$$T = \frac{FK_bD_b}{N_b} \tag{6-75}$$

T = 죄는 토크(tightening torque)(Nm)

F = 죄는 힘(clamping force)(N)

K_b = 마찰계수(건조 볼트는 0.20, 윤활유 바른 볼트는 0.17)

D_b = 볼트 공칭 지름(m)

N_b = 볼트 수

둘레에 지나친 힘을 가하면 말단 판이 휠 수 있으며(그림 6-31), 활성 면적의 압착에 악영향을 미칠 수 있다. 셀 내부의 압착력 분포는 압력 감지 필름(최고 힘을 가했을 때만 표시), 압

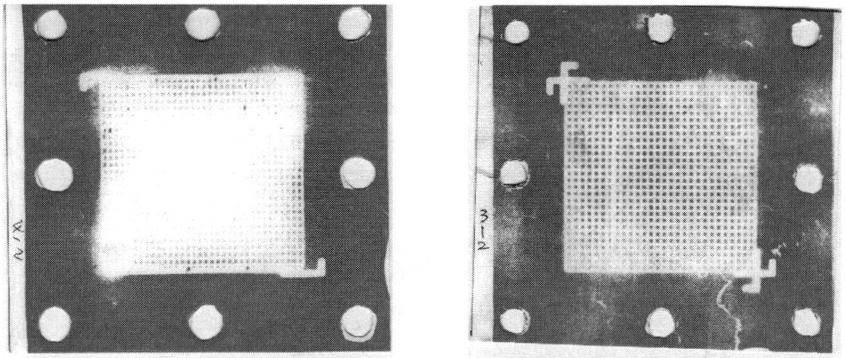

그림 6-32 셀 안의 압착력 분포. 왼쪽은 말단 판의 견고도가 부적절한 경우이고, 오른쪽은 말단 판 하나에 수력 피스턴을 설치한 경우이다[36].

력 감지 전자 패드 등을 모니터에 연결하여, 조립과정 중에 실시간으로 압착력 분포를 검지하여 모니터링할 수 있다. 휠 가능성이 있으므로, 말단 판은 충분히 견고하게 설계해야 한다. 때로는 말단 판을 활성 면적 전체에 균일한 힘을 가하는 수력 또는 공기력 피스턴과 함께 사용하기도 한다. 또한 연결 막대가 판의 중간을 통과하도록 하고 그 주변에 흐름장을 설계할 수도 있다.

그림 6-32에 셀 내부의 압착력 분포를 보였는데, 압력 감지 필름과 두 가지 말단 판 디자인을 사용한 경우이다. 여기에서 말단 판 디자인의 한 가지는 견고도가 충분치 않아서 활성 면적 내부의 힘이 충분하지 못한 경우이고(접촉이 아주 나쁘다), 다른 한 가지는 수력 피스턴을 사용하여 활성 면적 내부의 압착력 분포가 아주 균일한 경우이다[36].

4장(그림 4-22)에서 검토했지만, 기체 확산층과 이극판 사이의 접촉 저항을 최소화하는 데 필요한 압력은 1.5–2.0 MPa 정도이다. 기체 확산층은 압축성이므로(그림 4-17), 필요한 '압착'(squeeze) 정도는 셀 설계에 따라 달라진다. 즉 기체 확산층의 두께, 개스킷, 이극판의 리세스(recess, hardstop)가 서로 잘 맞도록 만들어야 한다. 기체 확산층을 지나치게 압착하면 쭈그러들어서 기본 기능인 기체 및 수분 투과능을 상실하게 된다(그림 6-33). 압착도(기체 확산 매체의 압착율로 표시)가 증가하면, 계면 저항이 감소하여 셀 성능이 개선된다. 하지만 압착이 지나치면 분극곡선이 심각한 물질수송 문제를 나타낸다. 따라서 어떤 기체 확산 매체이든지 간에 실험에 의해 최적 압착도를 정해야 한다. 시험용 셀은 운전 중에도 압착도를 변화시킬 수 있도록 특별히 제작한다[37, 38].

스택 설계에서는 또한 셀 운전 중에 클램프의 죄는 힘이 적절히 유지되도록 해야 한다. 연료전지 스택에서 사용하는 다양한 재료의 열팽창계수가 다르기 때문에, 스택이 운전온도에

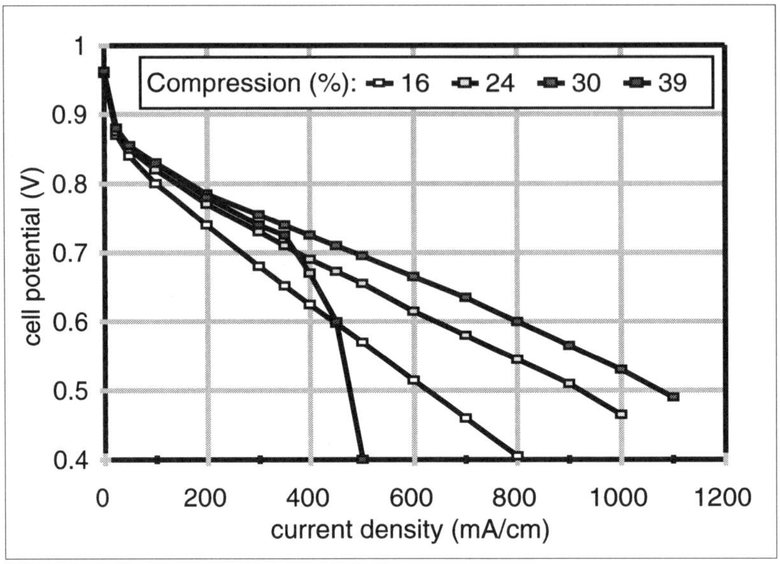

그림 6-33 기체 확산 매체에 대한 과도한 압착도가 셀 성능에 미치는 영향.

도달하면 압착력이 증가하거나 감소할 수 있다. 이러한 현상을 보상하기 위해 코일, 디스크, 폴리우레탄 스프링 등을 사용할 수 있다.

참고문헌

1. Barbir, F., PEM Fuel Cell Stack Design Considerations, in *Proc. Fuel Cell Technology: Opportunities and Challenges* (AIChE Spring National Meeting, New Orleans, LA, March 2002) pp. 520–530.
2. Barbir, F., *Development of an Air-Open PEM Fuel Cell, SBIR Phase I Final Technical Report*, A report by Energy Partners, Inc. to U.S. Army Research Laboratory, contract DAAL01-95-C-3511, 1995.
3. Ledjeff, K. and R. Nolte, New SPFC-Technology with Plastics, in O. Savadogo, P. R. Roberge, and T. N. Veziroglu (editors), *New Materials for Fuel Cell Systems* (Editions de l'Ecole Politechnique de Montreal, Montreal, 1995) pp. 128–134.
4. Cisar, A., D. Weng, and O. J. Murphy, Monopolar Fuel Cells for Nearly Passive Operation, in *Proc. 1998 Fuel Cell Seminar* (Palm Springs, CA, November 1998) pp. 376–378.
5. Barbir, F., Progress in PEM Fuel Cell Systems Development, in Hydrogen Energy System, in Y. Yurum (editor), *Utilization of Hydrogen and Future Aspects*, NATO ASI Series E-295 (Kluwer Academic Publishers, Dordrecht, The Netherlands, 1995) pp. 203–214.
6. Chow, C. Y. and B. M. Wozniczka, Electrochemical fuel cell stack with humidification

section located upstream from the electrochemically active section, U.S. Patent No. 5,382,478, 1995.

7. Reiser, C. A. and R. D. Sawyer, Solid polymer electrolyte fuel cell stack water management system, U.S. Patent No. 4,769,297, 1988.
8. Koh, J. -H., H. K. Seo, C. G. Lee, Y.-S. Yoo, and H. C. Lim, Pressure and Flow Distribution in Internal Gas Manifolds of a Fuel Cell Stack, *Journal of Power Sources*, Vol. 115, 2003, pp. 54–65.
9. Daugherty, R. L. and J. B. Franzini, *Fluid Mechanics with Engineering Applications*, Seventh ed. (McGraw-Hill, New York, 1977).
10. Watkins, D. S., K. W. Dircks, and D. G. Epp, Novel fuel cell fluid flow field plate, U.S. Patent No. 4,988,583, 1991.
11. Watkins, D. S., K. W. Dircks, and D. G. Epp, Fuel cell fluid flow field plate, U.S. Patent No. 5,108,849, 1992.
12. Cavalca, C., S. T. Homeyer, and E. Walsworth, Flow field plate for use in a proton exchange membrane fuel cell, U.S. Patent No. 5,686,199, 1997.
13. Rock, J. A., Serially-linked serpentine flow channels for PEM fuel cell, U.S. Patent No. 6,309,773, 2001.
14. Rock, J. A., Mirrored serpentine flow channels for fuel cell, U.S. Patent No. 6,099,984, 2000.
15. Ledjeff, K., A. Heinzel, F. Mahlendorf, and V. Peinecke, Die Reversible Membran-Brennstoffzelle, in *Elektrochemische Energiegewinnung, Dechema Monographien*, Vol. 128, 1993, p. 103.
16. Nguyen, T. V., Gas Distributor Design for Proton-Exchange-Membrane Fuel Cells, *Journal of the Electrochemical Society*, Vol. 143, No. 5, 1996, pp. L103–L105.
17. Barbir, F., J. Neutzler, W. Pierce, and B. Wynne, Development and Testing of High Performing PEM Fuel Cell Stack, in *Proc. 1998 Fuel Cell Seminar* (Palm Springs, CA, 1998) pp. 718–721.
18. Barbir, F., M. Fuchs, A. Husar, and J. Neutzler, *Design and Operational Characteristics of Automotive PEM Fuel Cell Stacks, Fuel Cell Power for Transportation*, SAE SP-1505 (SAE, Warrendale, PA, 2000) pp. 63–69.
19. Wilson, M. S., T. E. Springer, J. R. Davey, and S. Gottesfeld, Alternative Flow Field and Backing Concepts for Polymer Electrolyte Fuel Cells, in S. Gottesfeld, G. Halpert, and A. Langrebe (editors), *Proton Conducting Membrane Fuel Cells I*, The Electrochemical Society Proceedings Series, PV 95-23 (Pennington, NJ, 1995) p. 115.
20. Issacci, F. and T. J. Rehg, Gas block mechanism for water removal in fuel cells, U.S. Patent No. 6,686,084, 2004.
21. Chapman, A. R. and I. M. Mellor, Development of BioMimetic^{TM} Flow-Field Plates for PEM Fuel Cells, in *Proc. 8th Grove Fuel Cell Symposium* (London, September 2003).
22. Tüber, K., A. Oedegaard, M. Hermann, and C. Hebling, Investigation of Fractal Flow Fields in Portable PEMFC and DMFC, in *Proc. 8th Grove Fuel Cell Symposium* (London, September 2003).

23. Zawodzinski, C., M. S. Wilson, and S. Gottesfeld, Metal Screen and Foil Hardware for Polymer Electrolyte Fuel Cells, in S. Gottesfeld and T. F. Fuller (editors), *Proton Conducting Membrane Fuel Cells II, Electrochemical Society Proceedings*, Vols. 98–27, 1999, pp. 446–456.
24. Damiano, P. J., Fuel cell structure, U.S. Patent No. 4,129,685, 1978.
25. Wilkinson, D. P. and O. Vanderleeden, Serpentine Flow Field Design, in W. Vielstich, A. Lamm, and H. Gasteiger (editors), *Handbook of Fuel Cell Technology—Fundamentals, Technology and Applications*, Vol. 3, Part 1 (John Wiley & Sons, New York, 2003) pp. 315–324.
26. Mathias, M., Design, Engineering, Modeling, and Diagnostics, NSF Workshop on Engineering Fundamentals of Low Temperature PEM Fuel Cells (Arlington, VA, November 2001) (http://electrochem.cwru.edu/NSF/presentations/NSF_Mathias_Diagnostics.pdf).
27. Mathias, M. F., J. Roth, J. Fleming, and W. Lehnert, Diffusion Media Materials and Characterization, in W. Vielstich, A. Lamm, and H. Gasteiger (editors), *Handbook of Fuel Cell Technology—Fundamentals, Technology and Applications*, Vol. 3, Part 1 (John Wiley & Sons, New York, 2003) pp. 517–537.
28. Liu, H., T. Zhou, and L. You, Development of Unified PEM Fuel Cell Models, in *DOE Fuel Cells for Transportation Program* (Annual National Laboratory R&D Meeting, Oak Ridge National Laboratory, June 6–8, 2001).
29. Crane Co., Flow of Fluids Through Valves, Fittings and Pipe, Technical Paper No. 410 (Author, New York, 1982).
30. Bird, R. B., W. E. Stewart, and E. N. Lightfoot, *Transport Phenomena* (John Wiley & Sons, New York, 1960).
31. Kee, R. J., P. Korada, K. Walters, and M. Pavol, A Generalized Model of the Flow Distribution in Channel Networks of Planar Fuel Cells, *Journal of Power Sources*, Vol. 109, Issue 1, 2002, pp. 148–159.
32. Dullien, F.A.L., *Porous Media: Fluid Transport and Pore Structure*, Second ed. (Academic Press, San Diego, CA, 1992).
33. Barbir, F., H. Gorgun, and X. Wang, Relationship Between Pressure Drop and Cell Resistance as a Diagnostic Tool for PEM Fuel Cells, *Journal of Power Sources* (in press) 2005.
34. Lindon, T. C., *Heat Transfer—Professional Version* (Prentice Hall, Englewood Cliffs, NJ, 1993).
35. Wilson, M. S., S. Moeller-Holst, D. M. Webb, and C. Zawodzinski, Efficient Fuel Cell Systems, *1999 Annual Progress Report: Fuel Cells for Transportation* (U.S. Department of Energy, Washington D.C., 1999) pp. 80–83.
36. Wang, X. and B. Zhang, Pressurized Endplates for Uniform Pressure Distributions in PEM Fuel Cells, First International Conference on Fuel Cell Development and Deployment (Storrs, CT, March 2004).
37. Ihonen, J., F. Jaouen, G. Lindbergh, and G. Sundholm, A Novel Polymer Electrolyte Fuel

Cell for Laboratory Investigations and In-Situ Contact Resistance Measurements, *Electrochimica Acta*, Vol. 46, Issue 19, 2001, pp. 2899–2911.

38. Higier, A., A. Husar, G. Haberer, and H. Liu, Design of a Single Cell, Variable Compression PEM Fuel Cell Test Fixture, in *Proc. 2002 Fuel Cell Seminar* (Palm Springs, CA, 2002) p. 45.

익힘 문제

6-1 120 V에서 50 kW를 발전하는 연료전지 스택에서 필요한 셀의 수와 셀 활성면적을 구하여라. 분극곡선은 다음 식으로 나타낸다.

$$V_{cell} = 0.85 - 0.2i \text{ (i의 단위는 A cm}^{-2}\text{)}$$

스택의 효율은 0.5이다.

6-2 H_2/O_2 연료전지에서 다음 매개 변수들로 분극곡선을 구한다.

$T = 60°C$, $P = 101.3$ kPa, $i_0 = 0.002$ A cm^{-2}, $R = 0.21$ Ohm-cm^2, $i_L = 2$ A cm^{-2}, $i_{loss} =$ 1.2 mA cm^{-2}

0.6 V 및 0.7 V에서의 효율을 구하여라. 또 $V_{nom} = 0.6$ V 및 $V_{nom} = 0.7$ V의 20%일 때의 효율을 구하여라.

6-3 연료전지의 활성면적이 100 cm^{2}이고, 캐소드 위에 여섯 병렬 채널로 덮여있다. 각 채널은 폭 0.8 mm, 깊이 0.8 mm이며, 채널 사이의 간격은 0.8 mm로 일정하다. 연료전지의 발전량은 0.8 A/cm^{2}이다. 도입 공기는 60°C에서 수분으로 완전 포화되어 있다. 입구 압력은 200 kPa이고, 흐름장에서의 압력 손실은 15 kPa이다. 산소 양론비는 2.5이다. 공기 입구 및 출구에서의 유속과 Reynolds 수를 구하여라. 배출흐름 중의 수분은 무시한다.

6-4 익힘 문제 6-3의 연료전지에서, 0.65 V, 1 A cm^{-2}일 때의 열 발생량을 구하여라. 식 (6-41)을 사용하고, 상세 물질 및 에너지 수지를 취하여 구한다. 수소는 60°C 포화상태에서 이론량만 공급하며, 막을 통한 물의 실질 수송에서는 애노드 쪽에 물이 축적되지 않는다. 결과의 차이를 설명하여라.

6-5 익힘 문제 6-3에서 셀 안에 생성되는 물의 양을 구하여라. 물은 다양한 액적으로 분산되지만, 채널 바닥에서 필름을 형성하며, 이 필름은 공기 유속의 1/3의 속도로 흐른다고 가정한다. 연료전지 출구에서의 필름의 깊이, 즉 채널 단면에서 물이 차는 비율을 구하여라.

6-6 0.75 V, 0.33 A cm^{-2}로 운전되는 연료전지에서 길고 좁은 흐름장(2.2 cm) 중심의 온도를 구하여라. 셀 말단에서 냉각하며 25°C의 공기(h = 50 W m^{-2} K^{-1})를 사용한다. 이극판은 흑연/고분자

혼합물로 만든 것으로 $k = 19\ W\ m^{-1}\ K^{-1}$이며, 활성면적의 두께는 2 mm, 경계에서의 두께는 3 mm이다. 활성면적 둘레의 경계폭은 8 mm이다.

퀴즈

6-1 흐름장은

a) 연료전지 스택에서 각 셀에 원료를 공급하는 채널이다.

b) 이극판 표면 채널의 미로(maze)이다.

c) 연료전지 전기화학 반응이 일어나는 평면이다.

6-2 흐름장에서의 유속과 무관한 것은

a) 채널 길이

b) 채널 깊이

c) 채널 폭

6-3 흐름장의 가장 중요한 특성의 하나는

a) 최소의 압력 손실로 각 셀을 통해 반응 기체가 흐르도록 한다.

b) 전체 활성면적에 반응 기체를 균일하게 공급한다.

c) 과잉 공기를 순환시켜서 열을 많이 제거한다.

6-4 활성면적에서 기체의 분포가 균일하지 않을 경우 생기는 것은

a) 반응 기체가 고갈된 영역(starving region)

b) 큰 압력 손실

c) 딸꾹질 현상("hick-ups")

6-5 연료전지 채널에서의 전형적 흐름은?

a) 층류

b) 난류

c) 혼합/전이영역 흐름

6-6 층류의 특성은

a) 압력 손실이 최소이다.

b) 압렵 손실이 난류에 비해 크다.

c) 압력 손실이 유량에 정비례한다.

6-7 연료전지에서 생성되는 수분이 모두 물이면 그 부피는 연료전지에 존재하는 공기의 부피에 비해 어느 수준인가?

a) 한 자리 수 정도 작다.

b) 거의 같다.

c) 몇 자리 수 정도 작다.

6-8 산소는 채널에서 흐르면서 소비된다. 공기 중 O_2 농도는

a) 선형적으로 감소한다.

b) 입구 부근에서 빨리 감소한다.

c) 출구 부근에서 빨리 감소한다.

6-9 연료전지 스택에서 열 제거의 목적은

a) 스택을 목표 온도로 유지한다.

b) 목표 효율을 유지한다.

c) 막 내부에 다소의 물을 잔류시킨다.

6-10 기체 확산층을 "압착"(squeezing)하면,

a) 항상 계면 저항을 감소시켜서 연료전지 성능을 개선한다.

b) 압착이 적절할 때만 성능을 개선한다. 과도하게 압착하면 악영향이 생긴다.

c) 성능과는 관련이 없다. 누설을 방지할 뿐이다.

Chapter 07

연료전지 모델링

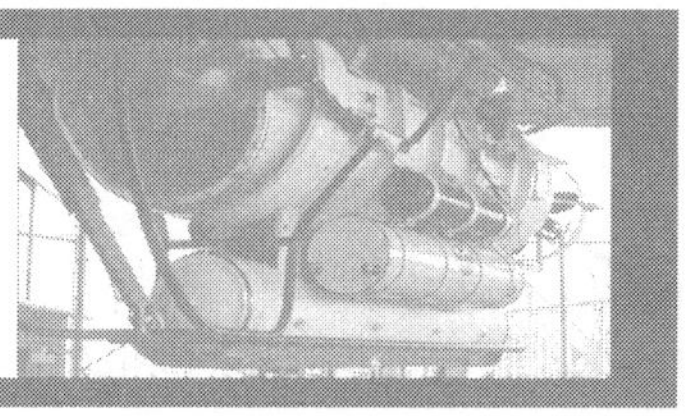

모델링(modeling)은 연료전지 설계 및 개발 과정에서 아주 중요한 역할을 한다. 연료전지 개발의 전형적 절차를 예시한 그림 7-1에 보인 것처럼, 연료전지 개발과정의 초기에 모델링을 시작한다.[1] 요건이 정해지면 개발을 시작하는데, 요건에는 동력 및 에너지 요건, 환경적 조작 조건, 크기 및 부피 제약, 안전 규격 등이 포함된다. 이러한 요건과 함께, 재료, 공정, 물질 상호작용에 관한 지식이 있어야 연료전지 스택을 적절히 구성할 수 있다. 몇 가지 설계 대안을 선정한 다음에는 모델링에 의해 요건을 충족시킬 수 있는 설계인지를 비교 검토한다. 모델링은 설계자가 설계 대안 중에서 제작 및 시험할 설계를 선정하는 데 도움이 된다. 최종 설계에 관한 시험 결과로부터, 최종 원형을 정할 수도 있고, 기존 설계를 수시로 개량할 수도 있다. 신뢰성 있는 진단 결과가 있어야, 기존 설계의 결점을 발견해 개량할 수도 있고, 모델과 그 개발에 사용한 가정을 수정하여 확정할 수도 있다.

이러한 반복 설계과정은, 특히 요건이 엄격하거나 모델링 능력이 부족할 경우에는 아주 장기적으로 자주 실시해야 한다. 모델링 능력이 개선되면, 설계자가 기존 설계를 개선해 엄격한 요건을 충족시키도록 하는 데 도움이 된다. 이처럼 모델링은 연료전지의 설계와 개발 과정에서 중요한 역할을 한다. 설계자가 정확하고 건실한 모델을 사용하면, 한층 효율적으로 연료전지 스택을 설계하고 개발하여, 성능이 좋고 제조비용이 적게 드는 연료전지를 만들 수 있다.

연료전지 모델링을 성공적 설계 툴(tool)로 사용하려면, 모델로부터 건실하고 정확하며 유용한 해답을 신속하게 얻을 수 있어야 한다. 모델이 건실하면, 광범한 조작 조건에서 연료전지 성능을 예측할 수 있다. 예컨대 PEM 연료전지는 다양한 온도, 습도, 연료 조성에서 운전할 수 있는데, 모델이 건실하면, 이러한 다양한 조건에서의 연료전지 성능을 예측할 수 있다.

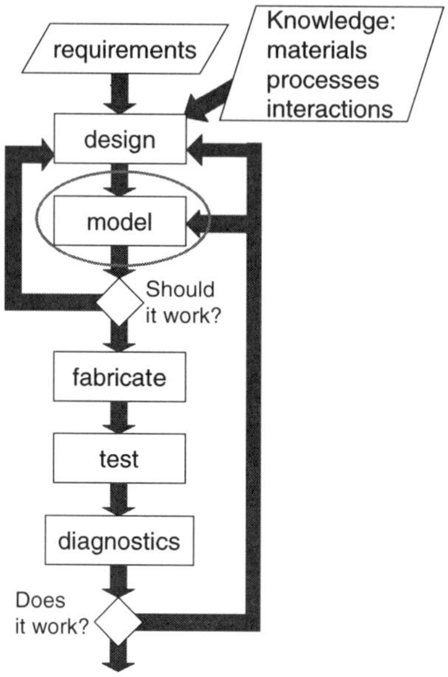

그림 7-1 연료전지 개발과정에서 모델링과 진단의 역할.

물론 정확도란, 공간 및 시간의 어떤 점에서나 모델화한 모든 물리적 현상에 관한 절대 값을 정확하게 예측할 수 있어야 한다는 뜻은 아니다. 상대 값이나 경향을 정확하게 예측할 수 있으면 된다.[1] 정확도가 있으면, 올바른 가정, 올바른 특성을 포함한 입력 매개 변수, 올바른 지배 수식(governing equation)을 사용한 올바른 물리적 현상의 예측, 실험 자료와 합치되는 모델링 결과를 얻는 데 도움이 된다. 그러나 모델의 건실성 및 정확도는 연산 효율과 상충되는 경우가 많다. 설계자가 빠른 해답을 원한다면, 건실성, 정확도, 연산 노력이 균형을 이룬 모델을 선택해야 할 것이다.

7.1 이론과 지배 수식

PEM 연료전지 내부에서 일어나는 물리적 현상은 일반적으로 질량, 운동량, 에너지, 성분, 전류 수송의 보존 방정식(conservation equation), 즉 수지(收支, balance)로 나타낼 수 있다. 한편 연료전지 내부의 현상을 구체적으로 다룬 관계식으로는 다음과 같은 것들이 있다.

---

1) 예컨대, 한 매개 변수의 값을 증가시키면 다른 매개 변수의 값이 변하지 않는지 또는 변한다면 어느 정도(조금, 보통, 크게) 증가하거나 감소하는지를 알 수 있으면 된다.

- 도관 및 다공질 매체를 통한 유체 흐름에 관한 Darcy 식
- 확산에 관한 Fick 법칙
- 다성분의 확산에 관한 Stefan-Maxwell 식
- 전기화학 반응에서 전류와 반응물 소비량의 관계에 관한 Faraday 법칙
- 전류와 전위에 관한 Butler-Volmer 식
- 전류 전도에 관한 Ohm 법칙

또한 실제적 물리적 현상을 기술한 관계식이 없을 경우에는, 고분자 막 내부에서 수분의 거동과 관련 현상을 기술한 실험식도 모델링에서 자주 사용된다.

어느 모델이든지 그 기초가 되는 가정에 따라 성적이 달라진다. 모델을 간략화하려면 가정이 필요하다. 가정을 이해해야 모델의 한계를 이해하고 그 결과를 정확하게 해석할 수 있다. 연료전지 모델링에서 사용되는 가정을 들어보면 다음과 같다.

- 이상 기체 특성
- 이상 기체 혼합물
- 비압축성 흐름
- 층류
- 막과 전극 구조의 등방성(等方性) 및 균일성
- 고체 성분 중의 전기 저항으로 인한 전위 강하 무시
- 세공도가 ε인 다공질 구조를 통한 물질 및 에너지 수송의 모델은 부피 평균 수지식을 사용한 거시적 상관관계로부터 구한다.

7.1.1 질량 수지

질량 보존(mass conservation)의 식(질량 수지식)으로, 유체 흐름, 확산, 상 변화, 전기화학반응 등 연료전지 내부에서 일어나는 모든 과정에 적용될 수 있는 일반식은 다음과 같다.

$$\frac{\partial \rho}{\partial t} + \nabla \cdot (\rho v) = 0 \tag{7-1}$$

ρ = 밀도($kg\,m^{-3}$)

v = 속도 벡터($m\,s^{-1}$)

∇ = 연산자, $\frac{d}{dx} + \frac{d}{dy} + \frac{d}{dz}$

식 (7-1)에서 첫째 항은 질량의 시간적 축적량, 둘째 항은 질량 플럭스를 나타낸다.

7.1.2 운동량 수지

운동량 보존(momentum conservation; 운동량 수지)은 다음 식으로 나타낼 수 있다.

$$\frac{\partial(\rho v)}{\partial t}+\nabla\cdot(\rho vv)=-\nabla p+\nabla\cdot\left(\mu^{eff}\nabla \mathbf{v}\right)+S_m \tag{7-2}$$

p = 유체 압력(Pa)

μ^{eff} = 혼합물의 평균 점도($kg\,m^{-1}\,s^{-1}$)

S_m = 운동량 발생량(momentum source term)

식 (7-2)에서 좌변의 첫째 항은 운동량의 시간적 축적량, 둘째 항은 운동량 플럭스를 나타낸다. 우변의 처음 두 항은 각각 압력 및 점도로 인해 전달되는 운동량이다. 운동량 발생량 S_m은 연료전지 내부의 영역에 따라 다르다.

가스 채널:

$$S_m=0 \tag{7-3}$$

촉매층의 지지층(backing layer)과 공극:

$$S_m=-\frac{\mu}{K}\varepsilon v \tag{7-4}$$

K = 기체 확산층(또는 촉매층)의 투과도(m^2)

ε = 기체 확산층의 공극률

이 운동량 발생원 항은, 공극의 벽이 유체에 작용하는 Darcy 항력(drag force)에서 생기는 압력 강하를 나타낸다.

고분자 상에서는 수분 수송과 관련한 동전(動電) 투과도(electrokinetic permeability)가 운동량 발생원에 추가된다.

$$S_m=-\frac{\mu}{K_p}\varepsilon_m x_m v+\frac{K_\phi}{K_p}c_f n_f F\nabla\phi_m \tag{7-5}$$

ε_m = 막 수분 공극률

x_m = 촉매층에서 이오노머(ionomer)의 부피분율

K_ϕ = 동전 투과도(m^2)

K_p = 막의 수력학적 투과도(m^2)

c_f = 고정 전하 농도($mol\ m^{-3}$)

n_f = 술폰산 이온의 하전 수

F = Faraday 상수

ϕ_m = 이오노머 상 전위

7.1.3 에너지 수지

PEM 연료전지의 모든 영역에서 에너지 보존(에너지 수지)은 다음 식으로 나타낼 수 있다.

$$(\rho c_p)_{eff}\frac{\partial T}{\partial t}+(\rho c_p)_{eff}(\mathbf{v}\cdot\nabla T)=\nabla\cdot(k_{eff}\nabla T)+S_e \tag{7-6}$$

c_p = 혼합물의 평균 열용량(비열)($J\ kg^{-1}\ K^{-1}$)

T = 온도(K)

k = 열전도도($W\ m^{-1}\ K^{-1}$)

S_e = 에너지 발생량

하첨자 “eff”는 다공질 매체의 유효 성질을 나타낸다.[2]

$$(\rho c_p)_{eff}=(1-\varepsilon)\rho_s c_{p,s}+\varepsilon\rho c_p \tag{7-7}$$

$$k_{eff}=-2k_s+\left[\frac{\varepsilon}{2k_s+k}+\frac{1-\varepsilon}{3k_s}\right]^{-1} \tag{7-8}$$

ρ_s = 고체 혼합물의 밀도, $c_{p,s}$ = 고체 혼합물의 열용량, k_s = 고체 혼합물의 열전도도

에너지 수지식에서 발생원에는, 반응열, 저항 열, 그리고 상변화가 있는 경우의 증발열 또는 응축열이 있다.

기체 채널에서는 상변화가 유일한 열 발생원 또는 소비처(sink)이다. 기체 흐름 중에서 수증기가 응축하면 열이 발생하고, 채널 중에서 경막이나 액적으로 존재하던 물이 증발하면 열

이 소비된다.

물의 증발은 다음 조건이 충족될 경우에 한해 일어난다.

- 기체 흐름 중에 물이 존재한다. $x_{H2O(l)} > 0$.
- 기체는 불포화 상태이다. $x_{H2O(g)} < x_{sat}$. (포화 기체도 압력이 감소하거나 온도가 증가하면 불포화 상태가 된다.)

이미 완전 포화된 기체가 연료전지 안의 찬 부분과 접촉하여 온도가 내려가면($x_{H2O(g)} > x_{sat}$) 응축이 일어난다. 촉매층에서 반응 기체나 성분(수소 또는 산소)이 전기화학 반응에서 "소비될" 경우에도 응축이 일어난다.

최대 응축 속도(mol s^{-1})는 다음과 같다.

$$N_{H2O,cond} = \frac{P - \frac{P_{sat}}{y_w}}{P - P_{sat}} N_{H2O(v)in} \tag{7-9}$$

수증기 몰분율 y_w는 다음과 같다.

$$y_w = \frac{N_{H2O(v)in}}{N_{H2O(v)in} + N_{gas}} \tag{7-10}$$

동일한 식을 증발에도 적용할 수 있는데, 이때 $P_{sat}/y_w > P$이다. 기체 흐름 중에 물이 있다고 가정하면,

$$N_{H2O,evap} = \frac{\frac{P_{sat}}{y_w} - P}{P - P_{sat}} N_{H2O(v)in} \tag{7-11}$$

증발의 경우에는, 수분 함유량을 수증기와 건조 기체의 질량비 또는 몰비(x 또는 χ)로 나타내면 편리하다.

$$N_{H2O,evap} = \min\left[N_{H2O(1)}, N_{gas}(\chi_{sat} - \chi)\right] \tag{7-12}$$

실제로는 특히 물–기체 계면과 같은 국부 증발 속도는 국부 상태에 따라 달라진다. Bosnjakovic[3]는 증발과정 중의 열전달 속도를 증발계수 σ를 사용해 정의했다. 증발계수는 1 m^{2}의 접촉 표면에서 $(x_{sat} - x_{H2O(g)})$만큼의 물을 증발시켜서 포화되는 건조 기체의 질량유량

으로 정의한다. 이 경우

$$S_e = -\sigma A_{fg}\left(x_{sat} - x_{H2O(g)}\right)\Delta h_{fg} \tag{7-13}$$

σ =증발계수($kg\,m^{-2}\,s^{-1}$)

A_{fg} =단위 부피당 상변화 표면적(m^{-1})

x_{sat} =건조 기체에 대한 수증기의 최대 질량비(포화 상태 질량비)($kg_w\,kg_g^{-1}$)

$x_{H2O(g)}$ =건조 기체에 대한 수증기의 질량비($kg_w\,kg_g^{-1}$)

Δh_{fg} =증발열(J/kg)

증발계수 σ는, 열 및 물질 전달 사이의 상관관계를 이용해, 무차원 Lewis 계수 $\sigma c_p/\alpha$로부터 구할 수 있다.[3]

$$\frac{\sigma c_p}{\alpha} = \left[\frac{D\rho c_p}{k(1+x)}\right]^{1-n}\left(\frac{\nu_h}{\nu_d}\right)^{m-n}\frac{\frac{M_w}{M_g}+x}{x_{sat}-x}\ln\frac{\frac{M_w}{M_g}+x_{sat}}{\frac{M_w}{M_g}+x} \tag{7-14}$$

α =물 표면과 기체 사이의 열전달계수($W\,m^{-2}\,K^{-1}$)

D =기체를 통한 수증기의 확산계수($m^2\,s^{-1}$)

ρ =습한 공기의 밀도($kg\,m^{-3}$)

c_p =열용량($J\,kg^{-1}\,K^{-1}$)

k =습한 기체의 열전도도($W\,m^{-1}\,K^{-1}$)

x =건조 기체에 대한 수증기 질량비($kg_w\,kg_g^{-1}$)

ν_h =습한 기체의 동점도($m^2\,s^{-1}$)

ν_d =건조 기체의 동점도($m^2\,s^{-1}$)

M_w=물의 분자량($kg\,kmol^{-1}$)

M_g =기체의 분자량($kg\,kmol^{-1}$)

m =계수, ~0.75[3]

n =계수, ~0.33[3]

기체 확산층에서는 고체를 통한 전기 저항(ohmic resistance)과 세공 내부에서의 상변화로 인해 열이 발생한다. [수분이 존재하거나($x_{H2O(l)} > 0$), 기체가 불포화 상태이면($x_{H2O(g)}$ <

x_{sat}) 증발이 일어날 수 있다.]

$$S_e = \frac{i_e^2}{\kappa_s^{eff}} - \sigma A_{fg}\left(x_{sat} - x_{H2O(g)}\right)\left(\Delta h_{fg}\right) \tag{7-15}$$

i_e = 전류밀도(A m^{-2})

κ_s^{eff} = 기체 확산층의 유효 전기전도도(S cm^{-1})

촉매층에서는, 전기화학 반응, 이온 저항 및 전기 저항, 물이 존재하고 기체가 불포화 상태일 때 물의 증발에 의해 열이 발생하거나 소비된다.

$$S_e = |j|\left[\left|\Delta V_{act}\right| - \frac{T\Delta S}{nF}\right] + \left(\frac{i_m^2}{\kappa_m^{eff}} + \frac{i_e^2}{\kappa_s^{eff}}\right) - \sigma A_{fg}\left(x_{sat} - x_{H2O(g)}\right)\left(\Delta h_{fg}\right) \tag{7-16}$$

j = 전달 전류밀도(A cm^{-3}). 식 (7-29) 및 식 (7-30) 참고.

ΔV_{act} = 활성화 과전위(V)

i_m = 이온 전류밀도(A cm^{-2})

κ_m^{eff} = 촉매층의 이오노머 상의 유효 이온전도도(S cm^{-1})

막에서 유일한 열 발생원은 전기 저항이다.

$$S_e = \frac{i_m^2}{\kappa_m} \tag{7-17}$$

7.1.4 성분 수지

각 기체 성분의 질량 보존을 나타내는 성분 보존의 식(성분 수지)은 다음과 같다.

$$\frac{\partial(\varepsilon\rho x_i)}{\partial t} + \nabla\cdot\left(\mathbf{v}\varepsilon\rho x_i\right) = \nabla\cdot\left(\rho D_i^{eff}\nabla x_i\right) + S_{s,i} \tag{7-18}$$

x = 기체 성분의 질량분율, $i = 1, 2, \ldots, N$ (예컨대, $i=1$은 수소, 2는 산소, 3은 수증기 등이다. 물은 별도 성분으로 취급한다.)

$S_{s,i}$ = 성분의 발생량 또는 소비량

성분 수지식에서 좌변의 두 항은 성분의 축적량과 유량을 나타낸다. 우변의 첫 항은 다공질 매체를 통한 성분의 Fick 확산을 나타낸다. 다공질 매체에서 $D_{i,eff}$는 세공도(porosity) ε과 굴곡도(tortuosity) τ의 함수이다. PEM 다공질 매체에서의 기체 수송에 관한 정보는 아주 부족한데, 문헌에서 사용되는 일반적 관계식의 하나는 Bruggman 모델이다.[4] τ=1.5일 경우,

$$D_{i,eff} = D_i \varepsilon^{\tau} \tag{7-19}$$

D_i = 유리 흐름의 질량 확산계수

다성분계에 관한 Stefan-Maxwell 식을 추가하여 성분 몰분율의 변화를 정의할 수 있다.[5]

$$\nabla y_i = RT \sum_j \frac{y_i N_j - y_j N_i}{p D_{ij}^{eff}} \tag{7-20}$$

y_i = 기상 성분 i의 물분율

N_i = 기상 성분 i의 겉보기 플럭스(superficial flux). 계 전체에 비하면 작지만 세공 크기에 비하면 큰 미분 부피요소에 대한 평균치.[5]

$D_{i,j}^{eff}$ = 다공질 매체에서 성분 쌍 i,j의 2성분 유효 확산계수. 임의 온도와 압력의 값을 다음 식으로 구할 수 있다.[6]

$$D_{ij}^{eff} = \frac{a}{p}\left(\frac{T}{\sqrt{T_{c,i}T_{c,j}}}\right)^{b} (p_{c,i}p_{c,j})^{1/3} (T_{c,i}T_{c,j})^{5/12} \left(\frac{1}{M_i}+\frac{1}{M_j}\right)^{1/2} \varepsilon^{1.5} \tag{7-21}$$

T_c, P_c = 성분 i와 j의 임계 온도 및 압력

M = 성분 i와 j의 분자량

a = 2원자 기체(H_2, O_2, N_2)는 0.0002745; 수증기는 0.000364.

b = 2원자 기체는 1.832; 수증기는 2.334.

성분 수지식에서 발생량 $S_{s,i}$는, 전기화학 반응에 의해 생성되거나 소비되는 촉매층을 제외한 다른 영역에서는 0이다. 촉매층에서의 수소, 산소, 수증기, 물의 발생량 $S_{s,i}$는 각각 다음과 같다.

$$S_{s,H2} = -j_a \frac{M_{H2}}{2F} \tag{7-22}$$

$$S_{s,O2} = -j_c \frac{M_{O2}}{4F} \tag{7-23}$$

$$S_{s,H2O(g)} = \sigma A_{fg}\left(x_{sat} - x_{H2O(g)}\right) \tag{7-24}$$

$$S_{s,H2O(l)} = +j_c \frac{M_{H2O}}{2F} - \sigma A_{fg}\left(x_{sat} - x_{H2O(g)}\right) \tag{7-25}$$

액상으로 발생하는 물은, 주변 공기나 산소가 불포화 상태이면, 수증기로 증발하는 것으로 가정했다.

7.1.5 전하 수지

전류 수송은 전하 수지식으로 나타낼 수 있다.

전자 흐름:

$$\nabla \cdot \left(\kappa_s^{eff} \nabla \phi_s\right) = S_{\phi s} \tag{7-26}$$

이온 흐름:

$$\nabla \cdot \left(\kappa_m^{eff} \nabla \phi_m\right) = S_{\phi m} \tag{7-27}$$

κ_s^{eff} = 고상에서의 전자 전도도($S\ cm^{-1}$)

κ_m^{eff} = 막을 포함한 이오노머상에서의 이온 전도도($S\ cm^{-1}$)

ϕ_s = 고상 전위(V)

ϕ_m = 전해질상 전위(V)

S_ϕ = 부피 전달 전류(volumetric transfer current)를 나타내는 발생량. 애노드 촉매층에서는 $S_{\phi s} = -j_a$, $S_{\phi m} = j_a$. 캐소드 촉매층에서는 $S_{\phi s} = j_c$, $S_{\phi m} = -j_c$. 다른 영역에서는 $S_\phi = 0$.

이오노머상 전도도 κ_m은 온도와 이오노머 내부의 수분 함유량 λ에 따라 크게 달라지고, 수분 함유량은 막 외부 상태(상대습도)의 함수이므로(식 4-3 및 식 4-2 참조), 문제가 더욱 복잡해진다.

애노드나 캐소드의 어떤 부피에서나 발생하는 전자 및 이온 흐름은 동일하다. 즉 $S_{\phi s} = S_{\phi m}$. 또 애노드 촉매층에서 발생하는 전자나 이온의 총 흐름은 캐소드 촉매층에서 소비되는 총 흐름과 같아야 한다. (또한 막을 통과하는 총 흐름과도 같아야 한다.)

$$\int_{V_a} j_a dV = \int_{V_c} j_c dV \tag{7-28}$$

전달 전류 j는 촉매 표면에서 일어나는 전기화학 반응에서 생기는 것이며, 고상 및 전해질막 사이의 전위차인 표면 과전위 ΔV_{act}에 의해 구동된다.

$$\Delta V_{act} = \phi_s - \phi_m - V_{ref} \tag{7-29}$$

이 식에서 하첨자 s 및 m은 각각 고상 및 전해질막–이오노머상을 나타낸다. 전극의 기준 전위는 애노드 쪽에서는 0이고, 캐소드에서는 주어진 온도 및 압력에서의 셀의 이론 전위와 같다. 식 (2-18)과 식 (2-37)을 결합하면,

$$V_{ref} = E_{T,P} = -\left(\frac{\Delta H}{nF} - \frac{T\Delta S}{nF}\right) + \frac{RT}{nF}\ln\left[\left(\frac{P_{H2}}{P_0}\right)\left(\frac{P_{O2}}{P_0}\right)^{1/2}\right] \tag{7-30}$$

이 식의 마지막 항에서는 촉매 표면에서의 실제 반응물 농도, 즉 분압을 사용한다. V_{ref}에는 농도분극 손실도 포함된다.

$$V_{ref} = E_{T,P} = -\left(\frac{\Delta H}{nF} - \frac{T\Delta S}{nF}\right) + \frac{RT}{nF}\ln\left[\left(\frac{P_{H2}^{eff}}{P_0}\right)\left(\frac{P_{O2}^{eff}}{P_0}\right)^{1/2}\right] \tag{7-31}$$

그림 3-9를 참조하면, 식 (7-29)에서 정의한 과전위는 애노드에서는 + 값이고, 캐소드에서는 − 값이다. 따라서 셀 전위는 셀의 양쪽 끝에서의 캐소드와 애노드 고상 사이의 차이다.

$$V_{cell} = \phi_{s,c} - \phi_{s,a} \tag{7-32}$$

표면 과전위와 전달 전류밀도 사이의 관계는 Butler-Volmer 식으로 나타낸다. 식 (3-16)에서 애노드에 관한 식은 다음과 같다.

$$j_a = ai^{+}_{0,a}\left\{\exp\left[\frac{-\alpha_a F\Delta V_{act,a}}{Rt}\right] - \exp\left[\frac{(1-\alpha_a)F\Delta V_{act,a}}{RT}\right]\right\} \tag{7-33}$$

j_a = 전달 전류밀도($A\,m^{-3}$)
a = 단위 부피당 전극촉매 표면적(m^{-1})
$i^{+}_{0,a}$ = 전극촉매(Pt) 단위 표면적당 애노드 교환 전류밀도($A\,m^{-2}$)

식 (3-17)에서 캐소드에 관한 식은 다음과 같다.

$$j_c = ai^{+}_{0,c}\left\{\exp\left[\frac{-\alpha_c F\Delta V_{act,c}}{Rt}\right] - \exp\left[\frac{(1-\alpha_c)F\Delta V_{act,c}}{RT}\right]\right\} \tag{7-34}$$

압력과 온도에 따른 교환 전류밀도는 다음과 같이 정의한다(식 3-15 참고).[7]

$$i^{+}_0 = i_0^{ref}\left(\frac{P_r}{P_r^{ref}}\right)^{\gamma}\exp\left[\frac{E_C}{RT}\left(1-\frac{T}{T_{ref}}\right)\right] \tag{7-35}$$

평균 전류밀도는 연료전지에서 발생한 총 전류를 기하학적 면적으로 나눈 값이다.

$$i_{avg} = \frac{1}{A}\int_{V_a} j_a dV = \frac{1}{A}\int_{V_c} j_c dV \tag{7-36}$$

7.2 모델링 도메인

위에서 다룬 식들은 연산 도메인(computational domain)에서 응용되는데, 이때 유한 차분법, 유한부피법, 유한요소법 등을 이용한다. 입력은 셀 전압 또는 평균 전류밀도이다. 또 입구의 유량과 상태, 그리고 외부 벽에서의 경계 조건 역시 사전에 규정해야 한다. 경계 조건은 모델 도메인에 따라 달라진다. 관심의 대상이 되는 전형적 연산 도메인을 들면 다음과 같다.

- 막을 통한 1-D 모델. 채널에서 주어진 임의 조건에 대한 촉매층 및 막에서의 플럭스, 농도, 온도 및 전위 분석에서 z 방향을 그림 7-2에서처럼 정의한다.
- 부분 단면적의 2-D 모델. 기체 확산층과 촉매층에서 플럭스 및 농도 분석에서 yz 방향을 그림 7-2에서처럼 정의한다. 1-D 모델과 유사하지만 2차원으로 확장하여 채널 사이의 이랑('ribs')이나 두둑('lands')의 영향을 포함한다. 이 도메인에는 캐소드나 애노드의 한쪽만 포함하거나 두 쪽 다 포함하기도 한다.

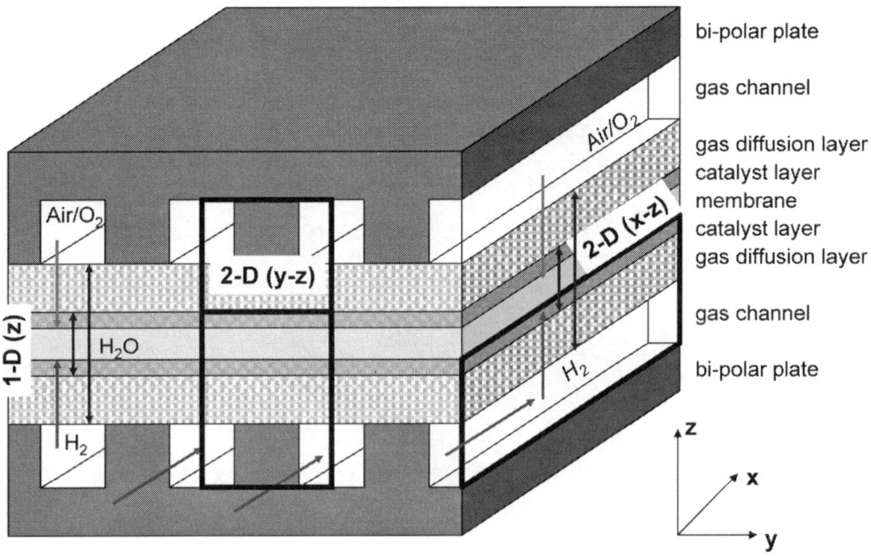

그림 7-2 PEM 연료전지에서 1–D 및 2–D 모델링 도메인.

- 채널 단면적에 따르는 2–D 모델. 채널을 따라 흐르는 반응 기체의 농도 감소, 압력 강하, 물의 농도 증가 등의 분석에서 xz 방향은 그림 7-2에서처럼 정의한다. 이 도메인에는 한쪽(대개 캐소드)만 포함시키기도 하고, 다른 쪽에서의 수소의 병류 및 향류의 영향이 중요할 경우에는 양쪽을 다 포함시킨다.
- 부분 단면적의 3–D 모델. 사실상 두 2–D 모델의 조합이다(그림 7-3).
- 전체 셀의 3–D 모델. 흐름장과 셀에서의 열 제거의 해석에 필요하다.
- 전체 스택의 3–D 모델.

부분 모델(1–D 또는 2–D)은 아주 유용하게 사용할 수 있다. 적절한 경계 조건을 선택했다면, 정확도가 충분한 정보를 풍부하게 얻을 수 있다. 특히 열 효과를 포함시킬 경우에는 당연히 3–D 모델이 한층 포괄적이지만, 이러한 모델은 아주 복합하므로 연산 시간이 아주 길어진다.

관련 수식의 집합을 풀기 위한 수치 계산법에는 여러 가지가 있지만, 주로 유한차분법, 유한부피법, 유한요소법 등으로 푼다. 수치해법, 연산법, 수식의 건실성 등의 자세한 내용은 문헌[9-11]을 참고하기 바란다. 시판되는 소프트웨어도 많지만, 설계자는 자신의 응용에 가장 잘 맞는 소프트웨어를 신중하게 선택해야 한다.

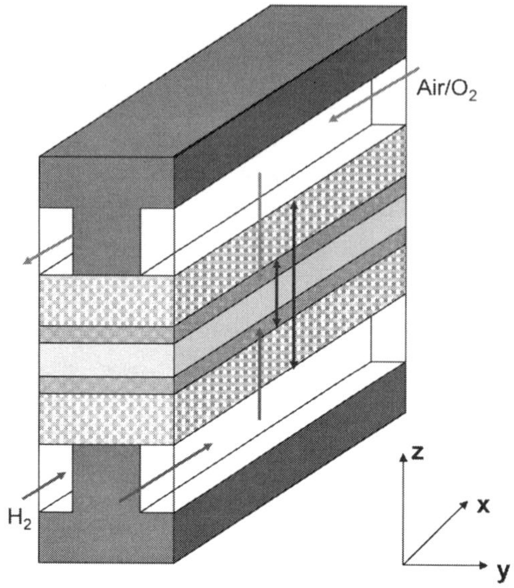

그림 7-3 PEM 연료전지에서 3-D 모델링 도메인.

연료전지 설계자가 해법이나 소프트웨어를 결정할 때는 주의하여 모델을 적절히 이용하도록 해야 한다. 사용에 앞서서 모델의 유효성을 철저히 검증할 필요가 있다. 다른 곳에서 구한 수치 결과를 비교하는 경우에도 모델로 추정하는 결과가 설계자가 관심을 가진 시스템의 실험 결과와 얼마나 부합하는지를 검토해야 한다.

7.3 모델링 예

몇 가지 예를 들어서 PEM 연료전지 모델의 사용법과 능력에 관해 설명하기로 한다.

7.3.1 1차원 막 통과 모델(Bernardi-Verbrugge[5])

가장 우선적으로 인용되는 PEM 연료전지 모델의 하나는 Bernardi-Verbrugge 모델[5]이다. 이 일차원 모델에서는 캐소드 기체 확산 전극이 고분자 전해질에 붙어있고, 그 안에서 중성 및 하전 성분이 수송되는 것으로 가정한다. 이 모델은 미분 방정식의 집합으로 되어있는데, 이를 풀면 성분 농도 프로필, 압력 및 전위 강하의 공간 의존성, 총 전위 강하에 기여하는 다양한 영향을 구할 수 있다. 이 모델의 기초가 되는 간략화 가정은 다음과 같다.

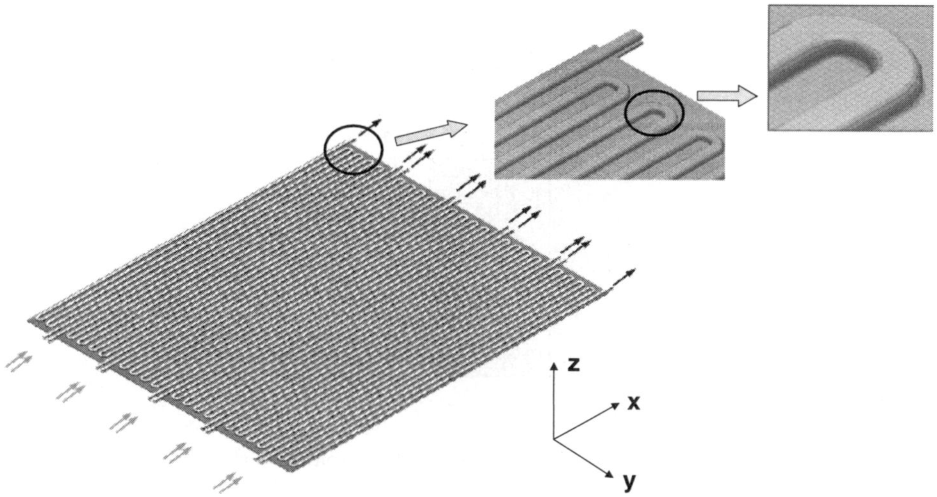

그림 7-4 모델링 도메인으로서의 전체 흐름장[8].

- 도메인 전체가 등온 상태이다.
- 기체는 이상 기체 거동을 한다.
- 기체 확산장치의 전압은 일정하다.
- 기체는 혼합이 잘 되어 조성이 균일하다.
- 도메인의 양쪽 경계에 모두 물이 있다.
- 기체 확산장치의 세공처럼, 막은 완전히 수화된다.
- 기상은 액상과 평형에 있다.

모델링 도메인에는, 그림 7-5에 보인 것처럼, 막, 촉매층, 기체 확산층이 포함된다. 기체실의 조건은 정해져 있으며, z 방향(또는 다른 임의 방향)에서 변하지 않는다고 본다. 이 모델에서는 세 영역에 관한 지배 수식과 경계 조건을 설정한다.

막에서는 물이 막 내부로 수송되고 촉매층은 Schlögl 운동식의 한 형태로 기술하는 데, 이 식은 사실상 식 (7-2)에서 발생량을 식 (7-5)로 규정한 특수 형태인 셈이다. 이 식에 따르면 MEA 내부의 물의 유속은 전위 및 압력 구배의 함수이다.

$$u = \frac{K_\phi}{\mu} z_f c_f F \frac{d\phi_m}{dz} - \frac{K_p}{\mu}\frac{dP}{dz} \tag{7-37}$$

u =z 방향의 유속($m\ s^{-1}$)

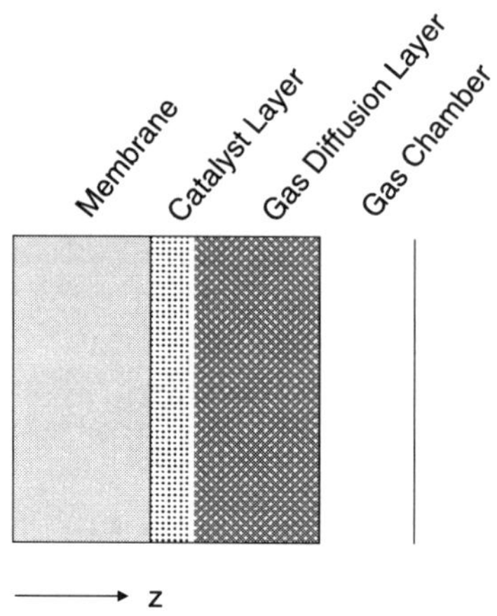

그림 7-5 1-D 막 통과 모델의 모델링 도메인(Bernardi-Verbrugge).

K_ϕ = 동전(動電) 투과도(m^2)

μ = 점도($kg\,m^{-1}\,s^{-1}$)

z_f = 막 안의 술폰산 이온의 전하 수 = −1

c_f = 막 안의 술폰산 이온의 농도($mol\,m^{-3}$)

F = Faraday 상수

ϕ_m = 전해질 상의 전위(V)

K_p = 수력학적 투과도(m^2)

P = 압력(Pa)

막에서는 다음 전기중성도(electroneutrality)가 적용된다.

$$-z_f c_f = \sum_i z_i c_i \qquad (7\text{-}38)$$

막 유체 세공(membrane fluid pore)에서 움직이는 이온은 수소 이온 뿐이다.

$$-z_f c_f = c_{H^+} \qquad (7\text{-}39)$$

c_{H^+} = 막 내부의 양이온 농도

막 안의 양이온 농도는 일정하다고 할 수 있으며, 확산은 양이온 수송의 모드(mode)가 아니다.

막 안의 전위는 전도와 이동(migration)으로 인해 변한다.

$$\kappa_m \frac{d\phi_m}{dz} = -i + Fc_f u \tag{7-40}$$

κ_m = 막의 이온 전도도($S\,cm^{-1}$)

i = 전해질 상의 전류밀도($A\,cm^{-2}$)

또한 막의 전류 보존은 다음과 같다. (식 7-27에서 $S_{\phi m}=0$, κ_m = 일정일 경우)

$$\frac{di}{dz} = 0 \tag{7-41}$$

용존 산소 성분의 연속의 식은, 식 (7-18)에서, 다음과 같다.

$$u\frac{dc_{O2}}{dz} = D_{O2}^{eff}\frac{d^2c_{O2}}{dz^2} \tag{7-42}$$

비압축성 유체 흐름의 일반 연속의 식 (7-1)에서 속도 변수를 제거하면,

$$\frac{du}{dz} = 0 \tag{7-43}$$

촉매층에서는 물에 관한 식 (7-37)과 전해질 상의 전하 수송에 관한 식 (7-40)이 그대로 적용되지만, 유효 성질 $K_\phi{}^{eff}$, $K_p{}^{eff}$, κ^{eff}를 사용하여 다공질 촉매층의 성질을 평가한다. 이 촉매층에서 전해질 상이 차지하는 비율은 전체 부피의 ε_m만큼이다.

촉매층에서 수분 수송에 관한 연속의 식으로 수분 발생량을 구한다.

$$\rho\frac{du}{dz} = -\frac{1}{2F}\frac{di}{dz} \tag{7-44}$$

마찬가지로 용존산소 성분에 관한 연속의 식으로 수분 생성량 및 산소 소비량을 구한다.

$$u\frac{dc_{O2}}{dz} = D_{O2}^{eff}\frac{d^2c_{O2}}{dz^2} - \left(\frac{1}{4F} - \frac{1}{2F}\frac{c_{O2}M_{H2O}}{\rho_{H2O(l)}}\right)\frac{di}{dz} \tag{7-45}$$

표준 Butler-Volmer 식은 전류 발생 속도와 표면 과전위의 관계를 나타낸다(식 7-34).

이 모델은 연료전지의 한 측면만 다룬 것으로, 애노드와 캐소드 사이의 전위 증가는 고려하지 않는다. 이러한 경우 과전위는 단순히 고체 및 전해질 상의 전위차이다.

$$\Delta V_{act,c} = \phi_s - \phi_m \tag{7-46}$$

교환 전류밀도는 촉매층에서 산소 및 양이온 성분 모두의 실제 농도를 감안한 것이다.

$$i^{+}_{0,c} = i_{0,c}^{ref}\left(\frac{c_{O2}}{c_{O2}^{ref}}\right)^{\gamma_{O2}}\left(\frac{c_{H^+}}{c_{H^+}^{ref}}\right)^{\gamma_{H^+}} \tag{7-47}$$

촉매층의 고체 부분에서 전자의 이동은 Ohm의 법칙에 따른다.

$$i_s = -\kappa_s^{eff}\frac{d\phi_s}{dz} \tag{7-48}$$

촉매층의 전기중성도는 보전되어야 하므로,

$$\frac{di_s}{dz} + \frac{di}{dz} = 0 \tag{7-49}$$

기체 확산층에서 산소, 질소, 수증기 등 세 가지 기체 성분의 수송은 Stefan-Maxwell 식 (7-20)으로 나타낸다. 촉매층에서 산소는 전해질 상의 물에 녹아있다고 보지만, 기체 확산층을 통해 이동하는 물에 녹은 산소 및 질소의 양은 기상 중의 산소 및 질소의 양에 비해 무시할 정도이다. 성분 수지식은 다음과 같다.

$$\frac{dN_{O2,g}}{dz} = 0 \tag{7-50}$$

질소는 반응에 참여하지 않으므로 기체 확산층에서 질소의 실질 이동량은 없다.

$$N_{N2,g} = 0 \tag{7-51}$$

또 기체 확산층의 세공 중의 수증기는 세공 중에 존재하는 물과 평형에 있다고 본다. 즉 $y_{H2O} = y_{H2O}^{sat}$.

$$\frac{dy_{H2O}}{dz} = 0 \tag{7-52}$$

y_{H2O} = 기체 확산층의 수증기 몰분율

$$y_{O2} + y_{N2} + y_{H2O} = 1 \tag{7-53}$$

식 (7-50)~(7-53)과 Stefan-Maxwell 식 (7-20)에서, 다음 식을 얻는다.

$$\frac{P}{RT}\frac{D^{eff}_{H2O-N2}}{y_{N2}}\frac{dy_{N2}}{dz}=\frac{I}{4F}\frac{D^{eff}_{H2O-N2}}{D^{eff}_{N2-O2}}+N_{H2O} \tag{7-54}$$

여기에서

$$N_{H2O}=\frac{I}{4F}y^{sat}_{H2O}\left[1-y^{sat}_{H2O}-y_{N2}+y_{N2}\frac{D^{eff}_{N2-O2}}{D^{eff}_{H2O-N2}}\right]^{-1} \tag{7-55}$$

기체 확산층을 통과하는 성분 중에 하전된 성분은 없으므로, 물은 순전히 압력구배에 의해 움직이며, Schlögl 식은 다음과 같이 된다.

$$u=-\frac{K^{eff}_p}{\mu}\frac{dP}{dz} \tag{7-56}$$

여기에서 $K_p{}^{eff}$는 습윤 방지(wet-proofing)를 포함해 다공질 기체 확산층의 성질을 고려한 것이다.

기체 확산층에서 물 성분의 연속의 식은 다음과 같이 된다.

$$\rho\frac{du}{dz}=-\frac{dN_{H2O}}{dz} \tag{7-57}$$

7.1절에서 다룬 일반 모델과 달리 Bernardi-Verbrugge 모델에서는 막-촉매층 및 촉매층-기체 확산층의 계면에서의 경계조건이 필요하다. 일반 모델에서는 이 세 부분을 모두 단일 영역으로 간주하여 동일한 지배 수식을 사용하는데, 발생원 항만 다르다. 이러한 수법에서는 각 부분 사이의 내부 경계에 대해 계면 조건을 규정할 필요가 없다.

막(z = 0)에서는 경계조건이 다음과 같다.

$$\phi_m=0 \qquad P=P_0 \qquad c_{O2}=0 \tag{7-58}$$

막-촉매층 계면(z = δ_m)에서는, 물 플럭스, 용존산소 플럭스, 전해질 상의 전류가 연속적이므로, 다음 경계조건이 적용된다.

$$\kappa\frac{d\phi_m}{dz}\bigg|_m=\kappa^{eff}\frac{d\phi_m}{dz}\bigg|_{cl} \tag{7-59}$$

$$u\,|_m=\varepsilon_m u\,|_{cl}$$

ε_m은 촉매층의 고분자의 부피분율이다. 따라서,

$$D_{O2}\left.\frac{dc_{O2}}{dz}\right|_m = D_{O2}^{eff}\left.\frac{dc_{O2}}{dz}\right|_{cl} \tag{7-60}$$

또 막-촉매층 계면($z = \delta_m$)에서는 고체상 중의 전류가 0이다.

$$\left.\frac{d\phi_s}{dz}\right|_{cl} = 0 \tag{7-61}$$

촉매층-기체 확산층 계면($z = \delta_m + \delta_{cl}$)에서는 고체상의 전류와 물의 총 플럭스가 연속적이다.

$$\left.\begin{aligned} \kappa_s^{eff}\left.\frac{d\phi_s}{dz}\right|_{cl} &= \kappa_s^{eff}\left.\frac{d\phi_s}{dz}\right|_{gdl} \\ \rho\varepsilon_m\varepsilon_w u|_{cl} &= \rho u|_{cl} + N_{H2O} \end{aligned}\right\} \tag{7-62}$$

촉매층 막 상의 용존산소 농도는 기체 확산장치 중의 산소 기상 농도와 관련된다.

$$c_{O2}^{sat} = \left(1 - y_{N2} - y_{H2O}^{sat}\right)\frac{p_{in}}{K_{O2}} \tag{7-63}$$

이 식에서 K_{O2}는 Henry 법칙 상수이다. 촉매층-기체 확산층 계면에서의 이온 흐름은 0이다.

$$\left.\frac{d\phi_m}{dz}\right|_{gdl} = 0 \tag{7-64}$$

기체 확산장치 전면($z = \delta_m + \delta_{cl} + \delta_{gdl}$)은 기체실과 접하고 있으므로,

$$p = p_{in} \tag{7-65}$$

$$y_{N2} = y_{N2}^{in}$$

이 식에서 P_{in}과 y_{n2}^{in}은 아는 값이다.

식 (7-58)-(7-65)의 경계조건을 사용하여 식 (7-37)~(7-57)의 집합을 풀면, 이 모델에서, 반응 속도, 전류밀도, 모델링 도메인에서의 산소 농도의 공간적 변화와 같은 유용한 정보를 얻을 수 있다(그림 7-6).

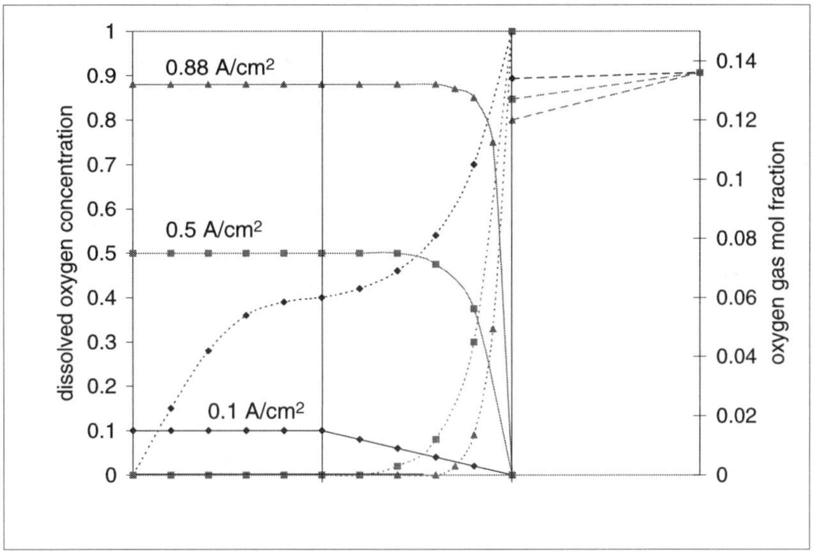

그림 7-6 Bernardi-Verbrugge 모델에서 얻어지는 결과의 예[5]. 전류밀도의 공간적 분포(실선)와 전해질 상의 산소 농도(점선), 기체 확산층의 산소 몰분율(파선).

전류밀도는 막 영역 전체에서 일정하다. 촉매층에서는 전해질 상이 그 전류를 전기전도 상인 고체 상과 막 상으로 차례로 전달하며, 촉매층–기체 확산층 계면에서 전류밀도가 0이 된다. 아주 낮은 전류밀도에서는 반응 속도가 촉매층 전체에서 일정하다. 높은 전류밀도에서는 거의 모든 활성이 기체 확산층 옆의 촉매층 부분에서 생기며, 산소가 급격하게 소비된다.

7.3.2 일차원 촉매층 모델(You-Liu[12])

이 모델은 Weisbrod 등[13]의 모델과 유사하며, 촉매층을 거시적 준균질 필름(macro-pseudo-homogeneous film)으로 기술하며, 가정은 다음과 같다.

- 고체 매트릭스 내부에서의 전위 손실은 전해질 상에서의 전위 손실에 비해 무시할 수 있다.
- 촉매 Pt 입자는 층 전체에 균일하게 분포된다.
- 이오노머의 수분 함유량은 일정하다.
- 산소 확산계수는 일정하다.
- 등온 조건이다.

이 모델은 기본적 질량-전류 수지에서 대상부피법(control-volume approach)으로 유도한 것이다. 2점 경계층 문제의 풀이에는 완화법(relaxation method)을 사용한다. 촉매층에 관한 여러 매개 변수의 영향을 상세하게 검토한다. 이 논문의 검토 내용은 PEM 연료전지의 캐소드 촉매층의 최적화 설계에 도움이 될 것이다.

촉매층 복합체를 두께가 균일한 유효 균질 매체로 간주한다. 대상부피에서의 산소 몰 플럭스의 감소는 양이온 흐름밀도의 증가와 균형을 이룬다.

$$\frac{di_z}{dz} = -4F\frac{dN_{O2}}{dz} \tag{7-66}$$

캐소드 전기화학 반응 $O_2 + 4H^+ + 4e^- \rightarrow 2H_2O$가 일어나면, 전극 전위는 평형 전위에서 벗어나는 데, 이를 다음과 같이 정의한다.

$$\Delta V_{act} = V_{ca} - V_r = \phi_s - \phi_m \tag{7-67}$$

단위 부피당 산소 감소 속도식은, 과전위가 −일 때 환원전류는 +라는 가정 하에서 Butler-Volmer 식으로 나타낸다.

$$\frac{di_z}{dz} = A_c i^+_{0,c}\left\{\exp\left[\frac{-\alpha_c F\Delta V_{act,c}}{RT}\right] - \exp\left[\frac{(1-\alpha_c)F\Delta V_{act,c}}{RT}\right]\right\} \tag{7-68}$$

i_0^+는 평형전위에서의 교환 전류밀도이고, A_c는 단위 부피당 촉매 표면적이다.

물의 유속을 무시하면, 양이온 흐름은 고분자 전해질 전위차와 관련시킬 수 있다.

$$\frac{d\phi}{dz} = \frac{i_z}{\kappa^{eff}} \tag{7-69}$$

식 (7-66)과 식 (7-69)에서, 고체상 매트릭스가 등전위(equipotential)라 가정하면, 과전위 변화는 다음 식으로 나타낼 수 있다.

$$\frac{d(-\Delta V_{act,c})}{dz} = \frac{i_z}{\kappa^{eff}} \tag{7-70}$$

Fick 확산법칙을 사용하면 산소 플럭스와 산소 농도의 관계는 다음과 같다.

$$N_{O2} = -D_{O2}{}^{eff}\frac{d(C_{O2})}{dz} \tag{7-71}$$

D_{O2}^{eff} = 산소 유효 확산계수(식 7-19).

따라서 촉매층의 네 미지수 i_z, ΔV_{act}, N_{O2}, C_{O2}를 식 (7-66), (7-68), (7-70), (7-71)로 나타낼 수 있다.

z = 0(기체 확산층–촉매층 계면)에서,

$$\left.\begin{aligned} i_z &= 0 \\ N_{O2} &= \frac{i_\delta}{nF} \end{aligned}\right\} \qquad (7\text{-}72)$$

$$C_{O2} = C_{O2}^{z=0}$$

y = δ(촉매층–막 계면)에서,

$$\frac{d(-\Delta V_{act,c})}{dz} = \frac{i_\delta}{\kappa^{eff}} \qquad (7\text{-}73)$$

먼저 촉매층–막 계면에서의 과전위를 가정하고, 일련의 경계조건 하에서 지배 수식을 완화법으로 풀었다. 결과를 실험치와 비교함으로써 이 모델을 검증한다. 전류밀도, 산소 농도, 촉매층을 통한 과전위의 공간적 변동을 그림 7-7에 보였다. 이 그림에서는 실험 결과를 무차원 전류밀도 $I^* = I/I_{lim}$, 무차원 산소 농도 $\chi = C_{O2}/C_{O2}^{z=0}$로 나타냈다. 이 결과는 Bernardi-Verbrugge 모델의 결과와 유사한데, 과전위가 크면, 즉 총괄 전류밀도가 크면, 반응은 기체 확산층 옆의 촉매층 부분에서 일어난다. 이 모델은 양이온 전도도, 유효 세공도, 촉매 표면적 등 촉매층 매개 변수의 영향을 연구하는 데 유용하다.

7.3.3 이차원 채널 상부 모델(above-the-channel model; Jeng et al[14])

립(rib)으로 두른 전극 부분은 직접 채널에 노출되지 않으므로, 반응이 느린 기체의 물질전달의 영향을 크게 받는다. 립은 물질전달의 장애물로 간주할 수 있지만, 전류 전도에 필요한 것이다. 집전체 립의 영향을 받는 GDL 내부에서의 물질전달 현상을 파악하면 PEM 연료전지의 적절한 설계에 도움이 된다. West와 Fuller[15]는 립의 크기와 GDL 두께가 PEM 연료전지 내부의 전류 및 수분 분포에 미치는 영향을 연구했다. 그들의 발견에 따르면, 전류밀도가 일정할 때 립의 치수는 캐소드 전위에 큰 영향을 미치지 않지만, 수분 관리에는 큰 영향을 미친다. Hental 등[16]은 립과 채널 두께가 단일 PEM 연료전지의 성능에 미치는 영향을 실험적으로 조사했다. Naseri-Neshat 등[17]은 기체 흐름 채널 간격이 전류밀도에 미치는

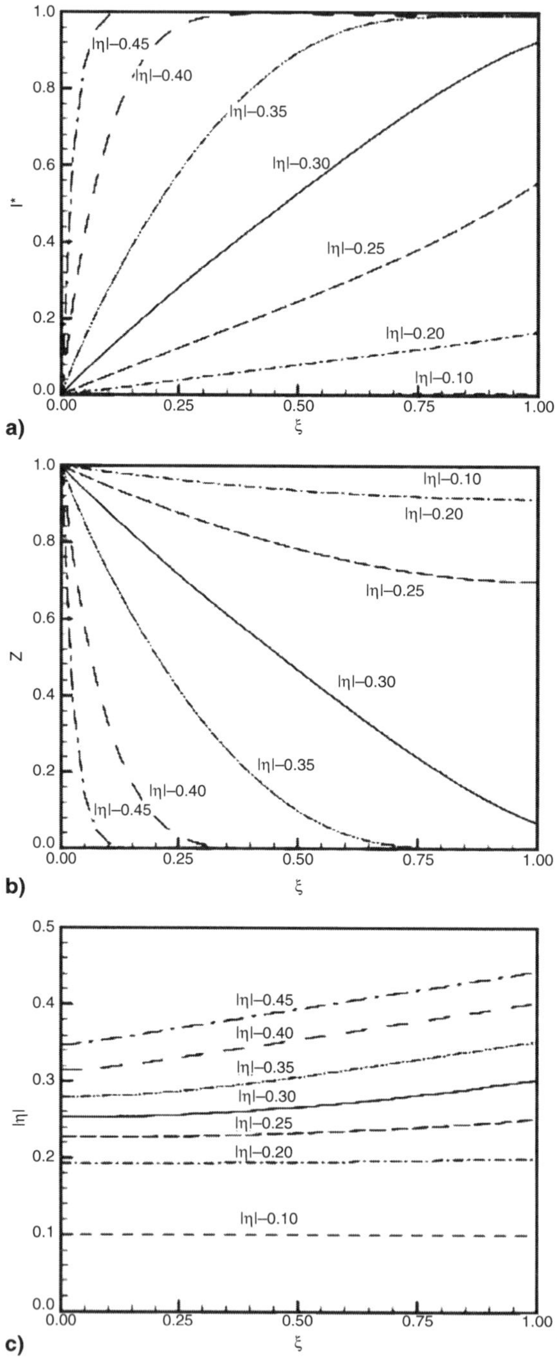

그림 7-7 You-Liu 모델에서 얻은 결과의 예[12] a) 과전위에 따른 전류밀도의 변화, b) 과전위에 따른 산소 농도의 변화, c) 촉매층에서의 과전위의 변화(그림에서 |η|은 수식의 ΔV_{act}에 해당하고, $\xi = z/\delta_c$이다.) (출처: International Association of Hydrogen Energy)

영향을 3-D 모델로 연구했다. Yan 등[18]은 이차원 물질전달 모델을 개발해 애노드 기체 흐름 채널의 단면적과 GDL 세공도 영향을 조사했다. 이들의 발견에 따르면, GDL 세공도, 채널 두께의 비율, 채널의 수 중 어떤 것이나 증가시키면 셀 성능이 개선된다. Nguyen과 He[19]이 모델 결과에 기초하여 내린 결론에 따르면, 채널 수가 많고 립의 폭이 작을수록 깍지 낀 손 모양 흐름장(interdigitated flow field) 구조가 좋았다.

Jeng 등[14]이 제안한 것과 같은, 기체 확산층(GDL)을 통한 산소 수송의 이차원 모델은 집전체 립을 고려한 것인데, 단일 셀의 확대한 부분을 그림 7-8에 보였다. L_1과 L_2는 각각 립 및 채널과 접촉하고 있는 GDL 부분의 중앙선을 나타낸다. L_1과 L_2로 쌓인 GDL 요소를 선택해 이차원 모델을 해석하기로 한다.

Jeng 등[14]은 GDL 내부에서의 이차원 산소 물질 수송을 다음과 같이 나타냈다.

$$N_{O2} = -\left(\varepsilon^{3/2} D_{O2}\right)\nabla C \tag{7-74}$$

N_{O2} = GDL에서의 산소 몰 플럭스(벡터 양)

식 (7-74) 양변의 다이버전스(divergence)를 취하고, 산소 성분수지에 적용하면, GDL 내부에서의 산소 농도 분포를 나타내는 Laplace 식을 구한다.

$$\nabla^2 C = \frac{\partial^2 C}{\partial y^2} + \frac{\partial^2 C}{\partial z^2} \tag{7-75}$$

여기에서 촉매층이 무한히 얇은 필름(박막)이고 GDL의 왼쪽 경계에 있다고 가정한다(그림 7-8). 촉매층 내부에서의 전기화학 반응 속도는 박막 모델(thin-film model)을 사용해 나타내면 Butler-Volmer 속도식이 된다. 이 식을 간단히 하면 Tafel 형의 식이 되며, 촉매층의 산소 농도로 나타낸 다음 식과 같다.

$$i = A_c i_0 \delta_c \frac{C(y,z)}{C_{ref}} \exp\left(\frac{\alpha_c F \Delta V_{act,c}}{RT}\right) \tag{7-76}$$

i = 국부 전류밀도($A\,cm^{-2}$)

A_c = 활성 표면의 비표면적($cm^2\,cm^{-3}$)

i_0 = 기준 교환 전류밀도($A\,cm^{-2}$)

δ_c = 촉매층 두께(cm)

$C(y,z)$ = 촉매층의 산소 농도($mol\,cm^{-3}$)

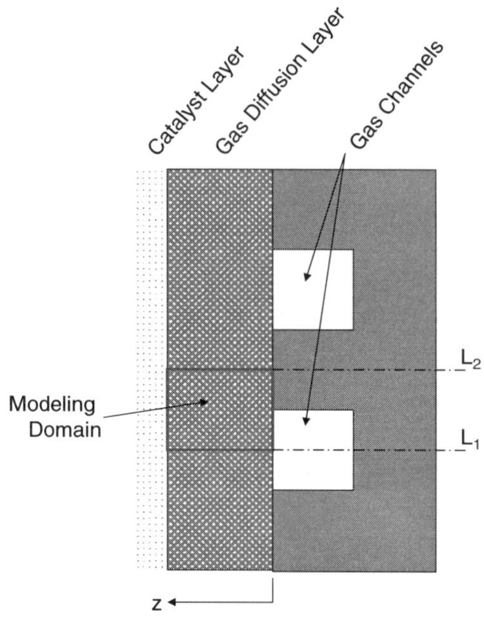

그림 7-8 Jeng 등[14]이 정의한 모델링 도메인.

C_{ref} $=i_0$와 관련한 기준 산소 농도(mol cm^{-3})

α_c = 캐소드 전달계수

$\Delta V_{act,c}$ = 캐소드 과전위(V)

이 이차원 모델에서는 국부 전류밀도와 촉매층에서의 산소 농도가 모두 y에 따라 달라진다. 또 정상 상태 조건이고 반응물 크로스오버가 0이라고 가정하면, 전류는 GDL-촉매층 계면에서의 산소 확산 속도에 따라 결정된다. 이를 나타내면 다음과 같다.

$$\frac{i}{4F} = N_{O2|z=\delta_C} = -\varepsilon^{3/2} D_{O2} \left.\frac{\partial C}{\partial z}\right|_{z=\delta_C} \tag{7-77}$$

식 (7-76)과 식 (7-77)을 결합하면, GDL-촉매층 계면에 관한 다음 경계조건이 얻어진다.

$$\left.\frac{\partial C}{\partial z}\right|_{z=\delta_C} = -\frac{A_c i_0 \delta_c}{4F\varepsilon^{3/2} D_{O2}} \frac{C(y,\delta_c)}{C_{ref}} \exp\left(\frac{\alpha_c F \Delta V_c}{RT}\right) \tag{7-78}$$

이 식에서 캐소드 과전위 ΔV, 물리적 매개 변수와 특성치 A_c, i_0, δ_c, α_c, T, ε, D_{O2}, C_{ref}가 정해지면, $\frac{A_c i_c \delta_c}{4F\varepsilon^{3/2} D_{O2} C_{ref}} \exp\left(\frac{\alpha_c F \Delta V_c}{RT}\right)$는 상수(K)가 된다.

채널에 면한 경계에서의 산소 농도는 아는 값으로 $C = C_0$라 가정한다. 또 캐소드 과전위 $\Delta V_{act,c}$는 촉매층-GDL 경계에서 일정하다고 가정한다.

다른 경계조건은 도메인 형상에서 구한다. GDL 요소의 상하 경계에는 대칭 경계조건이 적용된다. 따라서 L_1 및 L_2에 모두 $\partial C/\partial y = 0$이 적용된다. GDL-립 계면을 지나는 몰유량은 0이므로 경계의 이 부분에는 $\partial C/\partial z = 0$이라는 조건을 적용한다.

대응하는 경계조건을 가진 이차원 Laplace 식 (7-75)는 유한 차분법을 사용해 이산하여 (discretized) ADE(alternating-direction explicit) 법으로 푼다[20]. 이 해로부터 Jeng 등은 GDL에서의 산소 농도 분포 C(y,z)를 구했다. 식 (7-77)을 이용해 GDL-촉매층 계면에서의 산소 몰유량 $N_{O2|z=\delta c}$와 국부 전류밀도 i를 평가한다.

평균 전류밀도는 다음과 같다.

$$i_{ave} = \frac{2}{w_1 + w_c} \int_0^{(w_1+w_c)/2} i(y)dy \tag{7-79}$$

기체 확산층 내부의 산소 농도와 GDL-촉매층 계면에서의 전류밀도를 그림 7-9에 보였다. 산소 농도는 무차원 값 C/C_0로 나타냈다. 평균 전류밀도가 낮으면 기체 확산층 전체에서 산소 농도가 높으며($C > 0.78C_0$), 전류밀도 분포가 상대적으로 균일하다. 전류밀도가 높으면 산소는 대부분 립 상부의 기체 확산층에서 소비되며, 반응의 대부분은 채널 바로 위에서 일어나고, 립의 상부에서는 활성이 아주 낮다($0.1i_{ave}$).

7.3.4 이차원 채널 병행 모델(along-the channel model; Gurau et al.[21,22])

지금까지 다룬 일차원 및 이차원 모델에서는 기체 채널 안의 산소 농도, 좀더 구체적으로는 기체 확산층-기체 채널 계면의 산소 농도는 아는 값이라고 가정했다. 그러나 산소는 전기화학 반응에서 소비되기 때문에 채널을 통과하면서 산소 농도는 감소한다. 채널을 통과하면서 수분 함유량은 증가한다.

Yi 및 Nguyen[23]은, 질량, 성분, 에너지 수지를 고려하여, 기본적인 일차원 채널 병행 모델을 개발했다. z 방향 플럭스(막-전극 복합체를 통한)도 고려했는데, 이는 기체 채널에서의 반응물과 생성물의 농도에 영향을 미치기 때문이다. 그러나 z 방향에서의 반응물과 생성물의 농도 변화는 막을 통한 물 플럭스를 제외하고 고려하지는 않는다. 이 모델의 흥미로운 측면은 연료전지 채널을 열교환기로 본 것인데, 채널을 통한 온도 변화를 수소, 공기 및 냉매의 병류 또는 향류의 함수로 나타냈다.

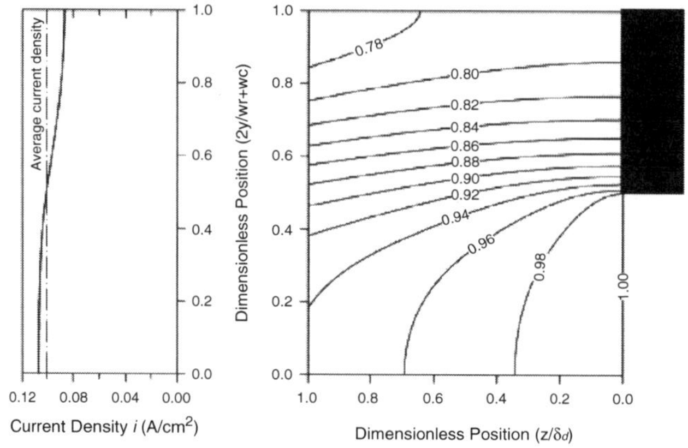

(a) I_{ave} = 0.1 A/cm^2

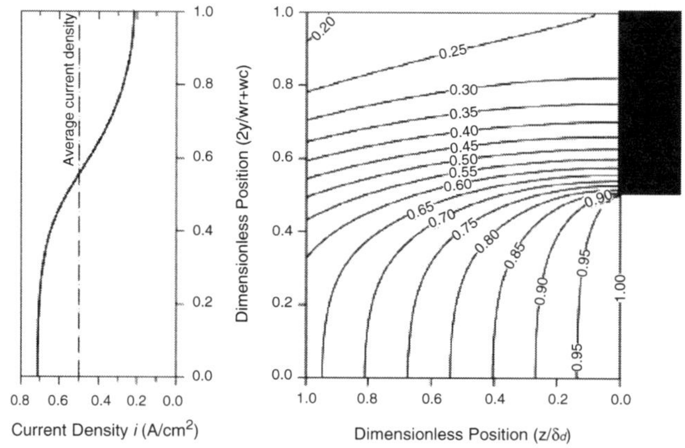

(b) I_{ave} = 0.5 A/cm^2

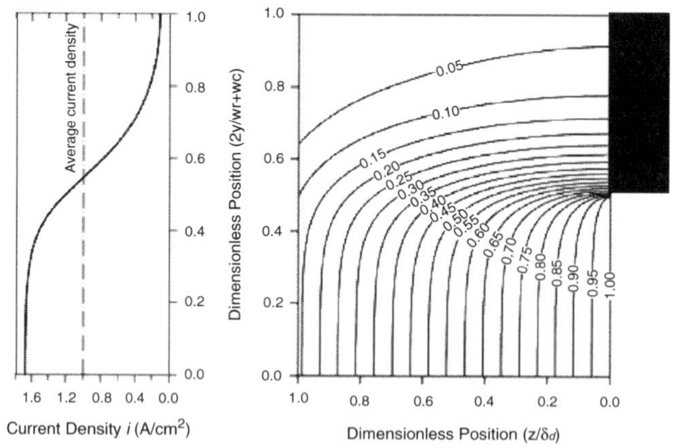

(c) I_{ave} = 1.0 A/cm^2

그림 7-9 기체 확산층의 산소 농도와 GDL-촉매층 계면의 전류밀도. Jeng 등의 이차원 채널 상부 모델 결과 [14](출처: Elsevier).

또한 앞에서 다룬 모든 모델에서는 기체 확산층에서의 산소 수송을 농도구배의 결과로 고려했으며, 채널에서의 성분과 속도 벡터에 의한 기체 확산장치에서 성분의 상호작용을 고려하지 않았다. Gurau 등[21,22]은, 계면에서의 경계조건을 사용하지 않고, 흐름 채널과 기체 확산장치에서의 흐름 및 수송을 지배하는 수식을 결합한 통일적 수법을 처음 발표했다. 이 모델의 도메인은 그림 7-10에 보였는데, 성분에 따라 다르다.

- 산소 도메인이 포함하는 것은, 캐소드 채널, 캐소드 기체 확산층, 캐소드 촉매층이며, 이러한 층 사이의 계면의 경계조건은 필요하지 않다.
- 수소 도메인이 포함하는 것은, 애노드 채널, 애노드 기체 확산층, 애노드 촉매층이며, 이러한 층 사이 계면의 경계조건은 필요하지 않다.
- 물 도메인은 막과 두 촉매층을 포함한다. 즉, 기체 확산장치에서 오는 기체 채널의 물이 차지하는 부피는 무시할 수 있다. (기체 채널에는 기체 혼합물만 존재한다).

이 모델의 기본 가정은 다음과 같다.

- 정상상태이다.
- 기체 혼합물은 이상 기체이다.
- 모든 흐름은 층류이다.
- 기체 혼합물 흐름은 비압축성이다.
- 기체 확산장치에서 들어오는 기체 채널에서 물이 차지하는 부피는 무시한다. (기체 채널에는 기체 혼합물만 존재한다.)
- 다공질 매체에서 유체의 분산은 무시한다. 그 영향은 일반 확산계수에서 쉽게 계상할 수 있다.
- 기체 확산장치, 촉매층, PEM은 각각 등방성 다공질 매체로 간주한다.
- 다공질 매체의 팽창이나 수축은 무시한다.
- 연료전지의 상이한 요소 사이의 계면에서 접촉 전기 손실은 무시한다.
- 전달식의 풀이에서 촉매층은 두께가 무시할 정도로 작다고 가정한다. 하지만 막상(membrane phase) 전위 및 전류밀도 계산에서는 실제 값을 고려한다.
- 가역 조건에서 발생하는 열은 무시한다.

전극을 통한 반응물의 농도 분포를 알아야 전기화학 셀에서의 전달 전류를 구할 수 있다.

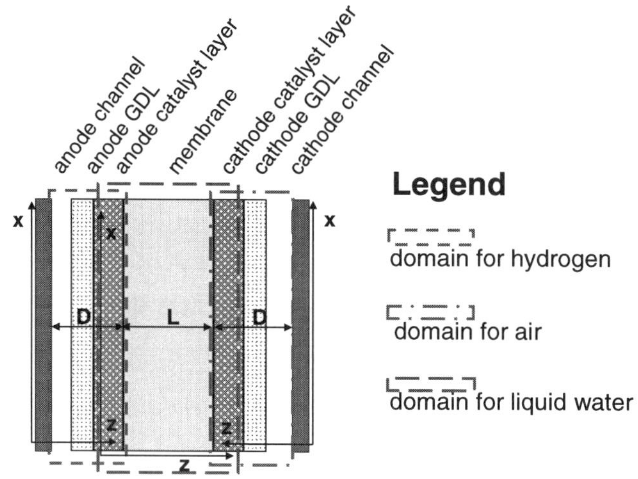

그림 7-10 PEM 연료전지에서 화학성분의 도메인. Gurau 등의 모델[21].

기체 채널/기체 확산장치/촉매층을 통한 농도는, 확산-대류 수송 및 촉매층에서의 전기화학 반응에 의해 변한다. 이러한 분포는 기체 및 매체의 성질 뿐 아니라 반응 속도에 따라 달라진다. 반응 속도는 반응물 농도의 함수이므로, 이들을 추정하려면 반복 계산이 필요하다. 화학성분 농도의 분포를 적절히 기술하려면, 기체 채널/기체 확산장치/촉매층 도메인을 결합한 2-D 운동량 식, 연속의 식 및 성분 농도의 식(이를테면 Stefan-Maxwell 식의 집합), 전기화학 반응을 기술하는 식(Butler-Volmer 식)을 함께 사용해야 할 것이다. 이러한 식들은 막에서의 전기삼투를 통한 수송의 식과 연관되어 있다. 형태와 물성이 일정한 경우의 독립변수는, 기체 채널 입구의 기체 혼합물의 질량유량, 온도, 습도, 압력, 그리고 외부 회로 저항 및 열매체(또는 냉매)의 온도 등이다. 실험실에서나 실용적인 연료전지에서 제어할 수 있는 매개변수는 이러한 것들이다.

이미 언급했지만, 동일한 도메인에서 상이한 층 사이의 계면에서 수송 식의 종속변수에 관한 경계조건은 필요하지 않다. 기체 채널 입구에서, 기체 혼합물 유속, 압력, 온도, 성분 농도와 같은 일차적 조건은 미리 정한다. 기체 채널과 플레이트 집전체(plate collector) 사이의 계면에서는, 기체 혼합물 유속 성분(노 슬립 조건, no-slip condition[2)]), 냉매(또는 열매체)의 온도를 알 경우의 온도와 같은 일차적 경계조건을 미리 정하거나, 벽이 단열적이면 2차적 경계조건을 미리 정한다.

2) 경계에 상대적인 유속이 제로인 조건.

기체 확산장치와 기체 채널 사이의 경계에서는 물 유속 성분에 관한 다음 경계조건을 가정한다.

$$\frac{\partial u}{\partial x} = \frac{\partial v}{\partial x} = 0 \tag{7-80}$$

u와 v는 유속이고, x와 z는 방향이다.

막의 하부 및 상부에 대해서도 유사한 경계조건을 미리 정한다.

$$\frac{\partial u}{\partial z} = \frac{\partial v}{\partial z} = 0 \tag{7-81}$$

기체 확산장치에서 수증기는 세공 중의 물과 평형에 있다고 가정한다. 여기에서도 물 온도는 기체 혼합물의 온도와 같은 것으로 한다.

막상 전위식(membrane phase potential equation)에서 경계조건은 다음과 같다.

- 상부 및 하부 한계에서 $\frac{\partial \phi}{\partial z} = 0$ 이다. 즉 도메인을 떠나는 양이온 흐름은 없다.
- 촉매층과 기체 확산장치 계면에서 $\frac{\partial \phi}{\partial x} = 0$ 이다. 즉 이 도메인을 떠나는 양이온 흐름은 없다.

하나 이상의 연료전지 채널을 포함하는 도메인에 관한 수송의 식을 풀 때는 주의해야 한다. 기체 채널과 기체 확산장치에서 해석 대상은 기체 혼합물이지만, 막, 촉매층, 특히 기체 확산장치에서는 해석 대상이 물이다. 연료전지의 모든 요소를 포괄하는 전체 도메인에 대해 에너지 식을 풀 수 있다. 각 도메인에 대해서는 연속의 식, 운동량 수지식, 성분 수지식을 풀어야 한다. 여기에서 주의해야 할 점은, 기체 확산장치와 촉매층은 상이한 두 도메인에 속한다는 점이다.

기체 혼합물의 속도 및 압력장은 기체 채널–기체 확산장치 도메인을 결합하여 먼저 푸는데, 기체 혼합물의 조성 변화는 무시한다. 이 경우 기체 혼합물의 흐름 및 압력장을 먼저 풀 수 있으며, 이러한 장을 풀게 되면 다른 종속변수에 관한 식들을 풀 수 있다. 기체 성분 농도는 전달 전류밀도에 따라 달라지므로, 애노드 및 캐소드 촉매층에 관한 Butler-Volmer 식과 함께, 기체 성분의 수송의 식을 반복 계산법으로 풀어야 한다. 수렴한 다음에는 물 흐름에 관한 수송의 식을 풀어서 막 전위와 전류밀도를 구한다. 에너지 수지의 발생원 항은 전류밀도의 함수이

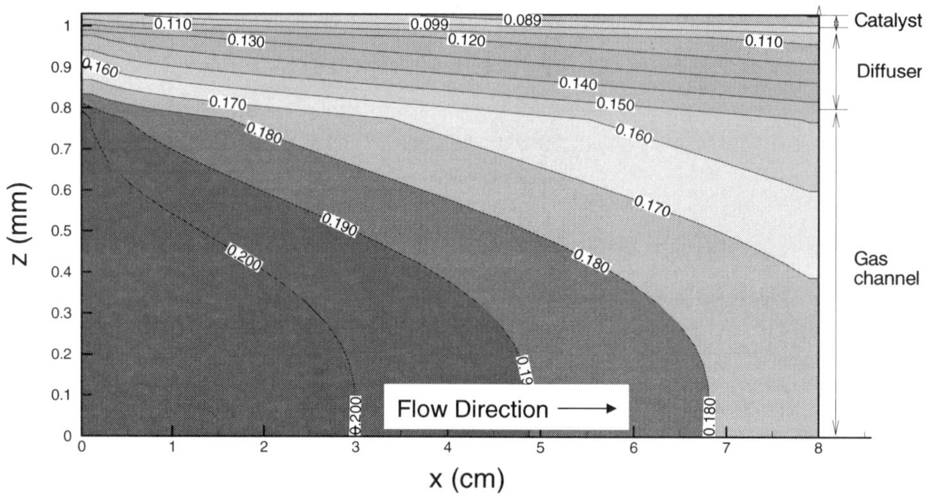

그림 7-11 캐소드 쪽 기체 채널에 따른 산소 몰분율 등고선. (Gurau 등의 2-D 채널 병행 모델의 결과[21,22]).

므로, 기체 혼합물의 속도 및 압력장을 제외하고는, 새로운 수준의 반복계산이 필요하다.

전기화학 식의 풀이 법에는 일반적으로 두 가지가 있다. 조작 전류밀도를 주고 전위 손실을 계산하거나, 셀 전위를 정하고 전류밀도를 구할 때는 이른바 정전위법(potentiostatic approach)을 사용한다. 2-D 모델에서는 막과 촉매층 사이의 계면에 따른 전류밀도의 평균치를 조작 전류밀도로 나타낸다.

Gurau 등[21, 22]이 얻은 결과의 일부를 그림 7-11 및 7-12에 나타냈다. 촉매층에서 전기화학 반응에 의해 공기 중의 산소가 소비되므로, 흐름 방향에 따라 산소 몰분률이 감소한다. 촉매층에서 소비되는 것은 산소뿐이므로, 이 모델로 산소의 스팬 구배(spanwise gradient)를 추정할 수 있다(그림 7-11). 다공질 확산층은 촉매층으로의 산소 수송을 느리게 하며, 촉매층에서 발생한 수증기도 산소가 촉매층에 접근하는 것을 방해한다. 물이 생성되므로, 수증기 몰분율은 채널 길이에 따라 증가한다(그림 7-12). 산소 및 수증기 몰분율 분포는 모두 전류, 즉 반응 속도의 함수이다.

운전 조건에 따라서는, 채널 중의 공기가 입구에서 이미 포화되고, 채널을 병행하는 동안에도 여전히 포화 상태를 유지하므로, 생성된 물이 이 채널에 추가되더라도 액체 상태를 유지하게 된다. 이러한 경우 2상 흐름(two-phase flow)을 고려해야 한다. Gurau 등의 모델에서는 물을 고려하지 않았고 막 내부만을 고려했다. 기체 확산층과 막 내부에 존재하는 물은 무시했다. You와 Liu[24]는 Gurau 등의 모델[21]에 기초하여 모델 도메인의 모든 영역에 존재하는 물을 고려했지만, 등온 조건을 가정했다. 다음 식으로 정의되는 상 포화(phase

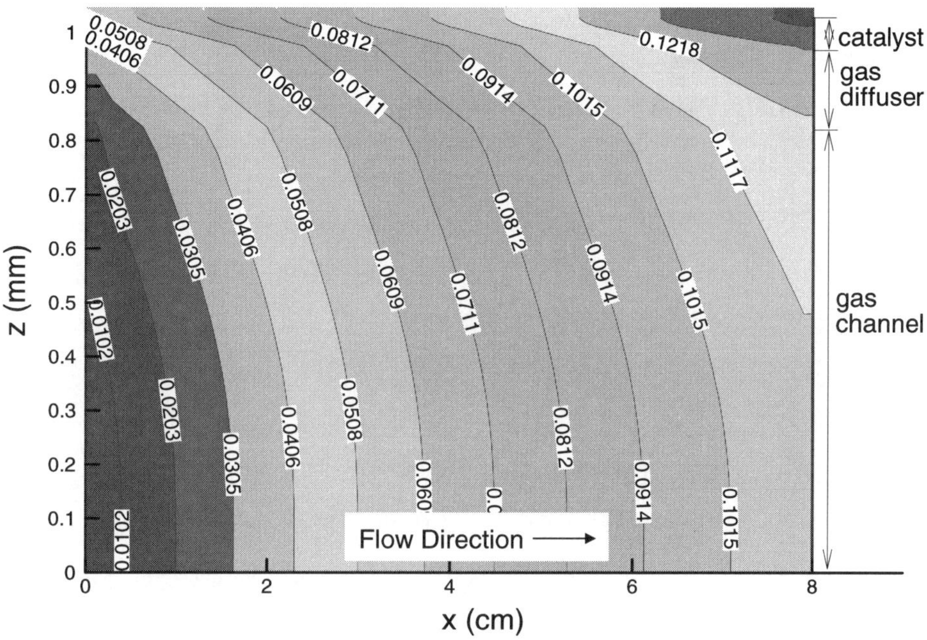

그림 7-12 캐소드 쪽 기체 채널에 따른 수증기 몰분율 등고선. (Gurau 등의 2-D 채널 병행 모델의 결과[21,22]).

saturation)를 통해 물의 존재를 고려했다.

$$s_{(l)} = \frac{\rho g_{H2O} - \rho_g g_{H2O(g)}}{\rho_l - \rho_g g_{H2O(g)}} \tag{7-82}$$

$$s_{(g)} = 1 - s_{(l)} \tag{7-83}$$

$s_{(l)}$ = 물이 차지하는 공극 공간의 부피분율

$s_{(g)}$ = 기체 혼합물이 차지하는 공극 공간의 부피분율

g = 성분 질량분율

ρ = 밀도(kg m^{-3})

2상 혼합물의 밀도는 다음과 같다.

$$\rho = \rho_g s_{(g)} + \rho_l s_{(l)} \tag{7-84}$$

7.3.5 삼차원 모델

고차원 연료전지 모델을 만들어서 PEM 연료전지 성능을 연구할 수 있다. 앞에서 설명했지만, 이차원 모델을 사용하여, 채널 길이(x-z 평면) 또는 채널 단면(y-z 평면)에 따른 연료전지 성능을 규명할 수 있다. y-z 평면에서는, 막-전해질 복합체에 초점을 맞추거나, 다공질 확산층 및 기체 채널에서의 기체 수송의 영향을 포함시킬 수 있다. 삼차원 모델을 이용하면, 앞에서 언급한 모든 현상을 고려할 수 있겠지만, 연산상의 제약으로 인해 모델의 충실도에 한계가 생긴다. 수식은 1-D 모델 및 2-D 모델과 마찬가지이지만, 세 방향에 대해 모든 미분방정식이 적용된다. 따라서 경계조건도 삼차원에 대해 모두 적용해야 한다.

Liu 등[25,26]의 모델링으로부터 얻은 캐소드 쪽 산소 몰분율의 삼차원 분포를 그림 7-13에 보였다. 모델링 도메인에는 이극판의 리브(rib)로 분리된 인접한 기체 채널(그림 7-13에서 공간으로 표시된 부분)의 두 반쪽 전체 길이와, 이 부분의 채널 및 리브 상부의 기체 확산층이 포함된다. 촉매층에서의 전기화학 반응에 의해 산소가 소비되므로 산소 농도는 채널에서 하류로 가면서 감소하는 전향적 양상을 나타낸다. 다공질 확산층에서는 산소 몰분율이 낮은데, 이는 다공질 구조로 향한 산소의 확산속도가 낮고, 촉매층에서 전기화학 반응의 부산물로 물

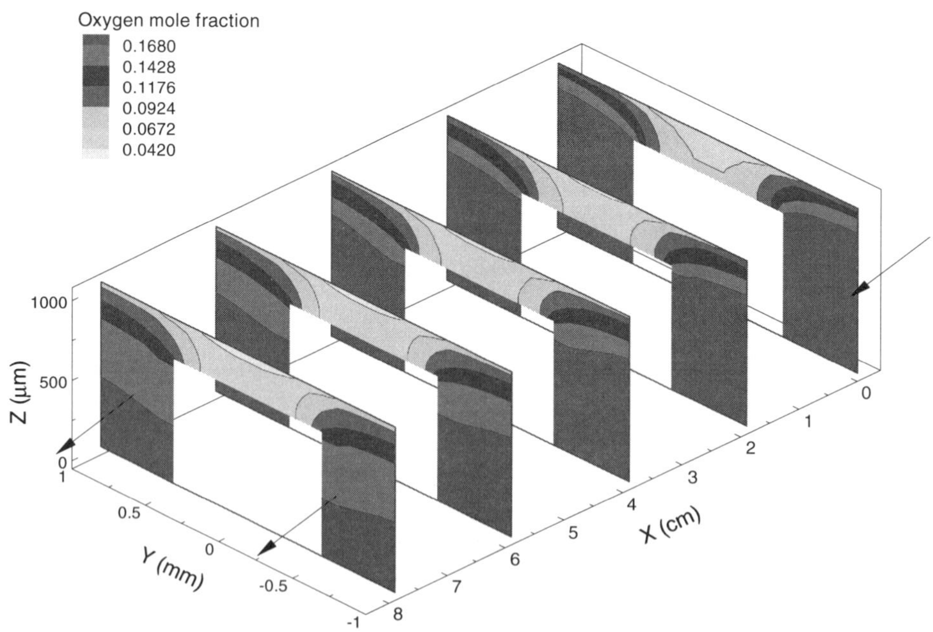

그림 7-13 캐소드 쪽 기체 채널에서의 산소 몰분율의 삼차원 분포(Lie 등[25]).

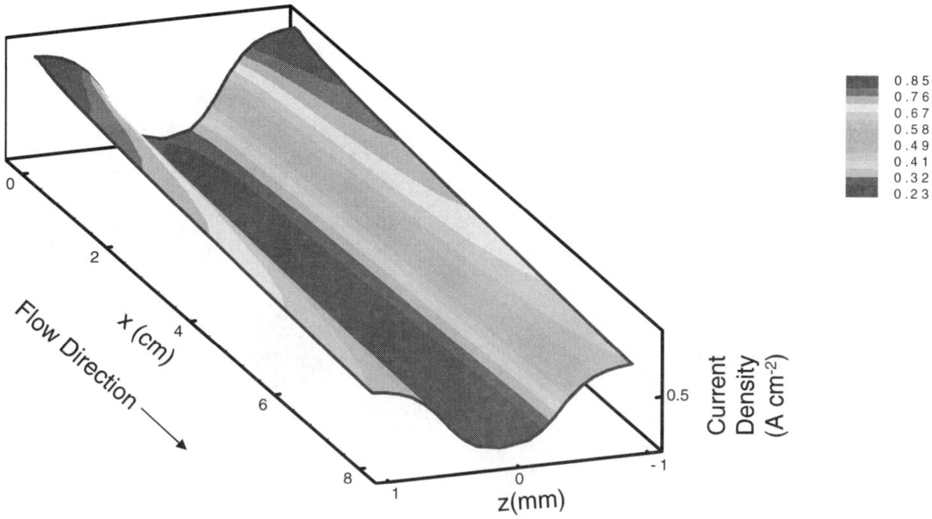

그림 7-14 캐소드 촉매층에서의 전류밀도 분포(Lie 등의 3-D 모델 결과[25]).

이 생성되며, 확산층의 대부분은 집전체 판에 의해 기체 흐름과의 접촉이 방해받기 때문이다. 이러한 산소 몰분율의 삼차원 분포를 보면, 가장 활성적인 촉매층은 기체 채널의 바로 윗부분이다. 이러한 경향은 촉매층에서의 전류밀도 분포를 조사하여도 입증할 수 있다(그림 7-14). 전류밀도가 높은 영역을 촉매층에서 산소 농도가 높은 위치와 상관시킬 수 있다. 전류밀도가 최고인 위치는 기체 채널 입구이며, 여기에서는 공기 중의 산소 농도가 가장 높기 때문에 전기화학 반응 속도가 가장 빠르다.

깍지 낀 손 모양 흐름장(interdigitated flow field)처럼 형태가 다소 다른 경우에도 동일한 모델을 적용할 수 있는데, 기체 확산층을 통해 강제로 흐르도록 한다. 이 경우 채널 및 기체 확산층–촉매층의 산소 몰분율 분포는 곧은 채널이나 S형 채널(serpentine channel)의 경우와 아주 다르게 보인다(그림 7-15). 도입 채널 전체에서 산소 몰분율이 균일하지만, 기체 확산층에서는 몰분율 구배가 아주 커지는 데, 결과적으로 기체 확산층–촉매층 계면에서 한계 전류(limiting current)가 더욱 커지고 전류밀도의 분포가 더욱 균일해 진다. 깍지 낀 손 모양 흐름장에 관해서는, Miami 대학교의 Lie 등[25–28] 뿐만 아니라, 이것을 처음 제안했던 Kansas 대학교의 Nguyen 등[19,29–33]도 광범한 연구를 수행하고 있다.

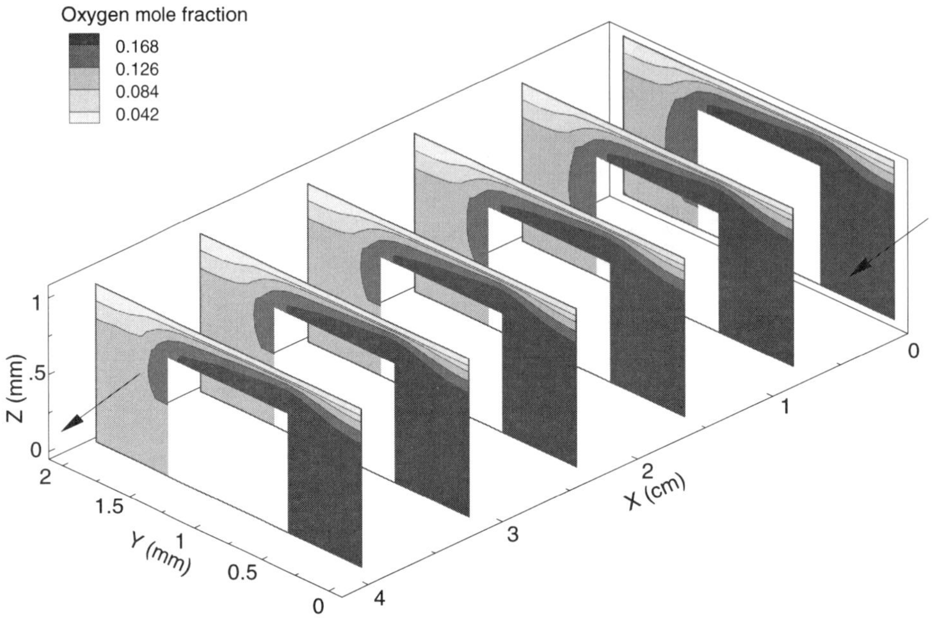

그림 7-15 깍지 낀 손 모양 흐름장에서 캐소드 쪽 기체 채널에 따른 산소 몰분율의 삼차원 분포(Lie 등[25]).

7-4 결론

모델링은 연료전지 분야의 강력하고 중요한 수단으로 등장했다. FemLab, FLUENT, CFD Research(현재는 ESI Group)와 같은 CFD 소프트웨어 공급자들이, CFD 코드 원본을 활용할 수 있는 연료전지 모듈을 개발했다. 연구자, 설계자, 개발자들은 모두 모델링을 활용해 연료전지를 탐구하면서, 새로운 기초 사항의 규명에서 연료전지 시스템 성능의 규정에 이르는 광범한 연구를 수행하고 있다.

연료전지 모델링에서 부각된 두 가지 중요 테마는 다음과 같다.

1. 사용자는, 모델 능력, 건실성, 정확도가 균형을 이룬 적절한 모델을 선택할 수 있어야 한다.
2. 모델 정확도는 기본적으로 타당성에 따라 달라진다. 연료전지 모델로서는, 모델화 대상이 되는 문제를 적절히 표현하고, 포괄적 타당성이 있어서 확실한 예측능을 가진 모델을 선택할 수 있어야 한다.

이 장에서는 연료전지 모델링에 관한 정보를 제공하고자 했다. 새롭게 등장하는 분야이므로, 자세한 내용은 추가 자료를 참고하기 바란다.[4,5,8,12–14,17–19,21–27,31–46]

참고문헌

1. Barbir, F. PEM Fuel Cells Design, Engineering, Modeling and Diagnostic Issues, lecture at the NSF Workshop on Engineering Fundamentals of Low Temperature PEM Fuel Cells (Arlington, VA, November 2001) (http://electrochem.cwru.edu/NSF/ presentations/NSF-Barbir_Diagnostics.pdf).
2. Dagan, G., *Flow and Transport in Porous Formations* (Springer-Verlag, Berlin, 1989).
3. Bosnjakovic, F. *Technical Thermodynamics* (Holt Rinehart and Winston, New York, 1965).
4. Mazumder, S. and J. V. Cole, Rigorous 3-D Mathematical Modeling of PEM Fuel Cells, *Journal of the Electrochemical Society*, Vol. 150, No. 11, 2003, pp. A1503–A1509.
5. Bernardi, D. M. and M. W. Verbrugge, Mathematical Model of a Gas Diffusion Electrode Bonded to a Polymer Electrolyte, *AIChE Journal*, Vol. 37, No. 8, 1991.
6. Bird, R. B., W. E. Stewart, and E. N. Lightfoot, *Transport Phenomena*, Second ed. (John Wiley & Sons, New York, 2002).
7. Gasteiger, H. A., W. Gu, R. Makharia, and M. F. Matthias, Catalyst Utilization and Mass Transfer Limitations in the Polymer Electrolyte Fuel Cells, Tutorial (Electrochemical Society Meeting, Orlando, FL, 2003).
8. Shimpalee, S., S. Greenway, D. Spuckler, and J. W. Van Zee, Predicting Water and Current Distributions in a Commercial-Size PEMFC, *Journal of Power Sources*, Vol. 135, 2004, pp. 79–87.
9. Oran, E. S. and J. P. Boris, *Numerical Simulation of Reactive Flow*, Second ed. (Cambridge University Press, Cambridge, UK, 2001).
10. Kee, R. J., M. E. Coltrin, and P. Glarborg, *Chemically Reacting Flow: Theory and Practice* (John Wiley & Sons, New York, 2003).
11. Patankar, S. V., *Numerical Heat Transfer and Fluid Flow* (Hemisphere, New York, 1980).
12. You, L. and H. Liu, A Parametric Study of the Cathode Catalyst Layer of PEM Fuel Cells Using a Pseudo-Homogeneous Model, *International Journal of Hydrogen Energy*, Vol. 26, 2001, pp. 991–999.
13. Weisbrod, K. R., S. A. Grot, and N. Vanderborgh, Through-the-Electrode Model of a Proton Exchange Membrane Fuel Cell, in S. Gottesfeld (editor), *Proc. 1st Intl. Symp. Proton Conducting Membrane Fuel Cells*, Vols. 95–23 (Electrochemical Society, Pennington, NJ, 1995) pp. 152–166.
14. Jeng, K. T., S. F. Lee, G. F. Tsai, and C. H. Wang, Oxygen Mass Transfer in PEM Fuel Cell Gas Diffusion Layers, *Journal of Power Sources*, Vol. 138, 2004, pp. 41–50.
15. West, A. C. and T. F. Fuller, Influence of Rib Spacing in Proton-Exchange Membrane

Electrode Assemblies, *Journal of Applied Electrochemistry*, Vol. 26, 1996, pp. 557–565.
16. Hental, P. L., J. B. Lakeman, G. O. Mepsted, and P. L. Adcock, New Materials for Polymer Electrolyte Membrane Fuel Cell Current Collectors, *Journal of Power Sources*, Vol. 80, 1999, p. 235.
17. Naseri-Neshat, H., S. Shimpalee, S. Dutta, W. K. Lee, and J. W. Van Zee, Predicting the Effect of Gas-Flow Channel Spacing on Current Density in PEM Fuel Cells, *Advanced Energy Systems*, Vol. 39, 1999, pp. 337–350, ASME.
18. Yan, W. M., C. Y. Soong, F. L. Chen, and H. S. Chu, Effects of Flow Distributor Geometry and Diffusion Layer Porosity on Reactant Gas Transport and Performance of Proton Exchange Membrane Fuel Cells, *Journal of Power Sources*, Vol. 125, 2004, p. 27.
19. Nguyen, T. V. and W. He, Interdigitated Flow Field Design, in W. Vielstich, A. Lamm, and H. Gasteiger (editors), *Handbook of Fuel Cell Technology—Fundamentals, Technology and Applications*, Vol. 3, Part 1 (John Wiley & Sons, New York, 2003) pp. 325–336.
20. Anderson, D. A., J. C. Tannehill, and R. H. Pletcher, *Computational Fluid Mechanics and Heat Transfer* (McGraw-Hill, New York, 1984).
21. Gurau, V., H. Liu, and S. Kakac, Two-Dimensional Model for Proton Exchange Membrane Fuel Cells, *AIChE Journal*, Vol. 44, No. 11, 1998, pp. 2410–2422.
22. Gurau, V., F. Barbir, and H. Liu, Two-Dimensional Model for the Entire PEM Fuel Cell Sandwich, in S. Gottesfeld and T. F. Fuller (editors), *Proc. Proton Conduction Membrane Fuel Cells II*, Vols. 98–27 (The Electrochemical Society, Pennington, NJ, 1999) pp. 479–503.
23. Yi, J. S. and T. V. Nguyen, An Along-the-Channel Model for Proton Exchange Fuel Cells, *Journal of the Electrochemical Society*, Vol. 145, 1998, pp. 1149–1159.
24. You, L. and H. Liu, A Two-Phase Flow and Transport Model for the Cathode of PEM Fuel Cells, *International Journal of Heat and Mass Transfer*, Vol. 45, 2002, pp. 2277–2287.
25. Liu, H., T. Zhou, and L. You, Development of Unified PEM Fuel Cell Models, in *DOE Fuel Cells for Transportation Program* (Annual National Laboratory R&D Meeting, Oak Ridge National Laboratory, June 6–8, 2001).
26. Zhou, T. and H. Liu, A General Three-Dimensional Model for Proton Exchange Membrane Fuel Cells, *Journal of Transport Phenomena*, Vol. 3, No. 3, 2001, pp. 117–198.
27. Kazim, A., H. Liu, and P. Forges, Modelling of Performance of PEM Fuel Cells with Conventional and Interdigitated Flow Fields, *Journal of Applied Electrochemistry*, Vol 29, 1999, pp. 1409–1416.
28. Wang, L. and H. Liu, Performance Studies of PEM Fuel Cells with Interdigitated Flow Fields, *Journal of Power Sources*, Vol. 134, 2004, pp. 185–196.
29. Nguyen, T. V., Gas Distributor Design for Proton-Exchange-Membrane Fuel Cells, *Journal of the Electrochemical Society*, Vol. 143, No. 5, 1996, pp. L103–L105.
30. Wood III, D. L., J. S. Yi, and T. V. Nguyen, Effect of Direct Liquid Water Injection and Interdigitated Flow Field on the Performance of Proton Exchange Membrane Fuel Cells, *Electrochimica Acta*, Vol. 43, 1998, pp. 3795–3809.

31. Yi, J. S. and T. V. Nguyen, Multicomponent Transport in Porous Electrodes of Proton Exchange Membrane Fuel Cells Using the Interdigitated Gas Distributors, *Journal of the Electrochemical Society*, Vol. 146, 1999, p. 38.
32. He, W., J. S. Yi, and T. V. Nguyen, Two-Phase Flow Model of the Cathode of PEM Fuel Cells Using Interdigitated Flow Fields, *AIChE Journal*, Vol. 46, 2000, pp. 2053–2064.
33. Natarajan, D. and T. V. Nguyen, Three-Dimensional Effects of Liquid Water Flooding in the Cathode of a PEM Fuel Cell, *Journal of Power Sources*, Vol. 115, 2003, pp. 66–80.
34. Springer, T., T. A. Zawodzinski, and S. Gottesfeld, Polymer Electrolyte Fuel Cell Model, *Journal of the Electrochemical Society*, Vol. 138, 1991, pp. 2334–2342.
35. Springer, T., M. S. Wilson, and S. Gottesfeld, Modeling and Experimental Diagnostics in Polymer Electrolyte Fuel Cells, *Journal of the Electrochemical Society*, Vol. 140, 1993, pp. 3513–3526.
36. Fuller, T. F. and J. Newman, Water and Thermal Management in Solid-Polymer-Electrolyte Fuel Cells, *Journal of the Electrochemical Society*, Vol. 140, 1993, pp. 1218–1227.
37. Divisek, J., J. Mosig, B. Steffen, and U. Stimming, Proton Exchange Membrane Fuel Cell Model, in F. Lapicque et al. (editors), *Electrochemical Engineering and Energy* (Plenum Press, New York, 1995) pp. 187–196.
38. Amphlett, J. C., R. M. Baumert, R. F. Mann, B. A. Peppley, and P. R. Roberge, Performance Modeling of the Ballard Mark IV Solid Polymer Electrolyte Fuel Cell, *Journal of the Electrochemical Society*, Vol. 142, 1995, pp. 1–8.
39. Um, S., C. -Y. Wang, and K. S. Chen, Computational Fluid Dynamics Modeling of Proton Exchange Membrane Fuel Cells, *Journal of the Electrochemical Society*, Vol. 147, 2000, pp. 4485–4493.
40. Baschuk, J. J. and X. Li, Modelling of Polymer Electrolyte Membrane Fuel Cells with Variable Degrees of Water Flooding, *Journal of Power Sources*, Vol. 86, 2000, pp. 181–186.
41. Rowe, A. and X. Li, Mathematical Modeling of Proton Exchange Membrane Fuel Cells, *Journal of Power Sources*, Vol. 102, 2001, pp. 82–96.
42. Springer, T., T. Rockward, T. A. Zawodzinski, and S. Gottesfeld, Model for Polymer Electrolyte Fuel Cell Operation on Reformate Feed, *Journal of the Electrochemical Society*, Vol. 148, 2001, pp. A11–A23.
43. Dutta, S., S. Shimpalee, and J. W. Van Zee, Numerical Prediction of Mass-Exchange Between Cathode and Anode Channels in a PEM Fuel Cell, *International Journal of Heat and Mass Transfer*, Vol. 44, 2001, pp. 2029–2042.
44. Jaouen, F., G. Lindbergh, and G. Sundholm, Investigation of Mass-Transport Limitations in the Solid Polymer Fuel Cell Cathode, I Mathematical Model, *Journal of the Electrochemical Society*, Vol. 149, 2002, pp. A437–A447.
45. Siegel, N. P., M. W. Ellis, D. J. Nelson, and M. R. von Spakovsky, Single Domain PEMFC Model Based on Agglomerate Catalyst Geometry, *Journal of Power Sources*, Vol. 115, 2003, pp. 81–89.
46. Nam, J. H. and M. Kaviany, Effective Diffusivity and Water-Saturation Distribution in

Single- and Two-Layer PEMFC Diffusion Medium, *International Journal of Heat and Mass Transfer*, Vol. 46, 2003, pp. 4595–4611.

익힘 문제

7-1 깍지 낀 손 모양 흐름장의 일부를 아래 그림에 나타냈다. 채널의 두 반쪽 및 그 사이의 리브(rib) 상부의 기체 확산층을 나타낸 2-D 모델링 도메인에서, 지배 수식과 관련 경계조건을 기술하여라. 등온 조건을 가정한다. 또 촉매층은 두께가 없어서, 기체 확산층와 촉매층 사이에서 반응이 일어난다고 가정한다. 독립변수를 열거하여라.

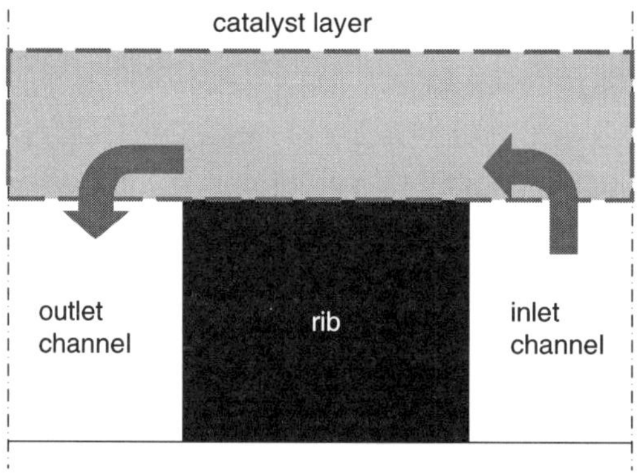

그림 깍지 낀 손 모양 흐름장의 일부. 익힘 문제 7-1 및 7-2 참고.

7-2 익힘 문제 7-1에서 정의한 도메인을 통한 전류 플럭스에 관한 지배 수식과 관련 경계조건을 써라.

7-3 단일 연료전지 캐소드 채널의 1-D 모델에 관한 지배 수식과 관련 경계조건을 써라. 1-D란 채널 길이에 따른 변화만을 고려한다는 의미이다. 등온이고, 채널의 상부 경계에서 반응이 일어난다고 가정한다. 이 모델의 개발에서 필요한 가정을 모두 열거하여라.

퀴즈

7-1 전기화학 반응에서 전류와 반응물 소비량의 관계를 나타내는 것은?

a) Butler-Volmer 식

b) Faraday 법칙

c) Fick 법칙

7-2 연료전지 모델링에서 사용되지 않는 것은?
a) 운동량 수지
b) 질량 수지
c) 온도 수지

7-3 질량 수지가 적용되는 것은
a) 연료전지의 모든 요소
b) 촉매층을 제외한 연료전지 요소. 촉매층에서는 전기화학 반응이 일어나므로 질량이 변한다.
c) 증발 또는 응축이 일어나는 곳을 제외한 연료전지 요소.

7-4 Stefan-Maxwell 식을 사용해 모델링하는 것은
a) 다공질 매체를 통한 기체 혼합물의 확산
b) 다른 기체를 통한 한 기체의 확산
c) 액상을 통한 기체의 확산

7-5 등온조건의 가정으로 모델링에서 제외되는 것은
a) 에너지 수지식
b) 운동량 수지식
c) 온도 수지식

7-6 캐소드 과전위는
a) 플러스 값
b) 마이너스 값
c) 애노드 과전위의 부호에 따라, 플러스 값이나 마이너스 값이 될 수 있다.

7-7 막 내부의 에너지 수지식에서 발생원을 나타내는 항은
a) 캐소드에서의 반응열
b) 이온 저항
c) 전자 저항

7-8 애노드의 어느 부분에서나 발생하는 이온 전류는 항상 어떤가?
a) 발생하는 전자 전류와 같다.
b) 발생하는 전자 전류보다 크다.
c) 인접한 애노드 부분에서 발생하는 이온 전류와 같다.

7-9 캐소드의 총 이온 전류는
a) 애노드의 총 이온 전류보다 크다.
b) 애노드의 총 이온 전류보다 작다.
c) 애노드의 총 이온 전류와 같다.

7-10 연료전지 모델링에서 대칭적 경계조건이 자주 이용되는 이유는

a) 애노드를 모델링할 필요가 없어진다.(애노드와 캐소드의 형태가 같은 경우)

b) 모델에서 사용하는 수식의 수를 줄여서 연산 속도를 빠르게 한다.

c) 모델링 도메인을 단순화하여 연산 속도를 빠르게 한다.

08

연료전지 진단기법

Chapter

운전 중인 연료전지 안에서 일어나는 복잡한 과정을 해명하는 틀에, 7장에서 다룬 모델링 외에도 진단기법(diagnostics)이 있다. 그림 8-1에 보였지만, 연료전지 설계에서 진단기법을 이용하여 연료전지의 오류 여부를 알아내고 원인을 찾는 동시에 모델을 검정할 수 있다. 운전 중인 PEM 연료전지에는 언제나 수분이 너무 많거나 적을 수 있다. 물이 너무 많으면 촉매층이나 기체 확산층, 심지어 기체 채널에서 넘칠 수가 있다. 이처럼 셀이 범람하면 반응 기체 성분이 촉매 활성부위에 접근하기 어려워서(농도 분극) 셀 전위가 손실되는 결과를 초래한다. 수분이 너무 적으면, 막이 건조되어 셀 저항이 증가하고 전위가 감소한다. 셀 범람 및 건조를 확인하여 정량화할 수 있는 다양한 진단 기법이 개발되었다.

8.1 분극곡선

연료전지 성능은, 셀 전위와 전류밀도의 관계를 나타낸 분극곡선으로 특성화할 수 있다(제3장 참고). 연료전지 분극곡선에는 세 가지 특이적 영역이 있다(그림 8-2).

- 전류밀도가 낮은 영역에서는 활성화 분극에 의해 셀 전위가 급격히 감소한다.
- 전류밀도가 중간인 영역에서는 셀 전위가 전류에 따라 선형적으로 감소하는데, 이는 옴 손실(셀 저항)의 결과이다.
- 전류밀도가 높은 영역에서는 셀 전위가 전류밀도에 따라 비선형적으로 감소하는데, 이는 한층 현저한 농도 분극의 결과이다.

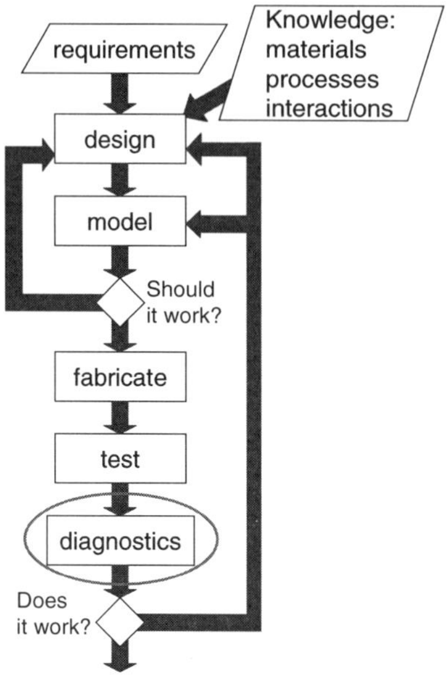

그림 8-1 연료전지 설계과정에서 진단기법의 역할.

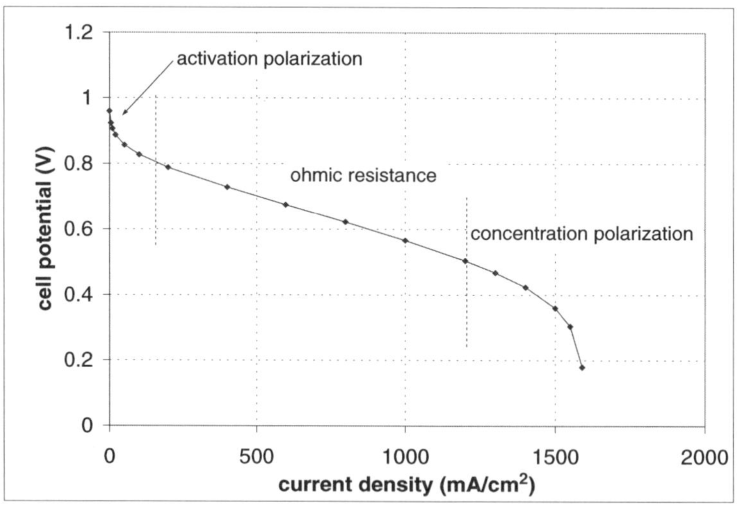

그림 8-2 연료전지 분극곡선. 세 가지 특이한 영역으로 구분된다.

분극곡선을 나타내는 식 (3-54)에 실험 결과를 맞추어 보면, 가역적 셀 전위 V_r, 겉보기 교환전류밀도 i_o, Tafel 기울기 b, 셀 저항 R_i, 한계 전류 i_L[1]과 같은 분극곡선의 매개 변수에 관한 정보를 얻을 수 있다.

분극곡선의 기록은 전형적으로 개회로 전위에서 시작하여 전류를 증가시키면서 미리 정한 전위 또는 전류 간격에서 측정한다. 소사(掃射, sweep) 속도는 다양하게 수행할 수 있는데, 몇 초 동안에 걸쳐 빨리 할 수도 있고, 연료전지가 각 운전점에서 조정될 수 있도록 몇 분에 걸쳐서 천천히 할 수도 있다.

반응 기체 유량은 충분히 높은 값에서 일정하게 유지하여 높은 전류밀도에서 운전되도록 할 수도 있고, 미리 정한 양론관계에 따라 전류밀도에 비례하여 유량을 변화시킬 수도 있다. 전자는 빠른 소사에 적절하고, 후자는 느린 소사에 적절한데, 유량 조정에는 다소의 시간이 걸리기 때문이다. 유량에 앞서서 전류를 변화시키면 연료전지에 반응 기체가 부족하게 되거나 원하지 않는 셀 전위 손실이 초래된다.

전류의 증가 및 감소의 양방향에서 분극곡선을 기록하면 이력현상(hysteresis)이 생겨서, 두 곡선이 서로 겹치지 않을 수도 있다. 이는 전형적으로 연료전지의 범람 또는 건조를 나타내는 것이다. 예컨대, 셀의 캐소드 쪽이 범람할 경우 높은 전류밀도에서 운전하면 물이 더 생기기 때문에 상황이 더욱 악화된다. 전류를 감소시키면서 기록한 분극곡선은, 전류를 증가시키면서 얻은 분극곡선에 비해, 높은 전류에서 낮은 전압을 나타낸다. 한편 셀의 캐소드 쪽이 건조되는 경우에는 높은 전류밀도에서 생성되는 물이 유익하며, 역방향 분극곡선에서 높은 셀 전위를 나타낸다(그림 8-3). 애노드 쪽에서 범람하거나 건조되는 연료전지에서도 유사한 거동이 나타난다. 애노드 건조와 캐소드 범람을 구분하려면, 막 저항과 같은 추가 정보가 필요하다.

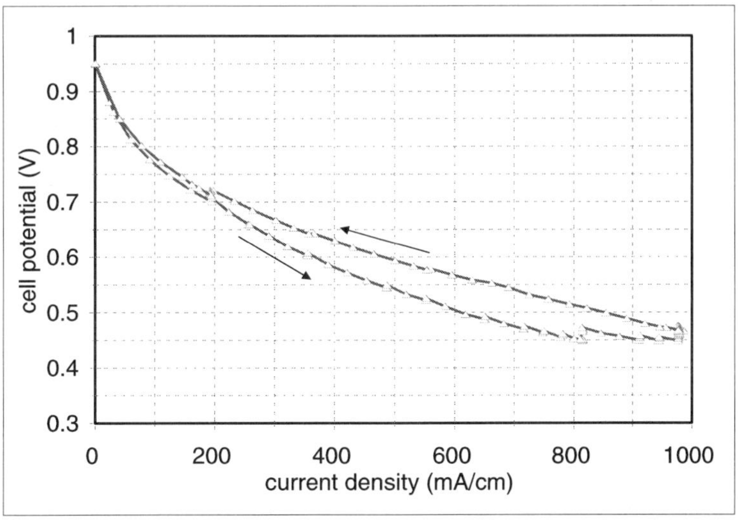

그림 8-3 연료전지 분극곡선 이력 – 캐소드 건조(온도 80°C, H_2/공기 습도 80/60°C, H_2/공기 양론비 1.5/5.0)

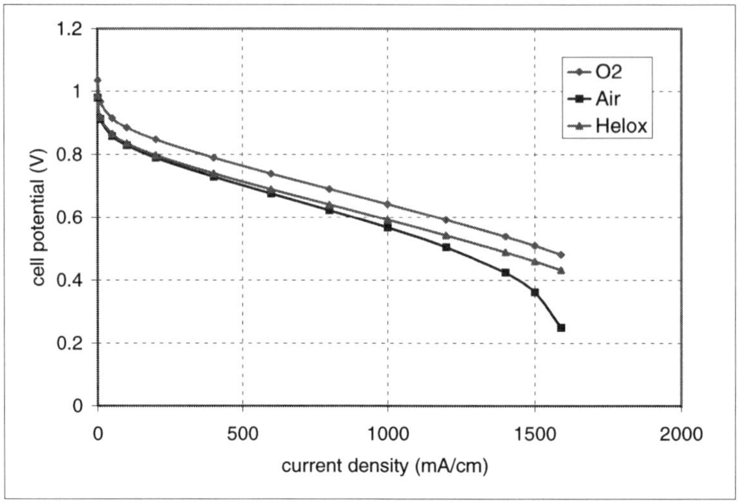

그림 8-4 분극곡선 비교(T. Ralph et al.[2]).

공기 또는 순수 산소로 운전하는 셀의 분극곡선의 차이를 이용하여 캐소드 실의 범람이나 물 관리 문제를 특성화할 수 있다. 순수 산소와 공기 사이의 셀 전압 차이는 촉매 표면에서의 산소 농도의 차이에 기인하는 것이다(Nernst 식+교환전류밀도의 영향). 다른 영향이 없다면 이 차이는 어떤 전류밀도에서나 거의 일정할 것이다. 높은 전류밀도에서 산소와 공기 사이의 셀 전위차 증가(산소 이득, oxygen gain)는 물질수송 문제를 나타내는 것이다. 이 문제를 더욱 규명하려면, 캐소드에서 산소와 헬륨의 혼합물인 헬록스(helox)를 사용하여 분극곡선을 기록하면 유용할 것이다. 산소가 물 필름을 통해 확산되면, (산소 농도가 동일한 경우) 공기 및 헬록스 분극곡선이 유사해진다. 문제가 기상 확산에 있다면, 헬록스 곡선이 높은 셀 전위를 나타낼 것인데, 헬륨 중의 산소 확산은 질소 중의 산소인 경우에 비해 아주 빠르기 때문이다(그림 8-4).

8.2 전류차단법

분극곡선은 연료전지 성능에 관한 유용한 정보를 제공하지만 그 정보만으로는 부족하다. 예를 들어서, 셀의 범람 및 건조는 모두 전압 손실을 초래하지만, 단일 분극곡선으로는 이 두 가지를 구분할 수 없다. 또 분극곡선을 기록하는 데는 시간이 걸리고, 그나마 연료전지의 정상운전 중에는 기록할 수 없다. 셀 저항을 신속하게 측정하면 셀 성능에 관한 추가 정보를 얻을 수 있다. 예컨대, 막의 건조는 저항을 증가시킨다. 운전 중인 연료전지에서 저항 측정의 한

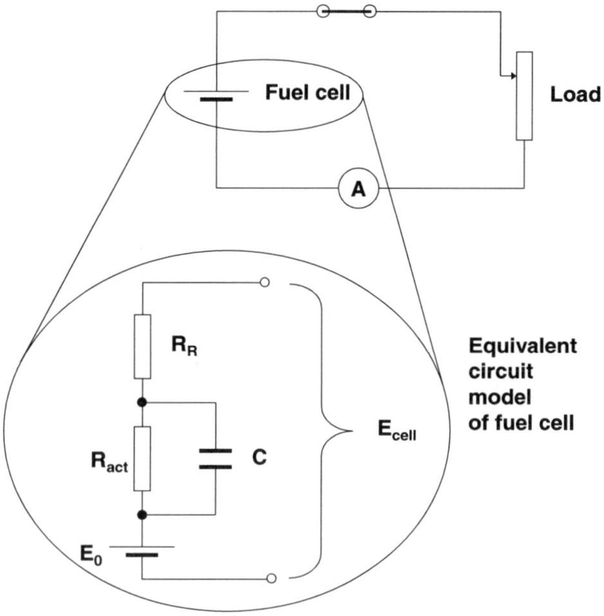

그림 8-5 연료전지를 나타낸 회로.

가지 방법은 전류차단법(current interrupt method)으로, 몇 ms(millisecond)의 아주 단시간 동안 전류를 차단하고 전압 이득을 관찰한다. 전류 중단 전후의 셀 전압 차이를 전류로 나눈 값이 셀 저항이다.

셀 저항 측정을 이해하기 위해, 그림 8-5에 보인 것처럼, 연료전지를 몇 개의 레지스터(resistor)와 커패시터(capacitor)로 된 단순한 전기회로로 나타낸다. 첫 번째 레지스터는 셀 저항(전지 및 이온 저항)을 나타낸다. 커패시터가 있는 루프에서 두 번째 레지스터는 전하 전달 저항, 즉 활성화 분극을 나타낸다. 전류를 차단하면 첫 번째 레지스터를 통해 전류가 흐르지 않고 회로 전압이 순간적으로 도약한 다음 커패시터의 방전으로 인해 천천히 증가한다. 요컨대 커패시터가 완전히 방전되면 셀은 개회로 전압에 도달한다. 순간적 전압 도약은 셀 저항을 나타내고, 나머지 이득은 전하 수송 저항 또는 활성화 분극을 나타낸다. 이 간단한 방법의 난점은 순간적 전압 이득의 정확한 점을 결정하기가 어렵다는 것이다. 전압 거동은 오실로스코프(oscilloscope)를 사용하여 실시간으로 감시하거나, 차단 시간을 달리 하여 몇 번 전압을 기록한 다음, 0 시간까지 역으로 외삽 한다. 또 한 가지 난점은 특히 짧은 지연시간(delay time)[1]에서의 이른바 케이블 인덕턴스(cable inductance)로 인한 링잉효과(ringing effect)가 있

1) 지연시간은 전류 차단과 전압 측정 시점 사이의 시간이다.

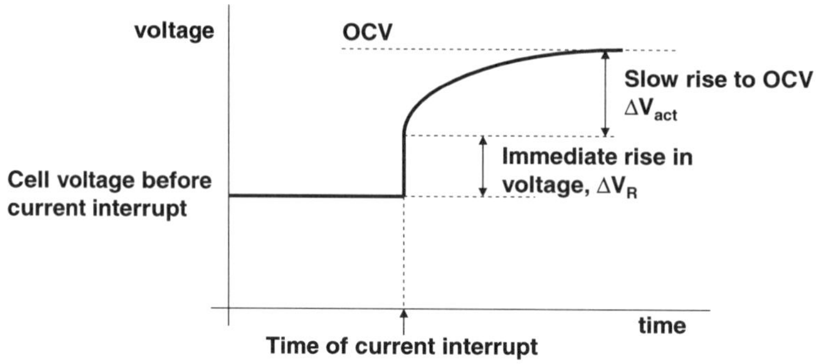

그림 8-6 전류 차단 이후의 셀 전압 거동.

다는 것이다[3].

8.3 AC 임피던스 스펙트로스코피

셀 성능에 관한 추가 정보를 AC 임피던스 스펙트로스코피(impedance spectroscopy)에서 얻을 수 있다. 이 방법에서는 진폭과 주파수를 아는 AC 신호를 셀에 통과시키고, 위상 변화와 응답의 진폭을 기록한다. 주파수를 달리 하여 전체 주파수 스펙트럼에 대해 이를 반복한다.

진폭과 주파수를 아는 신호를 다음과 같이 정의한다.

$$I = I_{max} \sin(\omega t) \tag{8-1}$$

I_{max} = 신호 진폭(A)

ω = $2\pi f$; f = 주파수(s^{-1} = Hz)

t = 시간(s)

응답은 다음과 같다.

$$V = V_{max} \sin(\omega t - \varphi) \tag{8-2}$$

V_{max} = 응답 진폭

φ = 위상각(phase angle)

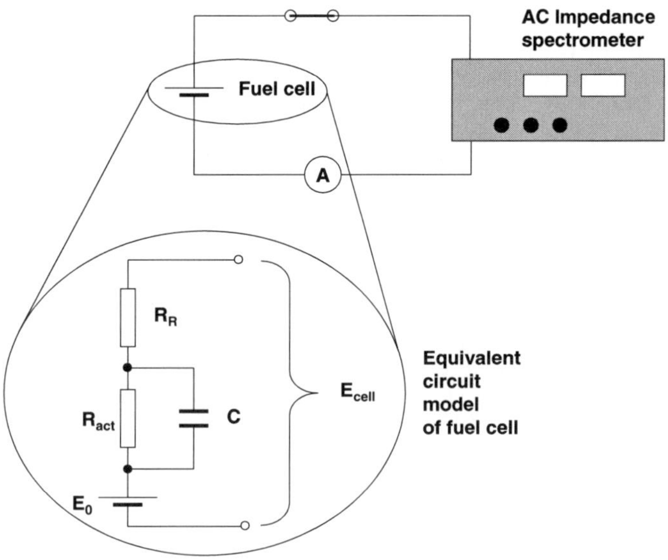

그림 8-7 AC 임피던스 스펙트로스코피 구성 및 연료전지 상당회로.

순수 레지스터에서는 위상각 $\varphi=0$이고, 임피던스 $Z=R$이다.
커패시터에서는 위상각 $\varphi=\pi/2$이고, 임피던스는 다음과 같다.

$$Z_C = -\frac{j}{\omega C} \tag{8-3}$$

$j = \sqrt{-1}$
C = 커패시턴스(F)

그림 8-7에 보인 것과 같은 연료전지 상당회로에서 임피던스는 다음과 같다.

$$Z_R = R_R; \qquad Z_{act} = R_{act}; \qquad Z_C = -\frac{j}{\omega C} \tag{8-4}$$

회로 전체의 임피던스는 다음과 같다.

$$Z(\omega) = R_R + \frac{1}{\dfrac{1}{R_{act}} - \dfrac{\omega C}{j}} = R_R + \frac{R_{act}}{1 + j\omega C R_{act}} \tag{8-5}$$

이를 정리하면 복소수가 된다.

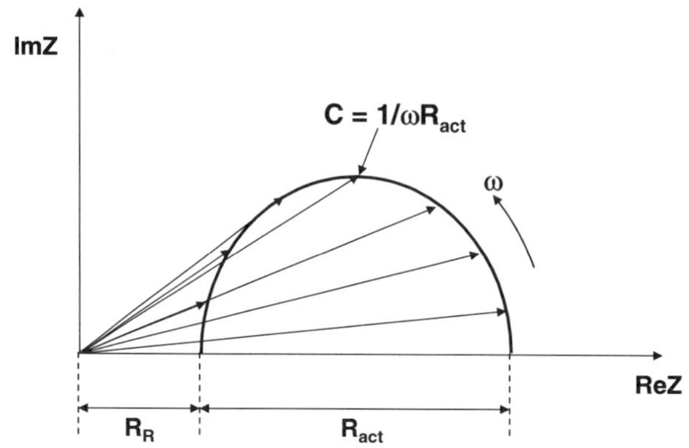

그림 8-8 연료전지 상당회로(그림 8-7)의 여러 주파수에서 측정한 복합 임피던스.

$$Z(\omega) = R_R + \frac{R_{act}}{1+(\omega C R_{act})^2} - j\frac{\omega C R_{act}^2}{1+(\omega C R_{act})^2} \tag{8-6}$$

실수 부분:

$$\mathrm{Re}\,Z = R_R + \frac{R_{act}}{1+(\omega C R_{act})^2} \tag{8-7}$$

허수 부분:

$$\mathrm{Im}\,Z = \frac{\omega C R_{act}^2}{1+(\omega C R_{act})^2} \tag{8-8}$$

임피던스의 절댓값:

$$|Z| = \left[(\mathrm{Re}\,Z)^2 + (\mathrm{Im}\,Z)^2\right]^{1/2} \tag{8-9}$$

위상각:

$$\tan(\varphi) = \frac{\mathrm{Im}\,Z}{\mathrm{Re}\,Z} \tag{8-10}$$

Nyquist 선도(Im Z~Re Z)에 그리면, 이 단순한 연료전지 상당 회로의 다양한 주파수에서의 복합 임피던스의 측정치는 반원(semicircle)이 된다(그림 8-8). 낮은 주파수에서는

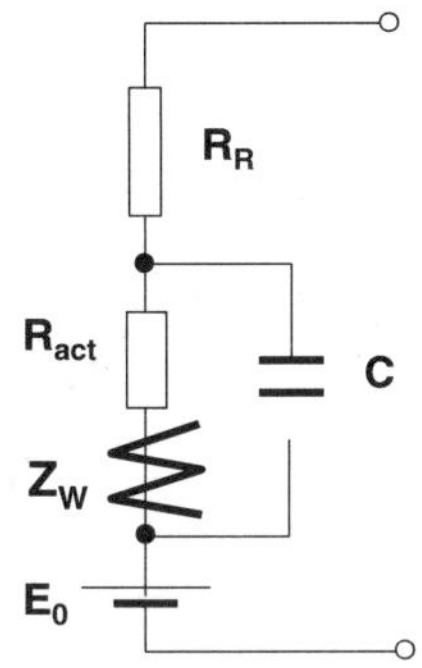

그림 8-9 농도 분극을 나타낸 Warbrug 임피던스로 수정한 연료전지 상당회로.

임피던스 $Z = R_R + R_{act}$이지만, 아주 높은 주파수에서는 임피던스 $Z = R_R$이다. 때로는 높은 주파수에서의 1회 측정치를 사용해 셀 저항 R_R을 구할 수 있다. 그러나 전체 주파수 스펙트럼이라야 전지 내부 작용에 관한 보다 유용한 정부를 얻을 수 있다.

그림 8-7의 연료전지 상당회로를 Warburg 임피던스를 포함시켜서 수정하여 농도 분극을 나타낼 수 있다.[7]

Warburg 임피던스는 다음과 같다.

$$Z_W = \frac{\sigma}{\omega^{1/2}} - j\frac{\sigma}{\omega^{1/2}} \tag{8-11}$$

여기에서

$$\sigma = \frac{RT}{\sqrt{2}(nF)^2 A}\left(\frac{1}{D_O^{1/2} C_O} + \frac{1}{D_R^{1/2} C_R}\right) \tag{8-12}$$

A = 전극 면적(m^2)
D_O = 산화된 화학종의 확산계수($m^2\,s^{-1}$)
C_O = 산화된 화학종의 농도($mol\,m^{-3}$)
D_R = 환원된 화학종의 확산계수($m^2\,s^{-1}$)
C_R = 환원된 화학종의 농도($mol\,m^{-3}$)

두 농도차가 크면 σ 값을 지배하는 것은 낮은 농도이다.[7]

이 경우 낮은 주파수에서는 반원이 완성되지 않는다. 대신에 기울기가 1인 연장 직선이

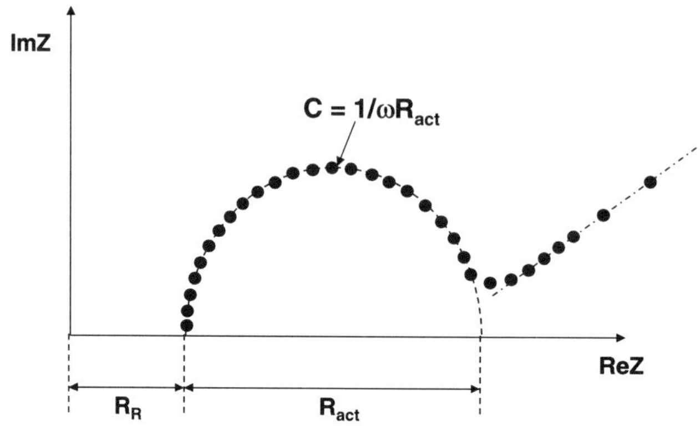

그림 8-10 그림 8-9의 연료전지 상당 회로의 다양한 주파수에서의 복합 임피던스.

Nyquist 선도(그림 8-10)에 나타난다. 화학종의 확산은 전자 흐름에 비해 아주 느린 과정임이 분명하므로, 낮은 주파수에서 검출된다. 반원에서 직선으로 전이되는 주파수는 반응물과 생성물의 농도, 교환전류밀도, 과전위에 따라 달라진다.[7]

8.4 진단 툴: 압력 손실

압력, 온도, 유량, 반응 기체의 습도 등 운전조건은 PEM 연료전지 성능에 큰 영향을 미친다. 일반적으로 PEM 연료전지 성능이 안정되는 운전조건 범위는 비교적 좁다. 성능은 주로 전지 내부의 수분 관리 문제와 관련이 있다. 입구와 출구에서 요구되는 수분 수지를 유지할 수 있는 운전조건을 선택할 수는 있지만, 셀 내부의 불균질한 국부 조건으로 인해 범람이나 건조가 생길 수 있다. 물이 너무 많으면 범람하여 다공질 통로를 차폐하는데, 이로 인해 반응물이 촉매 부위로 수송되는 속도가 줄어든다. 범람은 애노드와 캐소드의 어느 쪽에서나 발생할 수 있다. 수분이 너무 적으면 막이 건조되는데, 결과적으로 이온 저항이 증가한다. 범람이나 건조가 초래하는 즉각적 결과는 셀 전위의 손실이다. 셀 전위나 저항을 감시하더라도, 적절한 진단 툴이 없으면, 범람과 건조를 구분할 수 없는 경우가 아주 많다. 적절하고 올바른 대책을 세우려면, 단순하고 빠르며 신뢰성 있는 감시와 진단 툴이 모두 필요하다.

General Motors는 H_2/O_2 연료전지에서 범람을 검지하는 방법과 장치에 관한 특허를 가지고 있는 데, 그 기초는 H_2 및 O_2 흐름장에서 압력 손실을 감시하고 미리 정한 허용 문턱값(threshold of acceptability)과 비교하는 것이다.[8] 압력 손실이 문턱값을 넘으면, 자동적으로 적절한 조치가 시작되는데, 증습장치 끄기, 기체 질량유량 증가, 기체 압력 감소, 전류 드

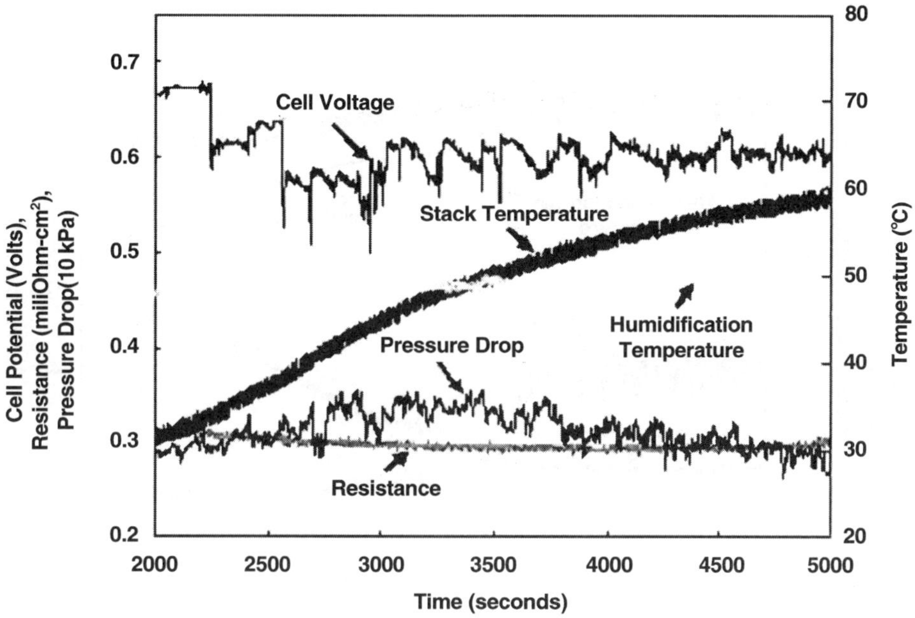

그림 8-11 셀 범람으로 인한 압력 손실 증가의 예[13]. (셀 전위의 비정상적 패턴은 범람에 기인하는 것이다.)

레인(current drain) 감소 등이다. General Motors는 또 셀 저항의 감시에 기초하여 습도를 조절하는 방법의 특허도 가지고 있다.[9] 이것은 연료전지의 고주파 저항과 습도의 상관관계로부터 최적 증습 조건을 구하기 위한 것이다. 습도가 지나치면 셀이 범람하지만 셀 저항은 변하지 않는다.

Barbir 등[10]과 He 등[11]은 연료전지에서 범람을 검지하는 진단 툴로서 압력 손실을 조사했다. 그들은 깍지 낀 손 모양 흐름장 연료전지에서 범람 또는 건조가 발생하는 다양한 운전 조건에서 압력 손실을 감시했다.

Rodatz 등[12]은 실질 조건에서 대형 PEMFC의 운전 측면을 조사했다. 특히 압력 손실, 흐름장 유로 변경의 영향, 2상 흐름을 주로 연구했다. 스택 전류를 감소시키면 압력 손실이 감소됨을 관찰했다. MEA로부터 점진적 수분 제거에 따라 흐름 통로가 개통되면, 관찰한 시간 상수가 커진다.

압력 손실은 통로 내부의 마찰이나 셀을 통한 반응 기체의 마찰에 기인한다. 물은 채널 내부에 물방울이나 필름의 형태로 존재한다. 물방울이 커지면 채널 단면적이 축소되거나 다른 채널로 흐르도록 하는데, 어느 경우에나 압력 손실이 증가한다. 압력 손실이 증가하면 연료전지 안의 수분 함유량이 증가했다는 신호지만, 셀의 건조를 검출하는 데 이용할 수는 없다. 이

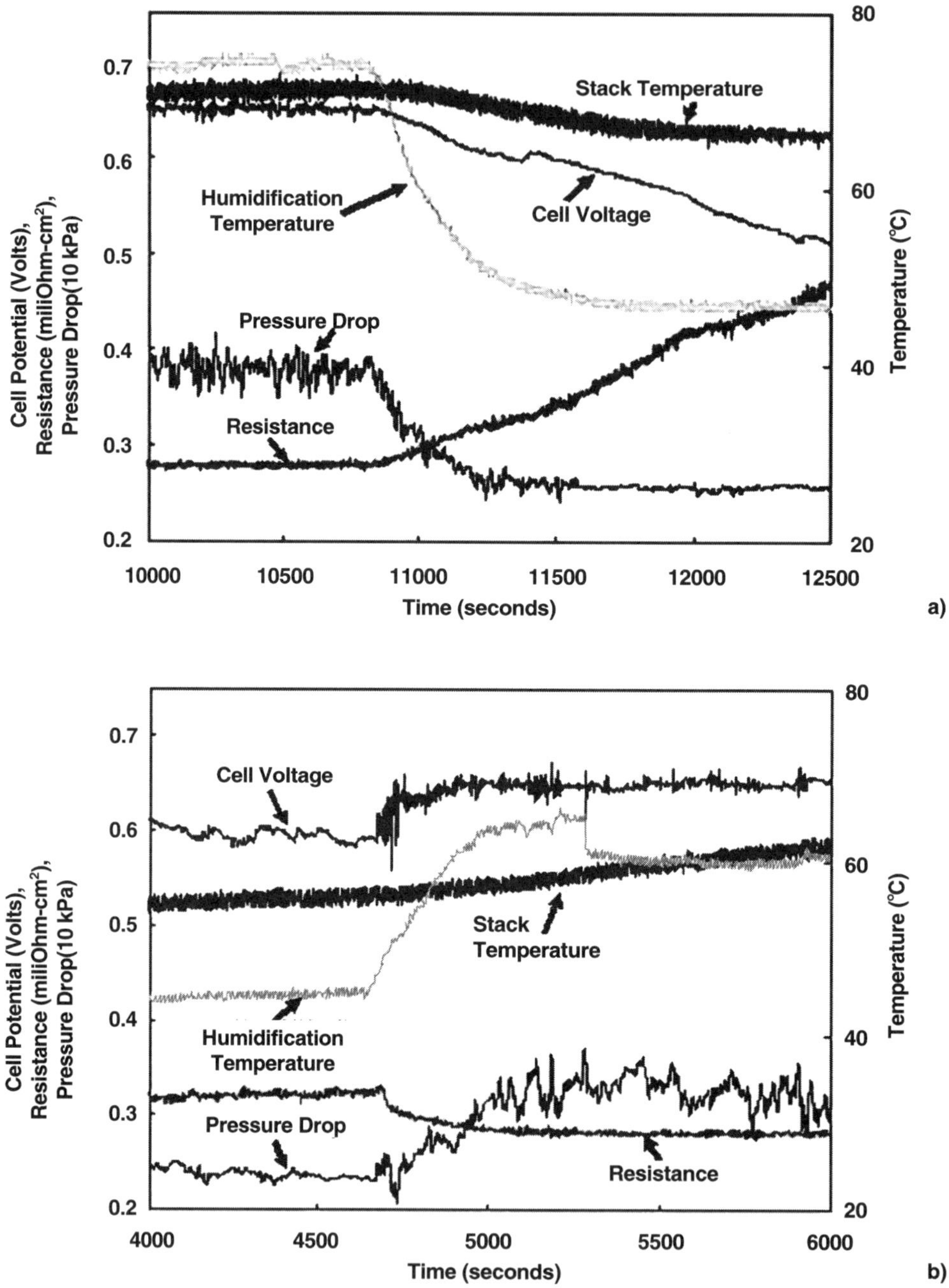

그림 8-12 스택 건조의 예. a) 불충분한 습도, b) 회복[13].

경우에는 압력 손실이 변하지 않기 때문이다. 그러나 압력 손실과 셀 저항 측정치를 결합하면 범람이나 건조를 검지할 수 있다. 셀이 범람할 때는 셀 저항이 변하지 않지만, 셀 저항의 증가는 셀이 건조되기 시작했음을 나타내는 분명한 신호이다. 운전 주기 중에 연료전지는 범람기와 건조기를 거칠 수 있는데, 이 둘을 구분할 수 있는 신뢰성 있는 방법이 있어야 적절한 조치를 취할 수 있다. 셀 범람 및 건조의 진단 툴로서 압력 손실을 사용하는 예를 몇 가지 예시했다.[13]

그림 8-11[13]은, 증습온도가 스택 온도보다 높아져서 캐소드 쪽에 물이 응축함으로써 일어나는 스택의 범람에 따른 압력 손실을 보인 것이다. 범람은 급격한 전압 감소 및 증가와 같은 셀 전위의 비정상적 거동으로 나타난다. 셀 전위의 급격한 증가는 상당량의 물이 채널에서 배출될 때 일어난다. 캐소드 압력 손실의 증가는 분명히 스택 내부의 범람 상태를 나타낸다. 스택 온도가 공기 도입 온도보다 높아지면 더 이상 응축이 일어나지 않으며, 압력 손실은 감소하기 시작하고, 셀 전위의 비정상적 거동은 줄어든다.

습도가 부적절한 경우에는 막이 건조되기 시작한다. 이를 그림 8-12a에 보였다.[13] 증습온도가 스택 운전온도보다 상당히 밑으로 내려가면, 스택이 건조되기 시작한다. 이는 압력 손실 감소로 나타나는데, 건조 공기의 압력 손실에 대응하는 새로운 낮은 값에서 안정되며, 셀 저항은 지속적으로 증가한다. 결과적으로 셀 전위가 감소된다. 다시 필요한 만큼 가습하면, 압력 손실이 증가하고 셀 저항이 감소하며, 결과적으로 셀 전압이 회복된다(그림 8-12b).

그림 8-13[10]은, 먼저 범람했다가 건조된 뒤에 다시 범람한 셀의 상태를 예시한 것이다. 셀의 건조는 애노드를 통한 건조 수소의 과잉 흐름에 기인하며, 이는 얇은 막을 통한 물의 실질 수송 방향을 역전시키고, 잉여 물을 캐소드 실에서 제거한다. (이러한 물 관리 기법은 Voss 등[14]이 제안한 것이다.)

8.5 전류밀도 매핑

연료전지의 내부 작용에 관한 유용하고 흥미로운 정보를 전류밀도 매핑법(mapping, 寫像法)으로 얻을 수 있다. 운전 중인 연료전지 스택에서는 실용적이 아니지만, 셀 설계과정, 특히 수치 모델의 입증과 보정에서는 아주 유용하다.

이극판은 전기 전도성이 좋으므로, 반응 부위, 즉 촉매층에서 전류 분포가 불균일해지면 즉시 균형을 회복한다. 전류 분포를 그리려면 전류가 균형을 이루기 전에 측정해야 한다. 이를 수행하기 위해 셀을 서로 격리된 작은 구획(segment)으로 분할하고, 각 구획의 전류를 독

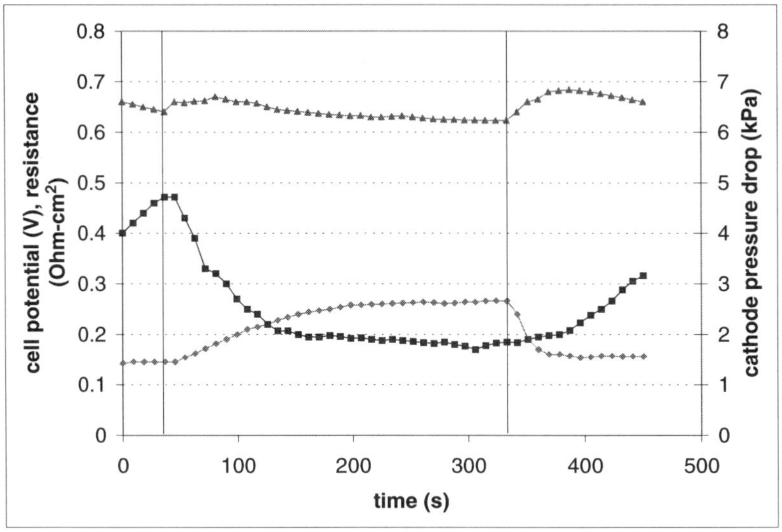

그림 8-13 셀 건조 중의 압력 손실 감소의 예[10].

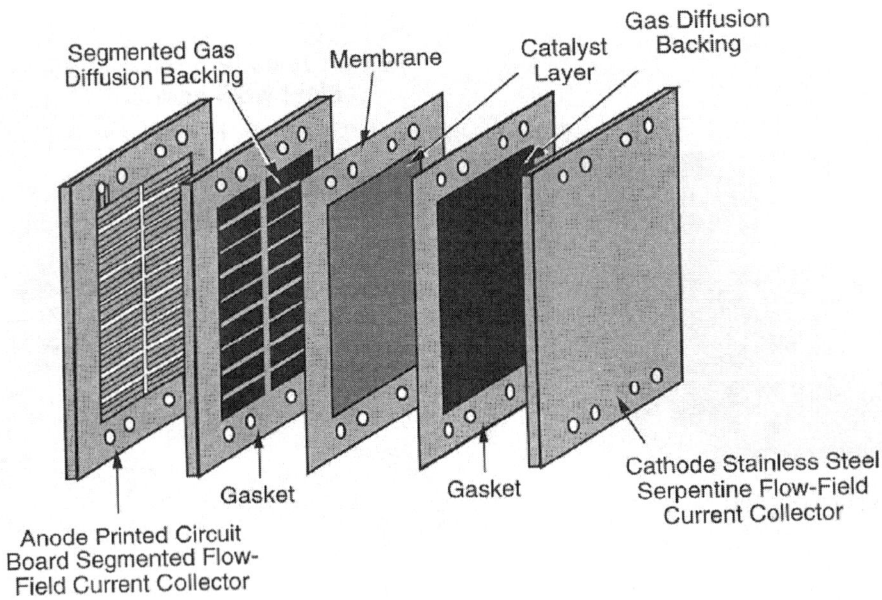

그림 8-14 전류밀도 매핑용 구획 연료전지 설계[15]. (출처: Springer Science and Business Medicine)

립적으로 측정해야 한다.

전류밀도 매핑법으로는 몇 가지가 발표되어 있다. Cleghorn 등[15]은, 전형적 실험용 100 cm^2 연료전지에서 전류밀도 분포를 측정하는 선구적 일을 했는데, 인쇄회로기판 기법을

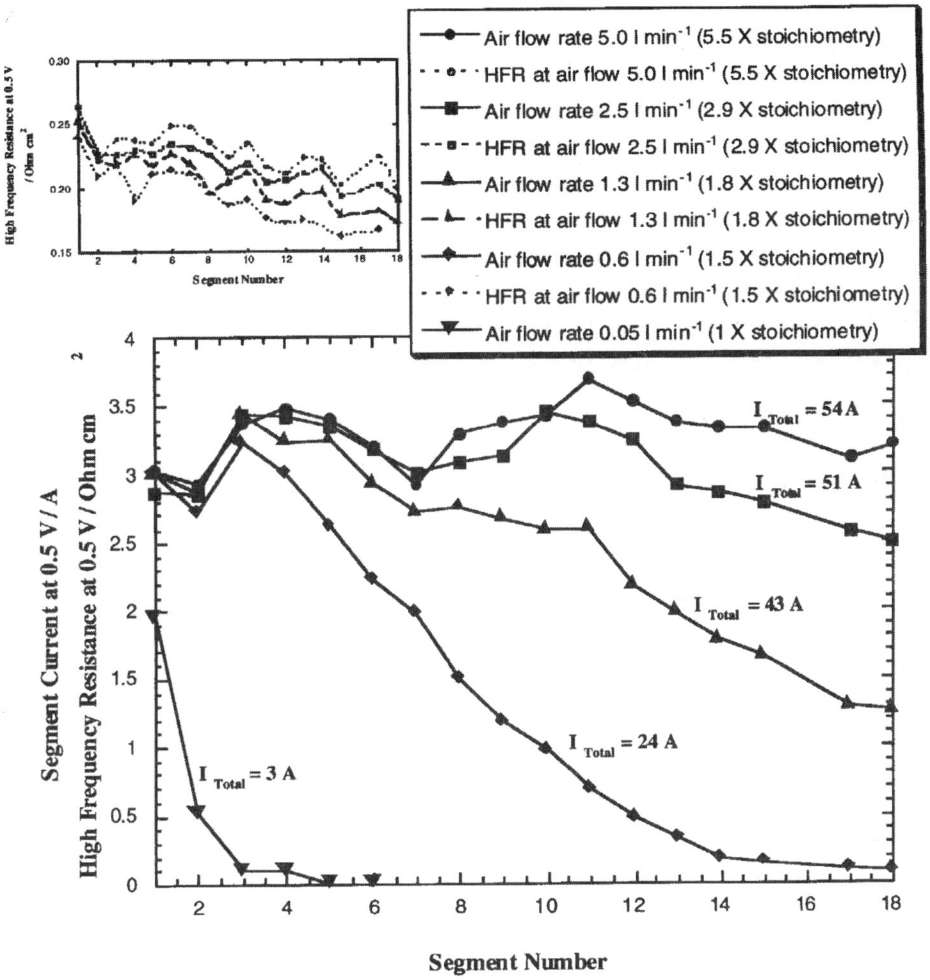

그림 8-15 상이한 공기 유량에 따라 총 전류가 달라지는 구획에서의 전류밀도. (HF 저항은 작은 창에 보였다.)
(출처: Springer Science and Business Medicine)

사용해 집전체 및 흐름장을 구획했다(그림 8-14). 이러한 기법을 애노드에 적용해 기체 확산층 및 촉매층을 구획했지만, 캐소드에서는 구획하지 않은 정규적 확산층 및 촉매층, 집전체, 흐름장을 사용했다. 애노드 및 캐소드 흐름의 공기 습도 및 양론적 유량이 정상상태 전류밀도 분포에 미치는 영향을 연구했다(그림 8-15). 특수 고안한 멀티플렉서(multiplexer)를 사용해 각 부분의 전압을 제어하여 정상상태 거동을 해석했다.

Stumper 등[16]은 전류밀도 분포 매핑에 관한 몇 가지 방법을 분석했다. 첫 번째 수법에서는, 총 흐름장에서 차지하는 촉매 활성면적의 분율이 다른 몇 가지 MEA를 사용했다. 두 번째 수법에서는, 기체 흐름 채널에서의 위치가 다르며 기본 활성 MEA와는 전기적으로 절

연되고 별도의 부하로 조절되는 여러 '부분 셀'(subcell)을 사용했다. 세 번째 수법에서는, 흐름장 판과 집전 버스 판(bus plate) 사이에 피동적 흑연 레지스터의 네트워크를 설치하는 한편 이러한 레지스터를 통한 전위 강하를 감시하여 이들을 통해 전류가 흐르도록 했다. 그러나 이러한 수법의 어느 것도 충분한 공간적 해상도를 제공하지 못했으며, 모두 측면 전류(lateral current) 및 접촉 저항으로 인한 오차가 심했다.

Wieser 등[17]은, 국부 전류밀도 측정용으로, 집전체 및 흐름장 구획과 함께 일련의 Hall 센서 사용을 제안했다. 그들의 연구에서는 구획하지 않은 전극을 사용했다. 여러 Hall 센서를 사용하면 실험장치 설치가 아주 복잡해지고, 실험 비용과 시간이 많이 든다. 또한 인접한 구획 사이의 간섭현상도 있을 수 있다.

Natarajan과 Nguyen[18]은, 캐소드 쪽에는 단일 공통 전극 및 집전체를 사용했지만, 애노드 쪽에는 구획 집전체 및 구획 전극(확산층 및 촉매층) 구성을 이용해, 수소 고갈(starvation) 영향에 관한 정성적 결과를 발표했다. 곧은 단일 채널에서 여섯 구획(재래식 또는 S자형 흐름장 설계에 해당)을 사용했는데, 단일 부하 및 멀티플렉서 사용에서 있을 수 있는 위험을 피하기 위해 멀티채널 정전압/정전류 장치로 각각 조절했다.

최근 Mench와 Wang[19]은, 애노드 및 캐소드 쪽 모두에서 S자형 흐름 채널에 특수하게 만든 구획 흐름장을 사용했는데, 각 구획은 멀티채널 정전압/정전류 장치로 별도 제어했다. 구획 흐름장은 폴리카보네이트 블럭에 금도금 스테인리스 강철 리브(rib)를 매립하여 만들었다. 전극을 구획하지 않는 부분에는 시판되는 MEA를 사용했다.

8.6 중성자 화상진단

진단 목적으로 연료전지를 중성자 빔에 노출시킨다(그림 8-16). 중성자는 셀의 금속 케이스를 통과하는 중에 심하게 감소되지 않으면서 PEMFC 내부의 수소와 수분의 화상을 만드는데 필요한 대비(contrast)를 제공한다. 연료전지 화상진단에 중성자를 처음 사용한 것은 1998년의 Bellows 등[21]이다.

실시간 방사선촬영술(radiography)에 의해 수분 관리시스템을 즉시 정량적으로 평가할 수 있는 동영상을 얻을 수 있다. 차폐기법(masking technique)을 사용하면 셀 내부의 물의 위치를 알아낼 수 있다(그림 8-17)[20]. 화상을 정규화(normalization)하면, 수분 총 함유량, 막/기체 확산층 수분 함유량을 정량화할 수 있다. 또한 2-D 화상을 조합하여 셀의 디지털 3-D 표현을 만들어서 셀의 손상 영역을 세밀하게 검사할 수도 있다. 중성자 화상진단

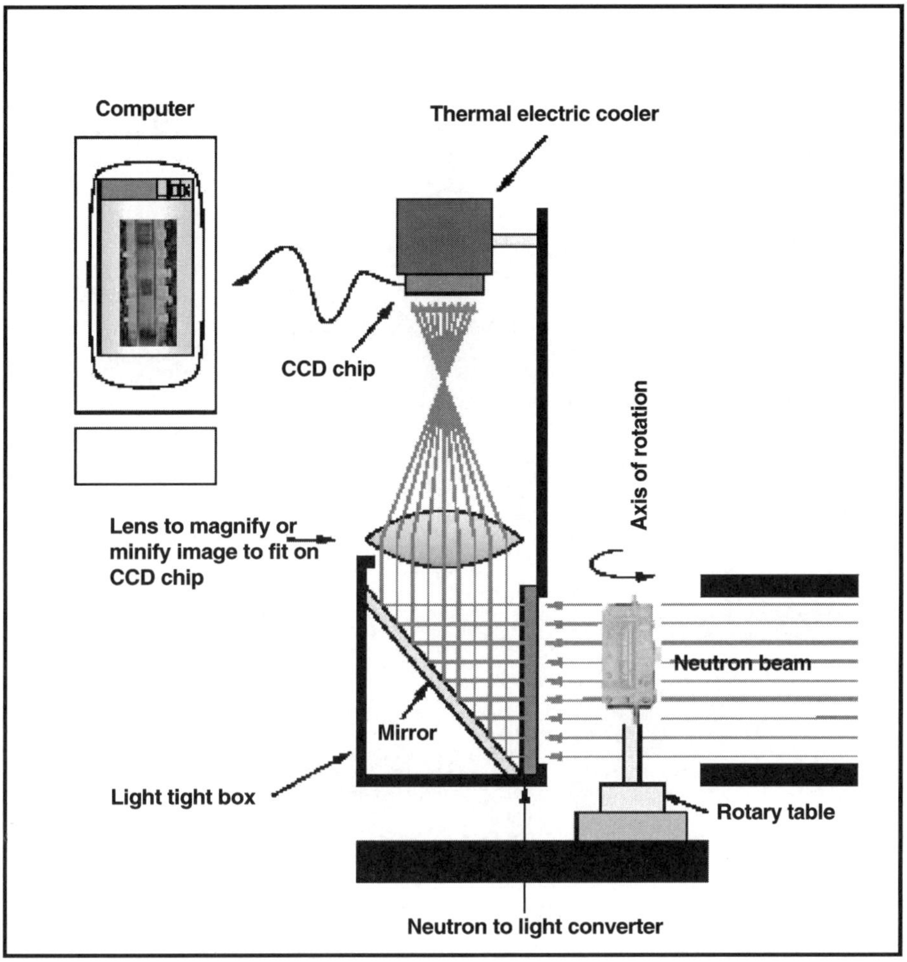

그림 8-16 연료전지의 중성자 화상진단(neutron imaging) 장치[20].

은, 고가이기는 하지만, PEM 연료전지의 수분 관리를 세밀하게 평가할 수 있는 실용적 수법이다.

참고문헌

1. Ticianelli, E. A., C. R. Derouin, A. Redondo, and S. Srinivasan, Methods to Advance Technology of Proton Exchange Membrane Fuel Cells, *Journal of the Electrochemical Society*, Vol. 135, 1998, p. 2209.
2. Ralph, T. R. and M. P. Hogarth, Catalysis for Low Temperature Fuel Cells, *Platinum Metal Review*, Vol. 46, No. 1, 2002, pp. 3–14.

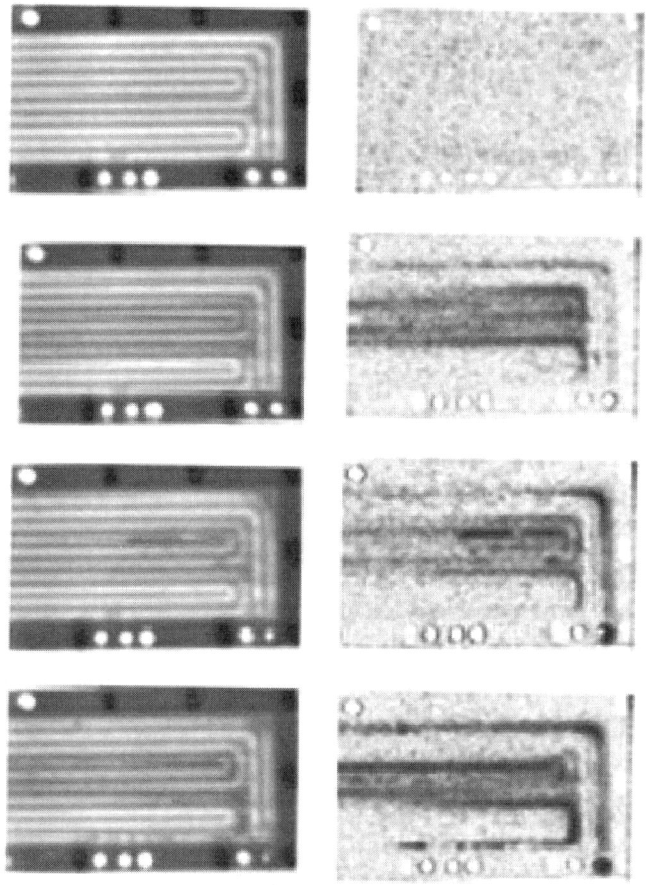

그림 8-17 운전 중인 연료전지의 중성자 화상진단 결과. 흐름 채널은 왼쪽이고 수분은 오른쪽에만 있다. 운전 시작 10분 후에 채널이 심하게 범람됨을 알 수 있다[20].

3. Smith, M., D. Johnson, and L. Scribner, Electrical Test Methods for Evaluating Fuel Cell MEA Resistance, *Fuel Cell Magazine*, March 2004, p. 15.
4. Selman, J. R. and Y. P. Lin, Application of AC Impedance in Fuel Cell Research and Development, *Electrochimica Acta*, Vol. 38, No. 14, 1993, pp. 2063–2073.
5. Springer, T. E., T. A. Zawodzinski, M. S. Wilson, and S. Gottesfeld, Characterization of Polymer Electrolyte Fuel Cells Using AC Impedance Spectroscopy, *Journal of the Electrochemical Society*, Vol. 143, 1996, pp. 587–599.
6. Paganin, V. A., C. L. F. Oliveira, E. A. Ticianelli, T. E. Springer, and E. R. Gonzalez, Modelistic Interpretation of the Impedance Response of a Polymer Electrolyte Fuel Cell, *Electrochimica Acta*, Vol. 43, 1998, pp. 3761–3766.
7. Gileadi, E., *Electrode Kinetics for Chemists, Chemical Engineers and Material Scientists* (VCH Publishers, New York, 1993).
8. Bosco, A. D. and M. H. Fronk, Fuel cell flooding detection and correction, U.S. Patent

No. 6, 103, 409, 2000.

9. Mathias, M. F. and S. A. Grot, System and method for controlling the humidity level of a fuel cell, U.S. Patent No. 6, 376, 111, 2002.
10. Barbir, F., A. Husar, and R. Venkataraman, Pressure Drop as a Diagnostic Tool for PEM Fuel Cells (Electrochemical Society Fall Meeting, San Francisco, September 2001).
11. He, W., G. Lin, and T. V. Nguyen, Diagnostic Tool to Detect Electrode Flooding in Proton-Exchange-Membrane Fuel Cells, *AIChE Journal*, Vol. 49, No. 12, 2003, pp. 3221–3228.
12. Rodatz, P., F. Buechi, C. Onder, and L. Guzzella, Operational Aspects of a Large PEFC Stack Under Practical Conditions, *Journal of Power Sources*, Vol. 128, 2004, pp. 208–217.
13. Barbir, F., H. Gorgun, and X. Wang, Relationship Between Pressure Drop and Cell Resistance as a Diagnostic Tool for PEM Fuel Cells, *Journal of Power Sources* (in press) 2004.
14. Voss, H. H., D. P. Wilkinson, P. G. Pickup, M. C. Johnson, and V. Basura, Anode Water Removal: A Water Management and Diagnostic Technique for Solid Polymer Fuel Cells, *Electrochimica Acta*, Vol. 40, No. 3, 1995, pp. 321–328.
15. Cleghorn, S., C. R. Derouin, M. S. Wilson, and S. Gottesfeld, A Printed Circuit Board Approach to Measuring Current Distribution in a Fuel Cell, *Journal of Applied Electrochemistry*, Vol. 28, 1998, pp. 663–672.
16. Stumper, J., S. A. Campbell, D. P. Wilkinson, M. C. Johnson, and M. Davis, In-Situ Methods for the Determination of Current Distributions in PEM Fuel Cells, *Electrochimica Acta*, Vol. 43, No. 24, 1998, pp. 3773–3783.
17. Wieser, C. H., A. Helmbold, and E. Gulzow, A New Technique for Two-Dimensional Current Distribution Measurements in Electrochemical Cells, *Journal of Applied Electrochemistry*, Vol. 30, 2000, p. 803.
18. Natarajan, D. and T. V. Nguyen, Experimental Investigation of Spatial–Temporal Current Distribution in a PEM Fuel Cell, in *Proc. of the AIChE 2000 Annual Meeting and Symposium on Fuel Cells, Systems and Processors II, Paper No. 4* (Los Angeles, CA, 12–17 November 2000).
19. Mench, M. M., C. Y. Wang, and M. Ishikawa, In-Situ Current Distribution Measurements in Polymer Electrolyte Fuel Cells, *Journal of the Electrochemical Society*, Vol. 150, 2003, p. A1052.
20. Arif, M., D. Jacobson, P. Huffman, and R. Satija, New Neutron Imaging Facility At The NIST Reactor For Fuel Cell Research, Fuel Cells Lab R&D Review Meeting, May 9–10, 2002, Golden, CO http://www.eere.energy.gov/hydrogenandfuelcells/pdfs/nn0123ad.pdf (accessed February 2005).
21. Bellows, R. J., M. Y. Lin, M. Arif, A. K. Thompson, and D. Jacobson, Neutron Imaging Technique for In Situ Measurement of Water Transport Gradients Within Nafion in Polymer Electrolyte Fuel Cells, *Journal of the Electrochemical Society*, Vol. 146, 1999, p. 1099.

익힘 문제

8-1 아래의 식에 의해 분극곡선을 근사적으로 나타낼 수 있다.

$$V_{cell} = V_0 - b\ln(i/i_0) - Ri.$$

최소제곱법을 사용해, 이 식의 매개 변수(V_0, b, i_0, R) 값을 추산하여라.

$i\,(mA\,cm^{-2})$	5	10	20	50	100	200	400	600	800
V (V)	0.933	0.912	0.891	0.859	0.830	0.791	0.734	0.683	0.635

8-2 그림 8-9에 해당 회로를 나타낸 연료전지에서, 임피던스의 실수 및 허수 부분을 나타내는 식을 구하여라.

8-3 그림 8-7에 상당 회로를 나타낸 연료전지에서. $R_R = 0.2$ mOhm, $R_{act} = 1$ mOhm, $C = 5\ \mu F$일 때, 임피던스의 실수 및 허수 부분(ReZ와 ImZ)을 구하고, Nyquist 선도를 그려라.

퀴즈

8-1 연료전지 분극곡선의 이력현상(hysteresis)이 생기는 원인은
a) 셀 건조 또는 범람
b) 셀 범람
c) 셀 저항

8-2 셀의 캐소드 촉매에서 범람한다면, 캐소드 가스로 헬록스(helox; O_2 21%, He 79%)를 사용하였을 경우 연료전지 분극곡선은
a) 공기를 사용하였을 경우의 분극곡선과 같다.
b) 공기를 사용하였을 경우의 분극곡선보다 위에 있는데, 특히 전류밀도가 클 때 높아진다.
c) 순수 산소를 사용하였을 경우의 분극곡선과 같다.

8-3 전류 차단기법에서 셀 저항은
a) 전류 차단 직후의 잔류 셀 전압과 같다.
b) 전류 차단 직전 및 직후의 셀 전압차와 같다.
c) 전류 차단 직후의 전압과 개회로 전압차와 같다.

8-4 연료전지 상당 회로를 구성하는 것은
a) 최소한 하나의 레지스터와 하나의 커패시터

b) 최소한 두 레지스터와 하나의 커패시터
c) 최소환 두 커패시터와 하나의 레지스터

8-5 Nyquist 선도가 나타내는 것은
a) 주파수 대 위상각
b) 셀 임피던스 대 셀 저항
c) 임피던스의 허수 부분과 실수 부분

8-6 셀 저항을 측정할 수 있는 것은
a) 저주파 AC 임피던스
b) 고주파 AC 임피던스
c) 전체 주파수 스펙트럼

8-7 휴지 중인 연료전지의 셀 저항 측정에 사용할 수 없는 방법은
a) 전류차단법
b) 고주파 AC 임피던스법
c) AC 임피던스 스펙트로스코피

8-8 AC 임피던스 스펙트로스코피로 얻은 Nyquist 선도에서, 셀 저항을 나타내는 것은
a) 얻어진 반원의 반지름
b) 원점과 반원 중심 사이의 거리
c) 원점과 반원에 가장 가까운 점 사이의 거리

8-9 연료전지 상당 회로에 추가한 Warburg 임피던스가 나타내는 것은
a) 추가 활성화 분극
b) 농도 분극
c) 전자 셀 저항

8-10 셀 범람이 초래할 수 있는 것은
a) 캐소드를 통한 압력 강하의 증가. 셀 저항은 변하지 않는다.
b) 셀 저항의 감소. 압력 강하는 변하지 않는다.
c) 압력 강하 및 셀 저항의 증가

Chapter 09

연료전지 시스템 설계

시스템(system)이란 단위 장치, 물체, 물건의 집합체를 조합하여 조화로운 작동을 하도록 만든 통일체를 말한다. 연료전지 시스템에는 전지 스택의 운전과 송전(送電)에 필요한 모든 성분이 들어있다. 연료전지 스택은 연료전지 시스템의 핵심이지만, 보조장비가 없으면 스택만으로는 쓸모가 거의 없다. 전형적 연료전지 시스템에 포함되는 부분 시스템의 기능은 다음과 같다.

- 산화제 공급(산소 또는 공기)
- 연료 공급(수소 또는 수소가 풍부한 가스)
- 열 관리
- 물 관리
- 동력 조정
- 계장 및 제어

연료 산화제의 선택에 따라서 연료전지 시스템을 다음과 같이 구분할 수 있다.

- 수소–산소 시스템
- 수소–공기 시스템
- 개질가스–공기 시스템

9.1 수소-산소 연료전지

기술적 난점, 산소 저장용기의 크기와 무게, 관련 안전 문제 등으로 인해 순수 산소 시스템은 잠수함이나 우주선처럼 공기를 구할 수 없는 경우에만 이용된다.

9.1.1 산소 공급

산소는 가압 하에서 저장하므로, 연료전지의 산소 공급장치는 연료전지 운전 압력으로 압력을 낮추는 압력 조절장치이다. 산소는 이론량보다 과잉으로 공급하는데, 대개 양론비 1.2~1.3 정도(20%~30% 과잉)로 한다. 이처럼 과잉 공급하는 이유는 생성되는 수분을 셀에서 배출시키기 위함이다. 과잉 산소는 연료전지에서 배출되지만, 실제 시스템에서는 대개 폐회로 방식으로 운전하므로, 과잉 산소는 스택 입구로 순환시킨다. 기체를 스택 출구의 낮은 압력에서 스택 입구의 높은 압력으로 가압하는 데는 능동식 가압장치(펌프)나 피동식 가압장치(이젝터)를 사용한다. 배기 중의 물은 간단한 물-기체 분리장치에서 분리하며, 덥고 포화된 배출 기체는 저장탱크의 건조 기체와 혼합하여 습도를 목표치로 만든 다음 스택 입구로 보낸다. 이러한 산소 공급장치를 그림 9-1에 보였다.

질량 수지와 에너지 수지를 취하면, 다양한 운전조건(온도, 압력, 양론)에서 도달할 수 있는 산소 도입 온도를 구할 수 있다.

질량 수지

저장탱크의 산소는 완전 건조 상태이므로, 스택 입구에서 필요한 물의 양은 스택에서 배출되는 수증기의 양과 같다. 다시 말해서, 스택에서 배출되는 수분의 양은 스택에서 생성되는 수분의 양과 애노드에서 막을 통과하는 수분의 양을 더한 값과 같다. 질량 수지는 다음과 같다.

$$\dot{m}_{H2O,in(v)} + \dot{m}_{H2O,in(l)} = \dot{m}_{H2O,out(v)} \tag{9-1}$$

하첨자 in 및 out은 연료전지 스택의 입구 및 출구를 나타내며, 하첨자 (v)와 (l)은 각각 수증기와 물을 나타낸다.

$\dot{m}_{H2O,in(v)}$ = 스택에 도입되는 수증기의 질량유량

$$\dot{m}_{H2O,in(v)} = \min\left[\frac{IN_{cell}}{4F} M_{H2O} S_{O2} \frac{P_{sat}(t_{in})}{P_{out} - P_{sat}(t_{in})}, \dot{m}_{H2O,out(v)}\right] \tag{9-2}$$

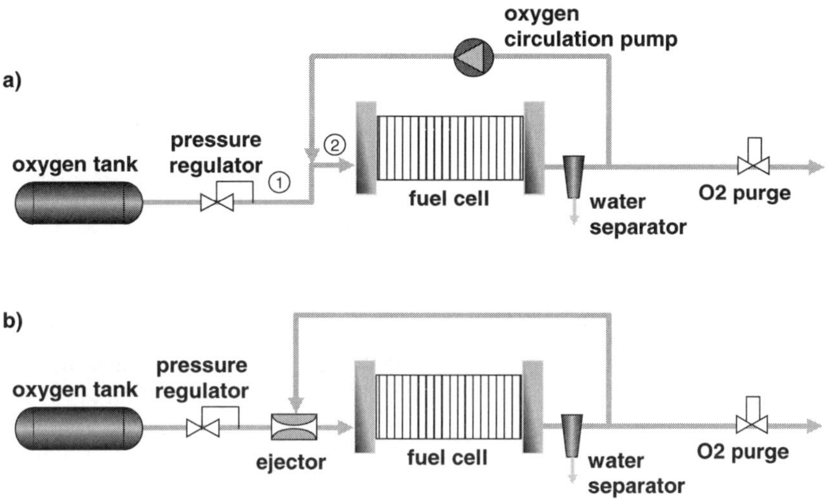

그림 9-1 폐회로식 산소 공급장치: a) 순환펌프 사용, b) 이젝터(ejector) 사용.

$\dot{m}_{H2O,out(v)}$ = 스택출구의 수증기 질량유량

$$\dot{m}_{H2O,out(v)} = \frac{IN_{cell}}{4F} M_{H2O}(S_{O2}-1)\frac{P_{sat}(t_{out})}{P_{out}-P_{sat}(t_{out})} \tag{9-3}$$

스택 입구의 압력과 온도에 따라서는 수분 전체가 수증기로 존재하지 않을 수도 있다. 스택 입구에서 물의 양은 식 (9-1)에서 계산할 수 있다. 그러나 스택 입구의 온도 t_{in}은 알지 못하므로, 에너지 수지에서 구해야 한다. 두 흐름을 혼합할 때의 에너지 수지는 다음과 같다. (수치는 그림 9-1의 수치에 해당한다.)

$$H_1 + H_4 = H_2 \tag{9-4}$$

H_1 = 저장탱크에서 배출되는 산소의 엔탈피

$$H_1 = \frac{IN_{cell}}{4F} M_{O2} c_{p,O2} t_{tank} \tag{9-5}$$

H_4 = 스택에서 배출되는 산소 및 수증기의 엔탈피

$$H_4 = \frac{IN_{cell}}{4F}(S_{O2}-1)\left[M_{O2}c_{p,O2}t_{st,out} + M_{H2O}\frac{P_{sat}(t_{st,out})}{P_{out}-P_{sat}(t_{st,out})}\left(c_{p,H2O(v)}t_{st,out}+h_{fg}^{0}\right)\right] \tag{9-6}$$

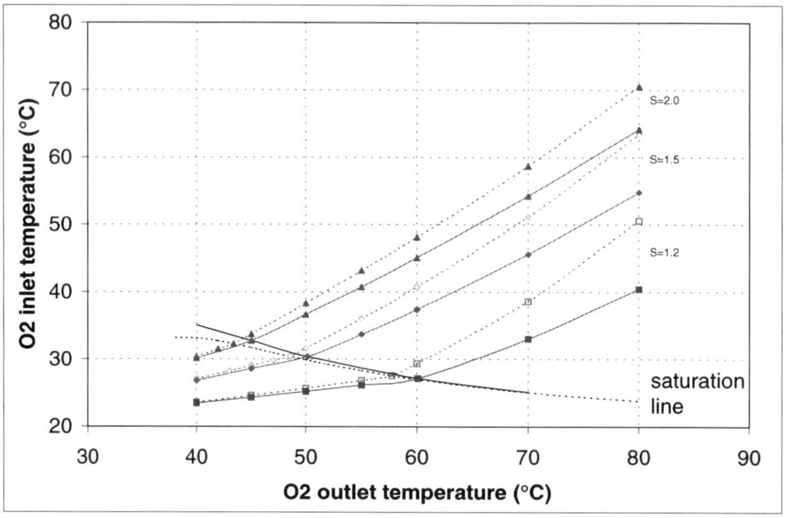

그림 9-2 배출 산소를 입구로 순환시킬 경우(그림 9-1) 도달할 수 있는 스택 도입 산소 온도. 파선은 대기압이고 실선은 300 kPa이다.

H_2 = 스택에 도입되는 혼합물(산소와 수분)의 엔탈피

$$H_2 = \frac{IN_{cell}}{4F} S_{O2} M_{O2} c_{p,O2} t_{st,in} + \dot{m}_{H2O,in(v)} \left(c_{p,H2O(v)} t_{st,in} + h_{fg}^0 \right) + \dot{m}_{H2O,in(l)} c_{p,H2O(l)} t_{st,in} \quad (9\text{-}7)$$

결과를 그림 9-2에 보였다. 저장탱크의 산소는 20℃의 건조 상태라고 가정했다. 포화선(saturation line) 위의 점들은 스택 입구의 산소가 과포화 상태로 물이 들어있고, 포화선 아래의 점들은 산소가 불포화 상태임을 나타낸다. 어느 경우에나 산소 도입 온도는 스택 운전온도보다 낮다.

이처럼 단순한 가습 방법이 충분치 않다면, 강제적으로 산소의 습도를 높여야 하는데, 스택 배기에서 분리한 물과 스택에서 방출되는 열을 사용한다(그림 9-3). 이 방법으로 스택 운전온도에 가까운 온도에서 포화시킬 수 있다. 때로는, 스택 열을 이용하고, 스택과 별도로 증습장치를 설치하여 가습할 수 있다(제6장 참고).

증습장치에서 첨가해야 할 물의 양은 다음 물질 수지에서 구할 수 있다.

$$\dot{m}_{H2O,in} = \frac{IN_{cell}}{4F} M_{H2O} \left[S_{O2} \frac{\varphi P_{sat}(T_{in})}{P_{in} - \varphi P_{sat}(T_{in})} - (S_{O2} - 1) \frac{P_{sat}(T_{out})}{P_{out} - P_{sat}(T_{out})} \right] \quad (9\text{-}8)$$

연료전지 입구에서 모든 수분이 수증기 형태를 유지하는 데 필요한 열량은 에너지 수지에

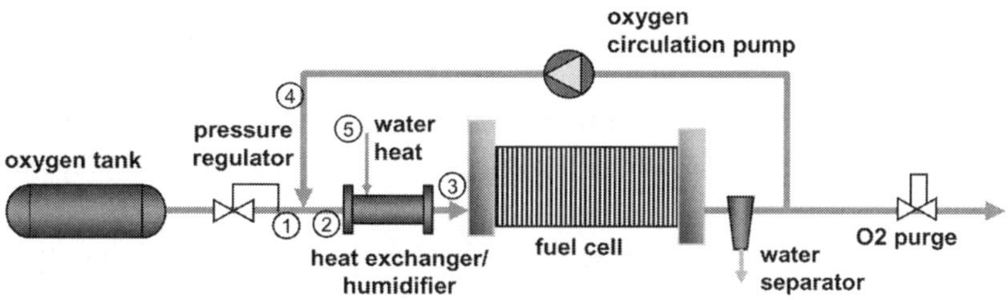

그림 9-3 폐회로식 산소 공급장치. 가습장치 부설.

서 구한다(수치는 그림 9-3의 수치에 해당한다).

$$H_{in} = H_3 - H_1 - H_4 - H_5 \tag{9-9}$$

H_3 = 스택에 도입되는 산소 및 수증기의 엔탈피

$$H_3 = \frac{IN_{cell}}{4F} S_{O2} \left[M_{O2} c_{p,O2} t_{st,in} + M_{H2O} \frac{\varphi P_{sat}(t_{st,in})}{P_{in} - \varphi P_{sat}(t_{st,in})} \left(c_{p,H2O(v)} t_{st,in} + h^0_{fg} \right) \right] \tag{9-10}$$

H_1 = 저장탱크에서 배출되는 산소의 엔탈피. 식 (9-5)에서 정의.

H_4 = 스택에서 배출되는 산소 및 수증기의 엔탈피. 식 (9-6)에서 정의.

H_5 = 증습장치에 첨가하는 물의 엔탈피

$$h_5 = \dot{m}_{H2O,in} c_{p,H2O(l)} t_w \tag{9-11}$$

9.1.2 수소 공급

PEM 연료전지의 연료는 수소이다. 수소는 우주에서 가장 가볍고 가장 풍부한 원소이지만, 지구에서는 분자 형태로 존재하지 않고, 물이나 탄화수소처럼 화합물의 형태로 존재한다. 따라서 수소는 에너지원이 아니며, 생산해야 하는 합성 연료이다. 연료전지 시스템용 수소는 여러 방법으로 생산한 것을 시스템의 일부에 저장하기도 하고, 연료전지 시스템 자체에 설치한 장치에서 발생시키기도 한다. 수소 저장용기를 사용하는 시스템이 한층 단순하고 효율적이지만, 수소를 고압으로 압축하거나 액화하더라도 용기가 차지하는 공간이 아주 크다. 수소의 물성 일부를 표 9-1에 나타냈다.

수소는 일반적으로 고압 실린더에 저장한다. 저장 압력은 200~450 bar(3000–6600 psi)가 일반적이지만, 690 bar(10 000 psi)로 저장하기도 한다[4]. 저장 압력과 수소 1 kg

표 9-1 수소 물성[1-3]

물성	단위	수치
분자량	$kg\,kmol^{-1}$ ($g\,mol^{-1}$)	2.016
밀도	$kg\,m^{-3}$ ($g\,l^{-1}$)	0.0838
고발열량	$MJ\,kg^{-1}$	141.9
	$MJ\,m^{-3}$	11.89
저발열량	$MJ\,kg^{-1}$	119.9
	$MJ\,m^{-3}$	10.05
끓는점	K	20.3
액상 밀도	$kg\,m^{-3}$	70.8
임계온도	K	32.94
임계압력	bar	12.84
임계밀도	$kg\,m^{-3}$	31.40
자연 발화점	K	858
공기 중 발화 한계	(vol.%)	4–75
공기 중 양론적 혼합비	(vol.%)	29.53
공기 중 불꽃온도	K	2318
확산계수	$m^2\,s^{-1}$	0.61
비열	$kJ\,kg^{-1}\,K^{-1}$ ($J\,g^{-1}\,K^{-1}$)	14.89

표 9-2 압축 수소 1 kg 저장에 필요한 부피

압력(kPa)	부피(liter)
100	128.8
200	68.7
340	43.9
480	33.5
690	26.0

저장에 필요한 부피를 표 9-2에 보였다. (수소 1 kg의 에너지는 가솔린 1 gal에 해당한다.)

수소 저장용 재래식 강철 실린더(2200 psi)는 너무 무거워서 어떤 용도에서나 실용성이 없다.(1989년 Perry Technologies가 건조한 연료전지 동력 잠수함에서는 이런 용기를 사용해 수소와 산소를 저장했다[5].) 자동차용 수소 저장용기로는, 본체를 알루미늄으로 만들고 섬유 및 에폭시 수지의 복합체로 싼 경량 탱크가 개발되었는데, 저장 밀도가 높아서 수소 5%(질량) 정도이다. 그러나 탱크 지지대, 밸브, 압력 조절기 등을 고려하면 실제 저장 밀도는 수소 3-4%(질량) 정도이다. 이러한 저장탱크 부피는 여러 가지로서 30~300 리터 정도이다.(450 bar에서 수소 8 kg까지 저장[6]).

수소는 20.3 K에서 액체이므로, 액체 상태로 저장할 수도 있다. 비교적 다량의 수소 저장에는 이 방법이 일반적이다. 자동차용 소형 탱크는 BMW가 개발해 시험했다[7]. 수소 저장 효율이 14.2%(질량)에 도달할 수 있으며, 수소 1 kg 저장에 약 22 liter가 필요하다. 이러한 탱크는 특수하게 만들고 충분히 단열하여 수소의 증발을 막을 수 있어야 한다. 액체 수소로부터 연료전지용 수소 기체를 만드는 데는 간단한 증발장치가 있으면 된다.

수소는 또 금속 수소화물(metal hydride)로 저장할 수 있다. 금속 중에는 마그네슘, 티탄, 철, 망간, 니켈, 크롬 등의 합금처럼 수소에 노출시키면 금속 수소화물을 만드는 것이 있다. 수소 원자는 금속 격자구조 내부에 충전되므로, 압축 수소에 비해 높은 저장 밀도를 달성할 수 있다(수소 1 kg을 35–50 liter에 저장할 수 있다). 이러한 저장법의 문제는, 금속이 본질적으로 무겁고, 달성할 수 있는 저장 효율이 수소 1.0%–1.4%(질량)에 불과하다는 것이다. 이보다 높은 저장 효율을 달성한 금속 수소화물이 보고되기는 했지만, 전형적으로 100℃ 이상의 고온 금속 수산화물이므로, 저온 PEM 연료전지에는 실용성이 없다. 금속 수소화물에서 수소를 방출시키려면 열이 필요하다. 저온 금속 수소화물에서 수소를 발생시키는 데는 수냉 및 공냉 장치에서 생기는 연료전지의 폐열로 충분하다. 기본적으로 수소를 고체에 저장하는 것이므로 이 방법은 가장 안전한 수소 저장법의 하나로 고려한다.

화학적 수소 저장법도 몇 가지 제안되어 실용성이 검토되고 있다. 예를 들면, 히드라진(hydrazine), 암모니아, 메탄올, 에탄올, 수소화 리튬, 수소화 나트륨, 붕수소화 나트륨(sodium borohydride), 붕수소화 리튬, 디보란(diborane), 수소화 칼슘 등이다. 대부분 액상이고 수소 저장 효율이 비교적 높지만(디보란은 질량 기준으로 21%에 이른다), 수소 방출에는 일종의 반응기가 필요하다. 또 어떤 것은 독성이고, 심각한 부식 문제를 일으키는 것도 있다.

저장탱크에서 수소를 방출한 다음, 수소를 연료전지에 공급하는 가장 간단한 방법은 데드엔드 모드(dead-end mode)(그림 9-4a)이다. 이러한 시스템에서는 저장탱크에서 연료전지 운전압력으로 압력을 낮추는 압력 조절기만 있으면 된다. 데드엔드 모드로 장기간 운전하려면 수소와 산소가 모두 아주 순수한 기체라야 한다. 수소에 불순물이 들어있으면 연료전지 애노드에 축적된다. 막이 아주 얇은 경우와 낮은 전류밀도로 운전하는 경우, 수소에는 수증기도 들어 있을 수 있다(전기삼투 드랙에 비해 역확산이 높은 경우). 또 불활성물과 불순물은, 평형농도에 도달할 때까지 공기 쪽으로부터 확산될 수 있다. 불활성물과 불순물의 축적을 방지하려면 퍼지조작(purging)이 필요하다(그림 9-4b). 퍼지조작은 셀 전압 또는 시간의 함수로 프로그램 할 수 있다.

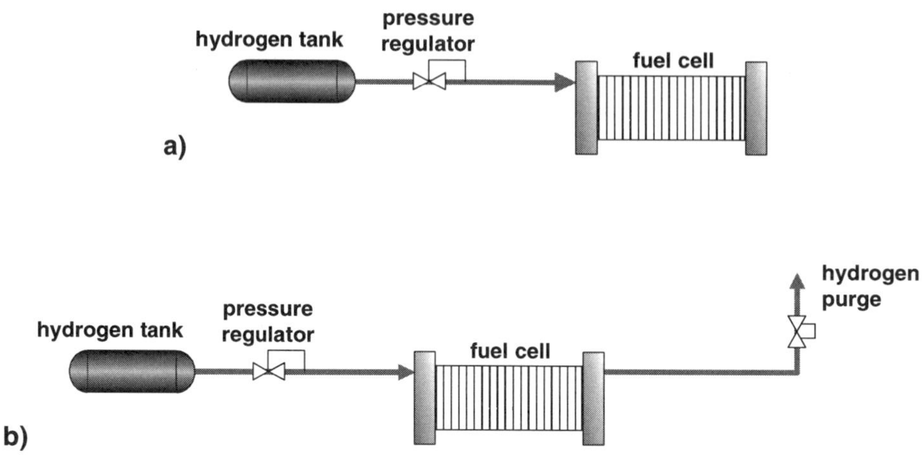

그림 9-4 수소 공급방법. a) 데드엔드 모드 운전, b) 간헐적 퍼지조작이 있는 데드엔드 모드 운전.

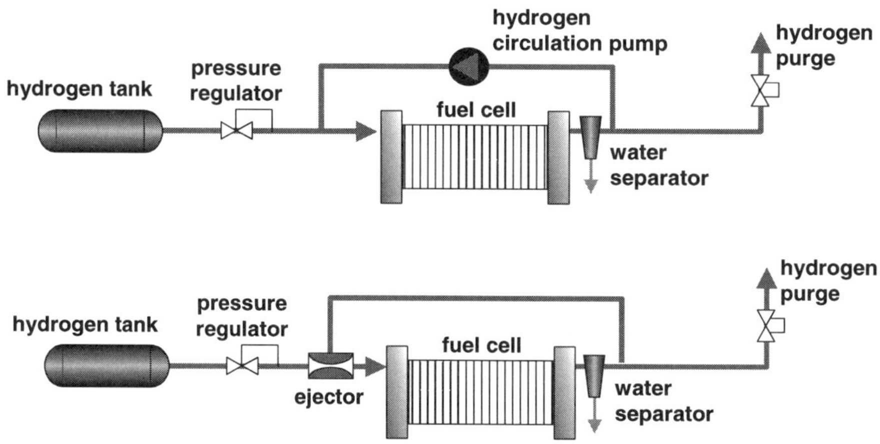

그림 9-5 폐회로식 수소 공급장치. 펌프(위) 또는 이젝터(아래) 사용.

수소 퍼지조작이 불가능하거나, 안전, 질량수지, 시스템 효율 등의 이유 때문에 퍼지조작이 좋지 않은 경우에는, 과잉 수소($S > 1$)를 스택에서 방출시켜서, 피동식 장치(이젝터)나 능동식 장치(펌프, 압축기)를 사용해 입구로 반송한다(그림 9-5). 어떤 경우에나 애노드 출구에 존재하는 물은 분리해 수집하는 것이 좋다. 수집해야할 물의 양은 운전조건과 막 특성에 따라 달라진다. 막이 얇을수록 전기삼투 드랙에 비해 역확산이 커지므로, 생성된 물의 일부는 애노드 쪽에서 스택으로부터 배출된다.

대개 수소는 연료전지 스택에 공급하기 전에 상대습도 100%로 가습 해야 전기삼투 드랙으로 인한 막의 건조를 막을 수 있다. 이 경우 스택 입구에 가습장치/열교환기가 필요하다(그림

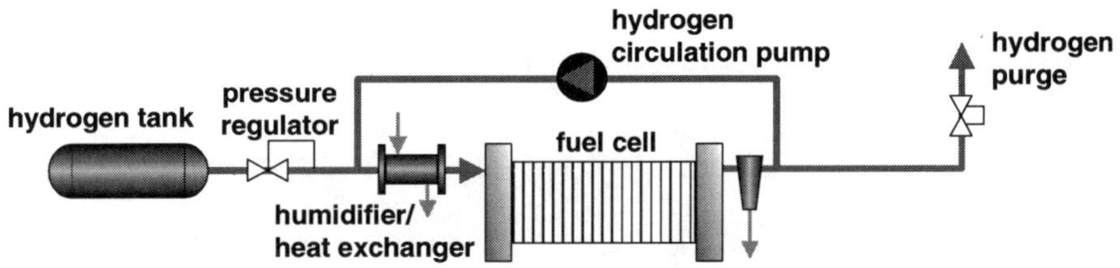

그림 9-6 폐회로식 수소 공급장치. 가습장치 사용.

9-6). 수소는 물을 주입하면서, 동시적 또는 순차적으로 가열해 물의 증발을 촉진시켜서 증습할 수도 있고, 물과 열의 교환이 가능한 막 가습(membrane humidification)에 의해 수분을 첨가할 수도 있다.

9.1.3 물과 열 관리 - 시스템 통합

연료전지 시스템에서는 스택에 반응물을 공급하는 것뿐만 아니라, 반응의 부산물인 수분과 열을 잘 관리해야 한다. 수분은 연료전지 운전에서 아주 중요한 역할을 한다. 수분은 고분자 막을 통과하는 양이온 수송에 필수적이다(제4장 참조). 따라서 원리적으로는 캐소드 및 애노드 반응물을 모두 가습한 다음 연료전지에 공급해야 한다. 물은 연료전지 배기에서 분리, 수집하여 재사용한다.

폐회로식 구조에서는 항상 물 생성 모드로 시스템을 운전한다. 즉 반응 기체는 건조 상태로 보관하고, 입구에서 가습하며, 미반응 기체는 출구에서 수분을 제거한 다음 다시 입구로 순환시킨다. 물탱크는 생성된 물을 잘 보관할 수 있을 만큼 커야 한다. 수소 및 산소 저장 탱크를 갖춘 시스템에서는, 수소와 산소가 물이 되므로, 시스템 자체의 질량은 변하지 않는다. 탱크 안의 수소 및 산소의 질량이 감소하면서, 시간 경과에 따라, 물의 질량이 증가한다.

동일한 물을 가습용 및 스택의 열 제거용으로 사용할 수 있다. 열은 경우에 따라 방열기(radiator)나 액/액 열교환기를 통해 시스템으로부터 방출한다. 수소-산소 폐회로식 시스템의 예를 그림 9-7에 보였다.[8]

9.2 수소-공기 시스템

가장 일반적인 실용적 연료전지 시스템은, 산소 저장탱크를 갖추는 대신에, 공기 중의 산소를 이용하는 시스템이다. 공기의 산소 함유량은 20.95%(부피)이다. 이처럼 희석되어 있으

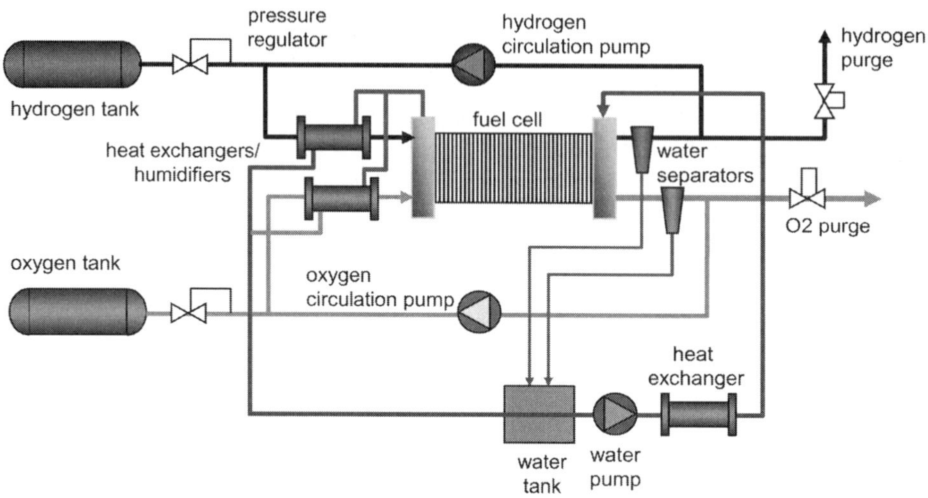

그림 9-7 폐회로식 수소-산소 연료전지 시스템의 예.

므로 연료전지 전압이 50 mV 정도 떨어진다(제3장 참고). 또한 산소의 4배나 되는 질소를 연료전지에 통과시켜야 하기 때문에, 전력 출력 및 효율도 손해를 본다.

9.2.1 공기 공급

수소-공기 시스템에서 공기 공급장치로는, 선풍기나 송풍기(저압 시스템) 또는 공기 압축기(고압 시스템)를 사용한다. 저압 시스템에서는 연료전지 배기를 환경에 직접 방출하지만(그림 9-8a), 가압 시스템에서는 압력 조절기에 의해 사전 설정한 압력으로 유지한다(그림 9-8b).

어느 경우에나, 선풍기, 송풍기, 압축기는 전력을 사용하는 전기모터로 구동하므로, 동력이 손실된다(기생 부하, parasitic load). 압축은 등온 또는 단열 압축한다. 등온압축은 환경과 온도 평형을 유지하는 무한히 느린 과정을 의미한다. 이와 달리 단열압축은 빨리 진행되며 압축 중에 환경과의 열교환이 없다.

공기를 압력 P_1에서 P_2까지 단열 압축하는 데 필요한 이론 동력은 다음과 같다.

$$W_{comp,ideal} = \dot{m}_{Airin} \cdot c_p \cdot T_1 \left[\left(\frac{P_2}{P_1} \right)^{\frac{k-1}{k}} - 1 \right] \tag{9-12}$$

$\dot{m}_{Airin}$ = 공기 유량(g s^{-1})

c_p = 비열(J g^{-1} K^{-1})

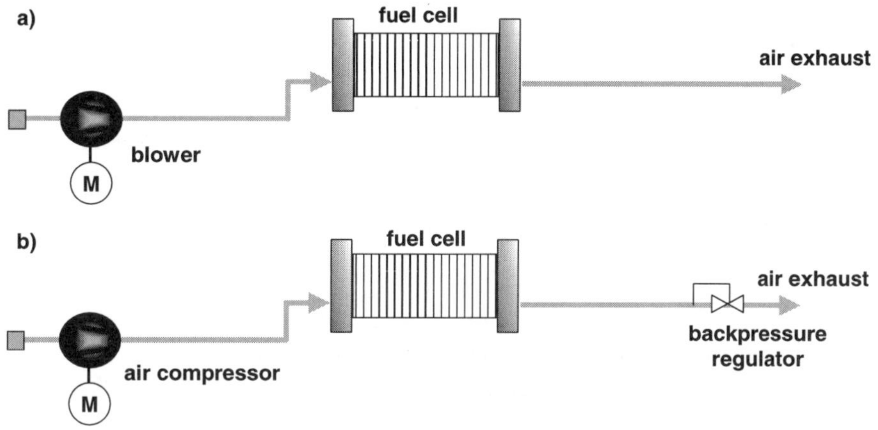

그림 9-8 연료전지 시스템의 공기 공급. a) 상압 시스템, b) 가압 시스템.

T_1 = 압축 전의 온도(K)

P_2 = 압축 후의 압력(Pa)

P_1 = 압축 전의 압력(Pa)

k = 비열 비(이원자 기체의 경우 k = 1.4)

이상적 압축은 없다. 압축 과정에서는 비효율(inefficiency)이 수반되기 마련이므로, 더 많은 동력이 필요하게 된다.

$$W_{comp} = \frac{\dot{m}_{Airin} \cdot c_p \cdot T_1}{\eta_{comp}} \left[\left(\frac{P_2}{P_1} \right)^{\frac{k-1}{k}} - 1 \right] \tag{9-13}$$

효율 η_{comp}는 이상적(단열) 압축 동력과 실제 압축 동력의 비로 정의한다. 에너지 수지로부터 압축 말기의 온도를 구할 수 있다.

$$T_2 = T_1 + \frac{T_1}{\eta_{comp}} \left[\left(\frac{P_2}{P_1} \right)^{\frac{k-1}{k}} - 1 \right] \tag{9-14}$$

압축에 소비되는 실제 전력은 식 (9-13)의 W_{comp}보다 많은데, 기계적 및 전기적 비효율이 추가되기 때문이다.

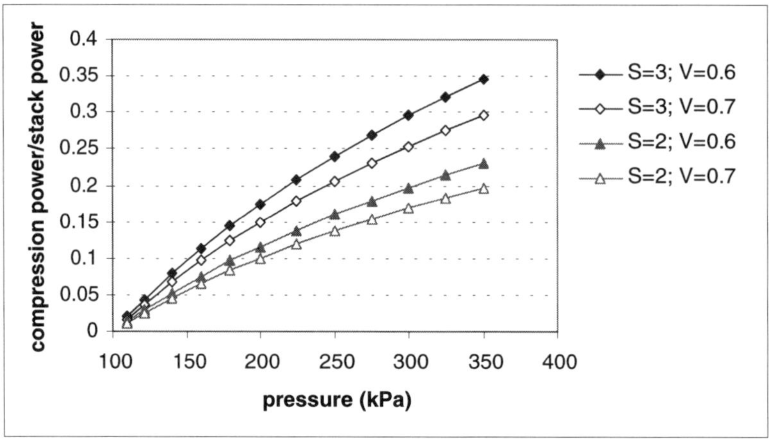

그림 9-9 압축 동력과 압력의 관계(도입 조건은 상압, 20℃이고, 압축 효율은 70%로 가정했다.)

$$W_{EM} = \frac{W_{comp}}{\eta_{mech} \cdot \eta_{EM}} \tag{9-15}$$

150 kPa 이상의 고압에서는, 압축기 효율뿐 아니라 양론비와 셀 운전 전압에 따라, 압축기의 전기 모터가 연료전지 출력의 대부분을 소비할 수도 있다(그림 9-9).

실질 동력 출력 W_{net}은, 연료전지 출력 W_{FC}에서, 압축기나 송풍기 등의 부속품에 사용한 동력 W_{aux}를 뺀 값과 같다.

$$W_{net} = W_{FC} - W_{aux} \tag{9-16}$$

시스템의 실질 효율은 다음과 같다.

$$\eta_{sys} = \eta_{FC} \frac{W_{net}}{W_{FC}} = \eta_{FC}(1 - \xi_{aux}) \tag{9-17}$$

ξ_{aux}는 부속 동력(기생 손실)과 연료전지 출력의 비 W_{aux}/W_{FC}이다.

연료전지를 고압에서 운전하는 기본 이유는 출력을 높이기 위함이다. 그러나 압축 동력 소비를 고려한다면, 고압 운전에서 더 많은 출력을 얻을 수 있는 것은 아니다. 이를 다음 예제에서 다룬다.

예제 9-1

300 kPa 또는 170 kPa(도입 압력)에서 운전할 수 있는 연료전지 스택이 있다. 산소 양론비는 2이다. 스택 성능(분극곡선)은 그림 5-1과 같다. 두 압력에서의 실질 출력, 실질 효율을 구하여라. 전류밀도는 800 mA/cm^{2}이라 가정한다.

풀이

고압(300 kPa) 운전에서 얻어지는 전압은 셀 당 0.66 V이다(분극곡선에서).

얻어지는 전력밀도: $0.8 \times 0.66 = 0.528\ \mathrm{W\,cm^{-2}}$

공기 유량은 식 (5-42)에서,

$$\dot{m}_{\mathrm{Airin}} = \frac{S_{O2}}{r_{O2}}\frac{M_{\mathrm{Air}}}{4F}i = \frac{2}{0.21}\frac{29}{4\times 96485}0.8 = 5.725\times 10^{-4}\ \mathrm{g\,s^{-1}\ cm^{-2}}$$

압축 동력(식 9-13이나 그림 9-9에서 구한다. 압축 총효율은 0.7로 가정한다.)

$$W_{\mathrm{comp}} = \frac{\dot{m}_{\mathrm{Airin}}\cdot c_p \cdot T_1}{\eta_{\mathrm{comp}}}\left[\left(\frac{P_2}{P_1}\right)^{\frac{k-1}{k}} - 1\right] = \frac{5.725\times 10^{-4}\times 1\times 293}{0.7}\left[\left(\frac{300}{101.3}\right)^{\frac{1.4-1}{1.4}} - 1\right]$$

$$= 0.088\ \mathrm{W\,cm^{-2}}$$

실질 전력밀도(식 9-16): $0.528 - 0.088 = 0.440\ \mathrm{W\,cm^{-2}}$

시스템 효율(식 9-17): $\dfrac{0.66}{1.482}\left(1 - \dfrac{0.088}{0.528}\right) = 0.37$

저압 운전(170 kPa)에 관해서도 마찬가지 계산을 하면 다음과 같다.

셀 전위: 0.60 V/cell

동력밀도: $0.480\ \mathrm{W\,cm^{-2}}$

압축 동력: $0.040\ \mathrm{W\,cm^{-2}}$

실질 동력밀도: $0.480 - 0.040 = 0.440\ \mathrm{W\,cm^{-2}}$

시스템 효율: 0.37

이 예제의 경우에는 연료전지를 고압에서 운전하더라도 이득이 없다. 두 시스템의 실질 출력과 시스템 효율이 마찬가지이다. 이 두 압력 사이의 전압차가 60 mV보다 낮으면, 저압 운전의 출력이 더 많고 시스템 효율도 좋다. 그러나 운전 온도와 같은 다른 결정적 인자도 고려해야 한다. 압력이 다를 경우 시스템 복잡도와 성능에 큰 영향을 미칠 수 있기 때문이다.

목표 공기 유량은 압축속도로 조절한다. 저압 시스템에서는 압축 동력 소비가 많지 않으므로 일정한 유량, 즉 일정한 압축속도로 운전하는 편이 유리하다. 고압 운전 시스템에서는 부분 부하(partial load)일 경우의 일정 유량 운전은 시스템 효율에 나쁜 영향을 미친다. 이를 다음 예제에서 다룬다.

예제 9-2

예제 9-1의 연료전지에서, 부속장치 동력과 연료전지 출력의 비 W_{aux}/W_{FC}를, 공칭 출력, 실질 출력의 50% 및 25% 운전일 경우에 대해 구하라. 압축기는 정속(일정 공기 유량)으로 운전한다.

풀이

공칭 출력(440 mW/cm^2)

$$W_{aux}/W_{FC} = 88/528 = 0.167 \ (300 \text{ kPa})$$
$$W_{aux}/W_{FC} = 40/480 = 0.083 \ (170 \text{ kPa})$$

공칭 출력의 50%(220 mW/cm^2)

$$W_{aux}/W_{FC} = 88/(220 + 88) = 0.286 \ (300 \text{ kPa})$$
$$W_{aux}/W_{FC} = 40/(220 + 40) = 0.145 \ (170 \text{ kPa})$$

공칭 출력의 25%(110 mW/cm^2)

$$W_{aux}/W_{FC} = 88/(110 + 88) = 0.444 \ (300 \text{ kPa})$$
$$W_{aux}/W_{FC} = 40/(110 + 40) = 0.267 \ (170 \text{ kPa})$$

300 kPa에서 공칭 출력의 25% 운전일 때의 시스템 효율이 0.3으로 떨어지는 것은 높은 기생 손실 때문이다. 전류에 비례하여 유량을 변화시키면서 운전하면 시스템 효율이 0.485가 된다.

위의 예제에서 알 수 있지만, 가압 시스템에서는 발생 전류에 비례하여 공기 유량을 조정하는 것이 중요하다.

일반적으로 가압 연료전지 시스템에서 사용할 수 있는 압축기에는 두 가지가 있다.

- **정변위식(positive displacement) 압축기**: 피스턴, 격막, 스크롤(scroll), 스크류, 로터리 베인(rotary vane) 압축기
- **원심 압축기**: 굴대형(axial), 방사형(radial)

이 두 종류의 압축기는 압축 흐름 특성이 다르므로 유량 조절방법도 다르다. 정변위식 압축기에서는 역압을 변화시키지 않고 유량을 조절할 수 있는데(그림 9-10), 단순히 모터 속도

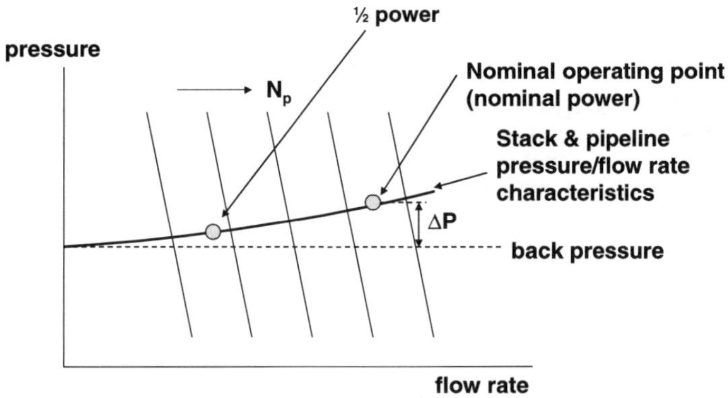

그림 9-10 정변위식 압축기에서는 유량을 감소시킬 때 역압의 변화가 필요 없다.

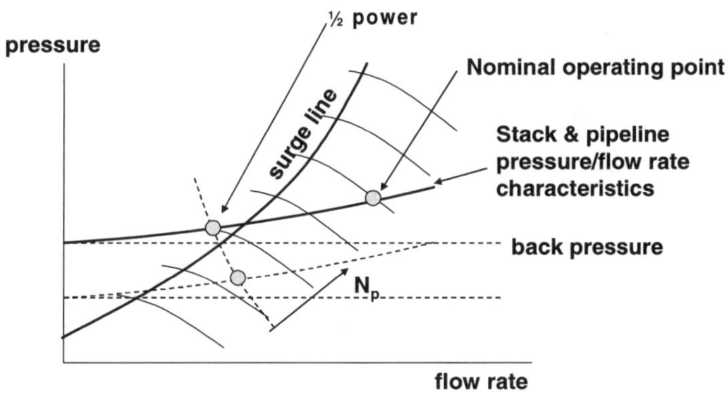

그림 9-11 원심 압축기에서는 유량을 감소시킬 때 압력을 줄여야 한다.

N_p를 변화시키면 된다. 압력은 유량이 클 때 다소 높으며, 스택에서의 압력 손실에 따라 달라진다. 압축기 효율은 운전 방식에 따라 달라질 수 있다. 연료전지용 압축기 선택에서는 부분 부하 및 공칭 출력일 때의 압축기 효율을 고려해야 한다.

그러나 원심 압축기는 압력-유량 특성이 다르다. 원심 압축기는 유량이 낮은 영역(서지라인, surge line의 왼쪽)에서는 운전하지 말아야 한다. 연료전지 시스템에서는 유량을 조절할 때 압력을 함께 조절해야, 운전 상태를 압축기 서지라인의 오른쪽으로 유지할 수 있다(그림 9-11). 이렇게 해야 압축기 효율이 유리하다. 유량과 압력을 함께 변화시킴으로서, 넓은 유량 범위에서 높은 효율로 운전할 수 있는 것이다.

공기는 대개 가습한 다음 연료전지 스택에 공급한다. 다양한 가습방법을 9.2.4절에서 다룬다. 스택 출구에는 대개 다소의 물이 있는데, 간단한 시판 기/액 분리장치를 사용해, 배기 공

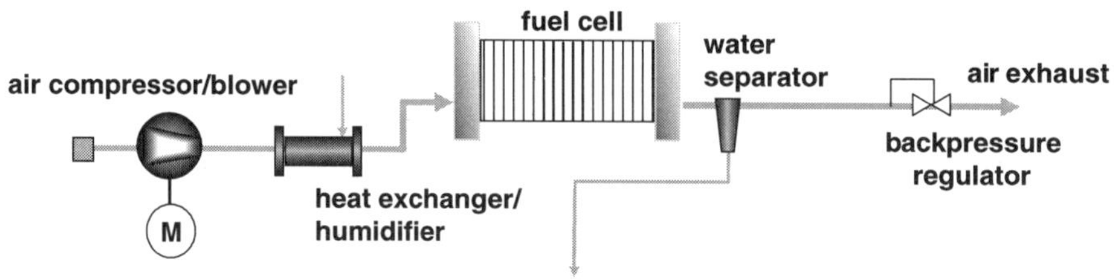

그림 9-12 연료전지 시스템의 공기 공급.

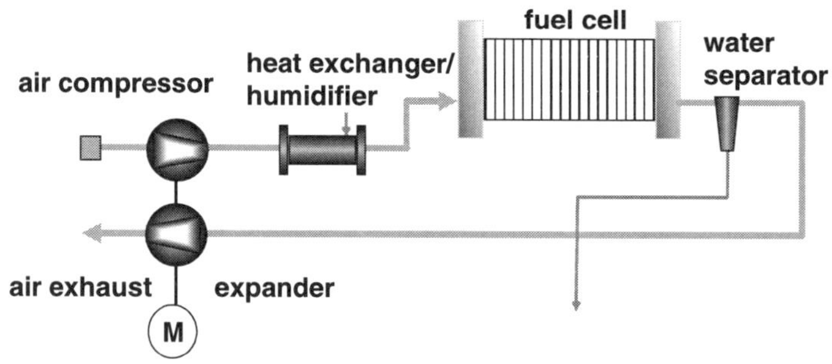

그림 9-13 연료전지 시스템: 출구 부분에 팽창기 설치.

기 흐름으로부터 물을 쉽게 분리할 수 있다. 수집한 물은 저장했다가, 냉각용이나 가습용으로 재사용한다(그림 9-12).

가압 시스템에서 배출되는 공기는 따뜻하고 입구 압력보다 다소 낮은 압력으로 가압되어 있다. 이 에너지는 팽창기(expander)나 터빈에서 이용하여, 공기 압축에 필요한 일을 보충한다. 압축기와 터빈은 동일한 축(shaft)에 설치하여, 터보압축기(turbo-compressor)를 만들 수 있다(그림 9-13).

연료전지 배기 중의 더운 공기를 배기 압력 P_{out}에서 대기압 P_0로 낮춰서 팽창시킴으로써, 회수할 수 있는 일의 양은 다음과 같다.

$$W_{exp} = \dot{m}_{Airout} \cdot c_p \cdot T_{out}\left[1-\left(\frac{P_0}{P_{out}}\right)^{\frac{k-1}{k}}\right]\eta_{exp} \qquad (9\text{-}18)$$

팽창기 효율 η_{exp}는 두 압력 사이의 실제 일과 이상적 등엔트로피 일의 비이다.

배출 공기는 다소의 수증기를 동반하므로, 질량유량, 비열, 비열비 k를 조정해야 한다. 이러한 조정에 의해 대개 동력이 5% 정도 증가한다.

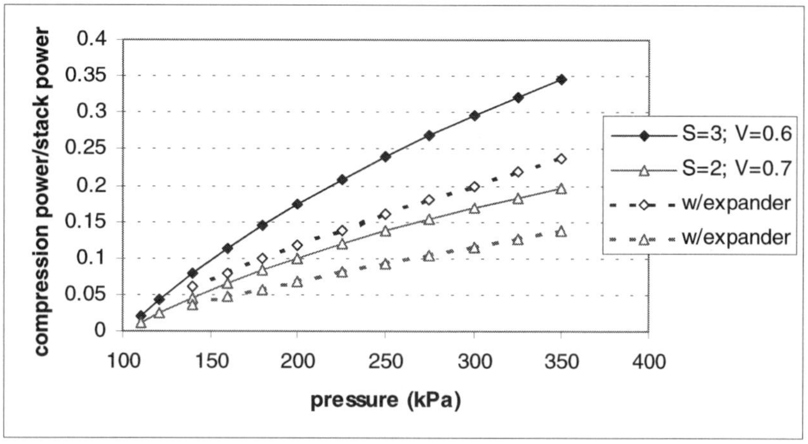

그림 9-14 압축 동력과 연료전지 운전 압력의 관계: 압축기/팽창기를 설치한 경우. (대기압은 101.3 kPa, 기온은 20°C, 압축기 및 팽창기 효율은 모두 70%로 가정했다.)

팽창 후의 온도는 다음과 같다.

$$T_{end} = T_{out} - T_{out}\left[1 - \left(\frac{P_0}{P_{out}}\right)^{\frac{k-1}{k}}\right]\eta_{exp} \tag{9-19}$$

압축 및 팽창 과정의 비효율 및 스택을 통한 압력 손실로 인해 팽창기에서 회수할 수 있는 일은 압축 일의 일부에 불과하다(그림 9-14). 그러나, 가령 스택 애노드 출구에서 과잉 수소를 연소시켜서 배기의 온도를 높이면, 팽창에 의해 압축에 필요한 모든 동력을 발생시킬 수 있다.

9.2.2 피동식 공기 공급

출력이 아주 작은 경우, 농도차에 의한 자연대류에만 의존해 피동식으로 공기를 공급하는 연료전지를 설계하여 운전할 수 있다. 이러한 연료전지는 전형적으로 캐소드 전면이 직접 대기에 노출되어 있어서, 이극판이 없거나, 캐소드 흐름장이 대기에 개방된 구조의 이극판으로 되어 있다(그림 9-15). 어느 경우에나 개방된 대기와, 전기화학 반응에 의해 산소가 소비되는 촉매층 사이에 산소 농도구배가 형성된다. 이러한 연료전지의 성능은 전형적으로 산소 확산 속도뿐 아니라, 온도구배에 의존되는 수분 및 열 제거에 의해 제약을 받는다. 자연대류 연료전지에서 달성할 수 있는 최대 전류밀도는 전형적으로 0.1~0.15 A cm^{-2} 이하이다.

이러한 자연대류 연료전지는 아주 단순한 시스템으로 수소 공급장치만 있으면 된다(그림

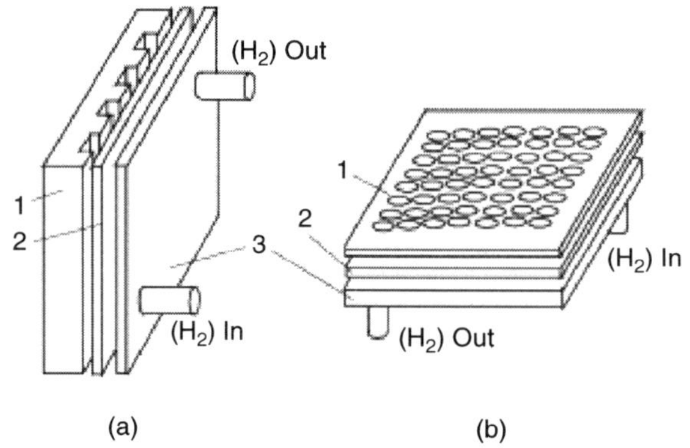

그림 9-15 자연대류 연료전지의 예[9].

그림 9-16 간단한 피동식 공기 공급 연료전지 시스템[10].

9-16). 몇 개의 셀을 직렬 연결하여(한 셀의 애노드를 전기적으로 인접한 셀의 캐소드와 연결), 원하는 출력 전압을 얻을 수 있다. 이러한 복수 셀 구조로서, 양쪽에 자연대류 캐소드가 있고, 수소 흐름장이 가운데에 있는 시스템을 그림 9-16에 보였다. 이러한 연료전지에서는, 두 쪽의 전기적 연결방법(병렬 또는 직렬)에 따라 6 V 또는 12 V를 출력할 수 있다.

9.2.3 수소 공급장치

수소-공기 시스템의 수소 공급장치는 앞에서 다룬 수소-산소 시스템의 경우와 다르지 않다. 미반응 수소를 순환시키는 통과흐름식이나 또는 데드엔드 모드로 설계한다. 그러나 간헐적으로 퍼지조작을 하지 않는 폐회로식 시스템은, 수소나 질소 중의 불순물이 농도구배에 의해 연료전지 막을 통과하여 축적되므로, 장기 운전이 불가능하다.

수소-공기 시스템의 또 한 가지 대안은, 연료전지 배출가스 중의 수소를 버너에서 연소시

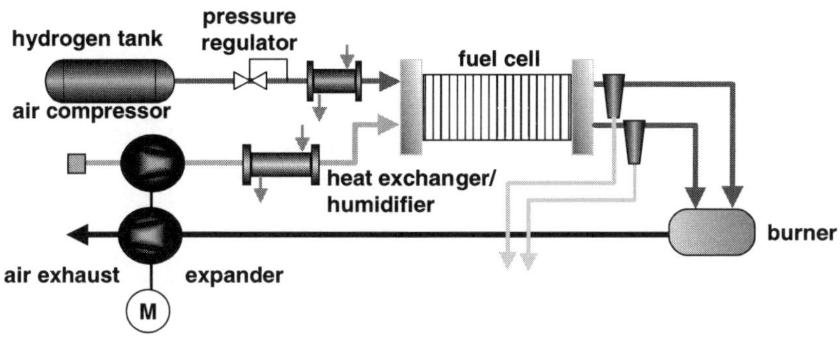

그림 9-17 배출되는 수소를 버너에서 연소시켜서 팽창기/터빈 운전에 활용한다.

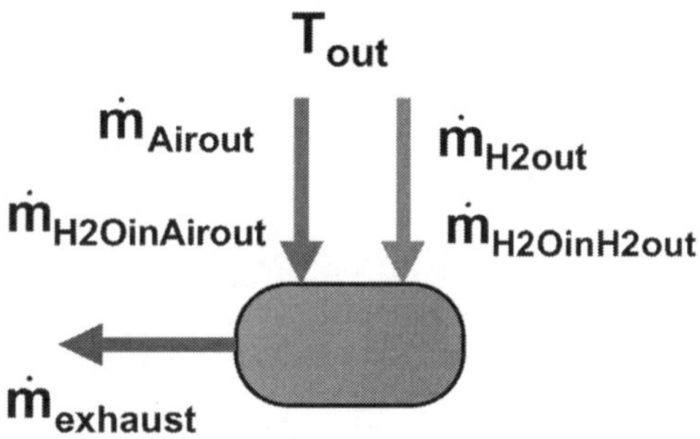

그림 9-18 폐가스(tail gas) 버너의 물질 수지.

켜서 더 많은 열을 발생시키고, 터빈/팽창기의 일로 변환하는 방법이다(그림 9-17). 압축기와 동일한 축에 설치한 터빈/팽창기는 공기 압축기 동력과 관련된 기생 손실을 최소화하거나, 상황에 따라서는 없앨 수도 있다.

터빈에서 배출가스로부터 회수할 수 있는 일의 양은 다음과 같다.

$$W_{exp} = \dot{m}_{exh} \cdot c_{pexh} \cdot T_B \left[1 - \left(\frac{P_0}{P_{out}} \right)^{\frac{k-1}{k}} \right] \eta_{exp} \tag{9-20}$$

배출가스의 조성, 비열, 질량유량, 온도 등은 버너의 질량 및 에너지 수지로부터 구할 수 있다(그림 9-18).

버너에서 배출되는 질량유량은 미이용 산소, 질소, 수증기로 구성된다.

$$\dot{m}_{exh} = \dot{m}_{O2Bout} + \dot{m}_{N2Bout} + \dot{m}_{H2OBout,V} \tag{9-21}$$

버너에서 배출되는 산소 질량유량은 버너에 도입된 질량유량에서 수소 연소에 사용된 양을 뺀 값과 같다(완전 연소 가정).

$$\dot{m}_{O2Bout} = \dot{m}_{O2FCout} - \frac{1}{2}\dot{m}_{H2FCout}\frac{M_{O2}}{M_{H2}} \tag{9-22}$$

M_{O2} = 산소 분자량

N_{H2} = 수소 분자량

질소의 질량유량은 변하지 않는다.

$$\dot{m}_{N2Bout} = \dot{m}_{N2FCout} = \dot{m}_{N2FCin} \tag{9-23}$$

완전 연소의 경우, 배출가스 중에는 수소가 들어있지 않다.

$$\dot{m}_{H2Bout} = 0 \tag{9-24}$$

버너에서 배출되는 수증기 질량유량은, 연료전지에서 배출되는 수소 및 공기 중의 수증기와 버너에서 수소의 연소로 생성된 수분을 더한 값이다.

$$\dot{m}_{H2OBout,V} = \dot{m}_{H2OinAirout,V} + \dot{m}_{H2OinH2out,V} + \dot{m}_{H2FCout}\frac{M_{H2O}}{M_{H2}} \tag{9-25}$$

에너지 수지에서는, 버너에 도입되는 모든 흐름의 엔탈피의 합은 버너에서 배출되는 모든 흐름의 엔탈피와 같아야 한다.

$$\sum H_{FCout} = \sum H_{Bout} \tag{9-26}$$

버너에 도입되는 엔탈피의 합은, 연료전지에서 배출되는 수소 및 산소와 이에 동반되는 수증기의 엔탈피를 더한 것이다.

$$\begin{aligned}\sum H_{FCout} = t_{out}\left[\dot{m}_{Airout}C_{pAir} + \dot{m}_{H2out}C_{pN2} + (\dot{m}_{H2OinAirout,v} + \dot{m}_{H2OinH2out,v})C_{pH2O,V}\right] \\ + (\dot{m}_{H2OinAirout,v} + \dot{m}_{H2OinH2out,v})h^0_{fg}\end{aligned} \tag{9-27}$$

버너 출구에서의 엔탈피의 합은 다음과 같다.

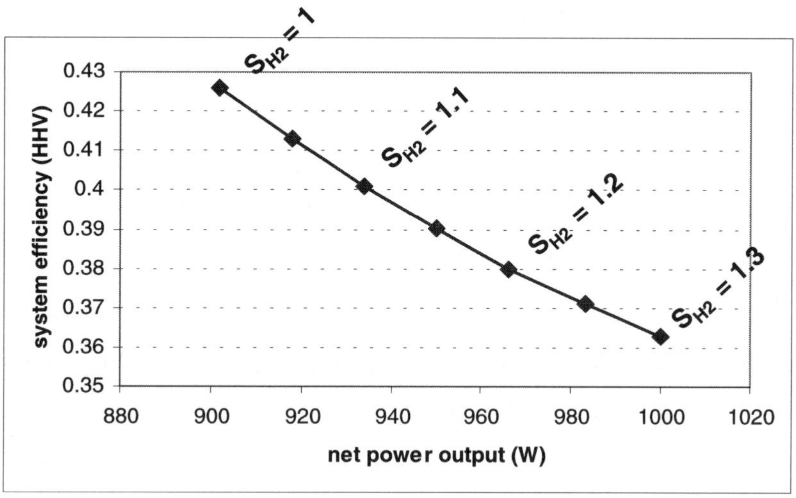

그림 9-19 폐가스 연소 및 팽창기/터빈이 있는 연료전지 시스템의 실질 출력 및 시스템 효율과 수소 이용률의 관계 (스택 출력 1 kW{0.7 V/cell, 60°C, 300 kPa}, 압축기 및 팽창기 효율 0.70).

$$\sum H_{Bout} = t_B\left(\dot{m}_{O2Bout}C_{pO2} + \dot{m}_{N2FCout}C_{pN2} + \dot{m}_{H2OBout,V}C_{pH2O,V}\right) + \dot{m}_{H2OBout,V}h^0_{fg} \quad (9\text{-}28)$$

식 (9-21)~식 (9-28)에서, 배출가스의 온도를 구할 수 있다.

자명한 일이지만, 수소 양론비가 크면 연료전지에서 더 많은 수소가 배출될 것이고, 결과적으로 터빈에서 더 많은 일을 생산하여, 기생 손실을 줄이고, 연료전지 실질 출력을 증가시킬 것이다. 그러나 잉여 수소의 연소는 연료전지의 효율을 감소시킨다(그림 9-19).

9.2.4 가습 방법

원리적으로는 연료전지 입구에서 공기 및 수소 흐름을 가습해야 한다. 수소를 가습하는 것은 막의 애노드 쪽이 전기삼투 드랙에 의해 마르지 않도록 하기 위함이다. 캐소드 쪽에서 수분이 생성됨에도 불구하고 공기를 가습하는 것은, 특히 도입 영역에서의 과잉 건조 기체가, 전기화학 반응에서 수분이 생성되는 속도보다 빠른 속도로 수분을 제거하지 않도록 하기 위함이다.

공기 가습에는 다음과 같은 여러 방법을 이용할 수 있다.

- 기포를 물에 통과시킨다.

- 물이나 수증기를 직접 주입한다.
- 수분 투과성 막을 통해 물과 열을 교환한다.
- 흡착제 표면(enthalpy wheel[1])에서 물과 열을 교환한다.

비교적 유량이 적은 실험장치(소형 단일 셀)에서는 기포법(bubbling)이 자주 이용되지만, 실제 장치에서는 거의 채용되지 않는다. 이 방법에서는, 가열된 물 안에 설치한 다공질 튜브를 통해 공기를 분산시키는데, 공기 기포와 물의 접촉 면적이 비교적 크며, 계면에서 수분의 증발과정이 진행된다. 목표 습도 수준은 수온을 조절하여 맞추는데, 실험장치에서는 주로 전열기를 사용해 가온한다. 장치의 크기가 적절하면, 액체 표면에서 방출되는 기체는 목표 설정 온도에서 포화된다. 가습 효율은 수위에 따라 달라지므로, 수위 요건을 유지해야 한다. 장치 설계에서는 배출되는 습한 공기 중에 물방울이 동반되지 않도록 해야 한다. 실제 시스템에서는 기포법이 거의 이용되지 않는데, 크기의 제약이 있고, 수온 및 수위 등의 조절이 번거로우며, 연료전지 출구에서 물을 수집해야 하기 때문이다. 물의 수집에는 기액 분리장치 뿐 아니라 열교환기도 필요한 경우가 있다. 또한 공기가 다공질 매체를 통과하려면 압력 손실이 생기고, 이를 극복하려면 공기 공급장치가 필요하다. 결과적으로 수송 동력이 커져서, 기생 동력이 증가하고, 시스템 효율이 감소한다.

수분의 직접 주입법(injection)은 한층 단순하고 소형이며 조절이 쉬운 방법이다(그림 9-20a). 운전조건(온도, 압력, 기체 유량, 목표 상대습도)의 어떤 조합에서든지, 주입에 필요한 물의 양은 쉽게 구할 수 있다.

$$\dot{m}_{H2O} = \dot{m}_{Air}\frac{M_{H2O}}{M_{Air}}\left(\frac{\varphi P_{sat}(T)}{P-\varphi P_{sat}(T)} - \frac{\varphi_{amb}P_{sat}(T_{amb})}{P_{amb}-\varphi_{amb}P_{sat}(T_{amb})}\right) \qquad (9\text{-}29)$$

φ, T, P, φ_{amb}, T_{amb}, P_{amb}는 각각 연료전지 입구 및 주변 공기의 상대습도, 온도, 압력이다.

계량펌프를 사용하면 정확한 물의 양을 공급할 수 있다. 물은 미세한 미스트(mist) 형태로 공급해야, 물과 공기의 접촉 면적을 크게 하고 증발을 촉진할 수 있다. 그러나 기체 흐름 중에 물을 단순히 주입하는 방법만으로는 기체를 충분히 가습할 수 없다. 가습에는 물의 증발에 필요한 열이 필요하기 때문이다. 더운 물이라도 물의 엔탈피만으로는 충분치 않으므로 열을 추가해야 한다. 열원은 공기 압축기(가압 시스템의 경우)일 수도 있고 연료전지 스택 자체일 수

1) 회전식 열교환장치.

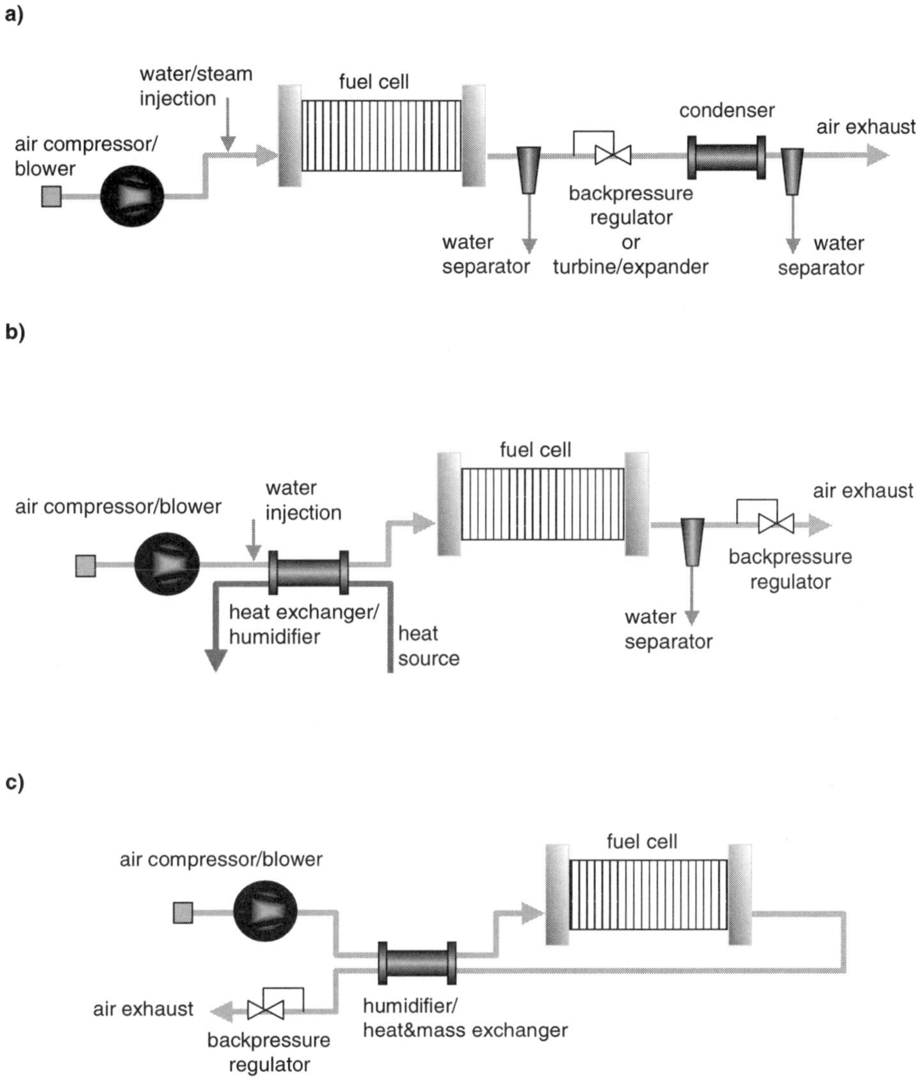

그림 9-20 실용적 공기 가습방법: a) 물/수증기 주입, b) 물 주입과 열교환, c) 캐소드 배출가스를 사용한 물 및 열교환.

도 있다. 대개의 운전조건에서는 연료전지 스택에서 발생되는 열량으로 충분하다. 열량의 일부를 증습과정으로 수송하는 것은 시스템이 할 일이다(그림 9-20b).

압축과정 중의 물 주입은 사실상 압축 기체를 냉각함과 동시에 압축과정의 효율을 개선할 수 있는 방법이지만, 모든 종류의 압축기에 적용할 수는 없다.

수증기를 직접 주입하는 경우에는 추가적 열교환이 필요 없다. 그러나 시스템의 어디에선가는 수증기를 만들어야 하므로, 물의 비등점(100°C, 101.3 kPa) 이상의 온도에서 열이 발생하는 시스템에서만 이 방법을 이용할 수 있다.

캐소드 배출가스의 열과 물을 도입 공기와 교환하면, 연료전지 스택에서 발생하는 물과 열을 효율적으로 활용할 수 있다(그림 9-20c). 이 방법에서는 다공질판(금속, 세라막, 흑연)과 같은 물 투과성 매체나 막(Nafion)을 사용하거나, 엔탈피 휠을 통과시킨다. 이러한 장치는 본질적으로 질량 및 열교환장치로서, 고온이고 과포화된 연료전지 배출가스와 건조한 도입 공기 사이에서 열과 물을 교환하는 것이다. 연료전지 운전압력이 낮은 경우 증습장치의 열 및 물 플럭스는 동일한 방향(연료전지 배출가스로부터 입구로)이지만, 압축기를 사용한 가압 시스템에서는 도입 가스가 고온일 수 있으므로, 이 경우에는 열과 물이 반대 방향으로 흐른다. 어느 경우에나 이 방법으로 도입 기체를 스택 운전온도에서 상대습도 100%까지 가습할 수는 없다. 가습장치의 양쪽 사이에 일정한 온도차와 물 농도차가 있어야 열과 물질 수송이 가능하기 때문이다.

9.2.5 물과 열 관리-시스템 통합

물과 열은 연료전지 운전의 부산물이므로, 이를 제거하는 보조 시스템이 있어야 한다. 연료전지 스택의 물과 열은 부분적으로는 재사용할 수 있는데, 예컨대, 반응 기체의 가습, 금속 수소화물 저장탱크로부터 수소의 방출 촉진 등에 이용할 수 있다.

탈이온화 물을 스택 냉매로 사용하는 경우에는, 물과 열의 취급은 단일 부분 시스템에서 통합할 수 있다. 이 경우 물로 스택의 열을 제거하고, 이 물과 열을 반응 기체의 가습에 사용한다. 나머지 열은 열교환기를 통해 외부로 폐기한다. 수소-공기 시스템에서는 대개 방열기를 사용한다. 폐기해야 할 열량은 스택 및 가습기 에너지 수지에서 계산할 수 있다.

냉매의 유량은 다음과 같다.

$$\dot{m}_{coolant} = \frac{Q}{c_p \cdot \Delta T} \tag{9-30}$$

ΔT는 전형적 설계변수이다. 대개 ΔT는 5°C 이하이며, 10°C가 넘지는 않는다. ΔT가 작을수록 스택 온도 분포가 균일해지지만, 냉매 유량이 커야 하므로, 기생 손실이 증가한다. 수분을 목표 상태로 유지하기 위해서는 스택 온도 변화가 커야 하는데[11], 이 경우 냉매 ΔT는 스택 온도 요건에 따라 정해진다.

방열식 열교환기 크기는 냉매와 주변 공기의 온도차에 따라 달라진다. 부속장치의 크기가 중요한 경우에는 연료전지 시스템을 높은 온도에서 운전하는 것이 좋지만, 운전온도의 결정에서는 운전압력과 수분 수지를 감안해야 한다.

소형 스택은 공기로 냉각할 수 있다. 이 경우 냉매 펌프 대신에 선풍기를 사용한다. 냉매인 공기가 수집한 폐열의 재사용은 실용적이 아니지만, 더운 배출가스를 금속 수소화물 탱크로 송풍하기는 쉽다.

내부 활성 면적에 비해 외부 표면적이 상대적으로 큰 소형 스택의 경우에도 자연대류 및 방열에 의해 피동적으로 냉각할 수 있다. 필요하다면 핀(fin)을 붙여서 표면적을 더욱 증가시킬 수도 있다.

수소-공기 연료전지 시스템은 보충수 공급이 필요하지 않도록 설계해야 한다. 물은 스택 안에서 생성되며, 반응 기체를 가습하는 데 필요하다. 연료전지 시스템의 운전 방법과 물을 내부적으로 순환시킬 수 있는 능력(얇은 막을 사용하여 수소와 공기를 향류로 흐르게 한다)에 따라서는, 반응물의 하나만 가습해도 충분한 경우가 있다. 가습용 수분은 캐소드 쪽의 스택 배출가스에서 수집한다. (캐소드와 애노드 양쪽의 배출가스에서 수집할 경우도 있다.) 연료전지 운전조건(압력, 온도, 유량)에 따라 배출가스에 동반되는 수분이 물인 경우도 있고 수증기인 경우도 있다. 물은 기/액 분리장치에서 기상 흐름으로부터 쉽게 분리할 수 있다. 스택 배출가스에서 수집한 물만으로 가습에 충분치 않으면, 배출가스를 냉각하여 물을 더 많이 응축시켜서 분리해야 한다.

시스템 수준에서는 수분 수지가 아주 간단하다. 주변 공기에 동반되어 시스템에 도입된 수분의 양과 연료전지 안에서 생성된 수분의 양을 더한 값은, 배출 공기 및 수소에 동반되는 수분의 양과 같거나 많아야 한다. 배출 수소는 연속적 흐름이거나(일회통과 모드) 주기적 흐름이다(데드엔드 모드이거나 주기적 퍼지흐름이 있는 순환흐름).

시스템의 수분 수지는 다음과 같다.

$$\dot{m}_{H2O,Airin} + m_{H2O,gen} = \dot{m}_{H2O,Airout} + \dot{m}_{H2O,H2out} \tag{9-31}$$

$\dot{m}_{H2O,Airin}$ = 공기에 동반되어 시스템에 도입되는 수분

$$\dot{m}_{H2O,Airin} = \frac{S_{O2}}{r_{O2}} \frac{\varphi_{amb} P_{vs}(T_{amb})}{P_{amb} - \varphi_{amb} P_{vs}(T_{amb})} \frac{M_{H2O}}{4F} I \cdot n_{cell} \tag{9-32}$$

$m_{H2O,gen}$ = 스택 안에서 생성되는 수분

$$\dot{m}_{H2O,gen} = \frac{M_{H2O}}{2F} I \cdot n_{cell} \tag{9-33}$$

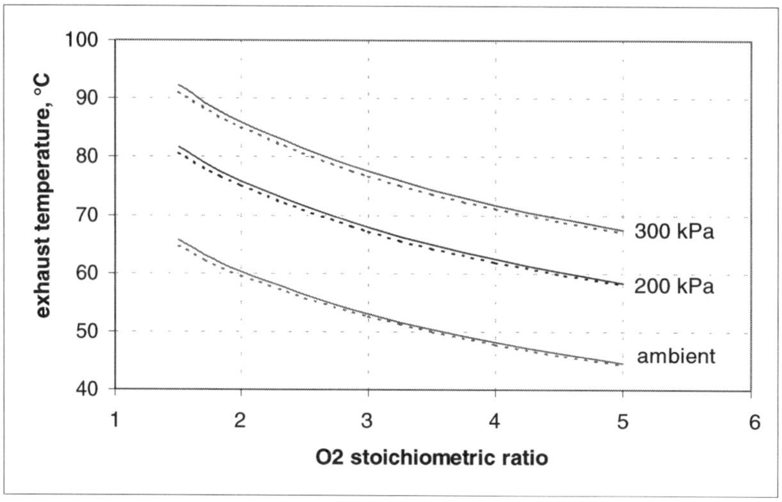

그림 9-21 시스템의 중립적 수분 수지를 달성하기 위한 스택 배출가스 온도.

$\dot{m}_{H2O,Airout}$ = 공기에 동반되어 시스템에서 배출되는 수분

$$\dot{m}_{H2O,Airout} = \frac{S_{O2} - r_{O2in}}{r_{O2in}} \frac{P_{vs}(T_{st})}{P_{ca} - \Delta P_{ca} - P_{vs}(T_{st})} \frac{M_{H2O}}{4F} I \cdot n_{cell} \tag{9-34}$$

$\dot{m}_{H2O,H2out}$ = 수소에 동반되어 시스템에서 배출되는 수분

$$\dot{m}_{H2O,H2out} = (S_{H2} - 1) \frac{P_{vs}(T_{st})}{P_{an} - \Delta P_{an} - P_{vs}(T_{st})} \frac{M_{H2O}}{2F} I \cdot n_{cell} \tag{9-35}$$

수분 수지는 다음 요인에 따라 달라진다.

- 산소(및 수소) 유량(양론비)
- 스택 운전온도(배출가스 온도)
- 스택 운전압력(스택 배출 압력), 즉 배기가스로부터 물이 분리되는 압력
- 주변 조건(기압, 기온, 상대습도)

시스템 수준의 수분 수지는 전류나 셀의 수와는 무관하다. (I)(n_{cell}) 곱은 위의 모든 식에 들어있으므로, 식 (9-32)~(9-35)를 식 (9-31)에 대입하면 소거되기 때문이다.

그림 9-21에, 중립적 수분 수지의 결과로 얻어진 배출가스 온도 요건을 유량 및 운전압력의 함수로 나타냈다(주변 조건은 20°C, 101.3 kPa, 상대습도 60%로 가정했다.) 상압에서

운전하고 산소 양론비를 2.0으로 하면 스택 온도는 60°C 이상이어야 한다. 더욱 높은 온도에서 운전할 필요가 있다면, 더 높은 운전압력을 선택하거나, 추가 열교환기를 사용해야 수분 수지가 중립적이 되도록 할 수 있다(이 경우 고온 운전의 목적이 상실될 수도 있다).

시스템에서 배출되는 수소는 많은 수분을 동반하지 않는다. 그림 9-21에서 파선은, 수소 양론비를 1.2로 가정하고 배출 수소에 동반되어 시스템에서 나가는 수분의 양을 나타낸 것이다.

시스템 안에 수분이 존재하면, 추운 날씨에 밖에서 연료전지 시스템을 운전할 경우 동결될 우려가 있다. 이러한 경우에는 냉매 루프를 수분 시스템에서 분리하여, 탈이온화 물 대신에 부동액(에틸렌글리콜이나 프로필렌글리콜 수용액)을 사용하도록 한다. 그러나 PSA 막의 수분 함유량이 35%에 이르므로, 수분을 시스템에서 완전히 분리할 수는 없다. 추운 환경에서 연료전지를 유지하고 시동을 걸어서 운전하는 문제는 시스템 설계에서 대처해야 한다. 제대로 된 시스템이라면 자체의 운전온도로 유지할 수 있어야 한다. 시스템을 더운 상태에서 유지하는 한 가지 방법은, 아주 낮은 동력 수준에서 주기적으로 또는 연속적으로 운전하는 것이지만, 이 방법은 시스템의 총괄 효율에 큰 영향을 미칠 것이므로, 장기적으로는 실용적이라 할 수 없다. 동결을 피하는 또 한 가지 방법은, 운전 정지 중에는 시스템에서 수분을 배출시켜 두는 방법이다. 보조 전력용 시스템이라면, 소형 전열기를 사용하여 시스템을 동결온도 이상으로 유지하여 시동을 쉽게 할 수도 있다.

시스템 구성은 용도에 따라 크게 달라진다. 어떤 경우에는, 수소 통과 연료전지(그림 9-16)만으로 된 아주 단순한 시스템으로 충분하다. 다른 경우에는, 위에서 다룬 모든 성분과 부분 시스템을 갖춘 것이 필요하다. 연료전지 자동차용 수소-공기 시스템을 그림 9-22에 간단히 보였다. 그림 9-23은 자동차의 실제 배치를 보인 것이다.

9.3 연료 개질장치를 갖춘 연료전지 시스템

수소를 쉽게 구할 수 없는 상황에서 연료전지를 시장에 내놓으려면, 정치용에는 천연가스, 수송용에는 가솔린, 휴대용에는 메탄올을 이용하여, 이러한 재래식 연료로부터 수소를 만들 수 있는 장치를 연료전지 시스템에 구비해야 한다. 수소를 만드는 방법은 다음과 같다.

- 수증기 개질(steam reformation)
- 부분 산화(partial oxidation)

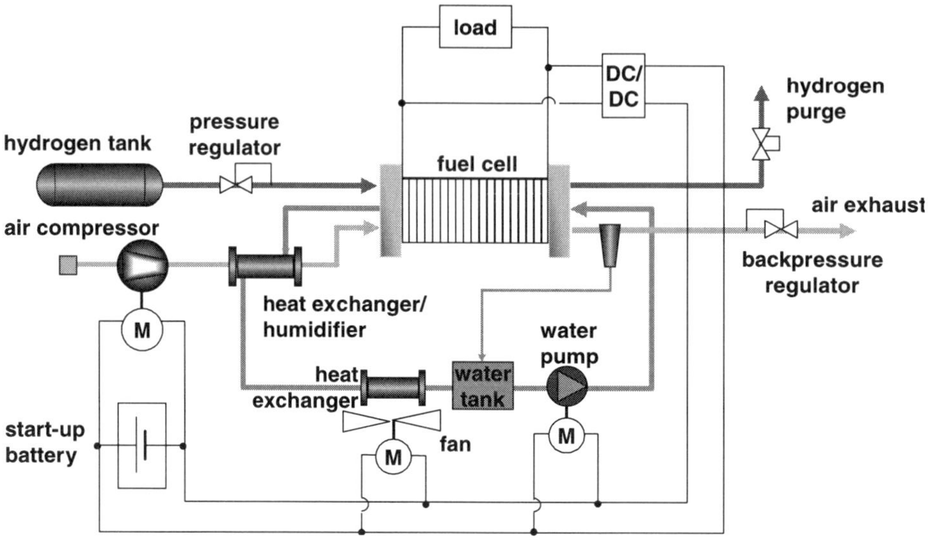

그림 9-22 완전한 수소-공기 연료전지 시스템.

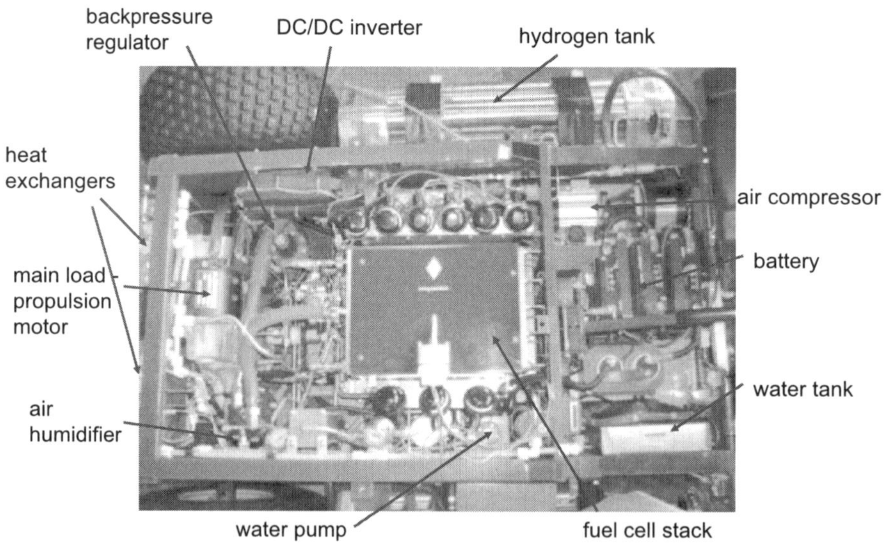

그림 9-23 John Deere Gator 유틸리티 자동차에 설치한 실제 연료전지 시스템. 그림 9-22의 모든 성분을 보였다.

• 수증기 개질과 부분 산화를 조합한 자기열 개질(autothermal reformation)

연료전지에서 쓸 수 있을 만큼 순수한 수소를 얻으려면 다음과 같은 부수적 과정이 필요하다.

- 탈황(desulfurization) – 연료 중의 황 화합물 제거
- 전이 반응(shift reaction) – 연료 개질장치에서 생성된 가스 중의 CO 함유량 감축
- 가스 정제 – 선택적 산화, 메탄화 반응(methanation), 막 분리 등에 의해 개질 가스 중의 CO 함유량 최소화

9.3.1 기본 공정 및 반응

연료 처리의 기본 공정과 반응을 표 9-3에 요약했다. 기본 반응에 더하여, 메탄, 이소옥탄, 메탄올의 예를 함께 나타냈다. 천연가스(메탄 함유량 95% 이상)를 대표하는 물질로 메탄을 사용하고, 액상 탄화수소를 대표하는 물질로 옥탄을 사용할 수 있다. 가솔린은 실제로 다양한 탄화수소의 혼합물이므로, 하나의 화학식으로 나타낼 수 없다.

반응에는 에너지가 필요한 반응(흡열 반응)도 있고 열을 발생하는 반응(발열 반응)도 있다. 표 9-3에서, 흡열량은 반응식의 왼편에 나타내고, 발열량은 반응식의 오른편에 나타냈다. 반응열은 반응물의 생성열에서 구한 것으로, 25°C 값이다. 실제 반응은 이보다 높은 온도에서 진행되므로, 열을 추가해야 반응물이 반응온도까지 상승하며, 상당한 양의 열이 시스템에서 생성물로 배출된다. 수분이 관여하는 반응에서는 수분의 상태(물인가 수증기인가)에 따라 필요한 열량이나 발생하는 열량이 상당히 달라진다. 대개의 공정에서는 수증기를 사용하므로, 수증기가 참여하는 반응식을 사용하면 된다. 그러나 전체 시스템 수준의 해석에서는, 수증기 발생용 에너지 역시 감안해야 한다. 이 경우에는 물이 참여하는 반응식을 사용한다. 그러면 효율을 다루는 데도 편리하다. 모든 연소과정에서는 수분이 수증기 상태로 시스템에서 배출되므로, 공정 효율에 기여할 기회가 없지만, 효율 계산에서는 고발열량을 사용하는 편이 한층 적절하다(제2장 참고).

9.3.2 수증기 개질

수증기 개질 반응은 흡열 반응이므로, 반응기에 열을 공급해야 한다. 이 열은 대개 추가 연료의 연소에서 얻는다. 수증기 개질 반응과 추가 연료 연소 반응은 열전도성 벽에 의해 물리적으로 분리된 상태에서 일어나므로, 개질 기체 중에 질소가 포함되지 않는다. 수증기 개질 반응은 가역적이며, 생성 기체는, 수소, 일산화탄소, 이산화탄소(약간의 전이 반응이 일어난다), 수증기, 미반응 연료의 혼합물이다. 수증기 개질공정의 개요를 그림 9-24에 보였다. 실제 조성은 공급 가스의 온도, 압력 및 조성의 함수이다. 온도에 따른 메탄의 수증기 개질 생성

표 9-3 연료 개질의 기본 공정과 반응

연소	$C_mH_nO_p + (m + n/4 - p/2)O_2 \rightarrow mCO_2 + (n/2)H_2O + heat$
수증기 생성	$CH_4 + 2O_2 \rightarrow CO_2 + 2H_2O(g) + 802.5\ kJ$
	$C_8H_{18} + 12.5O_2 \rightarrow 8CO_2 + 9H_2O(g) + 5063.8\ kJ$
	$CH_3OH + 1.5O_2 \rightarrow CO_2 + 2H_2O(g) + 638.5\ kJ$
물 생성	$CH_4 + 2O_2 \rightarrow CO_2 + 2H_2O(l) + 890.5\ kJ$
	$C_8H_{18} + 12.5O_2 \rightarrow 8CO_2 + 9H_2O(l) + 5359.8\ kJ$
	$CH_3OH + 1.5O_2 \rightarrow CO_2 + 2H_2O(l) + 726.5\ kJ$
부분 산화	$C_mH_nO_p + (m/2)O_2 \rightarrow (m - p)CO + pCO_2 + (n/2)H_2 + heat$
	$CH_4 + {}^1\!/_2O_2 \rightarrow CO + 2H_2 + 39.0\ kJ$
	$C_8H_{18} + 4O_2 \rightarrow 8CO + 9H_2 + 649.8\ kJ$
	$CH_3OH + {}^1\!/_2O_2 \rightarrow CO_2 + 2H_2 + 154.6\ kJ$
수증기 개질	$C_mH_nO_p + mH_2O + heat \rightarrow (m - p)CO + pCO_2 + (m + n/2)H_2$
수증기 사용	$CH_4 + H_2O(g) + 203.0\ kJ \rightarrow CO + 3H_2$
	$C_8H_{18} + 8H_2O(g) + 1286.1\ kJ \rightarrow 8CO + 17H_2$
	$CH_3OH + H_2O(g) + 87.4\ kJ \rightarrow CO_2 + 3H_2$
물 사용	$CH_4 + H_2O(l) + 247.0\ kJ \rightarrow CO + 3H_2$
	$C_8H_{18} + 8H_2O(l) + 1638.1\ kJ \rightarrow 8CO + 17H_2$
	$CH_3OH + H_2O(l) + 131.4\ kJ \rightarrow CO_2 + 3H_2$
가스 전이반응	
수증기 사용	$CO + H_2O(g) \rightarrow CO_2 + H_2 + 37.5\ kJ$
물 사용	$CO + H_2O(l) + 6.5\ kJ \rightarrow CO_2 + H_2$
선택적 산화	$CO + 0.5\ O_2 \rightarrow CO_2 + 279.5\ kJ$
물 증발	$H_2O(l) + 44.0\ kJ \rightarrow H_2O(g)$

물의 평형 농도를 그림 9-25에 보였다. 생성 가스 중에는 상당한 양의 일산화탄소가 들어있으므로, 전이반응기(shift reactor)에서 CO를 추가 수증기와 반응시켜서 더 많은 수소와 CO_2를 만든다. CO 목표 함유량과 사용 촉매에 따라서, 전이 반응을 고온 반응과 저온 반응으로 나눈다. 생성 가스 중에는 여전히 CO가 1% 이상 들어 있으므로, PEM 연료전지에 악영향을 미친다. 촉매를 사용해 CO를 공기 중의 산소로 산화하는 선택적 산화과정에서 CO 함유량을 더욱 감소시킨다. 이때 가스 중의 수소의 산화를 방지하거나 최소화하려면, 촉매와 운전조건의 선택이 아주 중요하다.

전이 반응을 포함한 수증기 개질 반응의 총괄 반응은 다음과 같다.

$$C_mH_nO_p + (2m - p)H_2O + Xheat \rightarrow mCO_2 + (2m + n/2 - p)H_2 \tag{9-36}$$

표 9-4 연료전지용 기체 및 액체의 생성열[13]

	분자량(g/mol)	생성열(kJ/mol)
수소, H_2	2.016	0
산소, O_2	31.9988	0
질소, N_2	14.0067	0
일산화탄소, CO	28.0106	−113.8767
이산화탄소, CO_2	44.010	−393.4043
수증기, $H_2O(g)$	18.0153	−241.9803
물, $H_2O(l)$	18.0153	−286.0212
메탄, CH_4	16.043	−74.85998
메탄올, CH_3OH	32.0424	−238.8151
옥탄, C_8H_{18}	114.230	−261.2312

이 과정에 필요한 열 Xheat는 연료의 추가 연소에서 얻는다.

$$kC_mH_nO_p + k(m + n/4 - p)O_2 \rightarrow kmCO_2 + k(n/2)H_2O + Xheat \tag{9-37}$$

k는 수증기 개질반응열의 절대치와 연소반응열의 비이다.

$$k = \frac{\Delta H_{SR} + (m-p)\Delta H_{shift}}{\Delta H_{comb}} \tag{9-38}$$

ΔH_{comb}은 연소에 사용하는 특정 연료의 발열량과 같다(표 9-3).

수증기 개질공정의 이론 효율은 생성된 수소의 발열량과 두 반응에서 연소된 연료의 발열량의 비이다.

$$\eta = \frac{\left(2m + \frac{n}{2} - p\right)}{(1+k)} \frac{\Delta H_{H2}}{\Delta H_{fuel}} \tag{9-39}$$

수증기 개질공정의 이론 효율이 100%가 되는 경우 발열량을 해당 반응(수소 연소, 연료 연소, 수증기 개질, 전이반응) 성분의 생성열로 대체한 값과 같다. 실제 효율은 언제나 이론 효율보다 낮기 마련인데, 그 이유는 다음과 같다.

- 공정에서의 열 손실. 환경으로 소산되는 열과, 연소반응의 배기가스 및 전이 반응의 생성 가스에 동반되어 배출되는 열.
- 반응의 미완결. 세 반응 모두 100% 완결되지 않을 수 있다.

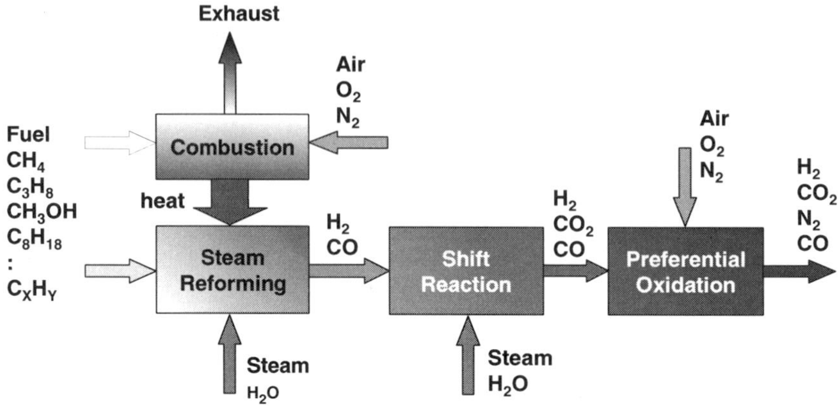

그림 9-24 수증기 개질공정 개요.

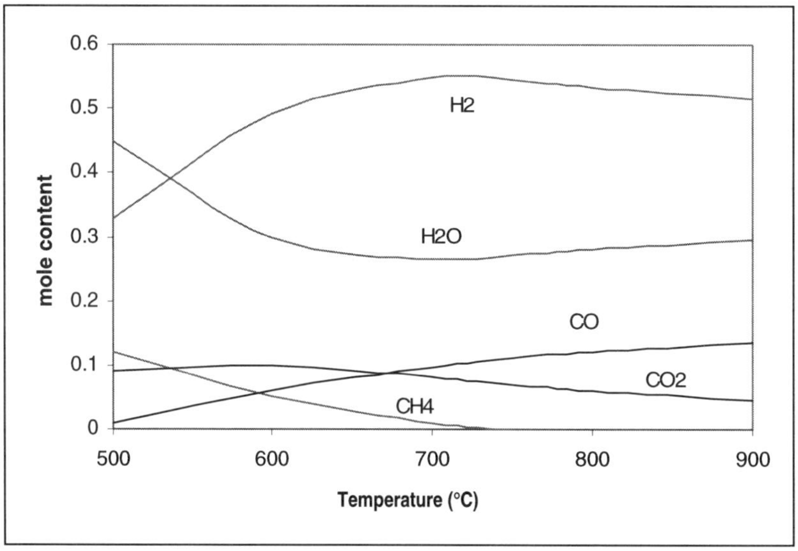

그림 9-25 메탄의 수증기 개질 생성물의 평형 농도와 온도(상압)의 관계.

수증기 개질과 막 분리

전이 반응 및 선택적 산화 반응을 피할 수 있는 방법은, 금속 막을 사용해 생성된 수증기 개질가스로부터 수소를 분리하는 방법이다. 이러한 막은 수소만 통과시키므로, 고순도 수소가 생성물로 얻어진다. 일산화탄소와 미반응 연료, 기타 수증기 개질 반응의 부산물은 연소실로 순환시켜서(그림 9-26), 수증기 개질공정에서 필요한 열을 얻기 위해 연소시켜야 하는 연료의 양을 줄인다. 이러한 공정은 아주 효율적이다. 그러나 막 여과에서는 비교적 고압이

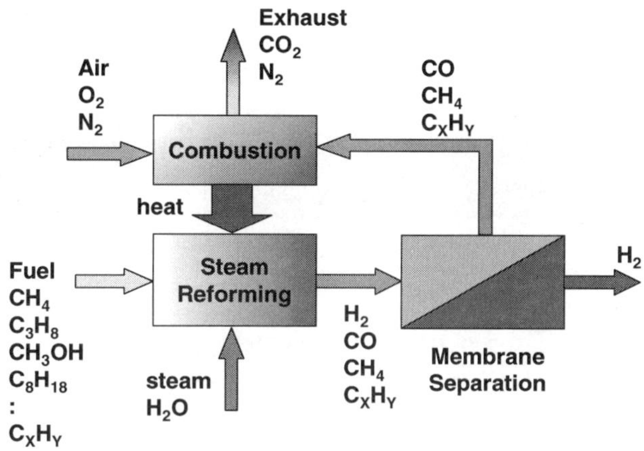

그림 9-26 수증기 개질과 금속 막 분리 공정의 개요.

필요하다. 이 때문에 이러한 공정은 메탄올과 같은 액상 연료를 사용하는 공정, 또는 프로판처럼 이미 압축된 연료를 사용하는 공정에 적절하다. 천연가스의 압축은 시스템 총괄 효율을 상당히 낮추는 영향이 있다.

9.3.3 부분산화와 자기열 개질

수증기 개질과는 달리 부분 산화공정은 발열과정이다. 사실상 연소과정이지만, 양론비보다 적은 산소를 사용하여 일산화탄소와 수소가 생성되도록 한다(완전 연소에서는 이산화탄소와 물이 생성된다). 수증기 개질 반응과 마찬가지로 개질 가스는 전이 반응을 거쳐서 더 많은 수소를 만들고 선택적 산화 반응에 의해 CO 함유량을 허용 수준 이하로 줄이도록 한다.

부분 산화에서는 연료 1 몰당 생성되는 수소가 적다. 메탄의 경우 메탄 1 몰당 2 몰의 수소가 생성되지만, 수증기 개질에서는 3 몰이 생성된다. 옥탄의 경우에는 이 비가 더욱 나빠져서, 9 몰 대 17 몰이다.

또한 수소와 이산화탄소만으로 되어 있는 수증기 개질의 생성 가스(선택적 산화에 의해 CO 최소화)와는 달리, 부분 산화의 생성 가스는 비교적 다량의 질소를 포함한다. 다시 말하면, 수소 함유량이 약 40%로 아주 낮으므로(수증기 개질 가스의 수소 함유량은 약 80%), 연료전지 성능에 상당한 영향을 미칠 수 있다.

부분 산화공정의 개요를 그림 9-27에 보였다.

부분 산화 반응은 발열 반응이고, 수증기 개질 반응은 흡열 반응이며, 이 두 공정을 조합한 것이 이른바 자기열 개질법이다. 외부 연소 및 수증기 개질반응기로의 열전달 대신에, 자기열

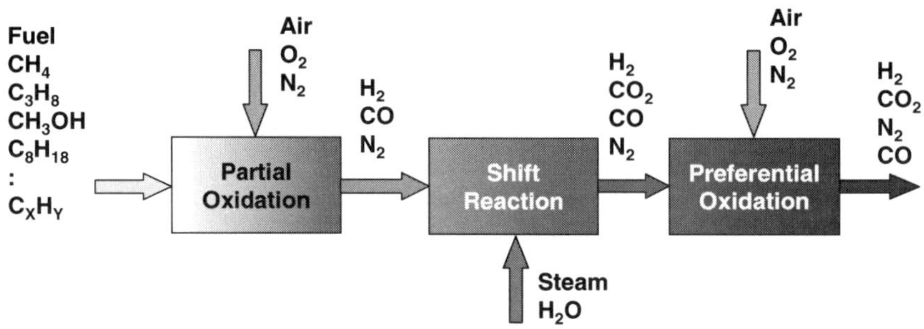

그림 9-27 부분 산화공정의 개요.

개질반응기에서는 부분 산화에 의해 내부에서 열을 발생시키고, 이 열을 반응 기체와 부분 산화 생성물(수소와 일산화탄소)이 수증기 개질반응 영역으로 가지고 가도록 한다(그림 9-28).

자기열 개발 반응과 전이 반응의 총괄 반응식은 다음과 같다.

$$C_mH_nO_p + \chi O_2 + (2m - p - 2\chi)H_2O \rightarrow mCO_2 + (2m + n/2 - p - 2\chi)H_2 \tag{9-40}$$

χ는 연료 몰당 산소 몰수이다.

메탄, 옥탄, 메탄올의 총괄 반응은 각각 다음과 같다.

$$CH_4 + \chi O_2 + (2 - 2\chi)H_2O \rightarrow CO_2 + (4 - 2\chi)H_2 \tag{9-41}$$

$$C_8H_{18} + \chi O_2 + (16 - 2\chi)H_2O \rightarrow 8CO_2 + (25 - 2\chi)H_2 \tag{9-42}$$

$$CH_3OH + \chi O_2 + (1 - 2\chi)H_2O \rightarrow CO_2 + (3 - 2\chi)H_2 \tag{9-43}$$

이러한 반응은, 반응계에 도입한 산소의 양 χ에 따라, 흡열, 발열, 또는 열적 중립이 된다. 이 총괄 반응은, 외부 연소에 의한 수증기 개질의 총괄 반응과 실질적으로 같다. 그러나 수증기 개질은 물리적으로 격리된 상태에서 일어나는 연소 반응 및 개질반응의 두 단계 과정이지만, 자기열 개질에서는 이러한 과정이 동일한 반응기 안에서 진행된다.

열이 필요하지 않고 열을 발생하지 않도록 반응식의 χ를 선택하면 자기열 개질 반응의 효율은 100%가 될 것이다. 이 효율은 생성 수소의 발열량과 소비 연소의 발열량의 비로 정의한다.

$$\eta = \left(2m + \frac{n}{2} - p - 2\chi\right)\frac{\Delta H_{H2}}{\Delta H_{fuel}} \tag{9-44}$$

효율이 100%이면 $\eta = 1$이다. 이때 χ는 다음과 같다.

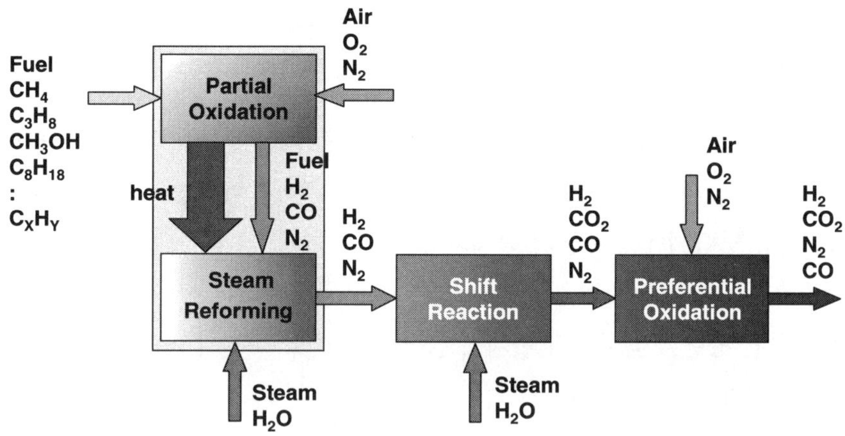

그림 9-28 자기열 개질공정의 개요.

$$\chi_{\eta=1} = m + \frac{n}{4} - \frac{p}{2} - \frac{\Delta H_{fuel}}{\Delta H_{H2}} \tag{9-45}$$

천연가스를 예로 들면,

$$\chi_{\eta=1} = 1 + \frac{4}{4} - \frac{890.5}{2 \times 286} = 0.443$$

마찬가지로, 옥탄은 $\chi_{\eta=1} = 3.19$이고, 메탄올은 $\chi_{\eta=1} = 0.23$이다. 연료마다 χ가 다르므로, 당량비(equivalence ratio)를 사용하는 경우가 많다. 당량비 ε은 완전 연소에 필요한 산소의 이론량과 산소의 실제량 χ의 비로 정의한다.

$$\varepsilon = \frac{m + \frac{n}{4} - \frac{p}{2}}{\chi} \tag{9-46}$$

이 경우 자기열 개질 반응의 총괄 반응이 다음과 같이 된다.

$$\begin{aligned} & C_mH_nO_p + \frac{m + \frac{n}{4} - \frac{p}{2}}{\varepsilon} O_2 + \frac{(\varepsilon - 1)(2m - p) - \frac{n}{2}}{\varepsilon} H_2O \\ & \rightarrow mCO_2 + \left(2m + \frac{n}{2} - p\right)\left(1 - \frac{1}{\varepsilon}\right) H_2 \end{aligned} \tag{9-47}$$

자기열 개질 반응의 이상적 효율은 다음과 같다.

$$\eta = \left(2m + \frac{n}{2} - p\right)\left(1 - \frac{1}{\varepsilon}\right)\frac{\Delta H_{H2}}{\Delta H_{fuel}} \tag{9-48}$$

$\varepsilon = 1$이면 반응은 일반 연소 반응으로, 수소가 생성되지 않는다. 당량비가 증가하면 수소의 양과 효율이 증가한다. 개질 과정의 이론적 효율과 메탄, 옥탄, 메탄올의 당량비의 관계를 그림 9-29에 보였다. 당량비에는 이론적 한계와 실질적 한계가 있다. 이론적 한계는 수소와 연료의 고발열량에 기초한 100% 효율에 해당한다. 당량비의 증가는 이 과정에서 산소가 덜 사용된다는 의미이다. 당량비가 이론적 한계에 접근하면, 연료 개질장치에서 다음 반응에 의해 탄소가 생성될 우려가 있다.

$$CH_4 \rightarrow C + 2H_2 \tag{9-49}$$

$$2CO \rightarrow C + CO_2 \tag{9-50}$$

탄소 생성의 리스크를 줄이려면, 당량비를 항상 이론치보다 약간 낮은 값으로 하고, 수증기를 이론적으로 필요한 양 이상으로 반응에 첨가하도록 한다. 즉 일반적으로 수증기/탄소 비 σ를 2.0~3.0(수증기 몰수/연료 중 탄소 몰수)으로 한다.

따라서 실제 연료 개질 반응은 다음과 같다.

$$\begin{aligned} &C_mH_nO_p + \frac{m + \frac{n}{4} - \frac{p}{2}}{\varepsilon}O_2 + \frac{r_{O2}}{1 - r_{O2}}\frac{m + \frac{n}{4} - \frac{p}{2}}{\varepsilon}N_2 + \sigma H_2O \\ &\rightarrow aC_mH_nO_p + bCH_4 + cCO_2 + dCO + eN_2 + fH_2 + gH_2O \end{aligned} \tag{9-51}$$

반응식에 질소가 포함되는 것은, 도입 공기 중에 질소가 들어있기 때문이다. 질소는 실질적으로 반응에 참여하지 않으므로, 반응식 오른편의 계수 e는 왼편의 질소의 계수와 같다. 오른편의 다른 계수들, 즉 왼편의 공급물이 정해졌을 경우, 개질 가스의 정확한 조성은 촉매, 반응기 설계, 온도, 압력, 공정 제어에 따라 달라진다. 오른편에 들어있는 연료는 반응하지 않고 반응기를 통과한 연료이다. 오른편에 CH_4가 있는 것은 반응이 완결되지 않았기 때문이다.

천연가스의 경우, 위의 반응은 다음과 같다.

$$\begin{aligned} &CH_4 + \frac{2}{\varepsilon}O_2 + \frac{2}{\varepsilon}\frac{0.79}{0.21}N_2 + \sigma H_2O \\ &\rightarrow bCH_4 + cCO_2 + dCO + \frac{2}{\varepsilon}\frac{0.79}{0.21}N_2 + fH_2 + gH_2O \end{aligned} \tag{9-52}$$

몇 가지 가정을 하고, 공급물 매개 변수 e와 s를 알면, 성분 수지를 취하여 개질 가스의 조성을 구할 수 있다.

탄소 수지:

$$b + c + d = 1 \tag{9-53}$$

산소 수지:

$$\frac{4}{\varepsilon} + \sigma = 2c + d + e \tag{9-54}$$

수소 수지:

$$4 + 2\sigma = 4b + 2f + 2e \tag{9-55}$$

질소 수지:

$$e = \frac{2}{\varepsilon}\frac{0.79}{0.21} \tag{9-56}$$

수지식은 넷이지만, 식 (9-52)의 오른편의 계수는 여섯이다. 나머지 두 식은 생성된 개질 가스의 CO 최대 함유량에 관한 요건(대개 건조 가스의 1 부피% 정도)과, 효율 요건으로 나타낸다.

건조 개질 가스 중의 CO 함유량(부피):

$$r_{CO} = \frac{d}{b+c+d+e+f} = \frac{d}{1+\frac{2}{\varepsilon}\frac{0.79}{0.21}+f} \tag{9-57}$$

개질 건조 가스 중의 수소 함유량:

$$r_{H2} = \frac{f}{b+c+d+e+f} = \frac{f}{1+\frac{2}{\varepsilon}\frac{0.79}{0.21}+f} \tag{9-58}$$

개질 공정의 실제 효율:

$$\eta_{actual} = f\frac{\Delta H_{H2}}{\Delta H_{fuel}} \tag{9-59}$$

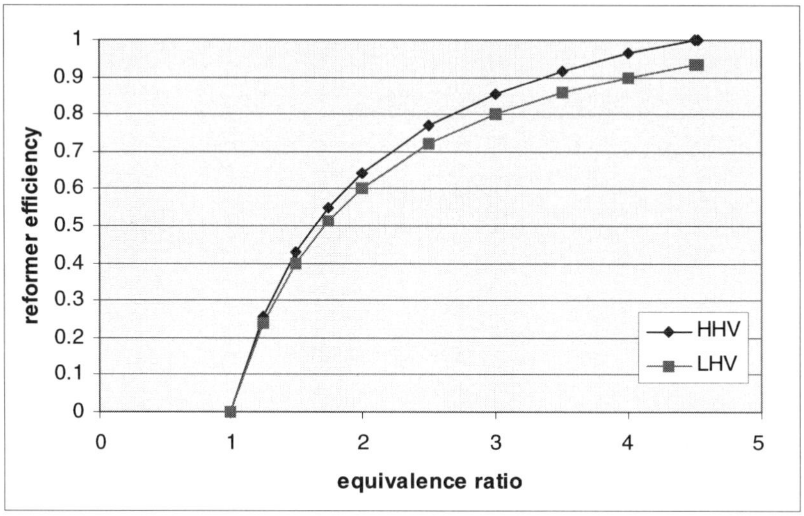

그림 9-29 개질장치 효율과 당량비의 관계.

개질 가스 중의 수소 함유량은 실제 효율과 직접 관련이 있다. 식 (9-58)과 식 (9-59)에서,

$$\eta_{actual} = \frac{r_{H2} \dfrac{\Delta H_{H2}}{\Delta H_{fuel}} \left(1 + \dfrac{2}{\varepsilon} \dfrac{0.79}{0.21}\right)}{1 - r_{H2}} \tag{9-60}$$

천연가스 자기열 개질장치에서 수소 함유량과 개질장치 효율의 관계를 그림 9-30에 보였다. 식 (9-48) 또는 그림 9-29에서 알 수 있지만, 각 당량비마다 달성할 수 있는 효율에는 한계가 있다.

천연가스 자기열 개질장치에서 개질 가스의 전형적 조성을 표 9-5에 보였다. 다른 연료에 관해서도 마찬가지로 분석할 수 있다.

위의 반응에서는 연료 개질 반응과 전이 반응이 동시에 일어나는 것처럼 되어 있지만, 실제로는 상이한 촉매를 사용하는 별도의 반응기에서 진행된다. 연료 개질장치의 고온은 전이 반응에는 바람직하지 않다. 전이 반응은 고온 반응(400−500°C)과 저온 반응(200−250°C)의 두 단계로 나누는 경우도 있는데, 촉매로는 전형적으로 철과 구리를 기반으로 한 종류가 사용된다. 최근에는 산화세륨에 Pt 또는 금을 담지 시킨 귀금속 촉매가 기대되고 있는데, 이러한 촉매는 황에 잘 견딜 뿐 아니라, 공간 속도를 크게 할 수 있어서 반응기 크기를 줄일 수 있다.

전이 반응은 CO 함유량을 1% 이하(건조 가스 중의 부피 기준)로 줄일 수 있다. 하지만

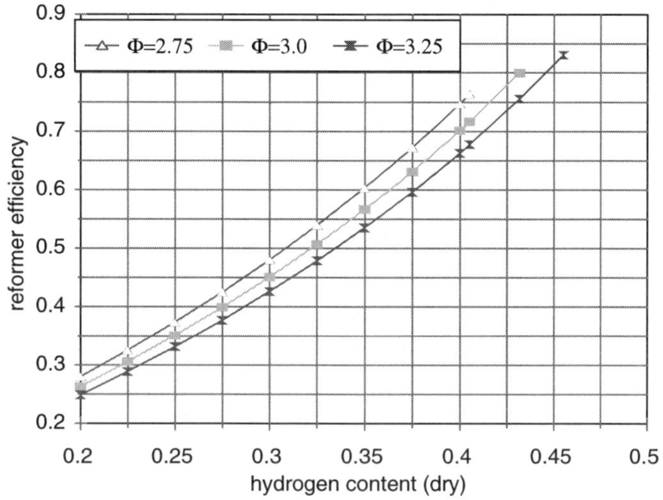

그림 9-30 건조 개질 가스 중의 수소 함유량(부피 기준)과 천연가스 자기열 개질장치 효율의 관계(CO 함유량 1%).

PEM 연료전지에서는, 운전온도에 따라 다르기는 하지만 CO의 허용 수준이 100 ppm 이하이므로, 1%는 너무 높은 값이다. CO를 더욱 줄이려면 선택적 산화 등의 추가 처리가 필요하다. 선택적 산화법에서는 특정 온도에서 H_2에 비해 CO에 대한 친화성이 높은 귀금속 촉매 상에서 CO를 선택적으로 연소시키는 것이다. 반응은 간단하다.

$$CO + \frac{1}{2}O_2 \rightarrow CO_2 \tag{9-61}$$

그러나 CO를 거의 대부분 산화시켜서 100 ppm 이하로 하려면, 산소를 양론비 2.0–3.5 정도의 과잉으로 공급해야 한다. 귀금속 촉매 상에 존재하는 과잉의 산소는 개질 가스 중에 존재하는 수소와 반응한다. 선택적 산화공정의 효율은 수소의 배출량과 도입량의 비로 정의한다. 대표적 PROX 반응기에서의 효율을 그림 9-31에 보였다. 또한 기체 유량이 크게 변하는 경우 위험한 상황을 피하려면, 공기 공급량과 PROX 온도를 세심하게 조절해야 한다.

일반적으로 연료 처리공정의 제어는 쉬운 일이 아니다. 연료 처리공정은 일련의 반응기로 구성되는데, 각각의 적정 운전온도 범위가 비교적 좁다. 이러한 반응기 각각의 배출 가스 조성은 도입 가스의 조성, 산소 및 수증기 공급량, 반응 온도에 따라 크게 달라진다. 이러한 매개 변수 중의 하나가 단기간 중이라도 적정 범위를 조금만 벗어나도 배출 가스 중 CO의 함유량이 크게 높아질 수 있으며, 결과적으로 연료전지 성능에 악영향을 미치게 된다.

표 9-5 개질 가스 조성과 당량비 및 효율(천연가스)

당량비	3.0	3.0	3.20
탄소/수증기 비	2.0	2.0	2.0
이론 효율(HHV)	0.85	0.85	0.88
실제 효율(HHV)	0.75	0.80	0.80
실제 효율(LHV)	0.70	0.75	0.75
CO_2	0.150	0.152	0.153
H_2	0.401	0.416	0.428
N_2	0.428	0.417	0.402
CO	0.010	0.010	0.010
CH_4	0.011	0.004	0.008

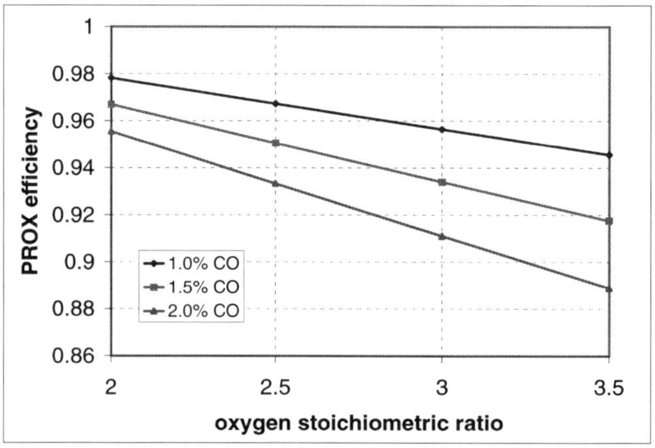

그림 9-31 PROX 반응기 효율과 산소 양론비 및 도입 가스의 CO 함유량의 관계.

9.3.4 개질가스가 연료전지 성능에 미치는 영향

개질장치에서 배출되는 개질 가스 조성은 연료 종류, 개질장치 형식, 연료 개질장치의 운전 효율 등에 따라 달라진다. 몇 가지 대표적인 경우의 근사 조성을 표 9-6에 보였다. 이 표에는 보이지 않았지만, 개질 가스에는 CO가 100 ppm까지 들어있고, 미반응 연료와 기타 탄화수소(메탄, 에탄, 에틸렌)도 포함된다. 또 소량이지만 황화수소, 암모니아, 알데히드 등의 부산물도 포함될 수 있다.

개질가스가 PEM 연료전지 성능에 미치는 영향을 들면 다음과 같다.

- 수소 함유량이 낮으면 전위가 손실된다.

표 9-6 연료 종류 및 개질법(선택적 산화 포함)에 따른 전형적 개질가스 조성

	H_2	CO_2	N_2
천연가스, 자기열	0.42	0.16	0.42
가솔린, 자기열	0.40	0.20	0.40
메탄올, 자기열	0.50	0.20	0.30
천연가스, 수증기 개질	0.75	0.24	0.01
메탄올, 수증기 개질	0.70	0.29	0.01

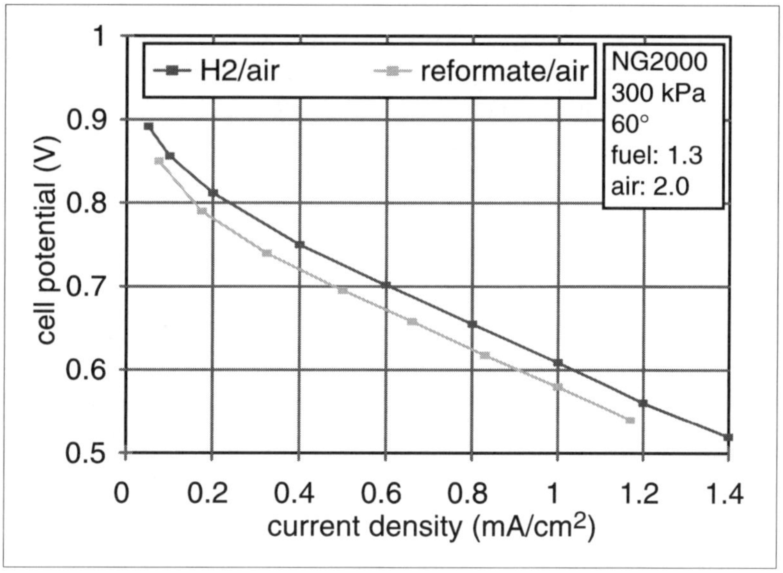

그림 9-32 개질가스 중의 수소 농도 저하가 연료전지 성능에 미치는 영향[14].

- CO는 촉매독이다.
- 암모니아와 황화수소 등의 성분은 아주 낮은 농도에서도 촉매와 막에 독성 작용이 있다.

수소 함유량이 40%이면 농도가 순수 수소일 경우보다 2.5배 낮다. 결과적으로 Nernst 식에 의해 셀 전위가 낮아진다. 전압 손실은 대개 30 mV 미만이다(그림 9-32).

일산화탄소는 아주 낮은 농도에서도 심각한 영향을 미친다. 100°C 이하의 낮은 온도에서는 Pt의 CO 친화력이 수소보다 높으므로, CO 농도가 100 ppm 이하이더라도 촉매 활성부위의 대부분을 CO가 차지하게 되어[15], 실질적 전류 발생 능력이 거의 없어진다(그림 9-33). 80°C의 PEM 연료전지에서는 PtRu 촉매가 CO에 아주 잘 견딘다[16]. 애노드 촉매로서 Pt 대신에 PtRu를 사용하였을 때의 성능 개선을 그림 9-34에 보였다. 이러한 개선은, Ru

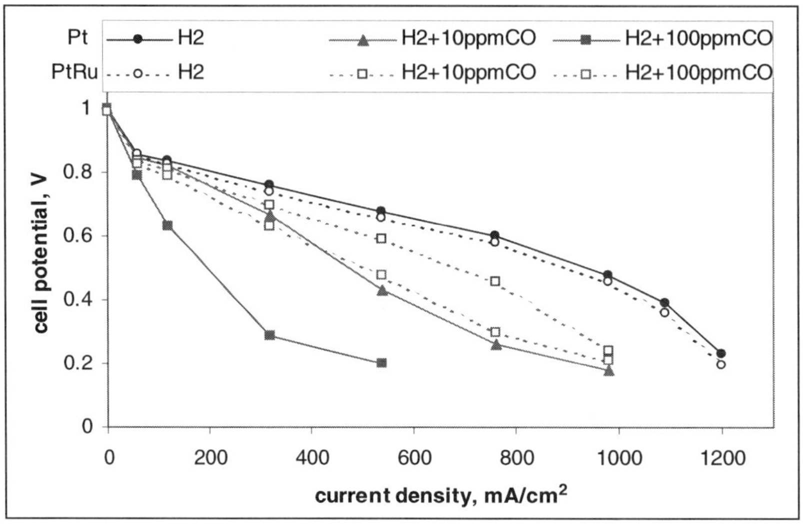

그림 9-33 Pt 및 PtRu 촉매의 CO 내성(308 kPa, 80℃, 수소/공기 양론비 1.3/2.0)[15].

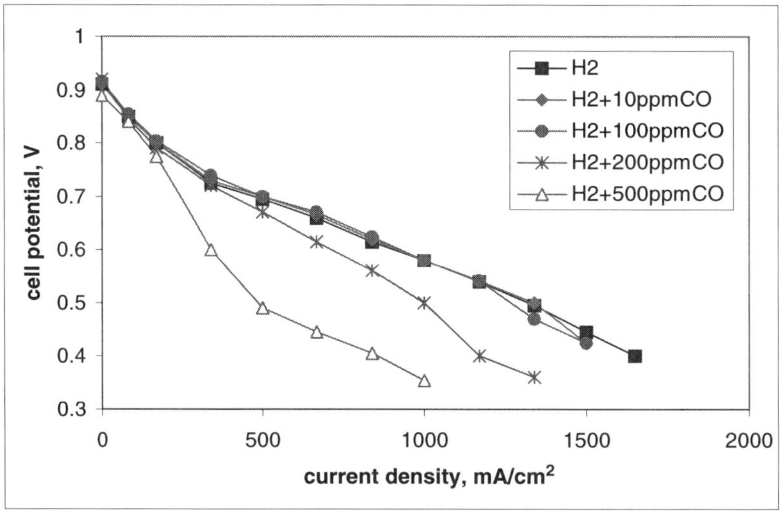

그림 9-34 2% 공기 주입이 PtRu 촉매의 CO 내성에 미치는 영향(개질가스/공기, 조성 H_2 40%, N_2 40%, CO_2 20%; 308 kPa, 60°C, 수소/공기 양론비 1.3/2.0)[18].

에 의한 수분 활성화와 인접한 Pt 원자에서의 CO 전기산화에 기인하거나, 또는 Pt–CO 결합 강도의 약화에 기인하는 것으로 추산된다[15].

연료전지의 애노드 쪽에 소량(약 2%)의 공기를 주입(air bleed)해도 CO 산화에 도움이 된다. PtRu 촉매와 공기 소량 주입에 의해, 연료전지에서 CO 100 ppm 미만의 개질가스를

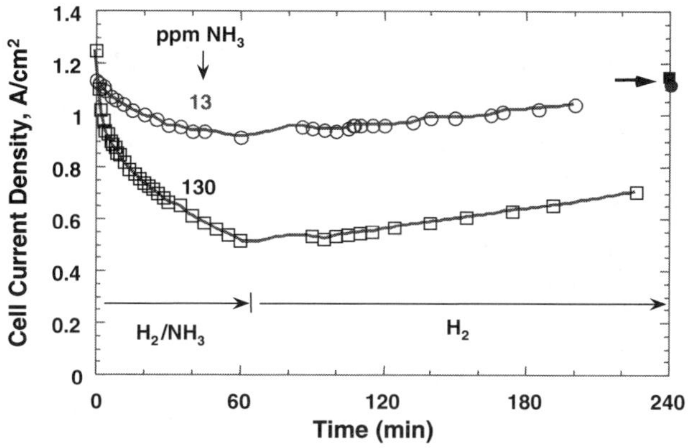

그림 9-35 NH_3 농도가 연료전지 성능에 미치는 영향(80°C)[22]. (자료: Electrochemical Society)

사용할 수 있으며, 성능도 거의 손상되지 않는다(그림 9-34)[18].

120~130°C 이상의 고온으로 하면 CO에 대한 내성이 좋아진다. 그러나 일반 PSA 막은 이러한 고온에서 운전할 수 없다. 따라서 고온에서 사용할 수 있는 막에 관한 연구가 많이 진행되고 있다. 유망한 것도 있기는 하지만[19-21], 실용된 것은 아직 없다. 고온 운전의 부수적 이점은 열 배출장치가 소형화된다는 점이다.

개질가스 중의 다른 부산물 역시 PEM 연료전지 성능에 악영향을 미칠 수 있다. 애노드 연료 흐름에 소량(13-130 ppm)의 암모니아를 첨가하였을 경우의 영향을 그림 9-35에 보였다[22]. 일정한 셀 전위에서, 암모니아 농도가 증가할수록 셀 전류가 적어짐을 알 수 있다. 이러한 피독현상(poisoning)은 가역적이어서, 암모니아 주입을 중단하면 셀 성능이 천천히 회복된다. 하지만 몇 시간이 지나도 초기 값으로 돌아가지는 않는다. 자기열 개질법에서는, 주성분이 수소와 질소일 경우, 조건에 따라서는 암모니아가 생성되기도 한다.

연료 탈황 단계가 완전하지 못할 경우에는 개질장치에서 H_2S가 생성될 수 있는데, H_2S가 연료전지 성능에 미치는 영향은 한층 심각하다(그림 9-36)[23]. H_2S가 1~3 ppm의 낮은 농도일지라도 실질적으로 셀을 '죽일' 수 있으며, H_2S 공급을 중단하더라도 성능이 개선되지 않는다. 즉 영구적 손상이 생긴다.

9.3.5 시스템 통합

연료 처리과정은 여러 단계로 구성되며, 각각 별도의 장치에서 진행된다. 어떤 것은 공기 공급이 필요하고, 어떤 것은 수증기 공급이 필요하며, 또 어떤 방법이든 온도 조절이 필요하

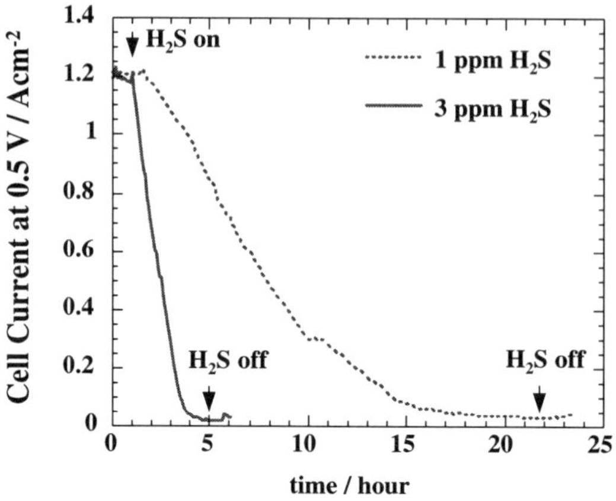

그림 9-36 H_2S 농도가 연료전지 성능에 미치는 영향(0.5 V, 80°C). 가습한 H_2/H_2S 혼합물을 애노드에 직접 주입한다[23]. (자료: Electrochemical Society)

다. 공기 공급, 수증기 공급, 온도 제어장치들을 연료처리 부분시스템으로 통합해야 한다. 구성성분과 이들 사이의 흐름을 배치하는 방법에는 여러 가지가 있다. 목표는, 시스템 효율(수소 수율)을 최고로 하고, 생성 가스 중의 CO 함유량을 최저로 하며, 해로운 부산물(암모니아, 황화수소 등)을 최소화하고, 연료전지의 수소 필요량에 대응하는 융통성을 가지도록 하는 것이다. 개질장치 부분 시스템 구성의 예를 그림 9-37에 보였다. 이 그림의 두 시스템은 구성성분이 마찬가지이지만, 배열방법이 약간 다르다, 예컨대, 하나는 연료전지 폐가스 버너에서 발생하는 열을 사용해 연료와 물을 가열하지만, 다른 하나는 이러한 열을 전적으로 수증기 발생에 사용하며, 연료 예열에는 기본 반응장치의 열을 사용한다. 가솔린이나 메탄올과 같은 액체 연료의 경우, 연료를 증발시키기 위해서도 예열이 필요하다. 천연가스와 가솔린은 물론, 특히 디젤 연료는, 황을 함유하고 있으므로, 대개 연료처리의 첫 단계에서 제거해야 한다. 폐열 회수 시스템에서는 열교환기가 추가로 필요하다.

연료 개질장치는 연료전지 시스템과 완전 통합해야 한다. 연료 개질장치는 연료전지에 연료를 공급하고 연료전지 폐가스의 열을 이용할 뿐 아니라, 공기, 수분, 냉매, 제어장치 등을 공유한다(그림 9-38).

연료 개질장치에서 나오는 개질가스는 고온이고 수분이 과포화되어 있다. 따라서 추가 가습장치가 필요하지 않지만, 애노드 가스를 연료전지 운전온도로 만들려면 냉각장치가 필요하다. 응축수는 연료전지 스택에 도입하기 전에 분리한다.

연료 개질장치와 연료전지는 대개 동일한 압력에서 운전하므로, 공기 공급장치를 공유할

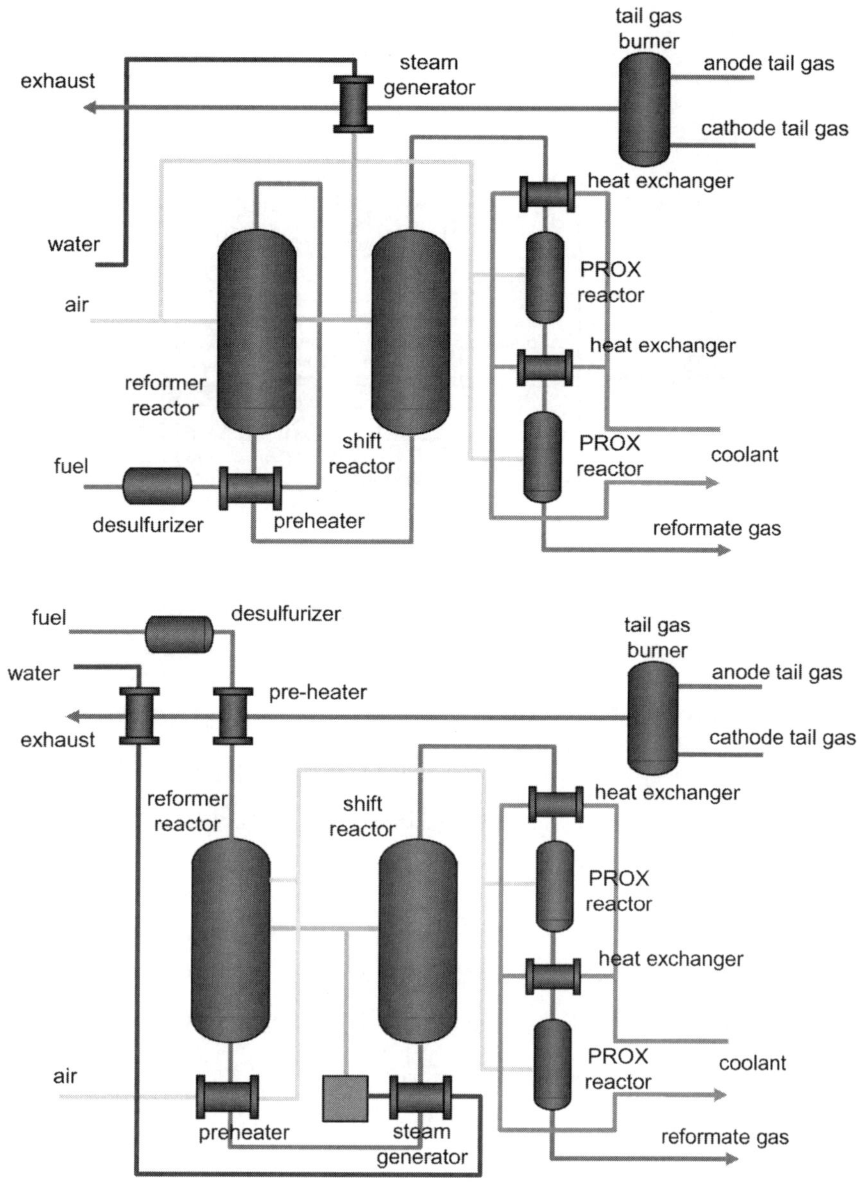

그림 9-37 자기열 개질공정의 두 가지 예.

수 있다. 공기를, 연료전지 스택, 연료 처리 반응기, 선택적 산화 반응기 등 필요한 곳으로 분배하는 것이 중요하다. 스택 애노드 입구에서는 추가적으로 공기 소량 주입(air bleed)이 필요하다. 고가의 물질 흐름 제어장치(적절한 조작에는 아주 고압이 필요하다)를 피하려면, 오리피스와 같은 피동적 장치를 사용한다.

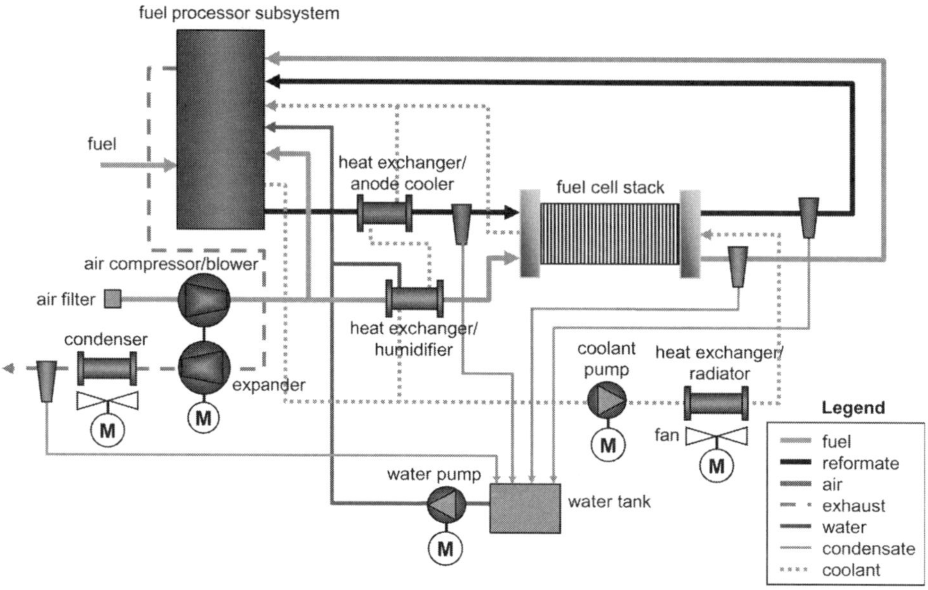

그림 9-38 연료 개질장치를 통합한 연료전지 시스템 전모.

연료 개질장치와 전이 반응장치, 그리고 연료전지의 캐소드 도입물의 가습에는 수증기가 필요하므로, 이 수증기 발생용 물이 필요하다. 캐소드 가습법에는 여러 가지가 검토되고 있다. 대개 수증기 발생 및 가습기 주입용으로는 고압의 물이 필요하다. 연료전지 시스템은 그 용도에 관계없이 보충수가 필요 없도록 설계할 수 있다. 수분은 주변 공기에 동반되어 시스템에 도입되고 배기와 함께 시스템에서 배출된다. 연료전지와 폐가스 버너에서는 수분이 부산물로 생성되며, 선택적 산화에서도 원하지 않는 수소 산화로 인해 소량의 수분이 생성된다. 동시에 수증기 개질 및 전이 반응의 연료 개질장치에서는 수분이 소비된다.

시스템 수분 수지는 다음과 같다.

$$\dot{m}_{H2O}\big|_{in}^{air} + \dot{m}_{H2O}\big|_{gen}^{FC} + \dot{m}_{H2O}\big|_{gen}^{TGC} + \dot{m}_{H2O}\big|_{gen}^{PROX} = \dot{m}_{H2O}\big|_{cons}^{FP} + \dot{m}_{H2O}\big|_{out}^{exh} \tag{9-62}$$

$\dot{m}_{H2O}\big|_{in}^{air}$ = 공기에 동반되어 시스템에 도입되는 수분의 양(습도)

$$\dot{m}_{H2O}\big|_{in}^{air} = \dot{m}_{Airin} \frac{M_{H2O}}{M_{air}} \frac{\varphi_{amb} P_{vs}(T_{amb})}{P_{amb} - \varphi_{amb} P_{vs}(T_{amb})} \tag{9-63}$$

$\dot{m}_{Airin}$ = 연료전지 시스템에서 필요한 건조 공기 총량 = 연료전지용 공기 + 연료 개질장치용 공기 + 선택적 산화용 공기 + 공기 소량 주입용 공기

$$\dot{m}_{Airin} = \dot{m}_{Air}\Big|_{in}^{FC} + \dot{m}_{Air}\Big|_{in}^{FP} + \dot{m}_{Air}\Big|_{in}^{PROX} + \dot{m}_{Air}\Big|_{Airbleed} \tag{9-64}$$

연료전지용 공기는 식 (5-42)에서 다음과 같다.

$$\dot{m}_{Air}\Big|_{in}^{FC} = \frac{S_{O2}}{r_{O2}}\frac{I \cdot n_{cell}}{4F}M_{Air} \tag{9-65}$$

연료 개질장치용 공기는 식 (5-39), (9-51), (9-59)에서 구할 수 있다.

$$\dot{m}_{Air}\Big|_{in}^{FP} = S_{H2}\frac{I \cdot n_{cell}}{2F}\frac{\Delta H_{fuel}}{\eta_{FP}\Delta H_{H2}}\frac{m+n/4-p/2}{\varepsilon}\frac{M_{Air}}{r_{O2}} \tag{9-66}$$

선택적 산화용 공기는 식 (5-39), (9-51), (9-57), (9-59), (9-61)에서 구한다.

$$\dot{m}_{Air}\Big|_{in}^{PROX} = S_{H2}\frac{I \cdot n_{cell}}{2F}\frac{\Delta H_{fuel}}{\eta_{FP}\Delta H_{H2}}r_{CO} \left(1+\frac{m+n/4-p/2}{\varepsilon}\frac{1-r_{O2}}{r_{O2}}+\eta_{FP}\frac{\Delta H_{H2}}{\Delta H_{fuel}}\right)\frac{S_{PROX}}{2}\frac{M_{Air}}{r_{O2}} \tag{9-67}$$

소량 주입용 공기는 대개 애노드 흐름의 2% 정도이다.

$$\dot{m}_{Air}\Big|_{Airbleed} = 0.02 \cdot \frac{S_{H2}}{r_{H2}}\frac{I \cdot n_{cell}}{2F}M_{Air} \tag{9-68}$$

$\dot{m}_{H2O}|_{gen}^{FC}$ = 연료전지에서 생성되는 수분의 양(식 5-7)

$$\dot{m}_{H2O}\Big|_{gen}^{FC} = \frac{In_{cell}}{2F}M_{H2O} \tag{9-69}$$

$\dot{m}_{H2O}|_{gen}^{TGC}$ = 폐가스 연소장치에서 발생하는 수분의 양

$$\dot{m}_{H2}\Big|_{gen}^{TGC} = (S_{H2}-1)\frac{I \cdot n_{cell}}{2F}M_{H2O} \tag{9-70}$$

$\dot{m}_{H2O}|_{gen}^{PROX}$ = CO의 선택적 산화에서 생성되는 수분의 양(식 9-51, 9-57, 9-57, 9-61)

$$\dot{m}_{H2O}\Big|_{gen}^{PROX} = S_{H2}\frac{I \cdot n_{cell}}{2F}\frac{\Delta H_{fuel}}{\eta_{FP}\Delta H_{H2}}r_{CO} \left(1+\frac{m+n/4-p/2}{\varepsilon}\frac{1-r_{O2}}{r_{O2}}+\eta_{FP}\frac{\Delta H_{H2}}{\Delta H_{fuel}}\right)(S_{PROX}-1)M_{H2O} \tag{9-71}$$

$\dot{m}_{H2O}|^{FP}_{cons}$ = 연료 개질장치에서 소비되는 수분의 양(식 9-47, 9-57, 9-59)

$$\dot{m}_{H2O}\Big|^{FP}_{cons} = S_{H2}\frac{I \cdot n_{cell}}{2F}\frac{\Delta H_{fuel}}{\eta_{FP}\Delta H_{H2}}\frac{(\varepsilon-1)(2m-p)-n/2}{\varepsilon}M_{H2O} \tag{9-72}$$

$\dot{m}_{H2O}|^{exh}_{out}$ = 배기가스에 동반되어 시스템에서 배출되는 수분의 양

$$\dot{m}_{H2O}\Big|^{exh}_{out} = \dot{m}_{exh}\frac{M_{H2O}}{M_{exh}}\frac{P_{vs}(T_{exh})}{P_{amb}-P_{vs}(T_{exh})} \tag{9-73}$$

$\dot{m}_{exh}$ = 배기가스의 질량유량. 시스템 물질수지에서 쉽게 구할 수 있다.

$$\dot{m}_{exh} = \dot{m}_{fuelin} + \dot{m}_{Airin} - \dot{m}_{H2O}\Big|^{FC}_{gen} - \dot{m}_{H2O}\Big|^{TGC}_{gen} - \dot{m}_{H2O}\Big|^{PROX}_{gen} + \dot{m}_{H2O}\Big|^{FP}_{cons} \tag{9-74}$$

$$\dot{m}_{fuelin} = S_{H2}\frac{I \cdot n_{cell}}{2F}\frac{\Delta H_{fuel}}{\eta_{FP}\Delta H_{H2}}M_{fuel} \tag{9-75}$$

식 (9-65)–(9-72), (9-75)에서 $I \cdot n_{cell}$은 W/V_{cell}로 대체할 수 있는 데, W는 연료전지 출력이다.

배출가스를 필요 온도 T_{exh}로 냉각하면 식 (9-62)가 만족되고 중립적 수분 수지가 성립된다. 중립적 수분 수지가 중요하지 않은 시스템에서는 배기 중의 응축수를 제외한다.

추운 환경에서는 시스템에 있는 수분으로 인해 연료전지가 동결될 수 있다. 동결 방지를 위한 다양한 공학적 해법이 제안되고, 이 중 몇 가지는 현장에서 시도되었다. 예컨대 운전 정지 중일 때는 시스템에서 물을 빼내고, 전열기를 사용하거나, 또는 간헐적 또는 연속적으로 아주 낮은 동력 수준으로 시스템을 운전하여, 최저 온도를 유지하도록 한다. 전자의 경우에는 시스템 및 스택 설계를 모두 바꿔야 하고, 후자의 경우에는 시스템 총괄 효율에 큰 영향을 미친다.

탈이온수를 냉매로 사용할 수 있지만, 동결될 수 있는 시스템의 경우에는 냉매 루프를 수분 루프와 분리하여, 에틸렌 글리콜이나 프로필렌 글리콜의 수용액과 같은 부동액을 냉매로 사용하도록 한다. 공냉 시스템도 대안이 될 수 있는데, 대개 출력이 낮은 시스템(3~4 kW 이하)에 적용한다.

연료전지 시스템으로부터 열을 제거하는 대신에, 연료 개질장치에서 나오는 개질가스를 냉각 루프에서 냉각하고 이 열을, 필요한 경우, 공기 가습과정에 공급한다. 선택적 산화공정에서도 온도 조절이 필요하다(그림 9-37, 9-38). 대개 방열기 형식의 열교환기를 사용하여

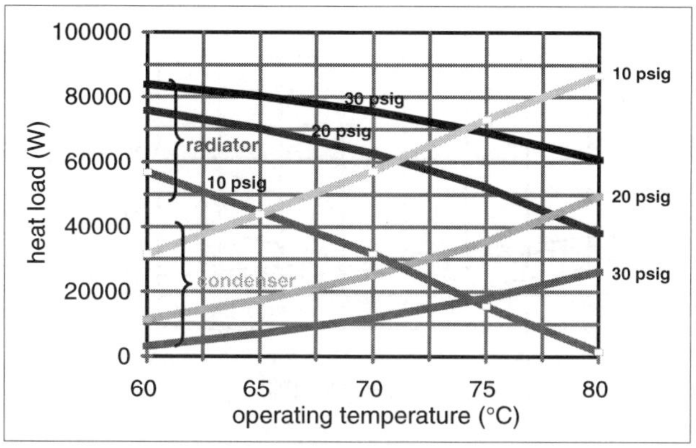

그림 9-39 방열기와 응축기의 열 부하와 운전압력 및 온도의 관계(50 kW_e, 시스템 실질 효율 32.5%에서 운전)[24].

시스템의 열을 제거해 환경으로 배출한다. 배기가 시스템을 떠나기 직전에 응축기에서 시스템의 열을 제거하기도 한다. 시스템의 중립적 수분 수지를 유지하려면 배기 중의 수분을 응축시켜서 저장하는 응축기가 필요하다.

방열기와 응축기에 대한 열 부하 분배는 운전압력 및 온도에 따라 달라진다. 이 관계를 그림 9-39에 보였다[24]. 운전온도가 높고 운전압력이 낮을수록 방열기의 열 부하가 응축기로 이동한다. 고압(300 kPa), 저온(60°C)에서는 거의 대부분의 열이 방열기에서 제거되지만, 저압(170 kPa), 고온에서는 거의 모든 열이 응축기에서 제거된다. 방열기와 응축기의 기본적 차이는, 방열기는 액체/기체 열교환기이고, 응축기는 기체/기체 열교환기[2)]라는 점이다. 기체/기체 열교환기에서는 열전달계수가 자주 작으므로, 열 부하가 동일한 경우 이러한 열교환기는 전열면적이 아주 커야한다.

상이한 운전온도 및 압력에서 방열기와 응축기의 전열면적을 그림 9-40에서 비교했다. 자동 열교환기는 충전밀도가 높지만(1000 m^2/m^3 이상), 자동 연료전지 시스템에서는 열교환기 크기가 제약 인자가 된다. 수분 수지를 유지하려면, 운전온도가 높다고 해서 열교환기가 작아도 되는 것은 아니다. 여기에서 다룬 예의 경우[24], 열교환기가 최소가 되는 것은 시스템을 고압(308 kPa), 저온(60°C)에서 운전할 경우이다. 운전압력이 충분히 높을 경우(300 kPa 이상) 운전온도를 60°C 이하로 하면 응축기가 필요하지 않으며, 모든 열을 방열기에서 제거할 수 있다.

---

2) 열의 일부는 상 변화(수증기의 응축)에 사용되지만, 물의 부피는 기체의 부피에 비해 아주 적다.

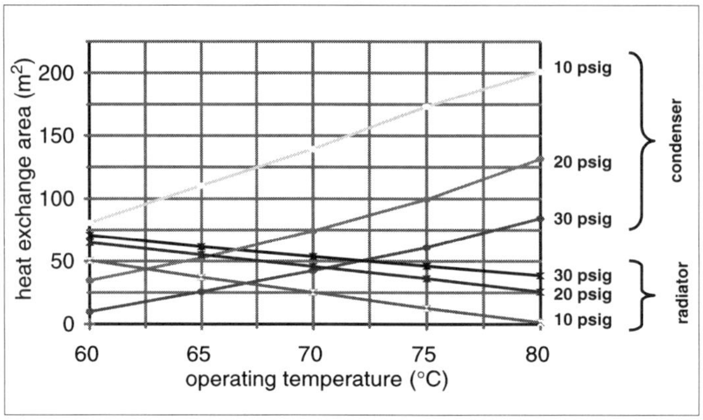

그림 9-40 필요한 전열면적(50 kW_e, 시스템 실질 효율 32.5%)(액체/기체 열전달계수 60 W/m^2 °C, 공기/공기 열전달계수 15 W/m^2 °C, 핀 면적/튜브 면적=10)[24].

9.4 전기 계통 부분 시스템

연료전지에서 발생한 전력을 사용처(부하)에게 전달하려면 전기 계통 부분 시스템이 필요하다. 이 부분 시스템은 단순한 송전시설이 아니라, 연료전지 출력을 부하 요건(전압, 전류 형태, 전기 질, 과도현상)에 맞도록 조정하는 장치이다. 이러한 부분 시스템의 구성과 특징은 용도에 따라 달라지는 부하 요건에 의해 좌우된다.

연료전지에서는 직류(DC)를 생산하며, 전압은 직렬한 셀의 수와 발생 전류에 따라 달라진다. 연료전지 전압과 전류의 관계는 연료전지 분극곡선에서 알 수 있다. 연료전지 전압은 전류에 따라 변한다. 연료전지 개회로 전압은 1 V/cell 정도이다.[3] 공칭 출력에서의 셀 전위는 설계변수의 하나로서, 대개 0.6~0.7 V 사이의 값을 선택한다. 따라서 연료전지 스택은 0.6:1.0과 0.7:1.0 사이에서 전압이 변동된다. 이러한 전압 변동(swing)에 견딜 수 있는 부하는 거의 없다.

전기 계통 부분 시스템의 가장 일반적 기능은 전압 조절이다. 요구되는 부하 전위에 상대적인 연료전지 변동 전위에 따라서, 전기 계통 부분 시스템에서는 연료전지 전압을 낮추거나 [버크(buck) 변환기], 높여야 한다[부스트(boost) 변환기]. 부하 전압이 연료전지 전압 범위 안에 있을 경우에는 버크-부스트 변환기가 필요하다(그림 9-41).

전압 조절에는 전자 스위치를 사용하는 스위칭(switching) 또는 쵸핑(chopping) 회로를

3) 수소/산소 연료전지에서는 1 V/cell보다 약간 높고, 수소/공기 연료전지에서는 이보다 약간 낮다.

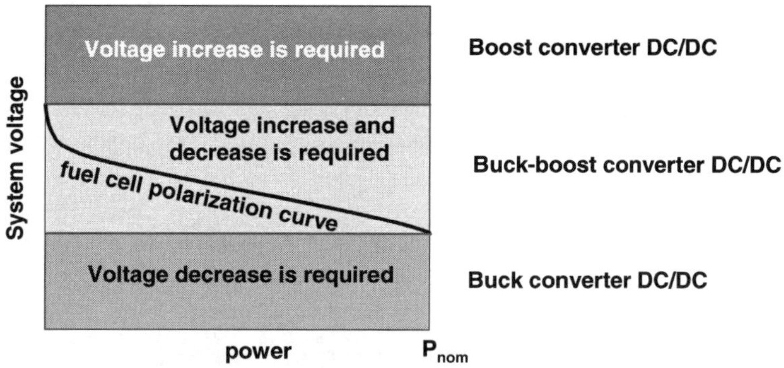

그림 9-41 연료전지 분극곡선으로부터 부하 전압에 맞추는 데 필요한 변환기 종류를 정한다.

사용한다.

- 사이리스터(thyristor) 및 GTO(gate-turn-off) 사이리스터
- MOSFET(metal oxide semiconductor field effect transistor). 1 kW 이하의 저압 시스템에 주로 사용한다.
- IGBT(insulated gate bipolar transistor). 50 A 이상의 고전류용.

다이오드(diode), 커패시터(capacitor), 인덕터(inductor)를 사용해 전자 회로를 배열할 경우에는(그림 9-42), 이러한 전자 스위치를 사용해 회로의 특정 부분 개폐(on-off)함으로써 회로의 목표 출력 전압이 되도록 할 수 있다. 출력 전압은 입력 전압과 스위칭 시간의 함수이다.

출력 감축(step-down), 즉 버크 변환기의 경우,

$$V_{out} = DV_{in} \tag{9-76}$$

D = 스위칭 함수, $D = \frac{t_{on}}{t_{on} + t_{off}}$

출력 상승(step-up), 즉 부스트 변환기의 경우,

$$V_{out} = \frac{V_{in}}{1 - D} \tag{9-77}$$

실제 전압은 식 (9-76)과 (9-77)이 나타내는 값보다 언제나 다소 낮은데, 회로에서의 에너지 손실 때문이다. 이 손실에는 스위칭 손실, 스위치를 켠 동안의 스위치에서의 전력 손실, 인

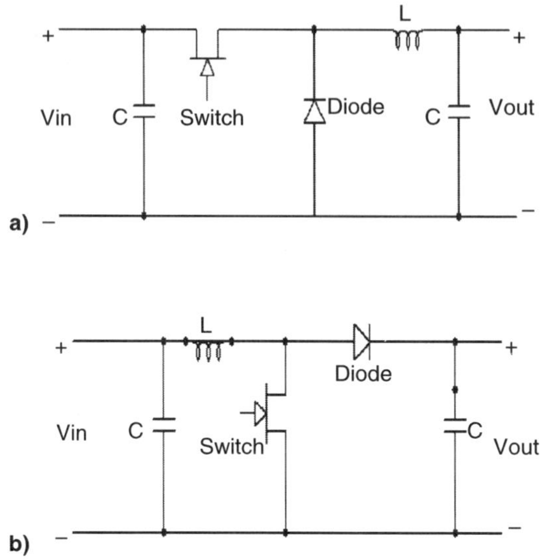

그림 9-42 DC 변환기에서 사용하는 스위칭 회로: a) 출력 감축 즉 버크 변환기, b) 출력 상승 즉 부스트 변환기.

덕터 저항으로 인한 전력 손실, 다이오드에서의 손실 등이 포함된다. 실제로는 이러한 손실이 아주 적다[25]. 출력 감소 변환기의 효율은 대개 90% 이상이며, 고전압 시스템(V_{in} > 100 V)에서는 98%에 이를 수 있다. 출력 상승 변환기는 듀티 사이클(duty cycle)이 다르기 때문에 효율이 다소 낮다(고전압 시스템에서는 95%까지 달성할 수 있다). 효율은 다양한 회로 요소를 통과하는 전류 및 스위칭의 함수이므로, 모든 전력 범위에서 일정한 값이 아니다.

연료전지에서는 직류(DC)를 생산하지만, 부하 또는 응용에 따라서는 교류(AC)를 사용해야 한다. 이러한 용도에서는, 전기 계통 부분 시스템에 DC를 주파수가 일정한(60 또는 50 Hz) AC로 변환하는 장치가 포함되어야 한다. 이런 일을 하기 위해서는, 그림 9-43에 보인 것처럼, 전기 회로에 전자식 스위칭 기구를 배치할 수도 있다. 연료전지 시스템을 단상 AC 전압(가정용)에 연결하거나 삼상 공급선에 연결한다(대형 산업용).

AC 변환기(inverter)의 전류는 사각파(square wave) 형태이다. 용도에 따라서는 이것으로 충분한 경우도 있지만, 대부분의 용도, 특히 전력망연결형(grid-connected) 응용에는 사각파 출력이 맞지 않는다. 이러한 경우 순수 사인파(sine wave)에 가까운 출력을 얻으려면 변조가 필요하다. 대개 펄스폭 변조법(pulse-width modulation; PWM)이 이용되지만, 최근에는 허용벤드펄스법(tolerance bend-pulse method)이 이용된다. 시판되는 DC/AC 변환기의 효율은 70%–90% 정도이며, 필요한 동력 품질(출력이 순수 사인파에 얼마나 가까운가)에 따라 큰 차이가 난다.

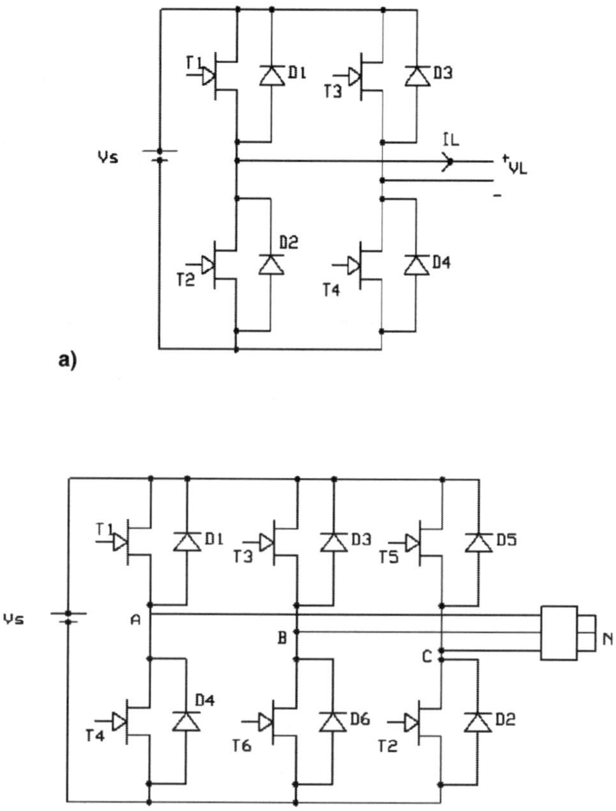

a) b)

그림 9-43 전형적 DC/AC 변환기 구성: a) 단상 H 브리지, b) 삼상 변환기.

연료전지 시스템은, 펌프, 선풍기, 송풍기, 솔레노이드 밸브, 계장(instrument) 등 여러 전동(電動) 성분을 사용한다. 이러한 성분은 DC나 AC로 동작한다. 전기 계통 부분 시스템 역시 특정 전압과 전류의 동력을 이러한 성분에 공급해야 한다.

연료전지 시스템에서는 시동 및 피킹(peaking) 용도로 배터리를 사용하는 경우가 많다. 시동용 배터리는 연료전지 운전 전에 시동하고자 하는 전기 계통 성분과 전압이 맞아야 하므로, 전압이 맞지 않으면 전압 변환기를 사용해야 한다. 배터리나 울트라커패시터(ultracapacitor)와 같은 피킹용 기구는 동력의 급변에 대해 연료전지 시스템보다 신속하게 반응할 수 있다. 연료전지 자체가 부하 변화에 대해 배터리만큼 신속하게 반응하려면 반응 가스의 공급이 충분해야 한다. 특히 공기나 수소 이외의 다른 연료 가스는 기계적 장치로 공급하는데, 이런 장치는 본질적으로 전력 수요의 변동에 대해 신속하게 반응하기 힘들다. 이러한 경우 연료전지가 변동에 부응할 때까지 배터리나 울트라커패시터로 동력을 공급할 수 있다.

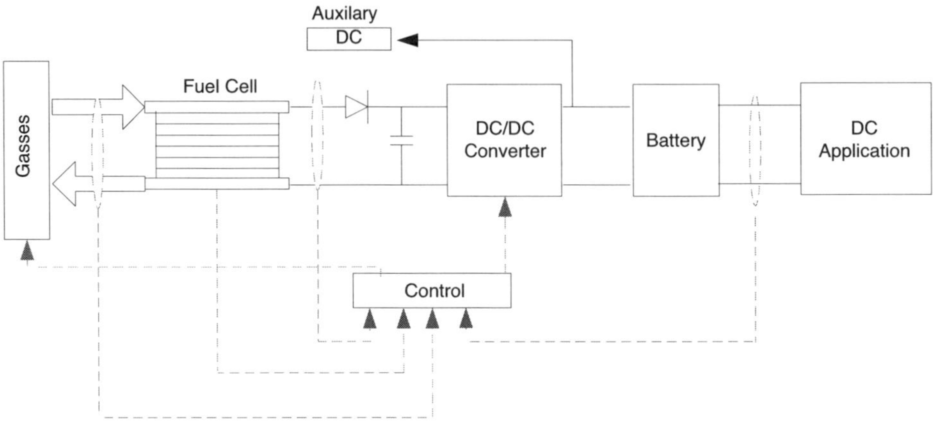

그림 9-44 DC 전원용 연료전지의 전기 계통 부분 시스템 개요.

방전된 배터리나 울트라커패시터는 나중에 연료전지가 충전되면 된다.

동력 변동이 심한 경우에는, 연료전지의 크기를 평균 동력과 피크 동력의 중간 수준으로 만든다. 연료전지는 일반적으로 공칭 동력까지 공급한다. 이 동력 수준 이상으로 수요가 증가하면 연료전지 전위가 더욱 하강하는데, 이러한 경우에 배터리가 작동하여 동력차를 보충하도록 한다. 이러한 용도의 배터리는 동력 요구량에 부합될 뿐 아니라, 동력 수요가 연료전지 공칭 동력을 초과하는 기간 중에도 에너지 요구량에 부응할 수 있는 크기라야 한다. 부하 동력이 연료전지 공칭 동력 이하로 내려가면, 연료전지는 자동적으로 배터리를 충전한다.

제어 부분 시스템은, 연료전지 운전 매개 변수(유량, 온도, 습도 등)의 조절 뿐 아니라, 부하 및 다른 전기 계통 성분과의 소통을 위해서도 필요하다. 특히 연료전지를 종합적 전력망의 한 성분으로 운전할 경우에 아주 중요하다. 전기 및 제어 부분 시스템의 기능은 연료전지의 용도(단독, 종합 전력망 성분, 다른 동력원과의 조합, 보조 동력원)에 따라 달라진다.

전형적 연료전지 전기 계통 부분 시스템의 구조를 다음과 같은 기본 성분과 함께 그림 9-44에 나타냈다.

- 특정 전압의 DC를 발생하는 연료전지 스택
- 부하 요구량에 따라 연료전지 발생 전압의 감축용 또는 상승용 변환기
- 출력 요구량이 연료전지 능력을 초과하는 기간 중에 동력을 공급하기 위한 배터리 또는 울트라커패시터와 같은 피킹 기구
- 연료전지로 전류의 역류를 방지하기 위한 다이오드

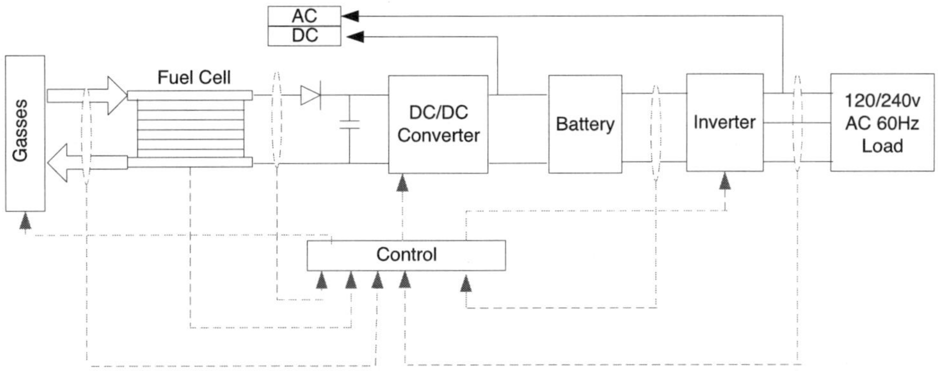

그림 9-45 단독 AC 전원용 연료전지의 부분 시스템 개요.

- 부분시스템의 전류와 전압을 감시하고 제어신호를 결정하여 제공함으로써 시스템의 효율과 신뢰도를 보장하기 위한 제어장치
- 연료전지 보조장치(선풍기, 송풍기, 펌프, 솔레노이드 밸브, 계장 등)용 동력 공급장치(DC)

특정 주파수(50 또는 60 Hz)의 AC 전류(120/240 V)를 필요로 하는 부하일 경우에는 전기 계통 부분 시스템으로 추가 성분, 즉 DC 입력을 AC 전류로 변환하는 변환기가 필요하다(그림 9-45). 용도에 따라서는 시스템을 단독(stand-alone) 운전하거나(그림 9-45), 전력망(grid)과 병렬로 운전한다. 후자의 경우, 추가 설비(전달 스위치, transfer switch)가 있어야 전력망에 연결하고 동기화를 보장할 수 있다(그림 9-46).

전력망에 연결하는 발전장치에는 몇 가지 규약이 있다. (1) 전압 수준과 주파수가 전력망과 같아야 한다. (2) 전력망과 위상이 같아야 한다. (3) 총괄 조화왜곡(total harmonic distortion)이 전력망과 같거나 좋아야 한다. (4) 안전 측면에서는 전력망이 중단되었을 경우에는 자동적으로 연결이 차단되어야 한다. 또한 최소한 전력망에 전력의 일부를 '공급'하는 시스템에서는 실질 계량기가 있어야 한다.

9.5 시스템 효율

수소 고발열량에 기초한 연료전지 이론 효율은 83%이다(식 2-43). 실제 운전 중인 연료전지 효율은 이보다 아주 낮은데, 열, 전극 반응, 전기 및 이온 저항, 물질 수송 등으로 인한 여

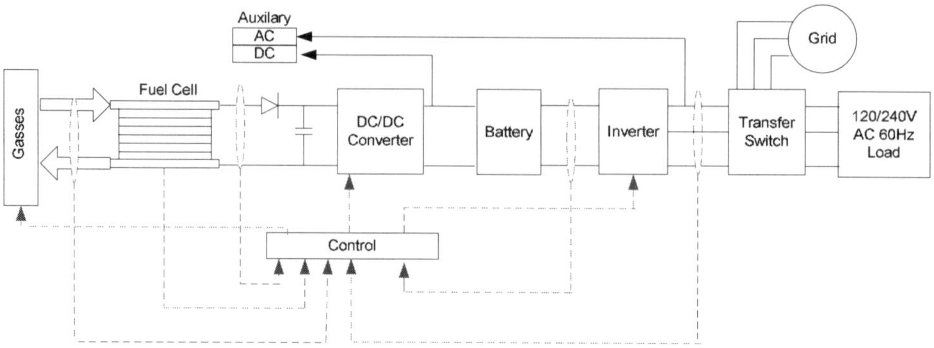

그림 9-46 전력망에 병렬 연결한 AC 동력을 공급용 연료전지의 전기 계통 부분 시스템.

러 손실이 생기기 때문이다. 연료 처리장치, 동력 조정장치, 플랜트 균형장치 등의 추가 설비 역시 시스템 수준의 손실을 초래한다. 아주 일반적인 연료전지 시스템과 개별 단계의 효율 정의에 사용되는 에너지 흐름을 그림 9-47에 보였다.

시스템 효율은 전기 에너지 출력 E_{net}과 시스템에 공급하는 연료의 에너지 F_{in}의 비로 나타낸다.

$$\eta_{sys} = \frac{E_{net}}{F_{in}} \tag{9-78}$$

이 효율은 사실상 개별 성분의 효율의 곱과 같다.

$$\eta_{sys} = \frac{H}{F_{in}} \frac{H_{cons}}{H} \frac{E_{FC}}{H_{cons}} \frac{E_{net}}{E_{FC}} \tag{9-79}$$

H = 연료 처리장치에서 생산하는 수소의 에너지(유량 × 발열량)(W)
H_{cons} = 연료전지 전기화학 반응으로 소비되는 수소의 에너지(유량 × 발열량)(W)
E_{FC} = 연료전지 출력(W)

연료전지에 공급한 수소와 연료전지에서 소비된 수소의 관계는 다음과 같다.

$$H = S_{H2} H_{cons} \tag{9-80}$$

개질장치 효율은 생성된 수소의 에너지와 시스템에 공급한 연료의 에너지 비로 정의한다.

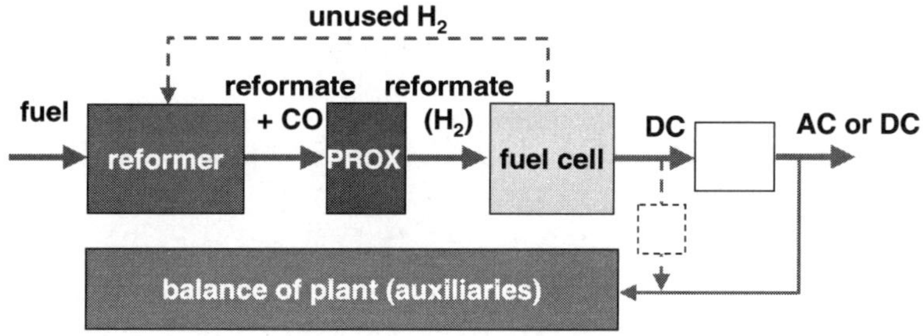

그림 9-47 일반적 연료전지 시스템.

$$\eta_{ref} = \frac{H}{F_{in}} = \frac{S_{H2}H_{cons}}{F_{in}} \tag{9-81}$$

개질장치 효율에는 전형적으로, 공정에서 사용되는 공기량의 함수인 선택적 산화(PROX) 효율이 포함되지 않는다. 산소의 최적 양론비는, CO 생성량이 최저일 때의 값으로서, 2~3 사이의 값이다. 이 경우 PROX 효율은 95% 정도이다(그림 9-31).

연료전지 효율은, 연료 효율과 전압 효율의 두 부분으로 구성된다. 연료 효율은 양론비로 정의한다. 연료전지 입구에서는 수소가 희석 상태이므로, 양론량보다 과잉으로 공급하여야, 출구에서의 수소 농도가 0 이상이 된다. 전형적으로 개질가스 연료전지는 수소 양론비를 1.1~1.2 사이 값으로 운전한다. 연료전지에서 소비된 수소의 양과 실제로 공급한 수소의 양으로 정의한 연료 효율은 다음과 같다.

$$\eta_{fuel} = \frac{H_{cons}}{H} = \frac{H_{cons}}{S_{H2}H_{cons}} = \frac{1}{S_{H2}} \tag{9-82}$$

미반응 수소는 대기 중에 그대로 폐기하는 일은 거의 없다. 연료전지 스택에서의 미반응 수소는, 터빈/팽창기의 동력 생산, 또는 연료 처리과정에서 연료의 예열이나 수증기 발생, 수증기 개질공정에서의 연료로 사용하여 필요한 연료량의 감축, 즉 총괄적 효율 개선 등에 사용한다. 연료 소비량은 다음과 같다.

수소 소비량/개질장치 효율:

$$F_{in} = \frac{S_{H2}H_{cons}}{\eta_{ref}} \tag{9-83}$$

수소 순환에 의한 연료 소비량 감축:

$$F_{in} = \frac{S_{H2} H_{cons}}{\eta_{ref}} - (S_{H2} - 1) H_{cons} \tag{9-84}$$

유효 개질장치 효율은, 위에서 언급한 것처럼, 생성 수소의 에너지와 시스템에 공급한 연료의 에너지의 비로 정의한다.

$$\eta_{ref}^{eff} = \frac{H}{F_{in}} = \frac{S_{H2} H_{cons}}{\dfrac{S_{H2} H_{cons}}{\eta_{ref}} - (S_{H2} - 1) H_{cons}} = \frac{1}{\dfrac{1}{\eta_{ref}} + \dfrac{1}{S_{H2}} - 1} \tag{9-85}$$

연료전지의 전압 효율은 다음과 같다.

$$\eta_{FC} = \frac{E_{FC}}{H_{cons}} = \frac{V_{cell}}{1.482} \tag{9-86}$$

연료전지에서 생산된 동력은 동력 조정장치를 거쳐서 원하는 전압과 원하는 종류의 전류(직류 또는 교류)로 만든다. 시스템의 보조 성분의 운전에는 동력이 필요하다. 이 장치는 AC나 저전압 DC(12, 24, 42 V)를 사용하며, 이 경우 DC/DC 변환기가 필요하다(그림 9-48). 동력 전환과 기생 손실 효율은 다음과 같다.

$$\eta_{PC} = \frac{E_{net}}{E_{FC}} = (\eta_{DC} - \xi) \tag{9-87}$$

기생 부하를 운전하는 전압과 전류가 주부하와 같은 경우이다. η_{DC}는 DC/DC 또는 DC/AC 변환 효율이다. 계수 ξ는 기생 부하 운전에 필요한 동력과 연료전지 총괄 동력의 비이다.

$$\xi = \frac{E_{aux}}{E_{FC}} \tag{9-88}$$

$$\eta_{PC} = \frac{E_{net}}{E_{FC}} = \eta_{DC}\left(1 - \frac{\xi}{\eta_{DCaux}}\right) \tag{9-89}$$

기생 부하를 운전하는 DC 전압이 낮고, 효율이 η_{DCaux}인 추가 동력 변환이 필요한 경우이다. 두 동력 변환의 효율이 동일하다면 식 (9-89)는 식 (9-87)이 된다.

따라서 시스템 총괄 효율은 다음과 같다.

$$\eta_{sys} = \eta_{ref} \eta_{PROX} \eta_{fuel} \eta_{FC} \eta_{PC} \tag{9-90}$$

표 9-7 연료전지와 보조 성분의 효율 범위 및 운전 매개 변수와 이에 따른 시스템 효율

	η_{ref}	η_{PROX}	S_{H2}	V_{cell}	η_{DC}	ξ	η_{sys} (HHV)	η_{sys} (LHV)
수소-산소 시스템								
저효율			1.01	0.8	0.93	0.05	0.48	0.56
고효율			1.01	0.85	0.96	0.03	0.53	0.62
수소-공기 시스템								
저효율			1.05	0.7	0.93	0.10	0.37	0.44
고효율			1.01	0.8	0.96	0.05	0.49	0.57
연료 처리장치 부설 시스템								
저효율	0.80	0.95	1.2	0.7	0.93	0.10	0.25	0.27
고효율	0.90	0.97	1.1	0.8	0.96	0.05	0.40	0.44

수소-산소 및 수소-공기 시스템에 개질단계가 포함되지 않는 경우의 시스템 효율은 다음과 같다.

$$\eta_{sys} = \eta_{fuel}\eta_{FC}\eta_{PC} \tag{9-91}$$

연료전지 시스템 효율로서 합당한 것은 어떤 것인가? 성분 효율의 범위와 이에 따른 시스템 효율을 표 9-7에 보였다. 표에서, 저효율은 오늘날의 기술로 달성할 수 있는 수준이고, 고효율은 개질 기술, 동력 조정, 시스템 통합의 개선이 이루어졌을 경우에 기대되는 효율이다.

시스템 효율을 개선하는 분명한 방법은 연료전지를 고전압에서 운전하는 것이다. 연료전지의 동력-전압 특성으로 인해, 고전압은 저전류밀도를 의미하며, 이는 동일 출력에 대한 대형 연료전지를 의미한다. 연료전지 촉매, 촉매층 설계, 막 재료, 연료전지 설계를 개선해야, 높으면서도 가파르지 않은 분극곡선이 얻어질 것이며, 그래야 동력밀도를 높은 수준으로 유지하면서도 높은 운전전압을 선택할 수 있을 것이다. 연료전지 효율, 즉 운전전위는 개선의 여지가 많다. 현재의 운전전위는 이론전위에 훨씬 미치지 못하는 실정이기 때문이다.

참고문헌

1. Justi, E. W., *A Solar-Hydrogen Energy System* (Plenum Press, New York, 1987).
2. Winter, C.-J. and J. Nitsch (editors), *Hydrogen as an Energy Carrier* (Springer-Verlag, Berlin Heidelberg, 1988).
3. McCarty, R. D., J. Hord, and H. M. Roder, Selected Properties of Hydrogen (Engineering

Design Data), U.S. Department of Commerce, National Bureau of Standards, Monograph 168 (U.S. Government Printing Office, Washington, D.C., 1981).
4. Quantum Technologies website: http://www.qtww.com/core_competencies/gf_storage.shtml (accessed February 2005).
5. Blomen, L. J. M. J. and M. N. Mugerwa, *Fuel Cell Systems* (Plenum Press, New York, 1993).
6. Dynetek Industries website: http://www.dynetek.com (accessed February 2005).
7. Michel, F., H. Fieseler, G. Meyer, and F. Theissen, Onboard Equipment for Liquid Hydrogen Vehicles, in T. N. Veziroglu, C.-J. Winter, J. P. Baselt, and G. Kreysa (editors), *Hydrogen Energy Progress XI*, Vol. 2, in *Proc. of the 11th World Hydrogen Energy Conference* (Stuttgart, Germany, 1996), pp. 1063–1078.
8. Perry, Jr., J. H., A. Person, S. M. Misiaszek, and D. P. Alessi, Jr., Closed loop reactant/product management system for electrochemical galvanic energy devices, U.S. Patent No. 5,047,298, 1991.
9. Li, P.-W., T. Zhang, Q.-M. Wang, L. Schaefer, and M. K. Chyu, The Performance of PEM Fuel Cells Fed with Oxygen through the Free-Convection Mode, *Journal of Power Sources*, Vol. 114, No. 1, 2003, pp. 63–69.
10. PaxiTech website: http://www.paxitech.com (accessed February 2005).
11. Wilkinson, D. P. and J. St-Pierre, In-Plane Gradients in Fuel Cell Structure and Conditions for Higher Performance, *Journal of Power Sources*, Vol. 113, No. 1, 2003, pp. 101–108.
12. Barbir, F., M. Nadal, and M. Fuchs, Fuel Cell Powered Utility Vehicles, in Buchi, F. (editor), *Proc. of the Portable Fuel Cell Conference* (Lucerne, Switzerland, June 1999), pp. 113–126.
13. Weast, R. C., *CRC Handbook of Chemistry and Physics* (CRC Press, Boca Raton, FL, 1988).
14. Neutzler, J. and F. Barbir, Development of Advanced, Low-Cost PEM Fuel Cell Stack and System Design for Operation on Reformate Used in Vehicle Power Systems, *Fuel Cells for Transportation, FY1999 Annual Progress Report* (U.S. Department of Energy, Office of Advanced Automotive Technologies, Washington, D.C., October 1999), pp. 71–76.
15. Ralph, T. R. and M. P. Hogarth, Catalysis for Low Temperature Fuel Cells, *Platinum Metal Review*, Vol. 46, No. 3., 2002, pp. 117–135.
16. Gottesfeld, S. and T. A. Zawodzinski, Polymer Electrolyte Fuel Cells, in R. C. Alkire, H. Gerischer, D. M. Kolb, and C. W. Tobias (editors), *Advances in Electrochemical Science and Engineering*, Vol. 5 (Wiley-VCH, New York, 1997), p. 219.
17. Gasteiger, H. A., N. Markovic, P. N. Ross, and E. J. Cairns, CO Electrooxidation on Well-Characterized Pt-Ru Alloys, *Journal of Physical Chemistry*, Vol. 98, No. 2, 1994, pp. 617–625.
18. Barbir, F., Short Course on Automotive Fuel Cell System Engineering, in *Proc. of the Intertech Conference Commercializing Fuel Cell Vehicles 2000* (Berlin, Germany, April 2000).
19. Sumner, M. J., W. L. Harrison, R. M. Weyers, Y. S. Kim, J. E. McGrath, J. S. Riffle, A. Brink, and M. H. Brink, Novel Proton Conducting Sulfonated Poly(Arylene Ether)

Copolymers Containing Aromatic Nitriles, *Journal of Membrane Science*, Vol. 239, No. 2, 2004, pp. 199–211.

20. Pawlik, J. and C. Henschel, Membrane-Electrode-Assemblies for Reformed Hydrogen Fuel Cells, in *Proc. of the 2004 Fuel Cell Seminar* (San Antonio, TX, 2004), pp. 93–96.
21. Herring, A., S. Dec, J. Malers, F. Meng, J. Horan, J. Turner, M.-A. Sweikart, J. Pern, and D. Vernon, The Use of Heteropoly Acids in Composite Membranes for Elevated Temperature PEM Fuel Cell Operation; Lessons Learned from Three Different Approaches, in *Proc. of the 2004 Fuel Cell Seminar* (San Antonio, TX, 2004), pp. 97–100.
22. Uribe, F. A., S. Gottesfeld, and T. A. Zawodzinski, Jr., Effect of Ammonia as Potential Fuel Impurity on Proton Exchange Membrane Fuel Cell Performance, *Journal of the Electrochemical Society*, Vol. 149, 2002, p. A293.
23. Uribe, F. A. and T. A. Zawodzinski, Effects of Fuel Impurities on PEM Fuel Cell Performance, in *The Electrochemical Society Meeting Abstracts* (San Francisco, September 2001), Vol. 2001–2, Abstract No. 339.
24. Barbir, F., B. Balasubramanian, and J. Neutzler, Trade-off Design Study of Operating Pressure and Temperature in PEM Fuel Cell Systems, *Advanced Energy Systems*, Vol. 39, 1999, pp. 305–315, ASME.
25. Larminie, J. and A. Dicks, *Fuel Cell Systems Explained*, Second ed. (John Wiley, Chichester, England, 2003).

익힘 문제

9-1 a) 연료전지 시스템에 공기를 공급하는 1단 압축기의 압축 말기의 온도를 구하여라. 대기는 15°C, 101.3 kPa이고 완전 건조 상태라고 가정한다. 배출 압력은 300 kPa이다. 연료전지는 0.7 V/cell에서 50 kW를 생산한다. 산소 양론비는 2이다. 단열 압축이며 효율은 0.7이라 가정한다.

b) 압축기 구동에 필요한 동력(kW)을 구하여라. 압축기의 기계적 효율은 93%이고, 전기 모터와 제어장치의 효율도 93%이다.

c) 배출 공기를 터빈에 통과시킬 경우 회수되는 동력을 구하여라. 물을 제거한 배기가스는 60°C에서 수증기로 포화되어 있다. 연료전지에서의 압력 손실은 25 kPa이다. 터빈 효율은 70%이다.

9-2 익힘 문제 9-1의 연료전지 시스템에서 다음을 구하여라.

a) 연료전지 입구에서 60°C의 건조 공기를 수증기로 포화시키는 데 필요한 수분의 유량(g/s).

b) 공기 증습과정에서 필요한 열(W). 즉, 도입 유체(공기와 물)가 동반하는 열에 추가되는 열량(증습용 물의 온도는 55°C이다).

9-3 10 kW급 수소–산소 연료전지를 70°C, 상압에서 0.7 V/cell로 운전한다. 산소 양론비는 2.25이다. 캐소드 배기가스에서는 수분을 제거한다. 대기 상태는 23°C, 101.3 kPa, 상대습도 75%

이다. 7일간의 운전에서 저장해야 할 수분의 양을 구하여라. 이 시스템을 수분 중립적으로 운전하는 방안을 제시하여라.(물 수지 계산 결과를 근거로 사용하여라.)

9-4 이소옥탄(C_8H_{18}) 개질의 최대 이론적 LHV 효율을 구하여라. 이 효율은 어떤 당량비에 상응하는가?

9-5 메탄(CH_4)을 개질하여 얻는 개질가스의 조성(부피 %; 건량 기준)을 구하여라. 가스 전이 반응기가 있는 자기열 연료 처리장치에서 개질하며, 당량비 3.0으로 운전한다. LHV 효율은 75%이고, CO 함유량은 1%(부피; 건량 기준)이다.

9-6 가솔린(옥탄으로 가정)의 자기열 개질장치에서 얻는 개질가스의 수소 함유량이 41%이고, CO 함유량은 1.2%이다. 생성물(H_2, CO, CO_2) 이외의 부산물은 CH_4 뿐이라 가정한다.

a) 당량비 3.13일 경우 개질장치 효율을 구하여라.

b) 개질가스 발생 유량(L/min; 표준상태)을 구하여라. 50 kW 연료전지를 H_2 양론비 1.15에서 0.66 V/cell로 운전한다.

c) 연료 소비 속도(g/s)를 구하여라.

9-7 가솔린을 연료로 사용하는 85 kW 연료전지의 효율 목표가 40% 이상이다(저발열량 기준). 사용할 수 있는 개질장치 효율은 90%이고, 선택적 산화 효율은 97%이다. 이 시스템에서는 주부하 및 기생부하 용으로 효율 94%인 동력 조정장치를 사용한다. 부속 성분은 DC 24 V로 운전하며 7500 W를 소비한다. 연료전지의 공칭 운전 전위(V/cell)를 구하여라. 연료전지가 발생하는 동력은 얼마인가? 연료 소비량(g/s)은 얼마인가? 부분 부하. 즉 실질 출력이 15 kW일 경우의 시스템 효율이 어떻게 되는지 검토하여라.

퀴즈

9-1 연료전지 시스템에서, 압축기의 동력 소비량은

a) 연료전지 전압이 높을수록 많아진다.

b) 연료전지 전압이 높을수록 적어진다.

c) 연료전지 전압과는 무관하다.

9-2 정변위식 압축기는

a) 운전에 적정한 역압이 필요하다.

b) 연료전지 역압보다 높은 압력의 공기를 수송한다.

c) 연료전지 역압과 동일한 압력의 공기를 수송한다.

9-3 연료전지 시스템에서 공기의 가습은

a) 언제나 추가 열이 필요하다.

b) 가압 시스템에서는 추가 열이 필요 없다.
c) 운전압력 및 온도에 따라 추가 열이 좌우된다.

9-4 팽창기가 압축기 구동에 충분한 동력을 발생하는 경우는?
a) 연료전지 시스템을 고온 고압에서 운전할 경우이다.
b) 압력 손실이 충분히 낮을 경우이다.
c) 수소를 추가로 연소하고 이 더운 가스를 팽창기 가동에 사용할 경우이다.

9-5 수소를 순환시키는 연료전지 시스템에서는
a) 스택 입구의 수소 유량의 양론비가 1이다.
b) 스택 입구의 수소 유량의 양론비가 1보다 크다.
c) 데드엔드 운전에 비해 수소 소비량이 많다.

9-6 수증기 개질법으로 생산한 개질가스와 자기열 개질법으로 생산한 개질가스의 차이는
a) 수증기 개질법으로 생산한 개질가스 중에는 질소가 들어있지 않다.
b) 자기열 개질법으로 생산한 개질가스 중에는 수증기가 들어있지 않다.
c) 차이가 없다.

9-7 전이 반응은
a) 개질공정의 효율을 개선한다.
b) 수소 수득량을 개선한다.
c) 수득량과 효율을 모두 개선한다.

9-8 당량비는
a) 공기/연료비이다.
b) 개질장치에서 완전 개질에 필요한 이론 공기 유량과 실제 공기 유량의 비이다.
c) 개질장치 입구에서 완전 개질에 필요한 이론 공기 유량과 실제 공기 유량의 비이다.

9-9 공기 소량 주입(air bleed)은 CO를 제거하기 위해 공기를 추가하는 방법이다. 어디에서 주입하나?
a) 스택 입구
b) 개질 공정 최종 단계
c) 개질 공정 중가

9-10 연료전지 출구에서 미반응 수소는 수증기 개질장치 입구에서 연료 요구량을 줄이기 위해 사용할 수 있다. 이 결과는?
a) 연료 처리 효율이 향상된다.
b) 출구의 수소 농도가 증가한다.
c) 개질장치 효율에 미치는 영향이 없다.

10 연료전지 용도

Chapter

연료전지는 1 W 미만의 소량에서 수백 kW에 이르는 전력을 생산할 수 있다. 따라서 전기가 필요한 곳이면 어디에서나 이용할 수 있다. 자동차, 버스, 유틸리티 차량, 스쿠터, 자전거, 잠수함 등에서는 이미 시범적으로 사용하고 있다. 단독 주택, 빌딩, 지역사회 수준에서 이상적인 분산형 발전설비가 연료전지이며, 효율적으로 전력을 공급할 수 있다. 전력과 함께 열을 생산하는 '열병합발전'의 경우에도 아주 높은 총괄 효율로 연료전지를 활용할 수 있다. 연료전지는 비상용 발전기로서도 장점이 많다. 내연 기관에 비하면, 소음, 연료, 신뢰도, 유지관리 면에서 우수하고, 배터리에 비하면, 무게, 수명, 유지관리 면에서 우수하다. 소형 연료전지는 휴대용 발전기로도 매력적이다. 전자기구나 전동 도구에서 배터리 대용으로 쓸 수도 있다.

이렇게 다양한 용도의 연료전지 시스템 설계가 모두 획일적일 필요는 없다. 출력 이외에도, 용도에 따라 효율, 수분 수지, 열 이용률, 급속한 시동, 장기간 사용 중지, 크기, 무게, 연료 공급 등의 요건에 맞게 설계할 수 있다. 이 장에서는 용도에 따른 요건과 그에 따른 설계 변화에 대해 다룬다.

10.1 수소 연료전지

10.1.1 자동차

거의 모든 주요 자동차 제조회사들은 모형 연료전지 자동차를 만들어 시운전하고, 향후의 생산 판매 계획을 발표하여 왔다(표 10-1, 그림 10-1). 실용적 연료전지 차량을 개발해 시판

표 10-1 주요 자동차 제조업자의 모형 연료전지 자동차 (Hyweb[1], Fuel Cells 2000[2])

제조업자	차량	형태	연료	주행거리 (km)	연료전지 공급자	동력 (kW)	연도
Daimler Chrysler	Necar2	FC	Compressed H_2				
	Necar3	FC					
	Necar4 (Mercedes Class A)	FC	liquid H_2	450	Ballard	75	1999
	Necar5 (Mercedes Class A)	FC	methanol	480	Ballard	75	2000
	Jeep Comandeer2	Hybrid with Ni-MH battery	methanol	NA	Ballard	50	2000
	Natrium	Hybrid with Li-ion battery	sodium-borohydride	500	Ballard	75	2001
	Necar5.2 (Mercedes Class A)	FC	methanol	480	Ballard	75	2001
	Sprinter	FC	compressed H_2	>150	Ballard	75 (55)	2001
	F-cell	FC	compressed H_2	150	Ballard	85 (65)	2002
	Sprinter UPS	FC	NA	>150	Ballard	55	2003
Ford	P2000 FCEV	FC	compressed H_2	160	Ballard	75	1999
	Focus FCV	FC	compressed H_2	160	Ballard	75	2000
	Think FCV	FC	compressed H_2	NA	Ballard	75	2001
	FCV Hybrid	Hybrid	compressed H_2	320	Ballard	85 (68)	2002
General Motors	Opel Zafira	Hybrid with MH battery	methanol	NA	GM(?)	50	1998
	Precept	Hybrid with Li-polymer and Ni-MH battery	H_2 in Me-H	800	GM	100 (85)	2000
	HydroGen1(Opel Zaphira)	FC	liquid H_2	400	GM	75 (55)	2000
	HydroGen 3 liquid (Zafira)	FC	liquid H_2	400	GM	94	2001
	HydroGen 3 compressed 700 (Zafira)	FC	compressed H_2	270	GM	94 (60)	2001

	HydroGen 3 liquid 2004	FC	compressed H_2	400	GM	94 (60)	2004
	Sequel	Hybrid with Li-ion battery	compressed H_2	480	GM(?)	73 + 65	2005
Toyota	FCEV (Rav4)	FC	H_2 in Me-H	175	Toyota	20 (45)	1996
	FCEV (Rav4)	FC	methanol	500	Toyota	25 (50)	1997
	FCHV-3	Hybrid with battery	H_2 in Me-H	300	Toyota	90 (80)	2001
	FCHV-4	Hybrid with NI-MH battery	compressed H_2	>250	Toyota(?)	90 (80)	2001
	FCHV-5	Hybrid with NI-MH battery	gasoline	NA	Toyota(?)	90 (80)	2001
	Ovonic "H2 Prius"	Hybrid	H_2 in Me-H	200	NA	NA	2003
Honda	FCX-V2 (Twin Solid)	FC	methanol	NA	Honda(?)		1999
	FCX-V3	FC	compressed H_2	180	Ballard	62 (60)	2000
	FCX-V4	Hybrid with ultra capacitor	compressed H_2	300	Ballard	78 (60)	2001
	FCX	Hybrid with ultra capacitor	compressed H_2	355	Ballard	78 (60)	2002
	FCX (Honda Stack)	Hybrid with ultra capacitor	compressed H_2	395	Honda	86 (80)	2003
Nissan	FCV (R'nessa)	NA	methanol	NA	Ballard	NA	1999
	Xterra FCV	FC	H_2 in Me-H	NA	Ballard	75	2000
	X-trail FCV 3	Hybrid with Li-ion battery	compressed H_2	NA	UTC	58	2002
	X-trail FCV 2003	Hybrid with Li-ion battery	compressed H_2	350	UTC	63	2003
Mazda	Demio	FC	H_2 in Me-H	NA	Ballard(?)		1999
	Premacy FC-EV	FC	methanol	NA	Ballard	75	2000
Volkswagen	Bora HyMotion (Jetta)	FC	liquid H_2	350(?)	Ballard		2000
	Bora HyPower—Paul Scherer Institut	Hybrid with super capacitor	NA	150	Paul Scherer Institute	28	2002

표 10-1 계속

제조업자	차량	형태	연료	주행거리 (km)	연료전지 공급자	동력 (kW)	연도
	Touran "Hy-motion"	Hybrid with NI-MH battery	compressed H_2	160	Ballard	80	2004
Renault	FEVER (Laguna)	Hybrid with NI-MH battery	liquid H_2	400	DeNora	30	1998
Peugeot	Fuel Cell Cab	Hybrid with battery	compressed H_2	200–300	H-Power	5.5 (22)	2001
Fiat	Seicento Elettra H2 Fuel Cell	Hybrid with battery	compressed H_2	140	NA	7	2001
	Seicento	NA	compressed H_2	220	Nuvera	40	2003
Hyundai	Santa Fe FCEV	FC	compressed H_2	160	IFC	75	2001
	Tucson FCEV	NA	compressed H_2	300	UTC	80	2004
Mitsubishi	FCV Grandis	Hybrid with Ni-H battery	compressed H_2	150	Ballard	85 (65)	2003
Suzuki	WagonR-FCV	FC	compressed H_2	130	GM	50 (33)	2003
	WagonR-FCV 70Mpa	FC	compressed H_2	200	GM	38	2004
Lada	Avtovaz Lada ANTEL-2	Hybrid with Ni-MH battery	compressed H_2	350	NA	90	2003
Audi	A2	Hybrid with Ni-MH battery	compressed H_2	220	Ballard	66	2004
Kia	Sportage FCEV	Hybrid with Li-ion battery	compressed H_2	300	UTC	80	2004

그림 10-1 주요 자동차 제조업자의 시범용 연료전지 자동차. 맨 위에서 오른쪽으로, DaimlerChrysler, Jeep, Ford, Honda, GM(Opell), Toyota, Hyundai, Mazda.

하려는 경쟁은 1990년대에 시작되어 지금도 계속되고 있다.

자동차용 연료전지 기술 개발의 기본 추진 배경은, 연료전지의 효율, 제로에 가까운 배출가스, 수입 연료 대신에 현지의 연료를 사용할 수 있다는 데에 있다. 연료전지 차량의 상업화에 대한 주된 장애는 연료전지의 가격, 수소의 가격 및 조달 등이다.

자동차용 연료전지 시스템의 구조

연료전지를 추진모터와 연결하는 방법은 다음과 같이 여러 가지이다[3].

1. 연료전지를 자동차 주행에 필요한 모든 동력을 공급할 수 있는 규모로 만든다. 12 V급 배터리를 장착하는 경우, 배터리는 순전히 시동용으로만 사용한다. 이러한 구조는 직접 수소 연료전지 시스템에서만 가능하다. 연료 처리장치를 갖춘 시스템은 동특성이 좋지 않을 뿐 아니라, 소형 배터리로는 시동에도 충분치 않다.
2. 연료전지는 기본 부하용으로 만들어 사용하고, 차량 가속용 동력은 배터리 또는 울트라커패시터와 같은 피크용 기구(peaking device)로 공급한다. 이러한 시스템은, 배터리와 연료전지를 병렬로 사용하므로, 병렬 하이브리드 구조라 할 수 있다. 연료전지는 기본 주행 동력을 공급하고, 배터리는 피크 동력(가속용)을 공급한다. 배터리가 있는 시스템은 부하 변동에 대해 빨리 응답할 수 있다. 이러한 차량은 연료전지 시스템, 특히 연료 처리장치를 예열하지 않고도 시동할 수 있으며, 연료전지 시스템의 운전이 시작될 때까지는 순수 배터리 차량처럼 운행한다. 배터리는 제동 에너지를 회수하여 시스템 효율을 향상시킬 수 있지만, 비용, 무게, 부피가 증가하는 결점이 있다.
3. 연료전지를 배터리 재충전용으로만 사용한다. 차량 운전에 필요한 모든 동력은 배터리가 제공한다. 이러한 구조는 직렬 하이브리드 구조라 할 수 있는데, 연료전지가 배터리를 재충전하고 배터리가 전기모터를 구동한다. 배터리 장착으로 인한 장점과 단점은 병렬 하이브리드 구조의 경우와 같다. 연료전지 공칭 출력은 배터리 재충전 빈도에 따라 달라진다. 소형 배터리는 재충전 빈도가 빠르므로, 대형 연료전지가 필요하다.
4. 연료전지를 보조 동력원으로만 사용한다. 추진용 엔진을 따로 사용하고, 연료전지는 차량의 전기 계통 구동에만 사용한다[4]. 트럭과 같은 경우에는 이런 방식이 아주 매력적인데, 차량을 운전하지 않을 때도 주 엔진을 구동하지 않으면서 에어컨이나 냉동장치를 가동할 수 있다.

소요 동력과 효율: 연료 경제성

자동차 엔진의 소요 동력에 영향을 미치는 매개 변수는, 차량 질량, 전면 단면적, 항력계수, 회전저항계수, 구동장치(drive train) 효율 등이며, 차량 속도, 가속 여부, 도로 경사 등에 따라 소요 동력이 변한다.

자동차 엔진의 효율은 대개 연료 비소비량(specific fuel consumption)(g/kWh)으로 나타낸다.

$$f_c = \frac{3.6 \times 10^6}{\eta_{sys} H_{LHV}} \tag{10-1}$$

H_{LHV} = 연료의 저발열량(kJ/kg)

η_{sys} = 자동차 효율. 이는 연료전지 시스템 효율(연료 처리장치, 연료전지, 동력 변환장치), 견인효율(traction efficiency)(대개 93%), 전기 구동장치 효율(대개 90% 이상)의 곱과 같다.

가솔린 내연 기관이 최적 운전 상태일 경우, 연료 비소비량은 240 g/kWh 정도로서, 시스템 효율 34%에 해당한다. 디젤 엔진은 효율이 높아서 40% 정도이다. 연료전지 엔진은 시스템 구조에 따라 다르지만, 최적 운전조건일 경우 효율이 50% 이상이 되는데, 이는 연료 비소비량 60 g/kWh 이하에 해당한다. 수소 1 g의 에너지는 가솔린 2.73 g에 해당한다(저발열량 기준). 내연 기관의 비교에서는 저발열량 기준의 효율을 사용한다.

연료전지와 내연 기관의 효율은 최적 운전 상태에서 비교되어서는 안된다. 이 두 기술은 본질적으로 달라서 효율–동력 특성이 전혀 다르기 때문이다. 내연 기관의 효율이 최대가 되는 것은 출력이 거의 최대일 때이지만[6], 연료전지 시스템은 부분 부하일 때 효율이 최대가 된다[7](그림 10-2). 따라서, 전형적 운전 상황(그림 10-3)에서의 수소 연료전지 추진 시스템의 효율은 내연 기관의 두 배가 될 수 있는데[8–10], 이런 상황에서 내연 기관은 거의 부분 부하로 운전된다. 한 주행 스케줄(driving schedule)에서의 수소 연료전지 시스템의 효율은 40% 이상 50%에 이를 수 있다. 연료 처리장치를 갖춘 연료전지 추진 시스템의 효율은 수소 연료전지 시스템의 효율보다 낮지만, 내연 기관보다는 효율이 높다. 하이브리드 구조에서 연료전지와 내연 기관을 동시에 사용하면, 연료전지 효율의 장점이 사라진다.

연료 경제성(fuel economy)(g/m)은 다음과 같다.[5]

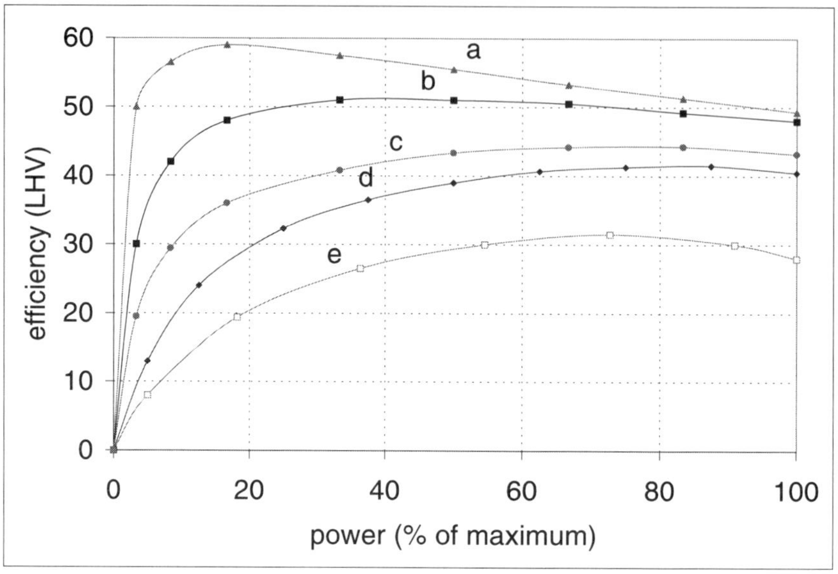

그림 10-2 연료전지와 내연 기관의 효율 비교.[6, 7] a) 저압, 저온 운전 연료전지 b) 고압, 고온 운전 연료전지 c) 연료 처리장치를 갖춘 연료전지 d) 압축 점화식 내연기관(디젤) e) 스파크 점화식 내연 기관(가솔린)

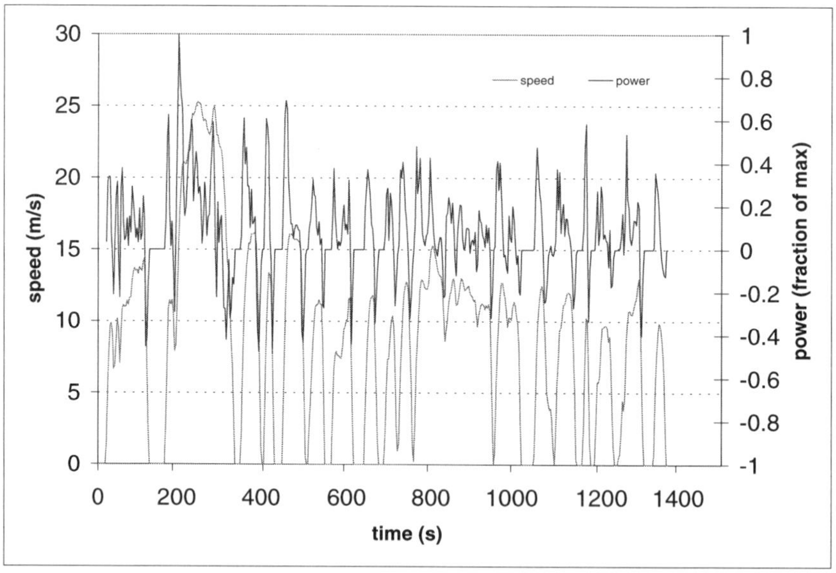

그림 10-3 미국 EPA UDDS(Urban Dynamometer Driving Schedule)[11]. 평균 주행 속도=8.7 m/s, 평균 동력=최대 동력의 12%.

$$B_e = \frac{\int f_c v \sum F dt}{3.6 \times 10^6 \int v dt} \tag{10-2}$$

f_c = 연료 비소비량(g/kWh). 식 (10-1)에서 정의.

v = 차량 주행 속도(m/s)

ΣF = 극복해야 할 힘의 합계(N)

- 공기 저항, $F_a = 0.5\ C_d A_v \rho v^2$
- 구름 저항(rolling resistance), $F_r = C_r m_v g$
- 관성력(inertial force), $F_i = m_v a$
- 중력, $F_g = m_v g \sin\theta$

C_d = 항력계수(0.25~0.4 정도)

A_v = 차량 전면 면적(1.5~2.5 m^2 정도)

ρ = 공기 밀도(kg/m^3)

C_r = 구름저항계수. 타이어의 반지름과 일그러짐(distortion)의 함수로서, 차량 속도에 따라 달라짐(0.008~0.02 정도).[5]

m_v = 차량 질량(차량 종류에 따라 1000~2000 kg 정도)

a = 차량 가속도(m/s^2)

g = 중력가속도(9.81 m/s^2)

θ = 도로 경사각

그림 10-3에 보인 것과 같은 차량의 주행 스케줄의 경우, 차량 속도는 시간의 함수이므로, 시스템 효율 η_{sys}과 힘의 합계 ΣF에 따라 달라진다.

배출가스

수소 연료전지는 오염물질을 발생하지 않는다. 유일한 부산물은 순수한 수분으로서, 운전 조건(온도, 압력)과 시스템 구성에 따라 물이나 수증기로 배출된다. 전형적 주행 스케줄에서 연료전지 추진 시스템이 생성하는 수분의 양은 내연 기관이 생성하는 수분의 양에 견줄 정도이다. 메탄올이나 가솔린과 같은 연료를 사용하고 개질장치를 갖춘 경우에는 개질공정에서 다소의 오염물질을 배출하지만, 내연 기관에 비하면 아주 적은 양이다. 따라서 이러한 차량은 초저공해차(ULEV, ultralow emission vehicle)라 할 수 있다.

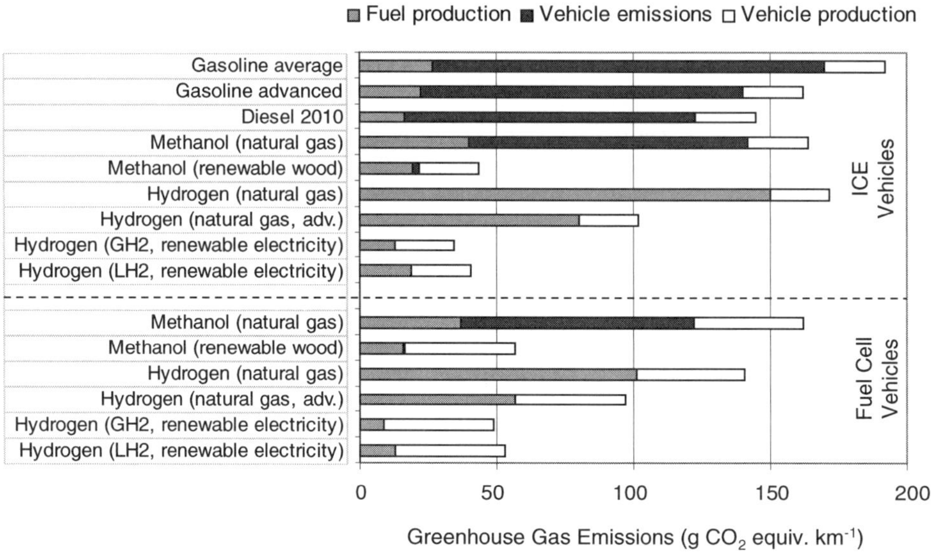

그림 10-4 전 과정 평가(life-cycle analysis) 결과: 동력전달장치(power train)와 연료에 따른 온실효과가스 배출량[12].

배출가스 분석에서는 연료 사이클 전 과정(유전에서 바퀴까지; well-to-wheels)을 종합적으로 고려해야 정확한 결과를 얻을 수 있다. 일반적으로, 수소를 화석연료에서 만드는 경우에는, 제조장소가 정유공장이든 연료 충전소(refueling station)이든 차량 내부이든 상관없이, 이 과정에서 발생하는 배출가스(특히 CO_2)를 고려해야 한다. 유전에서 바퀴까지의 전 과정 조사 결과를 그림 10-4에 보였다.[12] 가솔린, 디젤, 메탄올 동력 내연 기관 차량에 비해 연료전지 차량의 온실효과가스 배출량은 상당히 적다. 이 조사에서 배출가스가 가장 적은 차량은 수소 내연 기관 차량이다. 그 이유는 연료전지 차량 생산과정에서의 배출량이 많기 때문이다. 재생 에너지원과 물을 사용해 수소를 만들면 직접적인 배출 가스는 없으며(그림 10-4에서 소량의 배출량이 있는 것으로 나타낸 것은 재생에너지 이용설비의 제조과정에서의 배출량을 감안한 것이다), 이런 방향으로 나아가야 연료전지 기술의 장점을 살릴 수 있다. 미래 연료로서의 수소에 관해서는 11장에서 자세히 다룬다.

비용

연료전지에 비하면 자동차 엔진은 아주 복잡하지만 값은 그다지 비싸지 않다($35~$50/kW). 주된 이유는 대량 생산기술이 확립되어 있기 때문이다. 연간 생산되는 자동차(동시에 엔진)가 수백만 대에 이른다. 연료전지는 아직 미성숙 단계의 기술로서 모형이 제작되는 상황이므로 내연 기관에 비해 아주 비쌀 수밖에 없다. 그러나 주요 자동차 제조업체가 직간접적으로 조사한 바에 따르면, 연료전지의 경우에도 대량 생산기술이 확립되면 가격 경쟁력이 충분히 있다.[13,14] 연료전지 가격을 비싸게 만드는 주 성분은 촉매(귀금속, Pt, Pt 합금)와 고분자 전해질 막이다.

전형적 PEM 연료전지에 들어가는 백금 양은 전극 활성면적 cm^2 당 0.4 mg 정도이다. 동력밀도가 0.7 W/cm^2(예컨대 0.7 V, 1 A/cm^2) 경우, 이는 1 mg/W(=1 g/kW)에 해당한다. 백금 가격은 시장에 따라 다르지만 $20/g이라 하면, 이는 $20/kW에 해당하며, 연료전지 시스템 전체 가격의 큰 부분을 차지하게 된다.

또 다른 고가 성분은 고분자 전해질 막(Nafion 또는 이에 버금가는 불소계 고분자)으로 가격은 $500/$m^2$으로 엄청 비싸서, $70/kW나 된다. 막 제조업체의 추산에 따르면, 고분자 전해질 막의 제조량이 두 배 정도 증가하면 가격은 절반으로 떨어질 것이라 한다.

따라서 가격 목표($35~$50/kW)를 달성하려면 연료전지 성능을 개선해야 한다. 활성면적 당 동력을 증가시키고, 촉매 사용량을 줄이거나 성능을 악화시키지 않는 저렴한 촉매를 개발하고, 새롭고 저렴한 고분자 전해질 막을 만들어야 한다.

연료 문제–가용성, 가격, 저장

자동차용 연료전지 시스템의 구조는 연료의 선택에 따라 크게 달라진다. 연료전지 차량의 연료로는 수소, 가솔린, 메탄올 등을 사용할 수 있는데, 모두 장단점이 있다. 연료를 선택하는 요인을 들어보면 다음과 같다.

- 연료 공급의 인프라 및 설치 비용
- 에너지 함유량 기준의 연료 가격. 더 중요한 것은 주행거리 당 연료 가격
- 환경 영향(전 과정의 배출가스)
- 차내 저장 및 처리의 복잡도와 비용
- 실제 및 감각적 안전성
- 국가 안보 및 관련 에너지 정책

연료전지 차량 도입에 대한 가장 큰 장애는 수소 인프라(infrastructure) 부족인데, 이는 고전적인 '닭이 먼저냐 달걀이 먼저냐' 의 이슈와 같은 것이다. (즉, 수소 충전소가 없어서 연

료전지 차량이 없나? 수송용 수소 수요가 없어서 수소 충전소가 없나?) 필요한 수소 인프라(수소 생산 및 판매)의 구축에는 막대한 자본비용이 소요된다. 그럼에도 불구하고 미국, 일본, 독일에는 이미 수백 곳의 수소 충전소가 설치되어 있다. 캘리포니아의 최근 발표에 따르면, 주요 고속도로마다 200 곳 정도의 수소 충전소를 설치할 예정이다.[15]

천연가스로부터 생산되는 수소는, 생산 장소가 중앙 시설이든 수소 충전소이든 간에, 가격이 가솔린보다 싸다. 천연가스의 도매가격은 가솔린의 소매가격에 비해 2~3배 저렴하므로, 효율 70%~80%로 생산하는 수소는 가격 경쟁력이 있다. 가솔린의 소매가격에는 무거운 세금이 포함되는데, 세금 정책은 이 책에서는 고려하지 않는다. 아무튼, 원자력 발전소나 재생에너지 발전소에서 비용이 아주 적게 드는 잉여 전력을 사용한다면 모를까, 일반적으로 물을 전기분해하여 생산하는 수소는 가솔린에 비해 아주 비싸진다.

특히 재생에너지원을 이용해 생산한 수소는, 유일하게 자동차에서 오염물 배출량이 제로인 연료인 동시에, 원유와 달리 수입에 의존하지 않아도 되는 연료인 셈이다. 순수 수소로 운전하는 연료전지는 비교적 단순하고, 성능이 좋으며, 효율이 높고, 스택의 수명이 길다. 수소는 독성이 없고, 일반적인 생각과는 달리 안전하다(11.5.4절 수소 연료의 안전성 참조).

승용차용 수소와 관련된 가장 큰 문제는 차내 저장 문제이다. 수소는 압축가스, 극저온 액체, 금속 수소화물로 저장할 수 있다. 압축 수소용 탱크는 수소를 450 bar로 압축하더라도 부피가 아주 크다. 수소 1 kg의 저장 공간은 약 40~50 L이다. 필요한 차내 저장량은 차량의 연비와 주행 범위에 따라 달라진다. 차량 연비(fuel efficiency)는 mile/gal(mpg; 미국) 또는 L/100 km 등으로 나타낸다. 신차의 평균 연비는 20~30 mpg(7.9~11.8 L/100 km) 정도이며, 유럽이나 일본의 소형차는 이보다 좋다. 주행 범위는 대개 300 mile(480 km) 이상이다. 따라서 전형적으로 가솔린 10~16 gal을 차내에 저장하는 데 필요한 부피는 30~45 L 정도이다. 수소 연료전지 차량의 연비가 가솔린 차량의 두 배라 가정할 경우, 5~8 kg의 수소를 저장해야 하는데, 이때 필요한 공간은 200~400 L로서 현재의 가솔린 탱크의 10배나 된다. 차량 설계를 더욱 개선하고 경질 재료를 사용하면 연비를 2배 정도 개선할 수 있겠지만(수소 저장량을 2.5~4.0 kg 정도로 감축), 이는 수소 뿐 아니라 가솔린에도 적용된다.

액체 수소 탱크는 부피가 덜 하지만(약 30 L/kg 수소), 액화 수소는 극저온 연료(20 K)로서 취급이 쉽지 않다. 수소 액화는 에너지 집약적 공정으로, 액화 수소 고발열량의 30%에 해당하는 에너지가 필요하다. 따라서 압축 수소보다 비용이 많이 든다. (수소를 450 bar로 압축하는 데 드는 에너지는 압축 수소 고발열량의 10% 정도이다.) 또한 수소를 극저온으로 저장하면 휘발 손실이 심각하다. NASA에서 사용하는 단열이 우수한 대형 액화 수소 용기의 경우에도 손실율은 하루 0.1% 정도이다[16]. 현대식 차량용 액화 수소 탱크는 에너지 밀도를 22 MJ/kg으로 만들 수 있으며, 증발률은 대개 하루 1% 정도가 된다[17].

차내에 수소를 저장해야 하는 점과 수소 인프라의 부족으로 인해, 자동차 제조업자들은 한층 조달이 쉬운 연료전지용 연료를 모색하게 된다. 따라서 연료연지에 연료 처리장치를 갖추는 방안을 고려한다. 인프라의 관점에서는, 연료전지 차량을 시장에 도입하기 쉽도록 하는 처리 대상 연료로서 가솔린의 선택이 합리적이다. 그러나 가솔린은 쉽게 개질할 수 있는 연료가 아니다. 가솔린은 내연 기관에 적합하도록 최적화한 특화된 연료이므로, 가솔린 공급업자 역시 비교적 쉽게 개질할 수 있는 대체 연료로서는 가솔린이 아니라, 수소화 나프타, 수소화 분해물(hydrocrackate), 알킬화물/이성질화물, 천연가스로 만든 액상 연료 등을 고려하게 된다.[18]

차내 개질은 분명히 여러 장점이 있다. 자동차에서 메탄올과 같은 액체 연료를 사용할 수 있으며, 언젠가는 가솔린이나 기타 탄화수소 연료를 사용하게 될 것이다. 이렇게 되면 수소의 차내 저장 및 수소 인프라의 부족 문제가 해결된다. 그러나 차내 개질은 쉽지 않다. 몇 가지 성공적인 모형 차량이 있기는 하지만, 아직 연료전지 차량을 시장에 내놓을 단계라 할 수는 없다. 연료전지와 연료 처리장치를 성공적으로 통합하기 위한 공학적 이슈를 열거하면 다음과 같다.

1. 차내에 연료 처리장치를 갖춘 차량은 오염물 배출량 제로인 차량이 아니다.
2. 차내 개질은 추진 시스템(연료에서 바퀴까지)의 효율을 저하시킨다. 개질장치의 전형적 효율(연료에서 수소까지)은 80%~90% 정도이다. 희석된 수소를 사용하면 연료전지 전압이 낮아지며, 이는 연료전지 효율 또는 규모에 직접적 영향을 미친다. 또한 희석된 수소 연료 이용률이 아주 낮아지며, 결과적으로 시스템 효율이 더욱 떨어진다.
3. 차내에서 개질하면, 추진 시스템 전체의 복잡도, 크기, 무게, 비용이 증가한다.
4. 연료 처리장치에서 수소를 생산하려면, 운전온도까지 가열하는 데 시간이 걸린다. 최초의 모형은 시동시간이 15–30분으로, 실용성이 부족했다. 시동시간을 줄이려면 상당한 공학적 노력이 필요하다.[19] 이 이슈는 배터리 동력으로 연료 처리장치를 시동할 수 있는 하이브리드 구조에 의해 해결할 수 있다.
5. 장기적으로 연료의 불순물이 개질장치 수명에 미치는 영향과 개질장치 부산물이 연료전지 수명에 미치는 영향은 현재 잘 알지 못한다. Los Alamos National Laboratory 연구자들의 보고에 따르면, 부분 산화 개질가스 중에 들어있을 수 있는 NH_3와 H_2S는

낮은 농도에서도 부정적 영향을 미친다.[20,21]

자동차 제조업자들이 고려하는 또 다른 연료는 메탄올이다. 메탄올은 가솔린보다 쉽게 개질할 수 있으며, 묽은 수용액(1~2 M)을 직접 연료전지에서 사용할 수도 있다(메탄올 연료전지). 메탄올 역시 인프라가 구축되어 있지 않지만, 메탄올은 액체이므로, 수소 인프라에 비하면 구축이 아주 쉽다. 그러나 메탄올은 부식성이고 치명적 독성이 있으며 수용성이므로, 수송용 연료로 광범하게 사용되기는 어려울 것이다.

수명

차량의 평균 수명은 10~12년이지만, 실제 주행 시간은 3000~5000 시간 정도이다. 따라서 자동차용 연료전지도 비슷한 수명을 기대한다. 지금까지의 시험 결과에 한계가 있기는 하지만, PEM 연료전지는 이러한 기대에 부응할 수 있을 것으로 보인다. 다만 많은 가동 시작과 정지의 횟수, 연료와 공기 중의 불순물 등의 실제 사용 조건이 연료전지와 연료전지 시스템 성분의 수명에 미치는 영향이 확정되지 않았다.

열 제거, 수분 수지, 동결 문제

자용차용 연료전지는 극심한 기후 조건(−40~+40°C)에 견딜 수 있어야 한다. 이러한 요건은 시스템 설계에 막대한 영향을 미친다. 혹한(酷寒)에서도 운전할 수 있으려면 부동성 냉매 사용과 수분 관리 등의 특수 문제를 공학적으로 해결해야 한다. 연료전지 시스템에서 수분은 막의 이온 전도성 유지에 필수적이므로, 연료전지에서 수분을 완전히 제거할 수는 없다.

방열기와 응축기 등 연료전지의 열 제거 설비는 32~40°C의 혹서(酷暑) 기후에도 충분히 열을 제거할 수 있는 규모라야 한다.[6] 연료전지 시스템이 내연 기관에 비해 효율적이기는 하지만, 냉각 부하는 오히려 클 수 있다. 특히 연료전지는 운전온도가 60~80°C 정도로 낮으므로, 같은 규모의 내연 기관에 비해 열 제거설비가 아주 커지는 것이 일반적이다.

수분 수지 요건을 맞추려면 냉각 부하도 추가로 필요하다.[6,22] 연료전지 내부에서 수분이 생성되지만, 반응 기체의 가습과, 차내 연료 처리장치를 갖춘 경우에는 연료 처리용으로 수분이 필요하며, 배출가스로부터 회수해야 한다.

표 10-2 자동차용 연료전지 시스템의 미국 에너지부 목표[23]

	단위	2010년 목표
최대 출력	kW	50
25% 피크 출력일 때의 효율	%	60
피크 출력일 때의 효율	%	50
동력 밀도	$W\,l^{-1}$	650
비출력	$W\,kg^{-1}$	650
비용	$\$\,kW^{-1}$	45
과도 응답(10~90% 출력)	s	1
동절기에 시동에서 최대 출력에 이르는 시간	s	30
상온 기후에서 시동에서 최대 출력에 이르는 시간	s	15
내구성	h	5000
운전가능 온도	°C	−40

크기와 무게

내연 기관 대용의 자동차용 연료전지는 크기와 무게가 비슷해야 할 것이다. 스택의 크기는 공칭 셀 전압의 선택, 즉 스택 전압 효율에 따라 크게 달라진다. 스택 비용(比容)은 다음과 같다.

$$V_s = 0.1\frac{n_{cells}d_{cell} + 2d_{ep}}{\alpha_{act}n_{cells}V_{cell}i} \tag{10-3}$$

n_{cells} = 스택 안의 셀의 수

d_{cell} = 각 셀의 두께(냉각용 배치 포함)(m)

d_{cp} = 말단 판과 버스 판(bus plate)(말단 판의 기능이 버스 판에 포함되지 않았을 경우)의 두께(m)

α_{act} = 셀 활성 면적과 이극판 면적의 비; 다기관과 밀폐(seals)용 둘레 포함. 대형 스택의 전형적 값은 0.80~0.86 정도.[5]

V_{cell} = 공칭 출력에서의 셀 전위(V)

i = 공칭 출력에서의 전류밀도(A/cm^2)

셀 전위 V_{cell}과 전류밀도 i는 셀 분극곡선에 의해 연관되어 있다. 셀 전위와 전류밀도의 곱은 연료전지 비출력(specific power; 단위 활성 면적 기준)과 같다.

$$P_f = V_{cell}i(W\ cm^{-2})\ \text{또는}\ P_f = 10V_{cell}i(kW\ m^{-2}) \tag{10-4}$$

벽이 얇고 이극판 면적의 활용도가 좋으며 성능이 높을수록 스택의 비용이 적어진다.

스택 비질량(kg/kW)은 다음과 같다.

$$m_s = V_s \rho_s \tag{10-5}$$

ρ_s는 스택 밀도(kg/m^3)로서, 스택 설계와 사용한 재료의 함수이다. 전형적 연료전지 스택 밀도는 2000 kg/m^3 이하이다.

식 (10-4) 및 식 (10-5)의 매개 변수로부터 설계인자(design factor) D_f(kg/m^2)라는 새로운 매개 변수를 도출할 수 있는데, 이것은 스택 질량을 활성 면적으로 나눈 값이다. 이 인자는 다양한 스택 설계의 비교용으로 유용하다. 좋은 연료전지 설계란, 벽이 얇고, 이극판 면적의 활용도가 높으며, 가벼운 재질의 설계를 말하는데, 이 경우 설계 인자는 10 kg/m^2 이하이다. 설계 인자와 비성능(specific performance)을 알면 스택 비질량를 구할 수 있다.

$$m_s = \frac{D_f}{P_f} \tag{10-6}$$

무게와 부피가 각각 1 kg/kW 및 1 L/kW 이하인 스택이 이미 시범 운전되었다. 수소 저장용기를 제외한 완전한 연료전지 시스템의 목표는 각각 1.5 kg/kW 및 1.5 L/kW이다. 자동차용 종합 수소 연료전지 시스템(스택, 공기 관리, 열 관리 부분 시스템)의 미국 에너지부(DOE)의 기술 목표를 표 10-2에 열거했다.

10.1.2 버스

연료전지 기술을 조기에 시장에 도입한 차량 형태는 도시 및 지역의 수송수단인 버스이다. 위에서 다룬 승용차용 연료전지는 버스에도 응용할 수 있다. 기본적 차이가 있다면, 출력 요건, 운전 방식 및 수명 요건, 수소 저장용 공간의 크기, 충전소 등이다.

버스는 승용차에 비해 더 많은 출력이 필요하며, 대개 250 kW 이상이다. 시동 및 정지가 빈번하여 실제 운전에서 많은 것이 요구된다. 하지만 버스용 연료전지 시스템의 평균 연비는 디젤 엔진의 경우에 비해 15% 정도 좋다.[24] 버스는 거의 언제나 여러 대를 동시에 운행하므로 중앙 시설에서 연료를 충전할 수 있어서, 수소 충전이 아주 쉬워진다. 또 차내에 다량의 수소(대개 20 kg 이상)를 저장하는 데도 큰 문제가 없다. 연료전지 버스에서는 대개 복합 재료로 만든 압축가스 실린더에 250~300 bar로 수소를 저장한 수소 탱크를 버스 지붕 위에 설치한다. 수소는 공기보다 아주 가벼우므로, 지붕 위에도 안전하게 저장할 수 있다.

수소 연료전지 버스가 디젤 버스에 비해 경쟁력이 있는 것은 직접적인 오염물 배출이 제로라는 점이다. 이것은 이미 오염이 심하거나 인구가 밀집된 도시 지역에는 아주 중요한 문제이다. 유럽의 CUTE(Clean Urban Transport for Europe) 프로그램에 의해 여러 도시, 즉 Amsterdam, Barcelona, Hamburg, London, Luxemburg, Madrid, Porto, Reykjavik, Stockholm, Stuttgart 등에서는 이미 수소 연료전지 버스가 운행 중이다.[25] 미국 California의 Palm Springs에 있는 Sunline Transit Authority에서는 수년 동안 정규적 서비스로 연료전지 버스를 운행하고 있다. UNDP(United Nations Development Program)와 GEF(Global Environment Facility)는 전 세계의 주요 도시(Sao Paolo, Mexico City, New Delhi, Cairo, Shanghai, Bejing 등)에 연료전지 버스를 도입할 목적으로 국제적 프로그램에 자금을 지원하여 협력하고 있다.[25] 청정 재생 에너지원으로부터 수소를 생산하게 되면 연료전지 버스는 이러한 도시의 공기 정화에 크게 기여하게 될 것이다. 이미 시범 운행되고 있는 연료전지 버스를 표 10-3에 열거하고, 그 몇 가지 사진을 그림 10-5에 보였다.

연료전지 버스의 상용화에 대한 주요한 걸림돌은 연료전지 비용과 내구성이다. 제조량이 적기 때문에 동력(kW) 기준의 버스 엔진 비용은 승용차 엔진 비용에 비해 다소 많다. 전형적 도시 버스의 운행 시간은 연간 6000 시간 이상으로 기대수명이 길다. 동시에 시동 및 운전 정지 횟수가 많고 간헐적으로 운행하므로, 요구되는 연료전지 내구성에 맞추려면 현행 기술을 더욱 발전시켜야 한다.

10.1.3 유틸리티 차량

지게차, 산업용 물질 운반차량, 비행장 지상 견인 차량, 잔디 보수 차량, 골프 카트, 공항 승객 이송용 차량 등의 유틸리티 차량(utility vehicle) 역시 연료전지 기술을 조기에 적용한 차량이라 하겠다. 승용차나 버스에 비하면 유틸리티 차량에 대한 요구 사항은 심하지 않은 편이다. 경쟁 기술은 배터리로서, 주로 납축전지이지만, 충전 횟수가 잦고 충전 시간이 길며, 관리 문제가 쉽지 않다. 연료전지 동력 유틸리티 차량의 초기 시범 결과에 따르면, 운행 비용이 적고, 관리비가 적으며, 정비 기간이 짧고, 주행거리가 길다.[27] 대개의 경우, 이러한 차량은 실내에서 운행되므로, 동결은 문제가 되지 않는다. 연료전지 차량의 배출가스는 제로이므로 실내용으로 적합하다. 지게차처럼 실제로 무게가 있어야 하는 경우에는 수소를 금속 수소화물의 형태로 안전하게 저장할 수 있다.

표 10-3 시범 운행된 연료전지 버스. (자료: Hy-Web[1], Fuel Cell 2000[26])

제조업자	차량	종류	연료	주행거리 (km)	연료전지 공급자	동력 (kW)	연도
Ballard	P4 ZEbus	NA	compressed H_2	400	Ballard	260	1999
DaimlerChrysler	NeBus	NA	compressed H_2	250	Ballard	250	1997
	Citaro	NA	compressed H_2	200	Ballard	250	2002
MAN	Fuel Cell City Bus	NA	compressed H_2	>250	Siemens	120 (150)	2000
	Low Floor Bus with FC and LH2	NA	compressed H_2	300	De Nora	120 (150)	2001
	Argemuc-Man Fuel Cell Bus	Hybrid with Ni-MH battery	compressed H_2	>300	Ballard	68 + 100 (150)	2004
Proton Motors	Bayern Bus II	NA	compressed H_2	150–250	Proton Motors	80 (280)	2000
Toyota/Hino	Fuel Cell Bus	Hybrid with Ni-MH battery	compressed H_2	>300	Toyota	90 (160)	2001
	FCHV Bus 2	Hybrid with Ni-MH battery	compressed H_2	350	Toyota	180 (80)	2002
Neoplan	Midi FC Bus	Hybrid with Ni-MH battery	compressed H_2	600	De Nora	40 + 100	1999

Scania, Air Liquide	FC Midi City Bus	Hybrid with battery	compressed H_2	250	De Nora	60	2001
Irisbus	City Class FC	Hybrid with battery	compressed H_2	NA	NA	60 (160)	2001
	CITYCELL Madrid	Hybrid with lead acid battery	compressed H_2	NA	UTC	60	2003
	Turin FC Bus	Hybrid with battery	compressed H_2	NA	UTC	60	2004
Thor	ThunderPower Bus	Hybrid with battery	compressed H_2	320	UTC	60 (85)	2001
Autotram	Autotram	Hybrid with flywheel	compressed H_2	NA	Ballard	80 (325)	2005
Dalian University	Fuel Cell Bus China	NA	compressed H_2	NA	Dalian University	30	2002
Tsinghua University	DICP FCB 60 kW	NA	compressed H_2	NA	Tsinghua University	60	2003
	DICP FCB 100 kW	NA	compressed H_2	NA	Tsinghua University	100	2004

그림 10.5 연료전지 버스 모형: Ballard P4 (1999), Thor ThunderPower (2001), Toyota Hino (2002), Daimler Citaro (2002), Irisbus CITYCELL (2003), ARGEMUC-MAN (2004). (Hy-Web Hydrogen and Fuel Cell Information System, www.hydrogen.org/h2car/index.html.)

10.1.4 스쿠터와 자전거

특히 개발도상국에서는 스쿠터와 자전거가 연료전지 기술의 시장을 크게 형성할 것이다. 무게, 크기, 낮은 가격 등의 요건에도 불구하고 다양한 스쿠터와 자전거용 연료전지의 시범에 성공적이었다.[27] 동력 요건이 자동차에 비해 아주 적어서, 스쿠터용은 3 kW 정도이고 자전거용은 1 kW 정도이다. 주행거리 역시 승용차에 비해 적지만, 수소 저장용기의 부피는 중요한 이슈의 하나이다. 직접 메탄올 연료전지 시스템의 모형도 시범되었다. 스쿠터 및 자전거용 연료전지는 거의 공냉식이다. 스쿠터와 자전거의 경우에도 대규모 시장에서의 충전소 설치 문제는 여전히 복잡한 이슈이다. 그러나 저장해야 할 수소의 양이 아주 소량이므로, 새로운 대안을 생각할 수 있는데, 금속 수소화물 탱크나 가정용 충전기구(전기분해조)를 들 수 있다.

10.2 고정 발전

자동차용 연료전지의 개발과 시범이 더 많은 주의를 끌기는 하지만, 고정 발전용이 더 큰 시장 기회일 수도 있다. 어떤 시장에서나 추진력은 마찬가지로서 높은 효율과 낮은 배출가스이다. 시스템 설계의 원리도 마찬가지이다. 기본적 차이는 연료의 선택, 출력 조건, 열 제거법 등이다.[28] 이 외에도 자동차용과 고정 발전용 연료전지에는 차이가 있다. 고정 발전용과는 달리, 자동차용에서는 크기와 무게가 아주 중요하다. 특히 고정 발전용 연료전지를 실내에 설치할 경우에는, 허용 소음 수준이 자동차용에 비해 아주 낮다. 연료전지 자체는 어떤 소음도 발생하지 않지만, 공기와 유체를 취급하는 기구에서 소음이 생긴다. 승용차용 시스템은 시동 시간이 아주 짧아서 1분의 몇 분의 1이어야 하지만, 고정 발전용은, 보충용 또는 긴급용 발전기로 사용하지 않는 한, 시동 시간의 제약이 없다. 승용차용이든 고정 발전용이든 간에 연료전지는 극한적 기후에 견딜 수 있어야 하지만, 고정 발전용 연료전지 중에는 실내에 설치하는 것도 있다. 끝으로, 승용차용의 수명은 운전 시간 3000~5000 시간을 기대하고, 버스용이나 트럭용은 좀더 길지만, 고정 발전용 연료전지 시스템은 40,000~80,000 시간(5~10년)의 수명을 기대한다.

고정 발전용 연료전지 시스템은 분산 발전(distribution generation)의 개념을 실용화할 수 있는 것이다. 유틸리티 기업이, 막대한 수요 증가에 대비해 대형 발전소를 추가로 건설하는 대신에, 실제 수요 증가에 따라서 연료전지 발전 설비를 분산 설치함으로써 시설 용량을 증가시킬 수 있다. 현재 재래식 발전소의 허가 획득과 건설은 아주 까다롭다. 그러나 연료전지는 특별한 허가가 필요하지 않으며, 주거지역 안에는 물론 주거 건물 안을 비롯해, 사실상 어디에나 설치할 수 있다. 최종 소비자에게 연료전지는 신뢰성, 에너지 독립성, '녹색' 동력, 그리고 저가 에너지를 보장하는 것이다.

10.2.1 고정 연료전지 시스템의 분류

고정 발전용으로 다양한 연료전지 시스템이 개발되고 있다. 용도, 전력망 연결, 공칭 출력, 부하 변동, 연료 선택, 설치, 열병합 발전 등의 주제를 여기에서 설명하기로 한다.

용도 및 전력망 연결

고정 연료전지의 다양한 용도를 들어보면 다음과 같다.

- 단독 동력원. 전력망과의 경쟁용 또는 대체용, 전력망이 없는 지역의 전력 공급용.
- 보조 동력원. 전력망과 병렬적으로 기능하며, 기본 부하나 피크 부하를 조달한다.
- 간헐적 대체 에너지원과 병합. 발전용 광전지나 풍력 터빈이 전력 수요를 충당하지 못하는 기간에 가동한다.
- 보충 또는 긴급 발전용. 전력망이나 기타 기본 동력원이 고장 났을 경우 전력을 공급한다.

따라서 연료전지 시스템, 특히 그 동력 조정 및 연결 모듈은 다음과 같이 설계한다.

- 전력망 병렬형(grid parallel). 필요에 따라 전력망으로부터 소비자에게 전력을 공급하도록 하지만, 연료전지로부터 전력망으로의 반송은 허용하지 않는다. 연료전지 시스템은 소비자의 에너지 수요의 대부분을 공급할 수 있는 규모로 하며, 수요 피크일 때 단기간 동안만 전력망의 전기를 쓰도록 한다. 이러한 시스템에서는, 전력망이 고장 났을 경우의 시동을 제외하고는 배터리가 필요하지 않으며, 상호연결 기준(interconnect standard)도 필요하지 않다.
- 전력망 연결형(grid interconnected). 소비자가 필요할 때 전력망에서 전력을 공급받는 동시에 연료전지의 잉여 전력이 전력망으로 반송할 수도 있도록, 양방향 전기 흐름을 허용하는 방식이다. 이러한 시스템은 부하 순응적(load following)이거나 일정 전력으로 설계할 수 있다. 이러한 방식에서는 상호연결 기준이 필요하다.
- 독자형(standard-alone). 전력망과 독립적으로 동력 제공. 부하 순응적이어야 하며, 이를 위해 대개 배터리 뱅크(battery bank)를 병설한다.
- 보충용 또는 긴급용 발전기(backup or emergency generator). 이러한 시스템은 시동이 신속해야 하며, 배터리나 기타 피크용 기구를 병설한다. 배터리는 낮은 전력/짧은 지속기간의 보충용 전력으로 우수하고, 연료전지 시스템은 높은 출력(수 kW)/긴 지속기간(30분 이상)에 좋다. 보충 전력 시스템에는 물 전기분해-수소 발생기와 수소 저장용기를 부설한다.[29] 이 경우 전력망의 전기를 쓸 수 있는 기간에 자체 연료를 만든다.

공칭 출력

출력에 따라서 연료전지 발전설비를 몇 종류로 나눌 수 있다.

- 1~10 kW 급. 단독 주택, 트레일러, 레크리에이션용 차량, 휴대용 전원에 적합하다.
- 10~50 kW 급. 대형 주택, 맨션, 소규모 주택단지, 그리고 소규모 사무실, 식당, 창고,

상점 등의 소규모 상업용으로 적합하다.

- 50~250 kW 급. 소규모 공동체, 사무실 빌딩, 병원, 호텔, 군사 기지 등에 적합하다.
- 250 kW 이상. 이 경우에는 PEM 연료전지가 다른 고온 연료전지 기술에 비해 경쟁력이 없다.

부하 변동

용도와 공칭 출력에 따라서 연료전지 시스템은 부하 순응식 또는 일정 부하식으로 설계할 수 있다. 부하 순응식의 경우 사용자의 최대 요구 부하에 맞는 규모로 연료전지 시스템을 설계하거나, 공칭 출력만을 충당하고 피크 부하는 배터리나 울트라커패시터와 같은 피크용 기구 또는 전력망으로 보충하도록 설계한다. 연료전지는 전기적으로 부하에 순응할 수 있지만, 이러한 방식의 기능은, 반응물(산소 및 수소) 공급에 따라 달라진다. 반응물은, 펌프, 송풍기 압축기 등의 기계적 기구를 사용해 공급하며, 반응 속도 변화에 대한 응답에는 관성과 시간 지연이 생긴다. 과도 부하/가변 부하일 경우 특히 연료 처리장치에서 수소의 품질을 연료전지에 맞추면서 운전하기가 쉽지 않다.

고정 연료전지 발전설비는 언제나 일정/공칭 출력으로 운전하도록 설계할 수 있다. 이러한 시스템은, 기본 부하에 맞추어 설계하거나, 전력망과 연결하여 과잉 출력을 전력망에 반송하도록 설계할 수 있다.

연료 선택

PEM 연료전지는 수소로 운전한다. 그러나 특히 주거용으로는 연료 수소를 쉽게 구할 수가 없다. 시스템이 보충 전력용일 경우는 예외인데, 이때는 전기분해 수소 발생장치를 병설할 수 있다.[29] 시장을 확대하려면, 연료전지 개발자가 연료전지 시스템에 연료 처리장치를 병설해야 할 것이다. 주거용 및 상업용으로는, 광범하게 공급되고 있는 천연가스를 연료로 선택하는 것이 합리적이다. 현재까지 개발된 고정 연료전지 발전설비의 대부분은 천연가스를 연료로 사용한다. 천연가스 배관이 연결되지 않은 사용자의 경우에는 프로판 가스를 연료로 사용할 수 있을 것이다. 프로판과 천연가스의 연료 처리시설은 유사하며, 연료 처리에 동일한 촉매와 하드웨어를 사용할 수 있다. 때로는 연료유, 가솔린, 디젤, 메탄올, 에탄올 등의 액체 연료가 좋은 경우도 있다. 이러한 모든 연료 역시 연료 처리가 필요하다. 여러 산업용이나 전기분해 수소 발생기를 갖춘 재생 에너지 설비의 경우처럼, 수소를 구할 수 있다면, 시스템은 아주 단순해진다.

설치 위치

고정 연료전지 발전설비는 실내 또는 실외 설치용으로 설계할 수 있다. 실내 설치용은 규격 및 표준과 관련하여 해결해야 할 일이 많은데, 규격이나 표준의 대부분은 아직 존재하지 않으므로, 지역 당국과 협의해 가면서 연료전지를 설치해야 할 것이다. 실외 설치용은 전천후 시스템의 설계가 필요하며, 특히 극심한 기후 조건에 견딜 수 있어야 한다. 연료전지 시스템을 분할하여 설치하도록 설계할 수도 있는데, 연료 처리 및 발전 부분은 실외에 설치하고, 제어 및 출력 조정 부분은 실내에 설치할 수도 있다.

열병합 발전

연료전지 시스템은 어느 것이나 폐열을 발생한다. 주요 열 발생원은, 연료전지 스택, 연료처리장치, 폐가스 버너이다. (버너에서는 연료전지 스택을 통과하면서 반응하지 않고 배출되는 수소를 촉매를 사용해 연소한다.) 시스템의 열은 열교환기를 사용해 제거하거나, 복사 및 대류에 의해 단순히 외부로 소산되기도 한다. 연료전지 시스템에서 생성되는 열을 수집하여 가정용 온수의 가열이나 예열에 사용할 수도 있고, 천연가스 보일러 또는 열펌프와 병합하여 공간 난방설비 매체의 가열에 쓸 수도 있다. 이러한 열병합 발전설비를 사용하면 전기와 열을 더한 총괄 효율이 90%에 이를 수 있으므로 한층 경제적이라 할 수 있다. 연료전지의 열병합 발전설비를 그림 10-6에 간단히 보였다.

10.2.2 시스템 구조

분산 발전용 연료로서 수소를 구할 수 없으면, 천연가스나 프로판처럼 쉽게 구할 수 있는 연료를 연료전지에서 사용해야 할 것이다. 천연가스는 대부분의 인구 밀집 지역에서 구할 수 있고, 프로판 가스는 외딴 지역에서 구할 수 있다. 따라서 고정 발전설비용 연료전지는 연료처리설비를 갖추도록 한다. 이러한 시스템에서는 승용차의 경우보다 효율이 더욱 중요하므로, 시스템 통합과 최적화에 의해 높은 효율을 달성하도록 해야 한다. 대형 시스템(100 kW 이상)은 효율을 40% 이상 달성할 수 있으며, 소형(10 kW 미만)은 효율이 이보다 낮아서 36~40%가 전형적이다. 고정 발전설비는 승용차용에 비해 크기와 무게도 덜 중요하다. 또한 고정 시스템의 비용 목표는 승용차용 시스템에 비해 최소한 배 이상 크다. 고정 연료전지는 전압을 높이고 효율을 개선하도록 규모를 정할 수 있지만, 클수록 스택이 비싸진다. 상압 운전 시스템에서도 높은 효율을 달성할 수 있다. 수분 수지도 중요하기는 하지만 승용차용에서만큼 중요하지는 않으며, 열 제거 설비의 크기 역시 마찬가지이다. 승용차용 시스템에서는

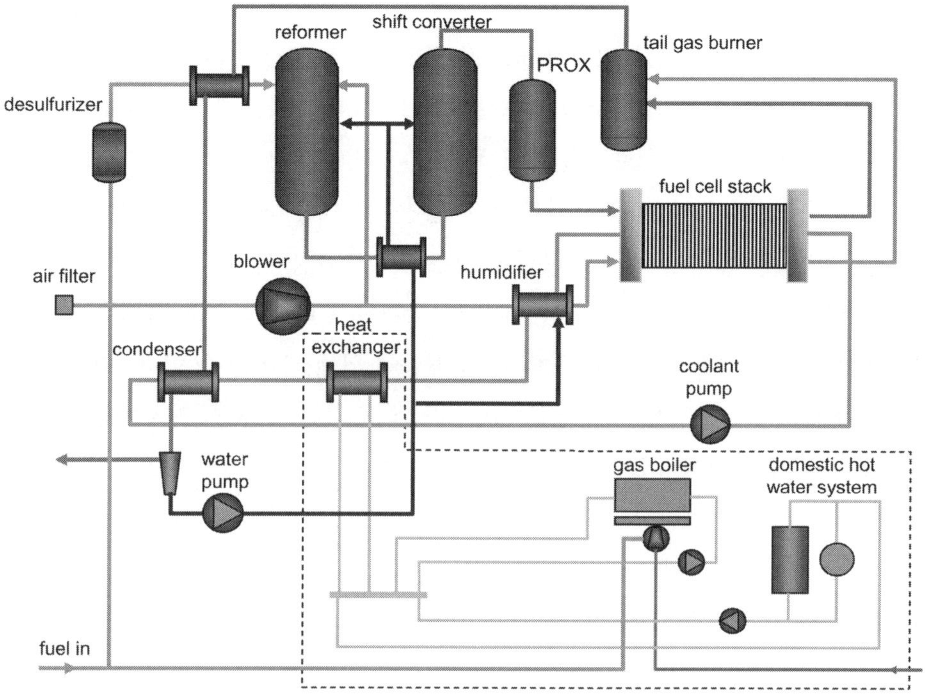

그림 10-6 연료전지의 열병합 발전설비 개요도. 열병합 설비[30]를 점선 안에 나타냈다. 연료전지 시스템은 그림 9-38 참조.

움직이는 차량에 부딪치는 공기를 그대로 냉매로 이용할 수 있지만, 고정 시스템의 열 제거에서는 순전히 선풍기에 의존해 열을 제거해야 한다.

승용차용 및 고정 발전용 연료전지 시스템의 가장 큰 차이는 출력 조정용 전기 부분 시스템이다. 출력 조정용 시스템의 구조는 시스템 운전 양식에 따라 크게 달라진다(9.4절 참고). 승용차용 시스템은 사실상 독립 시스템이지만, 고정 발전용 연료전지 시스템은 독립형, 전력망 병렬형, 전력망 상호연결형, 보충 동력원 등으로 설치할 수 있다.

독립형 시스템에서는, 피크 전력 수요에 대비하고 급속한 부하 변동에 대처하지 못하는 시스템의 성능을 보상하기 위해 배터리나 울트라커패시터와 같은 보조 동력원이 필요하다. 연료전지와 보조 동력원은, 최대 연속 부하에 맞추어 운전하는 동시에, 모터의 경우 정격 용량(rated capacity)의 몇 배나 되는 시동 부하 요건에 맞는 능력을 가질 수 있도록 크기를 정해야 한다. 따라서 출력 조정설비의 설계에서는 연료전지 및 보조 동력원의 출력을 조합하여 연속적으로 다루는 동시에 시동 부하 수요를 함께 다룰 수 있도록 해야 한다.

전력망 연결 시스템에서는 출력 조정설비가 간단해지는데, 전력망이 보조 동력원의 역할도 하고 시동 동력도 충당할 수 있기 때문이다. 그러나 이 시스템은 현재 전력망과 동기화할 수 있어야 하고, 전력망이 비정상적이거나 유틸리티의 신호 품질이 허용 기준을 벗어날 때는 단절할 수 있어야 한다. 독립형 및 전력망 연결형으로 설계된 시스템은 한층 복잡한데, 전력망에 연결되었을 때는 전력원으로 운전하고 독립 운전일 때는 전압원으로 운전해야 하기 때문이다. 연료전지가 전력망에 연결된 상태에서 전력망이 고장 나면, 즉시 연결을 끊고, 최대 정격 출력을 벗어나지 않는 범위에서 부하에 맞추어 출력을 유지해야 한다. 무시한 잉여 부하는 필수 부하가 아닌 것으로 간주한다. 따라서 효율적 출력 관리 시스템에서는 이러한 구조가 바람직한데, 프로그램이 가능한 출력 분배 패널에 의해 시행할 수 있다. 전력망 연결 시스템에서는 양방향으로 전기가 흐르게 할 수 있다. 연료전지는 개별 사용자의 피크 전력용 크기로 만들고, 필요한 전력이 낮은 동안에는 발전한 잉여 전기를 전력망으로 반송하도록 한다. 이 경우 도입 전력과 반송 전력을 모두 계량하는 계량기가 있어야 한다.

동력 조정 시스템의 구조와 설계에 영향을 미치는 또 다른 이슈로는 연료전지에서 허용되는 리플(ripple)의 크기와 불균형 부하에 대한 대처 능력을 들 수 있다.[31] 연료전지에 미치는 리플 전류는 동력 조정설비의 전자기기의 스위칭(switching) 특성으로 인해 생긴다. 전형적으로 두 성분이 발생하는데, 출력 AC 주파수의 두 배인 저주파 성분(100 Hz 또는 120 Hz)과 전자기기의 내부적 스위칭 특성에 기인하는 고주파 성분(kHz 범위)이 있다. 리플의 양은 연료전지 출구에서 커패시터에 의해 여과할 수 있다. 불균형 부하는 복선 설비의 개별 선로에서의 부하 분포의 불균형으로 생긴다. 예를 들면, 미국 주택의 표준인 3선 시스템(three-wire system)에서 두 선은 120 V 선이고 나머지는 중립(neutral)이다. 동력 조정 설비는 120 V 선의 각각이 시스템의 완전한 정격 전류를 다룰 수 있도록 설계해야 한다.

10.2.3 연료전지 시스템의 총괄 효율

연료전지 시스템 전체의 효율은 각 성분의 효율의 곱과 같다(9.5절 참고).

$$\eta_{sys} = \eta_{fp} \cdot \eta_{fc} \cdot (\eta_{pc} - \xi_p) \tag{10-7}$$

ξ_p = 기생 동력과 연료전지 총 출력의 비

η_{pc} = 동력 조정 효율 = AC 출력과 DC 출력의 비

DC(대개 24 V, 최근에는 42 V)로 가동되는 기생 부하가 시스템에 있고, DC/AC 및 DC/DC 변환 효율이 다르다면, 식 (10-7)은 약간 달라진다.

$$\eta_{sys} = \eta_{fp} \cdot \eta_{fc} \cdot \eta_{AC}\left(1 - \frac{\xi_p}{\eta_{DC}}\right) \tag{10-8}$$

부분 부하일 때의 효율은 공칭 출력일 경우에 비해 약간 높은데, 연료전지 효율(전압)은 동력 수준이 낮을 때 높기 때문이다. 그러나 이는 연료 처리장치의 비교적 높은 열 손실 및 비교적 높은 기생 동력으로 인한 낮은 효율에 의해 상쇄된다. 3 kW 급 주택용 연료전지 발전설비의 효율 동력 곡선을 그림 10-7에 보였다.[32] 공칭 동력의 1/6 또는 1/5의 운전 범위 전체에서 약 30% 이상의 효율을 유지할 수 있다. 다시 말하면, 이러한 연료전지를 아주 낮은 동력 수준으로 운전하는 것은 바람직하지 않으며 가능하지도 않다.

열병합 발전의 경우 아주 높은 총괄 효율(90% 이상)을 달성할 수 있다. 이 경우 총괄 효율은 다음과 같이 정의한다.

$$\text{총괄 효율} = \frac{(\text{전력 출력} + \text{열 출력})}{\text{연료 소비량}} \tag{10-9}$$

10.2.4 연료전지 시스템의 경제성

승용차용 연료전지 시스템의 경제성은 비교적 단순하다. 초기 비용과 효율의 관점에서 내연 기관과 경쟁력이 있어야 하는 것이다. 효율이 중요하기는 하지만 경제성에 미치는 영향은 적다. 초기 비용이 한층 중요하다.

주택용 연료전지의 경제성은 한층 복잡하다. 이 경우에는 구입 가격이, 동력 설비의 수명에 의해 절약할 수 있는 에너지 비용을 정당화할 수 있어야 한다. 주택용 연료전지 시스템의 가능성을 평가하기 위한 한 가지 방법은 단순 투자 회수기간(simple payback time)이다. 이것은 구입 가격과 전력비용의 연간 절약량의 비이다. 이 결과로부터 알 수 있는 것은 얼마나 빨리 투자액을 회수할 수 있느냐 하는 것이다. 이 단순법에서는 이 기간 중에 손실되는 이자, 물가상승, 전기 및 천연가스 가격의 변동 등을 고려하지 않지만, 빠른 참고용으로는 적절하다. 단순 투자 회수기간은 다음과 같다.

$$\text{SPT} = \frac{\text{연료전지 동력 시스템의 구입 가격}}{\text{연간 전기 절약 비용}} \tag{10-10}$$

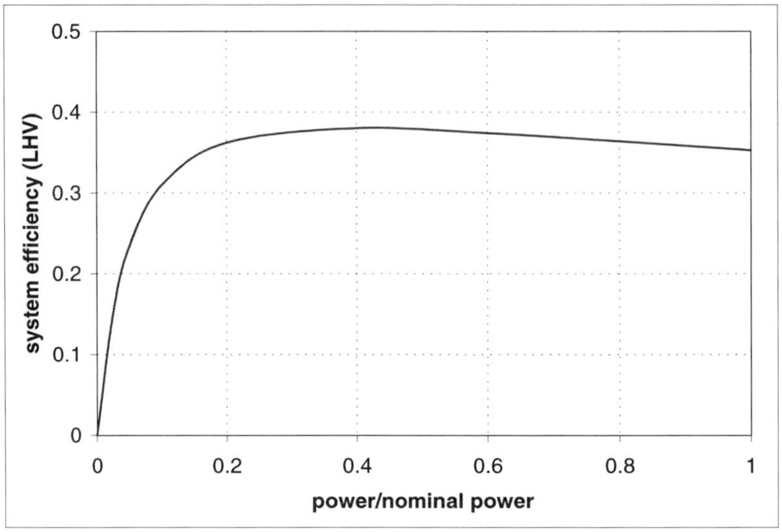

그림 10-7 소형, 주택용, 천연가스 연료 사용 연료전지 시스템의 효율(LHV)[32].

$$SPT = \frac{P_{fc,nom} \cdot C_{fc}}{AEP \cdot \left(C_{el} - \frac{C_{ng}}{\bar{\eta}_{fc}} \right)} \qquad (10\text{-}11)$$

$P_{fc,nom}$ = 연료전지 동력 시스템 공칭 출력(kW)

C_{fc} = 공칭 출력 kW 당 연료전지 동력 시스템의 비용($/kW)

AEP = 연료전지 시스템이 연간 생산하는 전력량(kWh/yr)

$\bar{\eta}_{fc}$ = 연료전지 시스템의 연평균 효율

C_{el} = 전력비용($/kWh)

C_{ng} = 천연가스 비용($/kWh). 천연가스의 저발열량(1000 Btu/ft^3) 및 변환인자 3412 Btu/kWh 기준.

연간 전력 생산량 AEP, 연평균 효율 $\bar{\eta}_{fc}$는 부하 프로필(load profile)의 함수이다. 부하 프로필은 사용자마다 다르며, 날마다 달라지고 계절마다 달라진다. 대부분 주택 사용자의 기본 특성은 변동성이 높다는 것으로서, 부하가 0에서 수 kW까지 변한다. 주택 평균 전력은 유럽과 일본이 1 kW이고 미국은 2 kW 이상이다. 주택 전력의 1일 부하 프로필을 그림 10-8에 예시했는데, 분 단위 평균 전력은 0.7~7 kW 범위이다. 이 경우 연간 전력 총 소비량은 16,000 kWh가 될 것이다.

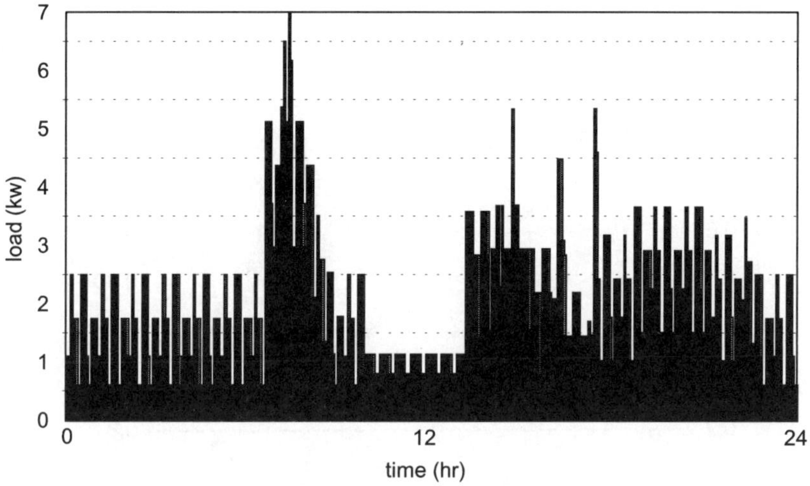

그림 10-8 가정용 전력 부하 프로필의 예.

연료전지 동력설비는 최소 동력 부하에서 최대 동력 부하 사이의 어떤 동력을 생산하는 규모로도 설계할 수 있다. 최저 수준의 규모로 만들었다면, 커패시티 인자(capacity factor)는 아주 높겠지만, 필요 동력의 일부만을 조달한다. 나머지는 전력망에서 공급받아야 한다. 필요 동력 전부를 조달하는 규모로 만들었다면, 전력망과는 독립적이지만, 커패시티 인자는 아주 낮아진다.

연료전지 시스템의 연간 발전량(kWh)은 다음과 같다.

$$AEP = \int_{year} P_{fc} dt \tag{10-12}$$

P_{fc} = 임의 시간 t에서의 연료전지 출력(kW)

$P_{load} < P_{nom}$일 때 $P_{fc} = P_{load}$

$P_{load} > P_{nom}$일 때 $P_{fc} = P_{nom}$

식 (10-12)는 부하 프로필을 아는 경우에만 이용할 수 있다. 커패시티 인자 CF는 일정 기간(대개 1년) 중 실제 발전량과, 해당 기간 중 시스템을 공칭 출력으로 운전할 경우의 발전량의 비로 정의하는데, 추산하기가 쉬운 편이다. 이 경우 연간 발전량 AEP(kWh)는 다음과 같다.

$$AEP = 8760 \cdot CF \cdot P_{fc,nom} \tag{10-13}$$

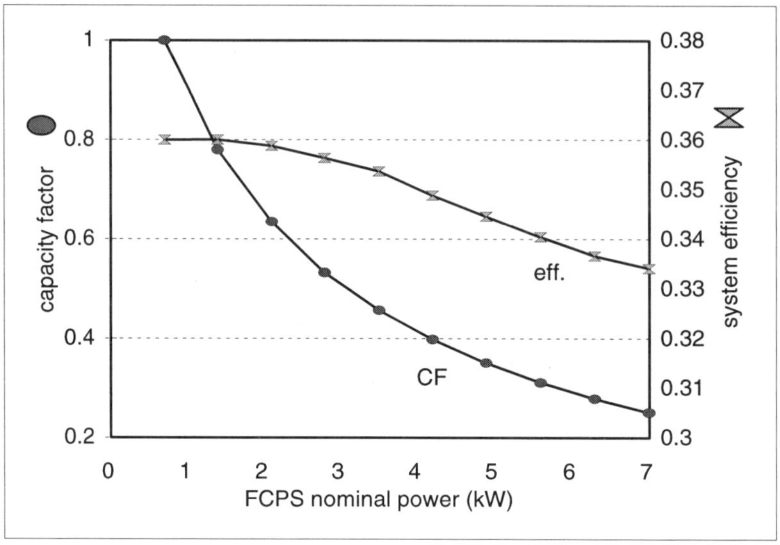

그림 10-9 주택용 연료전지 설비의 커패시티 인자 및 효율과 공칭 출력의 관계. (연료전지 설비의 효율은 그림 10-7, 부하 프로필은 그림 10-8 참조.)

8670 = 1년간의 시간(h)
CF = 커패시티 인자

부하 자체는 특정 커패시티 인자(평균 출력과 피크 출력의 비)를 가진다. 그림 10-8에 나타낸 부하 프로필에서 커패시티 인자는 25%이다. 부하가 요구하는 모든 동력을 제공하는 규모의 연료전지는 커패시티 인자 25%로 운전하는 것이 된다. 연료전지가 출력이 낮은 규모이면, 커패시티 인자가 높아진다. 기초 부하만 충당하는 규모의 연료전지는 커패시티 인자 100%로 운전하게 된다(이 기간 중에 유지관리 손실이 없는 경우). 부하 프로필이 그림 10-8에 보인 것과 같은 경우 커패시티 인자와 연료전지 공칭 출력의 관계를 그림 10-9에 보였는데, 범위는 기초 부하(0.7 kW)에서의 100%에서 피크 부하(7.0 kW)까지의 값을 나타냈다.

연료전지 시스템의 연중 평균 효율 역시 그림 10-9에 보였는데, 이는 다음과 같이 정의한다.

$$\overline{\eta}_{fc} = \frac{\int_{year} P_{fc} dt}{\int_{year} \frac{P_{fc}}{\eta_{fc}} dt} \tag{10-14}$$

P_{fc} = 연료전지 시스템의 출력

η_{fc} = 임의시간 t에서의 연료전지 시스템의 효율

식 (10-4)는 연간 부하 프로필을 아는 경우에만 사용할 수 있다. 정확한 연간 부하 프로필은 주택마다 다르고 사용자마다 다르므로, 이 대신에 연간 출력 분포곡선을 이용할 수도 있다.

운전 시간 전체에서 공칭 출력으로 운전하는 연료전지의 경우가 최고의 효율을 나타낸다(이 경우 36%로서, 0.75 V/cell에 해당한다). 커패시티 인자가 최저인 연료전지는 연간 효율 역시 최저(33%)인데, 대부분의 시간 중에 비효율적(공칭 출력의 20% 이하)으로 운전되기 때문이다.

식 (10-13)을 식 (10-11)에 대입하면 단순 투자 회수기간을 구할 수 있다.

$$SPT = \frac{C_{fc}}{8760 \cdot CF \cdot \left(C_{el} - \dfrac{C_{ng}}{\overline{\eta}_{fc}} \right)} \tag{10-15}$$

경우에 따라서는 연료 절약 및 투자 회수기간 대신에 연료전지가 생산하는 전기의 비용을 계산할 필요가 있다. 식 (10-15)에는 이 값은 다음과 같다.

$$C_{el} = \frac{C_{fc}}{8760 \cdot CF \cdot SPT} + \frac{C_{ng}}{\overline{\eta}_{fc}} \tag{10-16}$$

대규모 설비에서는, 단순 투자 회수기간 대신에, 연료전지 수명과 이율을 고려한 자본 회수인자 CRE(capital recovery factor)를 사용하는 것이 일반적이다.

$$C_{el} = \frac{C_{fc} \cdot CRF}{8760 \cdot CF} + \frac{C_{ng}}{\overline{\eta}_{fc}} \tag{10-17}$$

여기에서

$$CRF = \frac{d(1+d)^L}{(1+d)^L - 1} \tag{10-18}$$

d = 할인율(discount rate)

L = 연료전지 수명(yr)

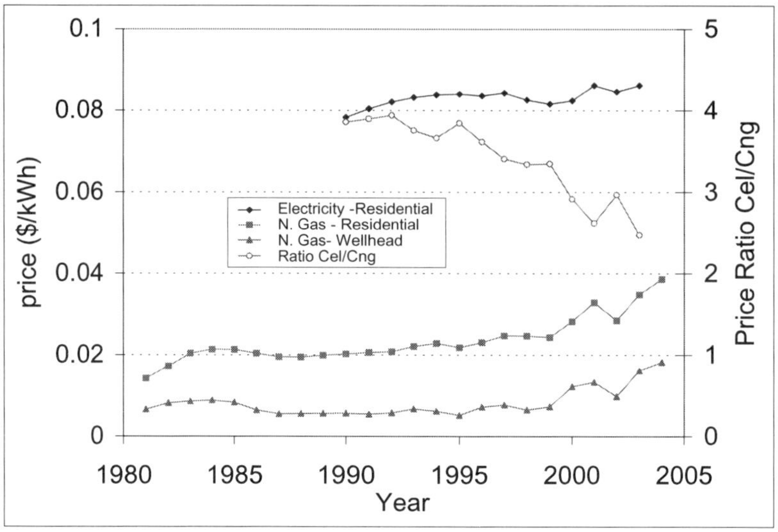

그림 10-10 미국 내 여러 지역에서의 전기 값과 천연가스 값.[33]

자본 회수인자 CRF의 단위는 yr^{-1}이다. $d \rightarrow 0$이면 $CRF \rightarrow 1/L$인데, 이 경우 $L = SPT$이다.

보다 완전한 경제성 분석에서는 유지관리비를 고려해야 한다.

$$C_{el} = \frac{C_{fc} \cdot CRF + AMC}{8760 \cdot CF} + \frac{C_{ng}}{\overline{\eta}_{fc}} \tag{10-19}$$

AMC는 설치 출력 kW 당 연간 유지관리비(annual cost of maintenance)($/kW yr)로서, 현재 실제 수명까지 운전된 연료전지 시스템이 많지 않기 때문에, 현 단계에서는 예측이 쉽지 않다.

고정 연료전지의 경제성은 전기 및 천연가스 비용에 따라 크게 달라진다. 식 (10-15)에서 분명히 알 수 있지만, 단순 투자 회수기간이 +값이 되는 것은 $C_{el} > \frac{C_{ng}}{\overline{\eta}_{fc}}$ 일 때로서, 전기 값과 천연가스 값(둘 다 $/kWh 단위)의 비 $\frac{C_{el}}{C_{ng}}$가 $1/\overline{\eta}_{fc}$ 보다 클 경우이다. 연료전지 시스템 효율이 0.30 및 0.40인 경우, 전기 값/천연가스 값의 비는 각각 3.33 및 2.50보다 커야 한다. 이 값이 커질수록 투자 회수기간은 짧아진다.

전기 값과 천연가스 값은 시간에 따라서도 변하고 지역에 따라서도 다르다. 그림 10-10을 보면, 2000년 이후 미국의 천연가스 값은 급상승했으며, 결과적으로 주택용 평균 가격 비 $\frac{C_{el}}{C_{ng}}$는 4에서 2.5 정도로 떨어졌다.[33] 그림 10-11에서 보면, 미국과 다른 여러 나라에서

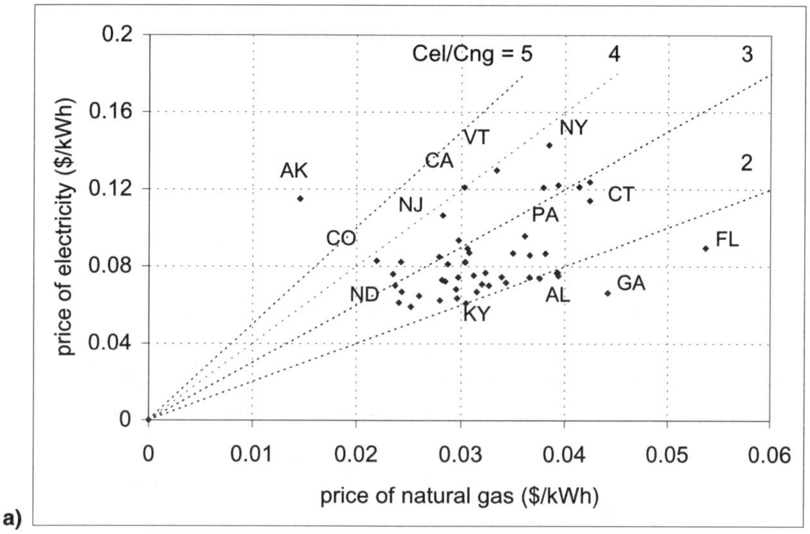

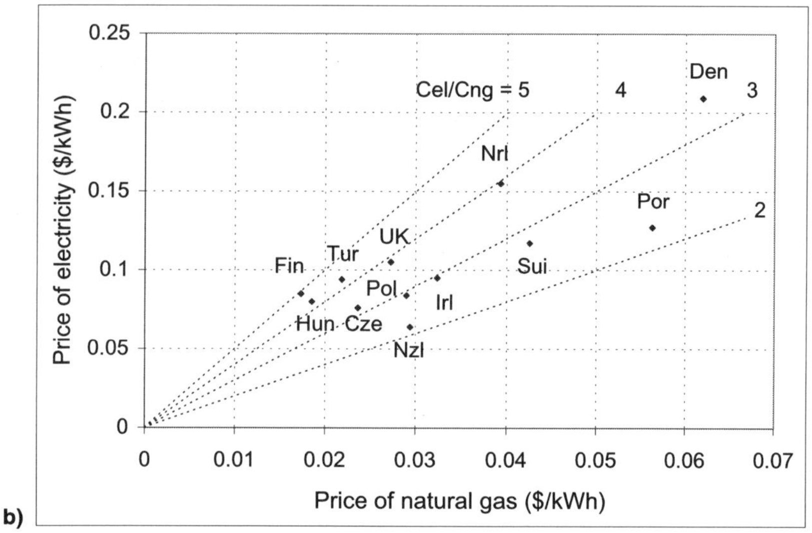

그림 10-11 주택용 소비자의 전기 값과 천연가스 값의 비: a) 미국(2003), b) 세계 여러 나라(2002).[33]

주택용 가격 비는 지역에 따라서도 크게 변한다.[33] 따라서 주택용 연료전지를 고려할 수 있는 곳은 특정한 나라와 지역에 국한된다. 유틸리티 부문에 공급하는 천연가스 가격은 주택용 가격에 비해 다소 낮으므로, 연료전지는 분산형 발전용으로 매력적이다.

표 E10-1-1 주택의 단순 부하 프로필의 예

kW	% 시간
10.0	5
5.0	10
2.0	15
1.2	40
0.733	30
합계	100

표 E10-1-2 최대 출력 규모의 연료전지에 관한 결과

kW	% 시간	kWh/yr	% 출력	효율	kWh/yr
10	5	4,380.0	100	0.34	12,882.4
5	10	4,380.0	50	0.35	12,514.3
2	15	2,628.0	20	0.33	7,963.6
1.2	40	4,204.8	12	0.28	15,017.1
0.7333	30	1,927.1	7.333	0.23	8,378.7
합계	100	17,519.9			56,756.2

예제 10-1

주택의 부하 프로필을 표 E10-1-1에 보인 동력 분포곡선으로 나타낼 수 있다고 하자. 전력망 전기 값은 $0.15/kWh이고 천연가스 값은 $0.32/$m^3$이다. 최대 부하를 충당하는 규모의 연료전지의 단순 투자 회수기간을 구하여라. 또한 평균 출력 규모로 만든 연료전지의 경우와 비교하여라. 연료전지 비용은 $1000/kW이고, 시스템 효율은 그림 10-7에 보인 것과 같다.

풀이

투자 회수기간은 식 (10-17)로 나타냈다. 미지 매개 변수는 연간 발전량과 연평균 효율이다. 연간 발전량은 다음과 같다.

$$AEP = \sum P_{fc} t$$

$$\overline{\eta}_{fc} = \frac{\sum P_{fc} t}{\sum \frac{P_{fc}}{\eta_{fc}} t}$$

최대 동력 규모의 연료전지인 경우, $P_{fc.nom}$ = 10 kW이며, 결과를 표 E10-1-2에 보였다.

연간 발전량:

$$AEP = 17{,}519.9\ \text{kWh yr}^{-1}$$

평균 출력:

$$\overline{P} = \frac{AEP}{8760} = 2.0\text{kW}$$

연간 커패시티 인자:

$$CF = \frac{AEP}{8760P_{fc,nom}} = \frac{17{,}519.9}{8760 \times 10} = 0.2$$

연평균 효율:

$$\overline{\eta}_{fc} = \frac{17{,}519.9}{56{,}756.2} = 0.308$$

천연가스 비용:

$$C_{ng} = 0.32\ \$\text{m}^{-3}/38{,}300\ \text{kJ m}^{-3} \times 3600\ \text{s h}^{-1} = 0.03\ \$\ \text{kWh}^{-1}$$

단순 투자 회수기간:

$$SPT = \frac{C_{fc}}{8760 \cdot CF \cdot \left(C_{el} - \dfrac{C_{ng}}{\overline{\eta}_{fc}}\right)} = \frac{1000}{8760 \times 0.2\left(0.15 - \dfrac{0.03}{0.308}\right)} = \underline{10.8\ \text{years}}$$

평균 출력 규모의 연료전지의 경우, $P_{fc,nom} = 2.0$ kW이며, 결과를 표 E10-1-3에 보였다.

연간 발전량:

$$AEP = 11{,}387.9\ \text{kWh yr}^{-1}$$

연간 커패시티 인자:

$$CF = \frac{AEP}{8760P_{fc,nom}} = \frac{11{,}387.9}{8760 \times 2} = 0.65$$

연평균 효율:

$$\overline{\eta}_{fc} = \frac{11{,}387.9}{33{,}058.4} = 0.344$$

표 E10-1-3 최대 출력 규모의 연료전지에 관한 결과

kW	% 시간	kWh/yr	% 출력	효율	kWh/yr
2	30	5,256.0	100	0.34	15,458.8
1.2	40	4,204.8	60	0.35	12,013.7
0.733	30	1,927.1	36.67	0.345	5,585.8
합계	100	11,387.9			33,058.4

단순 투자 회수기간:

$$SPT = \frac{C_{fc}}{8760 \cdot CF \cdot \left(C_{el} - \frac{C_{ng}}{\eta_{fc}}\right)} = \frac{1000}{8760 \times 0.65\left(0.15 - \frac{0.03}{0.34}\right)} = \underline{2.8 \text{ years}}$$

이 예제의 경우, 2 kW 급 연료전지가 한층 경제적이다. 평균적인 주택형 소비자라면 투자 회수기간 2.8년은 매력적이라 할 수 있다.

예제 10-1에서, 잉여 전기를 전력망에 송출하거나 연료전지 폐열을 이용함으로써 연료전지 경제성을 개선할 수 있다. 전자의 경우 전력망에 송출하는 전기 값은 구입 전기 값과 같지 않을 수 있다. 이 경우 단순 투자 회수기간은 다음과 같다.

$$SPT = \frac{P_{fc,nom} \cdot C_{fc}}{AEP_{int} \cdot \left(C_{el} - \frac{C_{ng}}{\bar{\eta}_{fc}}\right) + AEP_{exp} \cdot \left(C_{el,exp} - \frac{C_{ng}}{\bar{\eta}_{fc}}\right)} \tag{10-20}$$

AEP_{int} = 내부적으로 소비하는 전기량(kWh/yr)
AEP_{exp} = 전력망에 송출하는 전기량(kWh/hr)
$C_{el,exp}$ = 전력망에 송출하는 전기 값($/kWh)

예제 10-1의 경우

$AEP_{int} = 17{,}519.9 \text{ kWh yr}^{-1}$
$AEP_{exp} = P_{fc,nom} \times 8760 - AEP_{int} = 87{,}600 - 17{,}519.9 = 70{,}080.1 \text{ kWh yr}^{-1}$
$\bar{\eta}_{fc} = 0.34$ (100% 시간 동안 연료전지를 공칭 출력으로 운전한다.)

전력망에 반송하는 전기 값이 구입 전기 값의 90%라 가정하면, 단순 투자 회수기간은 다음과 같다.

$$SPT = \frac{10 \times 1000}{17{,}519.9 \times \left(0.15 - \frac{0.03}{0.34}\right) + 70{,}080.1 \times \left(0.15 \times 0.9 - \frac{0.03}{0.34}\right)} = 2.3 \text{ years}$$

이 경우 경제성은 전력망에 반송하는 전기 값에 따라 크게 달라진다. 나라에 따라서는 이 가격을 규제하고, 유틸리티 시설에서는 개별 생산자의 전기 구매를 강요하는 나라도 있다.[1] 전력망 연결형 고정 연료전지 발전시설의 경제성은, 천연가스를 낮은 값으로 구입하는 유틸리티 회사에서 운영하면 더욱 개선될 수 있다. 실제로 천연가스 유틸리티 회사가 발전회사를 겸할 수 있다.

연료전지의 폐열을 이용하는 경우에는 투자 회수기간 산정에서 가열용 연료의 절약을 계상해야 한다. 가열용 연료로는, 천연가스, 난방유, 심지어 전기를 사용할 수도 있다. 가열 설비의 효율은 대개 80% 이상이며, 컨덴싱 보일러(condensing boiler)의 경우에는 100% 이상일 수도 있다(2.3절 참고).

연료전지의 총괄 효율(열 및 전기)은 식 (10-9)로 정의한다. 연간 열 사용량(AHP)은 다음과 같다.

$$AHP = AEP\left(\frac{\eta_{tot}}{\eta_{el}} - 1\right) \times f_{hu} \tag{10-21}$$

1년 내내 모든 열을 이용할 수는 없다. 가정용 온수가 연중 필요하기는 하지만, 난방용 열은 동절기에만 필요하며, 기후에 따라 다르다. 실제로 사용하는 열량과 연료전지에서 발생하는 열량의 비, 즉 열 이용인자(heat utilization factor) f_{hu}를 식 (10-21)에 포함시켰다. 경우에 따라서는 열병합 발전용 연료전지 시스템을 열 순응방식(heat following mode)으로 사용하면서, 발전한 전기를 사용하기도 하고 되팔기도 한다.

열병합 발전용 시설의 단순 투자 회수기간은 다음과 같다.

$$SPT = \frac{C_{fc} \cdot P_{fc}}{AEP\left[C_{el} - \frac{C_{ng}}{\eta_{el}} + \left(\frac{\eta_{tot}}{\eta_{el}} - 1\right) f_{hu} \frac{C_{fuel}}{\eta_{heat}}\right]} \tag{10-22}$$

C_{fuel} = 난방용 연료(천연가스, 난방유, 전기)의 비용($/kW)

η_{heat} = 재래식 열 발생 효율

예제 10-2

예제 10-1에서 다룬 연료전지에서 열을 발생하여 종합적 총괄 에너지 효율이 75%이며, 열의 2/3는 이용할 수 있을 경우, 투자 회수기간을 구하여라. 열은 효율 90%의 연소로에서 천연가스를 연소시켜서 얻는다.

---

1) 연료전지나 재생 에너지 설비를 장려하고자 하는 나라에서는, 정책적으로 전력망에 되파는 전기 값을 오히려 비싸게 쳐준다.(역주)

식 (10-22)에서,

$$\text{SPT} = \frac{1000 \times 10}{17519.9 \times \left[0.15 - \frac{0.03}{0.308} + \left(\frac{0.75}{0.308} - 1\right)\frac{2}{3}\frac{0.03}{0.9}\right]} = 6.8 \text{ years}$$

열병합 발전을 하면 더욱 절약할 수 있고 투자 회수기간이 발전만 할 경우의 10.8년에서 6.8년으로 단축된다.

이처럼 고정 연료전지의 경제성은 설비의 사용 방법에 따라 크게 달라진다. 몇 가지 가능한 시나리오를 예시하면 다음과 같다.

1. 개별 사용자(주거용 또는 상업용)의 전체 부하를 충당하는 규모의 연료전지 시스템
   이러한 연료전지는 커패시티 인자가 낮고 평균 효율이 상대적으로 낮으므로, 투자 회수기간이 예상 외로 길어진다. 하지만 사용자가 전력망으로부터의 독립을 원하여 비싼 가격을 지불할 용의가 있을 경우에는 이런 방식을 수용할 수 있다. 또한 신규 주택 시장에서 통할수도 있는데, 규모를 초과하여 효율이 나쁜 연료전지 비용을 구매자가 지불하면서도, 연료전지 자체의 고비용은 전체 구매액에 묻혀서 드러나지 않으므로, 모르고 넘어가는 경우도 있다.
2. 개발 사용자의 전체 부하를 충당하는 규모이지만 잉여 전력을 전력망에 팔 수 있는 연료전지 시스템
   유틸리티 회사에서 적절한 가격으로 잉여 전기를 구입해 주거나, 유틸리티 회사가 연료전지를 소유하여 분산형 발전용으로 운전하는 경우에 이 방식이 성립된다. 개별 사용자가 가정용이나 사업용으로 '미니 발전기'를 수용하는 데 대한 인센티브가 있더라도, 사용자는 전력 공급이나 비용의 차이를 알지 못할 수 있다. 대형 발전소를 신규로 건설해야 하는 인구 밀집 도시지역의 유틸리티로서는 매력적인 방식이다. 모듈형이고 크기가 작으며 배출가스가 아주 적고 소음이 낮으므로, 연료전지 발전설비를 빌딩 내부에 설치할 수 있다. 유틸리티 회사는 이러한 방식으로 대규모 투자를 하지 않으면서도 공급 용량을 증가시킬 수 있다. 물론 연료전지가 비용 효율적이어서 투자 회수기간이 합리적이라는 전제가 성립되어야 한다.
3. 부하의 일부를 충당하는 규모의 연료전지 시스템
   이 경우 연료전지는 높은 커패시티 인자 및 높은 효율로 운전하므로 비용 경쟁력이 있다. 하지만 사용자는 피크 전력을 전력망에 의존해야 한다. 전력망에 고장이 생길 경우

에는 사용자가 연료전지를 사용하고, 배선 방식에 따라서는 임계 부하일 경우에만 연료전지를 운전할 수도 있다.

4. 단기적 피크 전력 중에 배터리(또는 울트라커패시터)를 사용하는 연료전지 시스템

이 경우에는 연료전지를 기초 부하만 공급하는 규모로 설치하여 아주 높은 커패시티 인자로 운전할 수 있으며, 피크 전력이 아닌 기간 중에는 배터리를 충전한다. 이러한 시스템의 분석에서는 배터리의 경제성과 수명을 고려해야 한다.

5. 열병합 발전용 연료전지

위에서 열거한 모든 시나리오에서는 연료전지에서 발생한 폐열을 활용하면 경제성이 개선된다. 이 경우 투자 회수기간 산정에서는 회수한 열량과 그만한 열량을 생성하는 데 사용했을 연료를 감안해야 한다(식 10-22). 이 시스템은 전력 부하 순응형 또는 열부하 순응형으로 설계하여 규모를 정할 수 있다. 이러한 시스템에서는 보일러 가열 시스템과 병합할 수도 있다.

6. 대기 전력용 또는 긴급 발전용 연료전지

연료전지 발전설비의 이상적 틈새(niche) 시장이라 할 수 있는데, 그 이유는 다음과 같다.

- 효율이 중요하지 않다.
- 기대 수명은 1000 시간에 불과하다(연간 200 시간, 수명 5년). 이는 현재의 기술로도 달성할 수 있다.
- 신속한 시동은 필요하지 않다. (연료전지 시동 중에 배터리나 울트라커패시터로 전력을 제공할 수 있다.)
- 보충 전력 5 kWh 급 이상일 경우에는 규모나 무게(결과적으로 비용) 면에서 연료전지가 배터리에 비해 우수하다.
- 소음과 배출가스 면에서는 가솔린이나 디젤 발전기에 비해 연료전지가 아주 우수하다.
- 전기분해장치와 결합하여, 자체 연료를 생산할 수 있다. 이 문제는 다음 절에서 자세히 다루기로 한다.

10.3 예비 전력

예비 전력(backup power) 설비는 기본 전력이 고장 났을 경우 단전되지 않도록 즉시 전력을 공급하는 설비를 말한다. UPS(uninterruptible power supply)라는 용어가 자주 쓰

표 10-4 연료전지 시스템의 시장 요건[29]

	자동차용	고정 발전용(기본 전력)	고정 발전용(예비 전력)
출력	50~100 kW	1~10 kW, 200 kW	1-10 kW
연료	개질 가스/H_2	개질 가스	수소
수명(운전 시간)	5000 시간	>40 000 시간	<2000 시간
고효율	중요	중요	중요하지 않다
순간 시동	아주 중요	중요하지 않다	아주 중요
출력 모드	변동이 심하다	변동	일정
운전 양식	간헐적	일정	간헐적
희망 전압	>300 V	>110 V	24 V 또는 48 V
열 회수	불필요	아주 중요	불필요
수분 수지	아주 중요	아주 중요	중요하지 않다
크기와 무게	중요	중요하지 않다	중요하지 않다
극한 조건	중요	중요하지 않다	중요
비용	<$100/kW	<$1000/kW	$1000~$3000/kW

이지만, 일반적으로 A/C 전력 공급 시스템 또는 30~60분 동안 전력을 공급할 수 있는 장치를 말한다. 한층 일반적으로는 언제든지 출력이 가능한 모든 종류의 장치를 의미한다. 예비 전력의 응용 예로서는, 통신설비, 정보기술 및 컴퓨터 시스템, 제조공정, 안전설비, 유틸리티 서브스테이션(utility substation), 철도 등을 들 수 있다. 예비 전력 설비는, 심각한 생산성 감소나 재정적 손실을 초래할 수 있는 전력 고장에 대비하여 이용한다.

예비 전력용 연료전지의 시장 요건은, 자동차용 및 고정 발전용 시스템의 경우와 상당히 다르다. 표 10-4에 보였지만, 두 가지 용도의 시스템 사이에는 공통점이 별로 없다.

예비 전력용 연료전지에서는 수소를 연료로 사용한다. 수소는 탱크에 담아 조달하고, 빈 탱크를 교체한다. (수소 탱크 재충전은 문제가 복잡할 수도 있지만, 새로운 비즈니스 기회일 수도 있다.) 한층 세련된 해법으로는, 연료전지는 정지 상태이고 기본 전력이 공급되는 동안 전기 분해에 의해 연료전지용 수소를 직접 생산하는 방식이 있다. 연료전지와 전기분해조의 조합을 가역적 연료전지라고도 한다(10.5절 참고). 이러한 예비 전력용 연료전지는 수소 인프라에 의존하지 않으므로, 자동차용 및 고정 발전용 연료전지보다 먼저 상용화될 수도 있을 것이다.

예비 전력용 연료전지에서 요구되는 운전 수명은 2000시간 미만이다. 이러한 연료전지는 전력이 고장 났을 경우 단전되지 않고 계속 전력을 공급하도록 하지만, 지속기간은 8시간을 넘지 않는다. 이러한 임무는 현재의 연료전지 기술로도 달성할 수 있다. 운전 수명 몇 천 시간은 이미 거의 대부분의 막-전극 복합체(MEA) 공급자/개발자들이 시범한 바 있다.

시스템 효율은 고정 발전용이나 자동차용에서 모두 중요하다. 예비 전력용인 경우는 정해진 효율 목표가 없지만, 연료전지 효율에 따라 전기 분해장치와 수소 저장용기의 크기와 비용이 달라진다. 연료전지 효율은 크기 내지는 비용과 '절충'할 수 있으므로, 최적화 연구에 의해 최적 연료전지 효율을 구해야 할 것이다. 수소를 연료로 사용하는 경우에는, 시스템의 기생 손실을 최소화하여, 50%에 이르는 높은 효율을 달성할 수 있다.

특히 통신용으로 쓰이는 예비 전력용 시스템의 가장 중요한 요건의 하나는 전력 고장 시에 즉시 시동되는 능력이다. 응답시간은 1000분의 몇 초(millisecond) 수준이라야 한다. 반응물 공급이 중단되지 않는 한 연료전지 자체는 이러한 요건에 부응할 수 있지만, 만일의 경우에 대비해 브리지 전력(bridge power)(배터리나 울트라커패시터)이 필요할 것이다. 시스템 엔지니어링 수법으로 해결하면 브리지 전력을 크게 줄이거나 없앨 수 있다. 예를 들어서, 연료전지를 '대기' 모드(ready mode)로 유지할 수 있다. 예비 전력 설비는 대부분의 시간 중에 '공운전' (idle) 또는 '대기' 모드로 되어 있으며, 아주 간헐적으로 운전하므로, 연중 운전시간은 대개 50~200 시간 정도이다.

연료전지에서는 수분이 생성되지만, 시간 경과에 따라 시스템에서 수분이 손실된다. 재생식(regenerative) 연료전지(10.5절 참고)에서는, 시스템을 전기 분해 모드로 운전할 때는 배출되는 산소에 의해 수분이 손실되고, 연료전지 모드로 운전할 때는 배출되는 공기에 의해 수분이 손실된다. 그러나 시스템 설계를 적절히 하여, 수분 손실을 최소화할 수 있으며, 수분을 회수해 재사용하기보다는 적절한 크기의 물탱크를 설치하는 편이 오히려 경제적 해법일 수 있다(연중 운전할 경우).

자동차용 시스템은 크기와 무게가 절대적으로 중요하지만, 고정 발전용에서는 그다지 중요하지 않다. 예비 전력용 설비는 그 대체 설비(주로 배터리) 기술에 비해 장점이 있어야 한다. 장소에 따라서는, 재래식 배터리보다 가벼운 연료전지가 경쟁력을 가질 수 있다. 이 경우, 무게를 다른 시스템 요소인 효율 및 비용과 절충할 수 있다. 예비 전력용 연료전지 시스템은, 몇 kWh 이상 발전할 수 있는 수소 저장탱크를 포함하더라도, 일반적으로 재래식 납축전지는 물론 최신형 배터리에 비해서도 아주 가벼운 편이다.

자동차용이나 고정 발전용으로 설계한 연료전지는 예비전력용 요건에는 잘 맞지 않는다. 실제로는 이러한 요건을 능가하는 경우도 있겠지만, 기존 시스템을 예비전력용으로 운전하면, 요건보다 좋은 시스템 특성이 오히려 시스템 비용과 복잡도에 부정적 영향을 미칠 수 있다. 따라서 예비전력용으로 특수 제작한 연료전지 스택 및 시스템이라야 최소 비용으로 요건에 맞추어 운전할 수 있다.

연료전지를 합당한 가격으로 공급하려면, 비용을 낮출 수 있을 만큼 생산량이 충분해야 한다. 최소한 연간 수천 세트 또는 수만 세트가 거래될 만큼 연료전지 시장이 확대되어야 한다. 연간 수천만 대의 많은 양이 거래되는 자동차 시장이 궁극적으로 기대되고 있지만, 예비 전력 시장 그 자체가 연료전지 상업화의 중요한 기회가 될 수 있다.

세계적으로 동력 수준이 1~100 kW인 예비 전력 시장은 연간 10만 세트를 초과한다. 컴퓨터, 텔레컴을 비롯한 여러 용도의 예비전력 시스템은 판매량이 크게 증가하고 있다. 신규 시스템도 증가하고 대체 시스템도 증가한다. 기존의 예비 전력 설비기술(납축전지)의 한 가지 장점은 수명이 보통 3~7년으로 예상하는데, 이 수명이 끝나면서 대체 시장이 지속적으로 성장할 것이다. 이러한 관점에서 보면, 예비 전력 설비를 사용하는 위성통신 기지는 미국만 해도 10만이 넘는다. 대체 주기를 5년이라 할 경우, 매년 20만 시스템을 대체해야 한다.[29]

더구나 장기적으로 성장하고 있는 텔레컴 및 컴퓨터 기술은 평균 경제 성장 전망치를 넘는 수준이다. 따라서 예비전력 시장은, 연료전지 개발업자에게 경제적으로 활력이 있고 재정적으로 매력이 있는 시장 규모를 넘는 수준이라 하겠다.

예비 전력용 연료전지 시스템은, 필요한 시간 동안의 운전에 충분한 수소를 저장할 수 있는 시설을 갖춰야 한다. 빈 수소 통을 바꿔 쓸 수도 있고, 수소 발생장치(전기분해장치 또는 개질장치)를 갖출 수도 있다. 예비 전력 설비는 주로 전기는 있지만 천연가스나 프로판이 없을 수도 있는 지역에서 사용하게 될 것이므로, 전기 분해장치를 사용하는 편이 좋다. 전기 분해장치는, 주어진 시간(대개 예비 전력 사용 시간보다 길다) 동안 필요한 양의 수소를 생산할 수 있는 규모라야 한다.

전해조 출력은 다음과 같다.

$$P_{EL,nom} = \frac{P_{FC,nom} \cdot \tau_{FC} \cdot CF_{FC}}{\eta_{FC,sys} \cdot \eta_{EL,sys} \cdot \tau_{EL} \cdot CF_{EL}} \quad (10\text{-}23)$$

$P_{FC,nom}$ = 연료전지 공칭 출력(kW)

τ_{FC}, τ_{EL} = 각각 연료전지 모드 및 전기 분해 모드로 운전하는 기간(h)

$\eta_{FC,sys}$, $\eta_{EL,sys}$ = 각각 연료전지 시스템 및 전해조의 효율

전해조 효율은 연료전지 효율의 역수와 같다.

$$\eta_{EL} = \frac{1.482}{V_{cell}} \frac{i - i_{loss}}{i} \quad (10\text{-}24)$$

V_{cell} = 전해조 전압. 연료전지 공칭 전압과 마찬가지로, 전해조 셀 공칭 전압은 임의의 값이지만, 대개 2 V/cell 이하로 운전한다.

i = 전해조 전류밀도(A/cm^2)

i_{loss} = 전류 및 수소 손실(A/cm^2). 저압, 높은 전류밀도 운전에서는 대개 무시하지만, 아주 고압에서는 수소 교차 침투로 인해 손실이 심해진다.

전해조 효율은 다음과 같다.

$$\eta_{EL,sys} = \frac{1.482}{V_{cell}} \frac{i - i_{loss}}{i} \frac{\eta_{DC}}{1+\zeta} \tag{10-25}$$

η_{DC} = 전력 변환 효율(AC/DC 또는 DC/DC)

ζ = 기생 전력과 전해조가 소비하는 실질 전력의 비

예비 전력용 연료전지 시스템의 중요 특징은 출력, 에너지, 충전이 분리되어 있다는 점이다. 배터리에서는 이 세 가지 특성이 모두 배터리 자체와 결합되어 있다. 예비 전력용 연료전지 시스템의 출력은 그 규모에 따라 달라지고, 에너지 저장량은 수소 저장용기의 크기에 따라 달라진다. 수소 탱크는 연료전지 규모와 독립적으로 변화시킬 수 있지만, 배터리의 경우는 에너지 저장량을 증가시키려면 배터리 자체를 증설해야 한다. 따라서 동일한 양의 에너지 저장량 증가에 드는 비용은 연료전지가 배터리보다 아주 적어진다. 충전 시간은 전해조 규모의 함수이므로, 이 경우에도 에너지 저장 규모나 출력을 변화시키지 않고도 요구량에 맞출 수 있다. 1 kW 급 예비 전력용 시스템의 모형을 그림 10-12에 보였는데, 세 가지 특성이 세 모듈로 분리되어 있다.[29]

연료전지를 에너지 저장시설로 사용하여 배터리와 경쟁해야 하는 경우의 중요한 매개 변수는 비에너지(specific energy)이다. 비에너지는 질량 에너지 밀도(gravimetric energy density)라고도 하며, 시스템 전체의 단위 질량(kg) 당 저장하는 전기 에너지(kWh)를 말한다. 연료전지에서 비에너지 ε_d는 다음과 같이 정의한다.

$$\varepsilon_d = \frac{\tau \cdot CF}{\frac{D_f}{P_f}\left(\frac{K_f}{P_{FC}} + S_f\right) + \frac{\tau}{\eta_{FC} H_{HV} \sigma_{st}}} \tag{10-26}$$

τ = 운전 시간(h). 예비 전력인 경우는 대개 8 h 미만이다.

CF = 운전 중의 커패시티 인자(일정 부하이면 CF = 1)

그림 10-12 1 kW 급 예비전력용 시스템 모형. (Proton Energy Systems)

D_f =스택 설계인자(kg/m^2), 식 (10-6)에서 정의

P_f =연료전지의 단위 활성 면적 당 출력(비출력)(kW/m^2)

K_f, S_f =연료전지 시스템 질량인자; K_f는 출력과 독립적인 시스템 질량(kg), S_f는 출력에 비례하는 시스템 질량(kg)

P_{FC} =연료전지 공칭 출력(kW)

η_{FC} = 연료전지 시스템 효율

H_{HV} =수소 발열량(kWh/kg). 연료전지 시스템 효율의 표시방법에 따라 저발열량 또는 고발열량

σ_{st} =수소 저장 효율(kg H_2/kg 저장설비 총 질량)

1 kW 급 수소 연료전지 시스템에서 달성할 수 있는 에너지 밀도를 그림 10-13에 보였다. 지속시간 8 h인 경우 에너지 밀도는 0.27 kWh/kg으로, 납축전지의 에너지 밀도보다 몇 배나 좋으며, 최신형 재충전 배터리에 비견될 만하다. 식 (10-26)의 변수에서 사용한 가정들은 현재의 연료전지 및 수소 저장탱크 기술로 보수적으로 달성할 수 있는 값들이다.

가정: CF = 1; D_f = 30 kg/m^2; P_f = 3 kW/m^2; K_f = 2 kg; S_f = 5 kg/kWh; P_{FC} = 1 kW; η_{FC} = 0.5(LHV); σ_{st} = 3%.

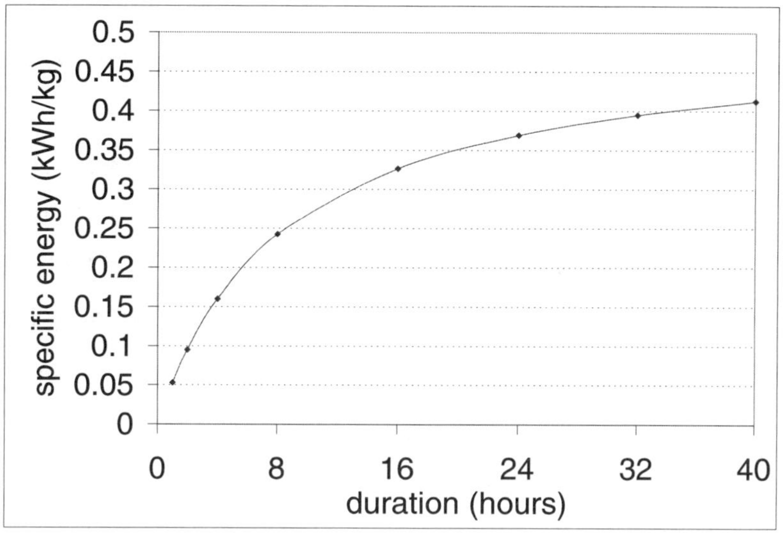

그림 10-13 수소 연료전지 시스템에서 달성할 수 있는 에너지 밀도.

10.4 소형 휴대용 연료전지

'휴대용' 시스템을 정확하게 정의하기는 쉽지 않다. Hoogers[34]에 따르면, "전력망과 독립적인 소형 전력장치로서, 출력은 수 W에서 1 kW 정도까지이며, 주목적은 사용 편의성이고, 환경이나 에너지 절약과는 기본적으로 무관"한 전원이 휴대용이다. 휴대용 장치를 두 가지로 나눌 수 있다.

1. 배터리 대체물. 대개 100 W 미만.
2. 휴대용 발전기. 1 kW 미만.

배터리 대용의 소형 연료전지 핵심 특성은 재충전하지 않고 사용할 수 있는 시간이다. 크기와 무게 역시 중요하다. 기존 2차 배터리에 비해 전력 밀도나 에너지 저장용량이 아주 큰 동력장치는 용도가 다양하며, 휴대용 컴퓨터, 통신 및 전송장치, 전동도구, 기상 등의 원격 관측설비, 군사용 기구 등을 들 수 있다. 연료전지는 자체의 크기 뿐 아니라, 연료 및 연료저장 이슈가 중요하다. 수소는 PEM 연료전지에서 좋은 연료이지만, 저장용기의 크기와 무게 때문에 아주 소량이더라도 별로 사용되지 않는다. 수소는 상온의 금속 수소화물로 저장할 수도 있다. 에너지 밀도가 높은 수소화 화합물이 있지만, 수소 방출을 위해 화학반응을 조절할 수 있는 반응기가 있어야 한다.[35] 따라서 휴대용 연료전지에서는 주로 메탄올(즉 메탄올 수용액)을 연료로 사용하는데, 메탄올을 직접 사용하거나 또는 소형 개질장치로 개질해 사용한다.

신기술의 조기 채용에 적극적인 군사용 시장은 특히 매력적이다. 저소음, 낮은 열적 신호, 장시간 운전 및 보관, 크기와 무게, 안전성 등의 면에서 특정 용도 요건에 부합되면 가격이 높거나 성능에 한계가 있어도 채용하는 곳이 군사용 시장이다.[35] 군사용의 소형 연료전지의 관심 범위를 규정하기란 쉽지 않다. 초기의 군사용 연료전지 제품 및 모형의 예를 들면 다음과 같다.[36]

- 배터리 충전
- 군인용 전력
- 원거리 통신
- 내비게이션(navigation) 시스템
- 컴퓨터
- 각종 도구
- 로봇 기구(exoskeleton)
- 차량용 보조 동력
- 무인 지상 차량
- 소형 자동 로봇 차량
- 비상 센서와 군수품
- 해양용 센서와 운반체

군사용으로 좋은 연료는 군수용 연료(JP-8)이겠지만, 이 연료는 특히 소규모로는 개질이 쉽지 않으므로, 민간용인 수소, 금속 수호화물, 수소화 화합물, 메탄올 등을 밀폐 통이나 카트리지에 담아 그대로 사용할 수 있는 것을 공급한다.

휴대 전원용 소형 연료전지는 아주 다양한 스택 구조로 개발되고 있다. 자동차용 또는 고정 발전용의 대형 연료전지의 축소판으로 만든 스택도 있는데, MEA, 기체 확산층, 이극판, 말단판 등 구성 성분도 마찬가지이다. 셀을 전도성 스트립으로 연결해 평면 구조(planar configuration)로 만든 것도 있다. 최근에는 실리콘 기반의 칩 위에 만든 미소유체 셀(microfluidic cell)도 출현하고 있다.[37,38]

이러한 용도의 연료전지 시스템은 아주 간단하다. 셀/스택 크기보다는 시스템의 단순성이 한층 중요하다. 생산되는 동력밀도는 0.1 W/cm^2 미만일 때도 많다. 이러한 셀/스택은 강제 냉각이 필요하지 않으며, 수소를 사용하는 경우에는 데드엔드 모드로 운전하고, 공기는 피동적으로 공급되도록 한다.

10.5 재생식 연료전지와 응용

재생식 연료전지(RFC, regenerative fuel cell)는 교대로 전기 분해장치와 연료전지로 운전할 수 있는 시스템이다. 전해조와 연료전지 기능을 하나의 셀 스택에 통합하거나, 별도의 두 스택을 독립적으로 분리하여, 하나는 연료전지로, 다른 하나는 전해조로 사용하기도 한다. 전기 분해 모드에서는 스택이 전기를 사용해 수소(동시에 산소)를 생성하고, 연료전지 모드에서는 저장한 수소(동시에 공기 중의 산소)를 사용하여 전기를 발생한다. 따라서 재충전식 배터리와 마찬가지로, 이 장치는 저장 매체가 수소인 에너지 저장장치인 셈이다. 재생식 연료전지는 재충전식 에너지 저장 방법 중에서 가장 높은 비에너지를 달성할 수 있다. H_2/O_2 연료전지 시스템의 이론적 비에너지는 3600 Wh/kg이다(반응기 질량만 고려하고, 연료전지의 이론 효율을 가정한다). 저장탱크와 연료전지의 질량을 모두 고려하고 실제 연료전지 효율을 감안하면, 최소한 400 Wh/kg 의상의 비에너지를 달성할 수 있다.[39] 따라서 비교적 다량의 전기가 필요한 부문에 사용할 수 있는데, 예를 들면 다음과 같다.

- 전력망 동력원이 미치지 않는 원격지 에너지 저장
- 아주 간헐적인 재생 에너지원(태양열, 풍력)과 겸용
- 긴급 또는 예비 발전용(10.3절 참고)
- 무인 잠수 차량
- 고도 비행 광전지 재충전식 항공기
- 우주선의 하이브리드 에너지원/추진 시스템

재생식 연료전지는 필요한 수소를 직접 만들므로, 수소 인프라에 의존하지 않는다. 따라서 이미 열거한 틈새시장에서 상용될 수 있을 것이다.

10.5.1 설계 절충

RFC 시스템 설계에서는 절충(trade-off)해야 할 사안들이 있다. 산소와 공기의 어떤 것을 공급할 것인가, 스택을 통합할 것인가 분리할 것인가, 펌프 공급과 피동적 공급의 어느 방법을 택할 것인가, 운전압력은 어느 수준으로 할 것인가 등이다. 이러한 절충에 대해 아래에서 살펴보기로 한다.

산소와 공기

전기 분해 과정에서는 산소도 생성되므로, 이를 저장했다가 나중에 연료전지 반응에 사용하는 편이 유리할 것이다. 연료전지에서 순수 산소를 사용하면 공기에 비해 높은 전압을 얻을 수 있다. 높은 산소 분압으로 인한 이득은 대개 Nernst 식에서 예상할 수 있는 수준보다 높은데, 특히 산소/질소 혼합물에 비하면 순수 산소의 확산 속도가 높다. 또한 공기를 사용하는 연료전지에서는 공기 수송 기구가 필요하며, 이로 인해 기생 손실이 추가된다. 온도 및 농도 구배에 의한 자연대류를 이용한 피동적 공급법은 아주 낮은 동력용에서만 이용할 수 있다.

산소를 저장할 것인가 버릴 것인가는 용도에 따라 달라진다. 산소 사용 시스템은 환경에 대해 완전 밀폐 시스템이며, 유지관리가 어렵거나 비용이 많은 드는 용도에서 채용한다. 산소 저장용 공간의 유무는 선택 사항에 불과하다. 지상에서 사용할 경우, 연료전지 성능의 이득(또는 효율) 및 유지관리비의 감축만으로는 고압 산소를 저장하기 위한 자본비용과 안전 이슈를 정당화하기에는 충분치 못하다. 용도에 따라서는, 전기 분해에서 생성되는 소량의 산소를 저장하는 것이 유리한 경우도 있는데, 이 산소를 공기와 혼합하여 사용하면 단기적으로 연료전지 성능이 향상된다. 특정 용도에서의 산화제 선택에 큰 영향을 미치는 것은 대개 비용, 효율, 듀티 사이클(duty cycle) 등이다.

통합식과 분리식

통합 재생식 연료전지(URFC, unitized regenerative fuel cell)에서는 전해조와 연료전지의 두 기능을 단일 스택에서 수행하며, 교대로 운전한다. URFC는 무게가 중요한 우주선용으로 아주 유리하다. 지상용으로 특히 산소 저장시설이 없는 경우에는 전해조와 연료전지를 별도로 설치하는 것이 일반적이다. 한 가지 모드로 운전하도록 만드는 장치는 설계 제약조건이 적다. 예를 들어서, 분리식 전해조를 URFC에 비해 높은 배출 압력으로 운전한다면, 저장탱크 부피를 줄이는 데서 생기는 절약이 크므로, 장치 성분의 분리설치를 정당화할 수 있다. 용도에 따라서는 충전 및 방전 전력 사이에 큰 차이가 있다. 이러한 문제는 URFC의 운전 범위를 벗어나므로 통합식과는 관련성이 없지만, 분리식에서는 성분 각각의 충전/방전 전력을 최적화할 수 있다. 전해조 전극은 연료전지 전극과 설계가 본질적으로 다르다. 전해조 산소 전극(애노드)은 일반적으로 범람되도록 설계하지만, 연료전지 산소 전극(캐소드)에서는 생성 수분을 제거해야 한다. 범람하거나 부분적으로 범람하는 전극에서 순수 산소를 사용한 운전은 아주 고압에서는 가능하지만, 공기를 사용한 운전은 아주 낮은 전류밀도에서는, 심각한 물질전달 제약이 생긴다. 따라서 산소를 저장했다가 사용하도록 하면 URFC 설계가 쉬어진다. URFC 설계에서 범람 문제를 줄이지 못한다면, 연료전지 운전 모드에서 공기를 사용할 경우에는 분리식 장치를 택하는 편이 좋다.

펌프 공급과 정적 공급

PEM 전기분해조에서는 대개 고압 순환 펌프가 필요하지만, 물의 정적 공급(static feed) 전기 분해에서 펌프를 사용하지 않고도 고압 가스를 발생할 수 있다. 정적 공급 전기 분해에서는 삼투 및 확산에 의해 물을 공급부에서 전기 분해가 일어나는 산소 전극으로 수송한다. 정적 공급 시스템은, 전기분해조 자체를 적절히 개량하여, 밸브 및 물 제거 탱크 내부의 포핏(poppet)을 제외한 모든 운동 부분을 없앤 것이다. 정적 공급 전기 분해를 채용하고 산소를 저장하는 URFC 시스템은 환경에 대해 완전 밀폐 시스템이며, "유지관리 제로" 시스템이 되도록 할 수 있다. 유지관리 비용이 많이 들거나 금지된 곳에서는 이러한 시스템이 아주 유리하다. 펌프가 없는 정적 공급 시스템의 열 관리는 여전해 해결해야 할 문제이며, 고성능 운전은 달성이 어렵다.

특히 순수 수소와 산소를 사용하는 경우 연료전지 운전 중에 정적 방식으로 반응 기체를 공급할 수는 있지만, 물을 제거하려면 특수한 셀 설계가 필요하다.

운전압력

PEM 연료전지는 고압 운전이 좋다. 고압 운전이라야 높은 셀 전압을 얻을 수 있다. 그러나 순수 산소 대신에 공기를 사용하면 압축기로 가압해야 한다. 압축기 구동에 필요한 동력은 전압 이득을 상쇄할 것이므로, 일반적으로 가압 연료전지 시스템은 상압 시스템에 비해 효율적이 아니다. 그러나 고압 수소와 산소가 있다면, 가압용 기생 동력 소비가 없으므로, 수소/산소 연료전지는 고압에서 운전하는 편이 좋다. 150 psig(1.0 MPa)까지의 고압에서 운전하는 PEM 연료전지가 시범되었다.[41]

가압 전기분해조는 고압에서 반응 기체를 저장하기 위한 압축기가 필요하지 않으므로 시스템이 단순해진다. 2000 psi(>14 MPa) 이상에서 운전하는 PEM 전기분해조의 시범 운전에 성공했으며, 6000 psi(41 MPa)까지 달성할 수 있을 것이다.[42] 고압 운전에서는 한층 두꺼운 고분자 막(확산에 의한 수소 및 산소의 손실을 최소화하기 위해)을 사용해야 하지만, 막이 두꺼우면 이온 저항이 커진다. 높은 전류밀도에서의 운전에서는 효율이 낮아지지만, 고압 시스템에서는 확산에 의한 효율 손실이 우세하므로, 활성 면적을 감소시키기 위하여 높은 전류밀도에서 운전하는 경우에는 효율을 감안해야 한다. 전기분해조나 연료전지에서 운전압력의 선택은 복잡한 이슈이므로, 기타 절충해야 할 사안들을 고려해야 할 것이다.

10.5.2 재생식 연료전지의 응용

예비 전력/UPS

예비 전력용 연료전지는 10.3절에서 다루었다. 현재 사용되는 배터리와 디젤 또는 가솔린 발전기(generator)는 심각한 결점과 제약조건이 있는데, 유지관리, 신뢰도, 소음, 편의성, 비용 등을 들 수 있다. RFC는 이런 문제를 경감시킬 수 있다. 이 기술은 장기간 고출력이 필요한 분야에서 배터리보다 아주 유리하다. 설계의 융통성도 크다. 배터리와는 달리, 충전 시간, 저장 용량, 출력을 분리할 수 있기 때문이다. 충전 시간은 전기분해조의 규모로 변화시킬 수 있고, 저장 용량은 수소 저장탱크에 의해 변경할 수 있으며, 출력은 연료전지 규모로 조정할 수 있다. 따라서 다양한 조합이 가능하다. RFC는 디젤이나 가솔린 발전기에 비해서도 장점이 있는데, 자체 연료를 직접 생산하므로 연료 공급이 필요하지 않다. 이러한 장치에서는 전력망이 있을 경우에는 이 전기로 수소를 생산하여 저장하고, 전력망 전기를 쓸 수 없을 경우에는 전력을 생산한다.

용도에 따라 수소를 고압으로 생산할 수도 있고 압축기로 가압할 수도 있다. 수소는 고압 실린더나 금속 수소화물로 저장할 수 있다. 보통 2000 psi(14 MPa)의 통에 수소 0.5 kg을 저장할 수 있는데, 이는 1 kW 급 연료전지를 7~8 시간 운전할 수 있는 양이다.[40] 수소 저장탱크는 원하는 시스템 규모와 연료전지 효율에 따라 크기를 달리 할 수 있다. 물론 예비전력 설비의 효율 요건은 분명히 정해진 것이 없다. 현재 연료전지에서 생성된 전기 값(전력망이 고장 났을 경우)은 수소 발생에 사용한 전력망 전기 값보다 비싸다. 따라서 예비 전력설비에서 중시하는 특성은 효율보다는 신뢰도이다. 또한 시동이 신속하고 부하 변동에 대한 응답이 빨라야 하는데, 이러한 이유 때문에 울트라커패시터를 병설하는 경우가 많다.

전기분해조 용량은 허용 '충전'(recharge) 시간에 따라 정해지는데, 용도에 따라, 충전 시간은 '방전'(discharge) 시간보다 짧거나 같거나 길 수 있다. 따라서 전기분해조 공칭압력은 연료전지 공칭출력에 비해 클 수도 있고 작을 수도 있다.

이론적으로는, 수소 발생에 사용한 물의 양과, 이 수소가 연료전지 반응에서 산소와 결합하여 재생되는 물의 양이 같아야 한다. 그러나 전기분해조에서는 배출되는 산소와 함께 수분의 일부가 시스템을 떠나고, 연료전지에서는 캐소드 배기와 함께 시스템을 떠난다.

동력조정 부분 시스템은 전기분해조용으로 전압을 조절한 전력공급 장치와, 연료전지 출력 전압을 부하의 전압과 맞추는 DC/DC 또는 DC/AC 변환기로 구성되는데, 역시 용도에 따라 다양하다. 연료전지 스택의 셀 수에 따라, 승압용 또는 감압용 전압조절기를 동력조정 부분 시스템에 추가해야 한다.

예비 전력설비의 운전시간은 대개 연간 200 시간 미만이다. PEM 연료전지와 전기분해조 모두 3000 시간 이상 연속 또는 단속 운전을 시범했다. 따라서 PEM 기술은 이러한 용도의 요구에 부응할 수 있으며, 수명은 10년 이상을 보장할 수 있다.

재생 에너지

태양열, 풍력과 같은 재생 에너지원은 본질적으로 간헐적이다. 일정 기간 동안의 평균전력과 최대 또는 공칭전력의 비로 정의하는 커패시티 인자는, 광전지 발전 설비의 경우 20% 정도이고 풍력 발전설비의 경우 30% 정도이다. 재생 에너지원이 있을 때에는 RFC를 사용하여 전기를 수소로 변환하여 잉여 에너지를 저장하고, 재생 에너지원이 없을 때는 수소로부터 전기를 발생할 수 있다.

태양열 시스템과 풍력 시스템은 전류와 전압이 다르지만, 재생 에너지원과 RFC 시스템 사이의 인터페이스는 전류와 전압이 합치되어야 한다. 광전지 시스템은 직류를 만드는데, 분극곡선이 잘 합치되면 직접 전기분해조에서 사용할 수 있고, 합치되지 않으면 DC/DC 변환기를 사용한다. 풍력 발전기는 대개 AC를 만들므로, 인터페이스에는 전기분해조의 조절 전압 동력 공급장치에서와 마찬가지로, AC/DC 변환기가 있어야 한다.

전기분해조 입력과 연료전지 출력은, 전원과 부하 모두의 커패시티 인자, 전기분해조와 연료전지 모두의 효율 및 수소 저장 효율에 따라 달라진다. 부하가 일정 전력을 요구하는 경우에는, 광전지 동력원에 연결된 전기분해조 입력이 연료전지 출력의 10배까지 클 수 있다.[43]

수소 저장용기의 규모는 수소 생산 속도 및 소비 속도에 따라 다르다. 그러나 재생 에너지

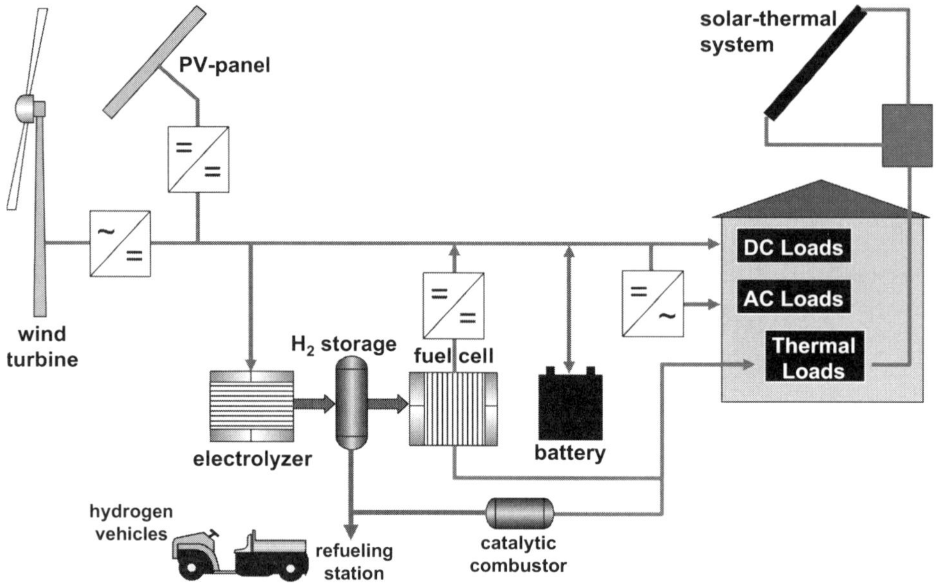

그림 10-14 독립 재생 에너지원의 일부인 재생식 연료전지(RFC).

를 이용하고 1일 변동 뿐 아니라 계절적 변동까지 감안한다면, 필요한 수소 저장 용량은 아주 커진다. RFC에서 생산한 수소를 취사, 난방, 수송용 연료로 사용할 수도 있다. 이 경우 전기분해조와 재생 전력원의 크기를 모두 정해야 한다. 이러한 시스템을 사용하면 외딴 지역에서 독립적으로, 기구, 주택, 농장, 지역사회에 에너지를 공급할 수 있다(그림 10-14). 또한 에너지/동력 수요량이 비교적 적고, 전력 인프라가 부족하거나 아예 없는 개발도상국에서 가능성이 있는 기술이다. 재생 에너지원을 한층 실질적으로 활용할 수 있도록 해주는 것이 RFC 기술이라 하겠다.

고도 비행 항공기

NASA의 광전지 항공기의 모형인 Helios는 2001년 8월 13일 고도 96 863 ft(29.52 km)까지 올라감으로써 모든 프로펠러 항공기의 고도 비행 기록을 경신했다. 이러한 항공기는 몇 분의 1의 비용으로 인공위성을 대체할 수 있다. RFC는, 고도 광전지 항공기의 범주를 확대하여, 이론적으로는 지상에 착륙할 필요가 없는 '외계'(external) 비행기를 가능하게 하는 장래성이 있는 기술이다. 이런 날이 오면, 항공기는 날개 위에 설치한 광전지 설비가 생산하는 전력으로 비행할 것이다. 잉여 전기는 수소와 산소 생산에 이용하고, 생산된 기체는 가벼운 압력 용기에 저장하는데, 이 용기는 날개의 구조 요소의 역할을 겸한다. 야간에는 RFC

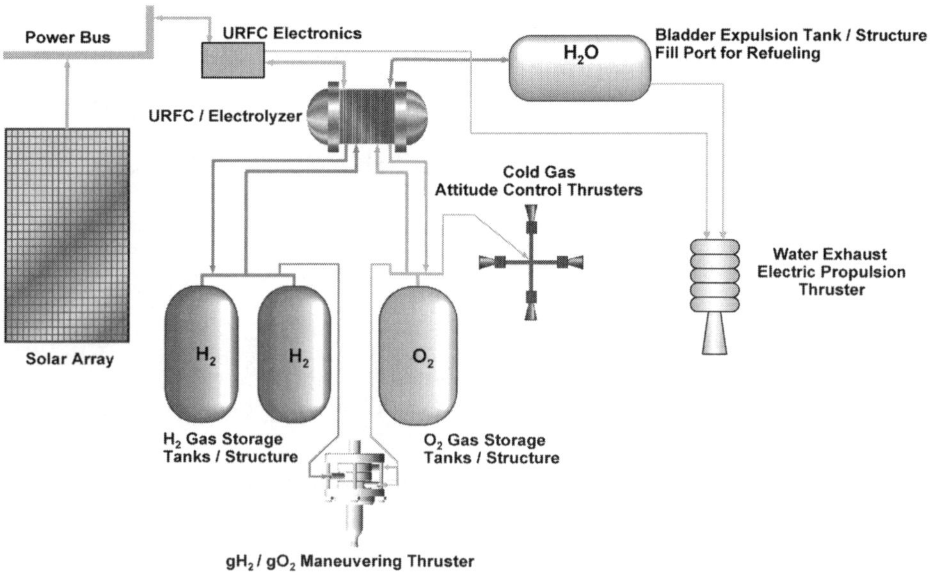

그림 10-15 워터 로켓 개념.[44,49](Proton Energy Systems)

에서 수소와 산소를 반응시켜서 발생한 전기로 운행한다. RFC 기준으로 비에너지가 아주 큰 (>400 Wh/kg) 에너지 저장 설비를 설계하여 고도에서 장기적으로 견디는 광전지 재충전식 항공기에 사용한다.[45–48]

우주 응용 - 워터 로켓

NASA에서는, 무중력 상태 운전용으로 특수 설계한 URFC 에너지 저장 시스템을, 광전지 비행기, 인공위성 추진체, 우주 정거장, 행성 기지 등에 응용하는 데 관심을 가진다. 우주용 물 기반 기술(water-based technology)을 일반적으로 워터 로켓(Water Rocket)이라 하는데, 이는 우주선 추진체, 동력, 에너지 저장, 구조 등의 새로운 대안에 관한 종합적 기술을 총칭하는 용어이다. 우주선에 저장한 저압의 물을 전기 분해하여 수소 및 산소 기체를 발생해 분리하여 가압한다. 이러한 기체를 가벼운 압력탱크에 저장했다가, 찬 기체 그대로 반동추진 엔진(thruster)으로 사용하거나, 연소하여 강한 추진력을 얻거나, 재결합하여 전기 생산에 사용할 수 있다(그림 10-15). 로켓 추진 시스템으로서는, 워터 로켓이 최고로 가능한 화학적 임펄스(impulse)(~400 s)를 제공한다.[48,49] 차량 구조 요소의 한 부분으로서의 혁신적인 압력 탱크 기술을 활용하면, 워터 로켓의 비에너지(Wh/kg)는 가장 장래성이 있는 배터리의 10배 수준이나 된다. 펄스파워(pulsed power) 응용에서는, 워터 로켓 추진제를 사용하여,

MHD(magnetohydrodynamics) 장치 또는 열원 구동 펄스 발전기(detonation-driven pulse generation) 등 고출력 밀도 발전기를 구동시킬 수 있다. 워터 로켓 추진체를 사용하는 우주선은 완전히 무해한 방법으로 조립하여 발사할 수 있다. 이러한 특징은, 초소형 우주선, 극소형 우주선, 연료 보급형 우주선 등 신형 우주선의 개발 및 비행 성능 개선에 특히 중요하다.

참고문헌

1. HyWeb information: http://www.hydrogen.org/h2cars/overview/index.html (accessed February 2005).
2. Fuel Cell 2000: http://www.fuelcells.org/info/charts/carchart.pdf (accessed February 2005).
3. Rajashekara, K., Propulsion System Strategies for Fuel Cell Vehicles, SAE Paper No. 2000-01-0369 (Society of Automotive Engineers, Warrendale, PA, 2000).
4. Tachtler, J., T. Dietsch, and G. Goetz, Fuel Cell Auxiliary Power Unit—Innovation for the Electric Supply of Passenger Cars, SAE Paper No. 2000-01-0374, in *Fuel Cell Power for Transportation 2000* (SAE SP-1505) (SAE, Warrendale, PA, 2000), pp. 109–117.
5. Konrad, G., M. Sommer, B. Loschko, A. Schell, and A. Docter, System Design for Vehicle Applications: DaimlerChrysler, in W. Vielstich, A. Lamm, and H. Gasteiger (editors), *Handbook of Fuel Cell Technology—Fundamentals, Technology and Applications*, Vol. 4 (J. Wiley, New York, 2003), pp. 693–713.
6. Masten, D. A., and A. D. Bosco, System Design for Vehicle Applications: GM/Opel, in W. Vielstich, A. Lamm, and H. Gasteiger (editors), *Handbook of Fuel Cell Technology—Fundamentals, Technology and Applications*, Vol. 4 (J. Wiley, New York, 2003), pp. 714–724.
7. Stone, R., Competing Technologies for Transportation, in G. Hoogers (editor), *Fuel Cell Technology Handbook* (CRC Press, Boca Raton, FL, 2003).
8. Thomas, C. E., B. D. James, F. D. Lomax, Jr., and I. F. Kuhn, Jr., Fuel Options for the Fuel Cell Vehicle: Hydrogen, Methanol or Gasoline? *International Journal of Hydrogen Energy*, Vol. 25, No. 6, 2000, pp. 551–568.
9. Well-to-Wheel Energy Use and Greenhouse Gas Emissions of Advanced Fuel/Vehicle Systems, North American Analysis. Report by General Motors in cooperation with Argonne National Laboratory, BP Amoco, ExxonMobil and Shell, 2001.
10. Weiss, M. A., J. B. Heywood, E. M. Drake, A. Schafer, and F. F. AuYeung, *On the Road in 2020. A Life-Cycle Analysis of New Automobile Technologies* (Massachusetts Institute of Technology, Boston, 2000).
11. EPA Urban Dynamometer Driving Schedule (UDDS): http://www.epa.gov/otaq/emisslab/methods/uddsdds.gif (accessed February 2005).
12. Pehnt, M., Life-Cycle Analysis of Fuel Cell System Components, in W. Vielstich, A. Lamm, and H. Gasteiger (editors), *Handbook of Fuel Cell Technology—Fundamentals,*

Technology and Applications, Vol. 4 (J. Wiley, New York, 2003), pp. 1293–1317.

13. Allison Gas Turbine Division, *Research and Development of Proton Exchange Membrane (PEM) Fuel Cells for Transportation Applications, Initial Conceptual Design*, Report to U.S. DOE, Contract No. DE-AC02-90CH10435, Report No. EDR 16194, 1994.
14. Lomax, Jr., F. D., B. D. James, G. N. Baum, and C. E. Thomas, *Detailed Manufacturing Cost Estimates for Polymer Electrolyte Membrane (PEM) Fuel Cells for Light Duty Vehicles, Directed Technologies*, Report to U.S. DOE, Contract No. DE-AC02-94CE50389, 1998.
15. California's Governor Executive Order S-7-04, 2004: http://www.joinarnold.com/pdf/hydrogen_highway_eo.pdf (accessed February 2005).
16. Carpetis, C., Storage, Transport and Distribution of Hydrogen, in J. Nitsch (editor), *Hydrogen As an Energy Carrier* (Springer-Verlag, Berlin Heidelberg New York, 1988).
17. Michel, F., H. Fieseler, G. Meyer, and F. Theissen, Onboard Equipment for Liquid Hydrogen Vehicles, in T. N. Veziroglu *et al.* (editors), *Hydrogen Energy Progress XI*, Vol. 2 (International Association for Hydrogen Energy, Coral Gables, FL, 1996), pp. 1063–1077.
18. Berlowitz, P. J., and C. P. Darnell, Fuel Choices for Fuel Cell Powered Vehicles, SAE Paper No. 2000-01-0003, in *Fuel Cell Power for Transportation 2000* (SAE SP-1505) (SAE, Warrendale, PA, 2000), pp. 15–25.
19. Sadler, M., R. P. G. Heath, and R. H. Thring, Warm-up Strategies for a Methanol Reformer Fuel Cell Vehicle, SAE Paper No. 2000-01-0371, in *Fuel Cell Power for Transportation 2000* (SAE SP-1505) (SAE, Warrendale, PA, 2000), pp. 95–100.
20. Uribe, F. A., S. Gottesfeld, and T. A. Zawodzinski Jr., Effect of Ammonia as Potential Fuel Impurity on Proton Exchange Membrane Fuel Cell Performance, *Journal of Electrochemical Society*, Vol. 149, 2002, p. A293.
21. Uribe, F. A., and T. A. Zawodzinski, Effects of Fuel Impurities on PEM Fuel Cell Performance, in *Proc. 201st ECS Meeting*, Vol. 2001-2, Abstract No. 339 (San Francisco, 2001).
22. Fronk, M. H., D. L. Wetter, D. A. Masten, and A. Bosco, PEM Fuel Cell System Solutions for Transportation, SAE Paper No. 2000-01-0373, in *Fuel Cell Power for Transportation 2000* (SAE SP-1505) (SAE, Warrendale, PA, 2000), pp. 101–108.
23. U.S. Department of Energy, Office of Advanced Transportation Technologies, *2001 Annual Progress Report: Fuel Cell for Transportation* (Washington, D.C., December 2001).
24. Hoogers, G., Automotive Applications, in G. Hoogers (editor), *Fuel Cell Technology Handbook* (CRC Press, Boca Raton, FL, 2003).
25. Adamson, K.-A., Fuel Cell Market Survey: Buses, *Fuel Cell Today*, Article 916, November 2004:http://www.fuelcelltoday.com/FuelCellToday/FCTFiles/FCTArticleFiles/Article_916_BusSurvey%20Final%20Version.pdf (accessed February 2005).
26. Fuel Cell 2000: http://www.fuelcells.org/info/charts/buses.pdf (accessed February 2005).
27. Croper, M., Fuel Cell Market Survey: Niche Transport, *Fuel Cell Today*, Article 823, June 2004:http://www.fuelcelltoday.com/FuelCellToday/FCTFiles/FCTArticleFiles/Article_823_NicheTransport0604.pdf (accessed February 2005).

28. Barbir, F., System Design for Stationary Power Generation, in W. Vielstich, A. Lamm, and H. Gasteiger (editors), *Handbook of Fuel Cell Technology—Fundamentals, Technology and Applications*, Vol. 4 (J. Wiley, New York, 2003), pp. 683–692.
29. Barbir, F., T. Maloney, T. Molter, and F. Tombaugh, Fuel Cell Stack and System Development: Matching Market to Technology Status, in *Proc. 2002 Fuel Cell Seminar* (Palm Springs, CA, November 18–21, 2002), pp. 948–951.
30. Hoogers, G., Stationary Power Applications, in G. Hoogers (editor), *Fuel Cell Technology Handbook* (CRC Press, Boca Raton, FL, 2003).
31. Lester, L. E., Fuel Cell Power Electronics, *Fuel Cells Bulletin*, No. 25, 2001, pp. 5–9.
32. Barbir, F., G. C. Joy, and D. J. Weinberg, Development of Residential Fuel Cell Power Systems, in *Proc. 2000 Fuel Cell Seminar* (Portland, OR, 2000), pp. 483–486.
33. U.S. Energy Information Administration, Department of Energy: http://www.eia.doe.gov (accessed February 2005).
34. Hoogers, G., Portable Applications, in G. Hoogers (editor), *Fuel Cell Technology Handbook* (CRC Press, Boca Raton, FL, 2003).
35. Heinzel, A., and C. Hebling, Portable PEM Systems, in W. Vielstich, A. Lamm, and H. Gasteiger (editors), *Handbook of Fuel Cell Technology—Fundamentals, Technology and Applications*, Vol. 4 (J. Wiley, New York, 2003), pp. 1142–1151.
36. Geiger, S., and D. Jollie, Fuel Cell Market Survey: Military Applications, *Fuel Cell Today*, Article 756, April 2004: http://www.fuelcelltoday.com/FuelCellToday/FCTFiles/FCTArticleFiles/Article_756_MilitarySurvey0404.pdf (accessed February 2005).
37. Shah, K., W. C. Shin, and R. S. Besser, A PDMS Micro Proton Exchange Membrane Fuel Cell by Conventional and Non-Conventional Microfabrication Techniques, *Sensors and Actuators B: Chemical*, Vol. 97, No. 2–3, 2004, pp. 157–167.
38. Yamazaki, Y., Application of MEMS Technology to Micro Fuel Cells, *Electrochimica Acta*, Vol. 50, No. 2–3, 2004, pp. 659–662.
39. Barbir, F., T. Molter, and L. Dalton, Efficiency and Weight Trade-off Analysis of Regenerative Fuel Cells as Energy Storage for Aerospace Applications, *International Journal of Hydrogen Energy*, Vol. 30, No. 4, 2005, pp. 231–238.
40. Barbir, F., M. Lillis, F. Mitlitsky, and T. Molter, Regenerative Fuel Cell Applications and Design Options, in *Proc. of (CD) 14th World Hydrogen Energy Conference* (Montreal, June 2002).
41. Murphy, O. J., G. D. Hitchens, and D. J. Manko, High Power Density Proton Exchange Fuel Cells, *Journal of Power Sources*, Vol. 47, 194, pp. 353–368.
42. Mitlitsky, F., B. Myers, A. H. Weisberg, and A. Leonida, Applications and Development of High Pressure PEM Systems, Portable Fuel Cells International Conference (Lucerne, Switzerland, 1999) pp. 253–268.
43. Barbir, F., Integrated Renewable Hydrogen Utility System, in *Proc. 1999 DOE Hydrogen Program Annual Review Meeting* (Lakewood, CO, May 4–6, 1999).
44. NASA Dryden Research Center Press Release: 01-58, NASA Solar Aircraft Sets Altitude Record; Communications and Environmental Breakthroughs Expected, August 14, 2001:

http://www.dfrc.nasa.gov/PAO/PressReleases/2001/01-58.html (accessed February 2005).
45. Mitlitsky, F., N. J. Colella, B. Myers, and C. J. Anderson, Regenerative Fuel Cells for Solar Powered Aircraft, 28th Intersociety Energy Conversion Engineering Conference (IECEC) (Atlanta, GA, 1993).
46. Mitlitsky, F., N. J. Colella, and B. Myers, Unitized Regenerative Fuel Cells for Solar Rechargeable Aircraft and Zero Emission Vehicles, 1994 Fuel Cell Seminar (San Diego, CA, 1994).
47. Mitlitsky, F., B. Myers, and A. H. Weisberg, Lightweight Pressure Vessels and Unitized Regenerative Fuel Cells, 1996 Fuel Cell Seminar (Orlando, FL, 1996).
48. Mitlitsky, F., A. H. Weisberg, P. H. Carter, B. Myers, and J. T. Kare, Applications of Water Refuelable Spacecraft, Final Report to DARPA/TTO, Agreement No. 99-G527, January 5, 2000.
49. Mitlitsky, F., A. H. Weisberg, P. H. Carter, M. D. Dittman, B. Myers, R. W. Humble, and J. T. Kare, Water Rocket—Electrolysis Propulsion and Fuel Cell Power, AIAA-99-4609, AIAA Space Technology Conference (Albuquerque, NM, September 28–30, 1999).

익힘 문제

10-1 주행거리 400 km 급인 자동차용 연료전지 시스템의 평균 속도와 출력은 각각 9 m/s 및 9 kW 이고, 이러한 조건에서 연료전지 평균 효율(LHV 기준)은 53%이다. 차내에 실어야 할 수소의 양을 구하여라. 상당 연비(mile/gal 가솔린)는 얼마인가?

10-2 75 kW 급 연료전지 차량의 출력 프로필과 구동장치(drive train) 효율은 다음 표와 같다.

시간	출력	효율
3.0%	100.0%	49%
7.0%	50.0%	55%
27.5%	25.0%	57%
27.5%	12.5%	58%
35.0%	0%	

이러한 주행 스케줄에서의 평균 효율을, 다음 두 경우에 대해 구하여라.

a) 연료전지를 끄고 연료를 전혀 사용하지 않는 공회전 기간
b) 연료전지를 계속 운전하여 기생 부하(2.5 kW로 추정)를 공급하는 공회전 기간. 이 기간 중의 연료전지 효율은 50%이다.

10-3 가정용 에너지 요금 청구서에서, 전기 요금과 천연가스 요금을 확인해 보아라. 또 난방용 연료(전기, 천연가스, 난방유)에 관한 정보를 찾아보아라. 또한 커패시티 인자가 50%이고 평균 효율

이 35%인 5 kW 급 연료전지의 투자 회수기간을 추산하여라. 열병합 발전(효율 70%로 가정)을 할 경우와 하지 않을 경우의 차이는 어느 수준인가? 연료전비 비용은 설치비를 포함하여 $4400이다. 이 시스템의 유용성을 개선하려면 어떻게 해야 하나?

10-4 유틸리티 회사에서 천연가스 1000 ft^3 당 $6를 지급하면서, 피크 시간 중의 발전용 연료전지의 설치를 권한다. 연료전지 비용은 설치비를 포함해 kW 당 $1200이다. 커패시티 인자는 33%, 평균 효율 역시 33%로 예상된다. 수명이 5년이고 할인율(discount rate)이 5%인 경우, 발전 비용($/kWh)을 구하여라. 동일한 연료전지를 기본 부하로 사용할 경우는 어떻게 되나? 커패시티 인자 95%, 평균 효율 38%로 가정한다.

10-5 5 kW 급 수소/산소 연료전지를 우주선에서 사용하고자 한다. 수소는 저장 밀도 5%(0.05 kg H_2/kg 탱크)인 탱크에 300 bar의 압력으로 저장한다. 산소도 같은 탱크에 동일한 질량/부피 비로 저장한다. 연료전지는 0.75 V, 1 A/cm^2로 운전한다. 기생전력은 400 W이다. 지지 시스템은 질량이 16 kg이다. 비에너지(kWh/kg)를 구하여, 가장 좋은 배터리의 경우와 비교하여라. 비에너지를 개선하려면 어떻게 해야 하나?

10-6 재생식 연료전지를 설치하여, 광전지로부터 일정한 2 kW를 출력한다. 연료전지 시스템 효율은 50%(LHV 기준)이고, 전기 분해 시스템 효율은 75%(역시 LHV 기준)이다. 연료전지는 야간에 12 시간 동안 가동한다. 주간에는 광전지 발전으로 2 kW를 부하에 공급하고 전기분해조를 운전한다. 이 12 시간 동안에 전기분해조는 커패시티 인자 22%로 운전한다. 다음을 구하여라.

a) 저장해야 할 수소의 양(kg)과 저장 탱크의 크기. 전기분해조는 수소를 100 bar까지 가압할 수 있다.

b) 전기분해조의 입력

c) 광전지 발전의 공칭 출력. 140 W/m^2로 가정한다. 광전지 발전시설의 규모를 구하여라.

퀴즈

10-1 자동차용 연료전지 시스템이 내연 기관보다 효율이 좋은 경우는?

a) 최대 출력일 경우

b) 부분 부하일 경우

c) 부하와 상관없다.

10-2 자동차용 연료전지에서 저장해야 할 수소의 양은?

a) 0.5 kg

b) 5 kg

c) 50 kg

10-3 수소 1 kg을 200 bar로 압축하면 부피는?
a) 6 L
b) 16 L
c) 60 L

10-4 터빈/팽창기를 갖춘 가압식 연료전지는,
a) 저압식에 비해 효율이 좋다.
b) 저압식과 효율이 비슷하다.
c) 저압식에 비해 효율이 나쁘다.

10-5 고정 발전용 연료전지의 경제성에 영향을 미치는 것은
a) 전기와 천연가스의 가격차이다.
b) 전기와 천연가의 가격 비이다.
c) 천연가스만의 가격이다.

10-6 커패시티 인자는
a) 연료전지 운전시간(h)/8760(1년 중 시간)
b) 연료전지의 연간발전량(kWh)/연중 최고 출력으로 운전했을 경우의 발전량(kWh)
c) 연료전지 평균 출력/부하가 요구하는 평균 출력

10-7 연료전지 시스템의 연평균 효율은
a) 공칭 출력에서의 효율보다 언제나 낮다.
b) 공칭 출력에서의 효율보다 언제나 높다.
c) 연중 시스템의 운전 방법에 따라 높을 수도 있고 낮을 수도 있다.

10-8 열병합 발전(열 및 전력 모드)에서 사용하는 연료전지 시스템의 경제성에 대해 천연가스의 가격 상승이 미치는 영향은
a) 연료전지의 경제성이 감소한다.
b) 연료전지의 경제성이 증가한다.
c) 전력 및 열 이용률과 각각의 효율에 따라 달라지므로, 간단히 말하기 어렵다.

10-9 연료전지와 전기분해 스택을 별도로 운전하는 재생식 연료전지 시스템에서 전기분해조 운전에 필요한 동력은
a) 연료전지 공칭 출력보다 언제나 많다.
b) 연료전지 공칭 출력보다 언제나 적다.
c) 필요한 충전시간에 따라 달라지므로, 연료전지 공칭 출력에 비해 많을 수도 있고 적을 수도 있다.

10-10 재생식 연료전지 시스템의 비에너지는 무엇에 따라 달라지나?

a) 연료전지 효율

b) 전기분해조 효율

c) 연료전지 및 전기분해조 모두의 효율

Chapter 11

연료전지와 수소 경제

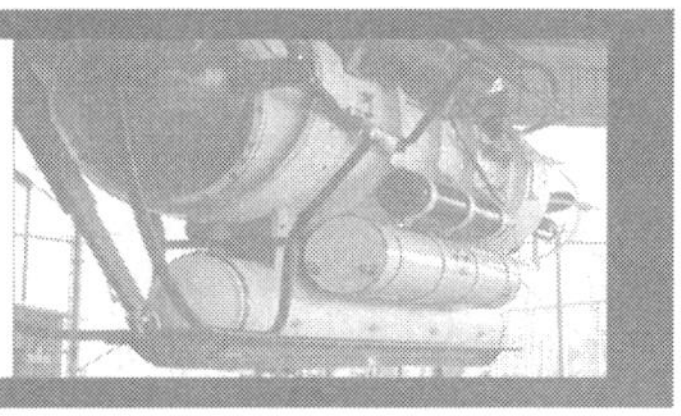

11.1 입문

연료전지에서는 연료인 수소가 있어야 한다. 수소는 에너지원은 아니지만, 쓰기 쉬운 연료이다. 수소는 중간적 에너지 형태인 에너지 운반체라는 점에서 전기와 같다고 할 수 있다. 전기와 마찬가지로 수소도 다양한 에너지원으로부터 만들 수 있고, 최종 사용자에게 전달할 수 있으며, 최종 사용자는 효율적이고 청정한 방법으로 수소를 에너지로 변환할 수 있다. 그러나 전기 인프라는 이미 구비되어 있지만, 실질적 수소 인프라는 아직 구축되어 있지 않다. 수소 인프라의 부족은 연료전지 상용화의 가장 큰 장애라 할 수 있다. 특히 자동차용 및 고정 발전용 연료전지의 상용화에는, 수소의 생산, 운반, 저장 등 수소 에너지 기술의 상용화가 동반되어야 한다. 예컨대 연료전지가 완전히 상품화되려면 수소가 어디에서나 구할 수 있는 상품(특수 가스가 아니라 일상적 에너지 운반체)이 되어야 한다. 달리 말하면, 연료전지가 수소 에너지 기술의 개발을 촉진할 수도 있다. 연료전지는, 고효율, 오염물 배출 제로, 무소음, 모듈화, 아주 낮은 비용 등 다양한 특성이 있으므로, 수소 공급이 제약된 상황에서도 여러 용도로 매력적이다. 여기에서 '닭이 먼저냐 달걀이 먼저냐'의 고전적 문제가 생긴다. 연료전지의 개발과 상용화가 선행되어야 수소 에너지 기술이 개발될 것인가? 수소 인프라 구축이 선행되어야 연료전지가 상용화될 것인가?

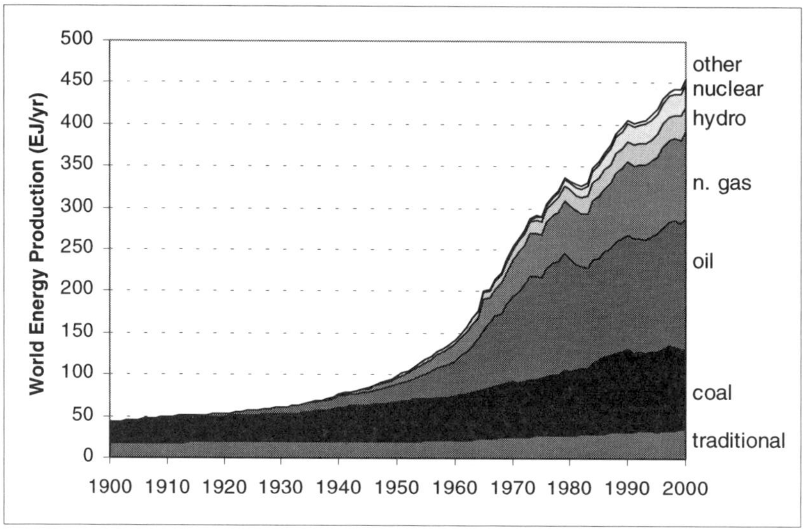

그림 11-1 세계 에너지 생산의 역사[1].

11.2 에너지 공급의 전이과정

수소는 화석연료 이후의 미래 연료라고 보는 과학자들이 많다. 수소 에너지 기술이 언제 어떻게 사용될 것인가는 이 책의 범위를 벗어나지만, 에너지 사용 및 공급 전환의 역사를 살펴봄으로써 실마리를 찾아볼 수 있다.

세계 에너지 수요의 지속적 증가와 다양한 에너지원의 활용을 그림 11-1에 보였다. 현재 에너지 수효의 85% 이상이, 석탄, 석유, 천연가스 등 화석연료이다.[1] 이러한 연료는 구하기도 쉽고 사용하기도 편하다. 인류는 이러한 에너지를 비교적 효율적으로 채굴하여 에너지 필요를 충족시키는 방법을 터득했다. 현대 산업사회의 엄청난 성장은 화석연료의 이용에서 비롯된 것이다.

그러나 화석연료의 채굴, 운송, 가공 및 최종 사용(주로 연소)에 관한 에너지 기술은 환경에 악영향을 미쳤으며, 결과적으로 세계 경제에 대해 직간접적으로 악영향을 미쳤다. 이러한 환경 영향에는, 배출가스로 인한 공기오염, 유출 및 누설로 인한 수질 및 토양오염처럼 국지적 오염도 있고, 오염물질 확산 및 산성비처럼 지역적 오염도 있으며, 지구 온난화, 기후 변화, 해수면 상승과 같은 위험한 결과를 초래할 수 있는 대기 중 이산화탄소 축적처럼 지구적 오염도 있다.

환경 스트레스 때문에 청정 에너지원 및 연료로 전환하지 않더라도, 화석연료 공급이 한정

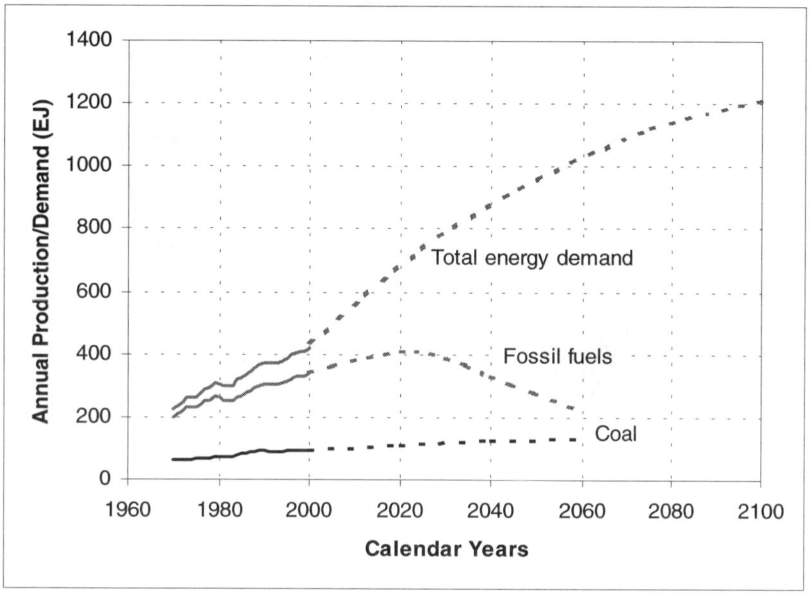

그림 11-2 에너지 수요 및 공급의 전망(출처: 역사적 자료는 [1], 세계 에너지 수요 전망은 [2], 화석연료 및 석탄 예측치는 [3]과 [4])

되어 있으므로 조만간에 전이될 수밖에 없을 것이다. 아직도 의견이 분분하지만, 화석연료 매장량이 유한하다는 데는 이론의 여지가 없다. 매장량의 유한성보다는 고갈 시기가 문제이며, 어떤 고갈 수준에서 세계 경제가 현저한 영향을 받을 것인가가 논란의 대상이다. 하지만 에너지 수요는 계속 증가할 것이다. 세계 인구가 계속 증가하고 개발도상국의 생활 수준 향상을 위한 에너지 수요가 계속 증가하고 있기 때문이다. 화석연료의 가용량과 에너지 수요의 격차를 그림 11-2에 보였다. 이러한 격차는 비화석연료 에너지원의 기회라 할 수 있다.

화석연료의 이용에 기초한 현재의 에너지 체제는 분명히 환경과 균형을 이루지 못하므로 지속 가능한 체제라고 할 수 없다. 유한한 매장 에너지원에 의존하여, 주로 연소과정을 통해 에너지를 변환하면서, 연소 생성물로서 이산화탄소를 비롯한 무수한 오염물질을 환경에 방출하기 때문이다(그림 11-3). 이러한 체제가 지속되려면, 저장 에너지가 충분하거나 환경이 오염물질을 흡수하는 능력이 있어야 한다.

우리 문명은, 편리하지만 환경친화적이 아니며 희소한 에너지원의 이용에서부터, 불편하지만 청정하며 비고갈성인 에너지로의 전환기를 맞을 수밖에 없다. 청정성과 풍요성이 입증된 에너지원으로는, 이를테면 직접적인 태양광과, 바람, 파도, 해류, 해열(海熱), 바이오매스 등의 간접적인 태양 에너지, 지열, 조력(潮力), 원자력 등이 이미 잘 알려져 있다. 이러한 에

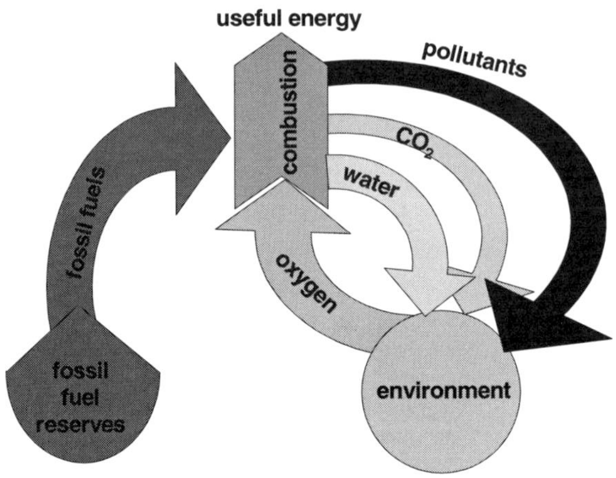

그림 11.3 현재의 지속불가능한 에너지 시스템.

너지원 이용 기술은 경우에 따라 발전 단계와 기존 에너지 기술과의 경쟁력(경제성)이 아주 다양하다. 미래에는 인간의 창의력이 새로운 에너지원을 더욱 추가하게 될 것이다.

미래의 에너지원이 무엇이든 간에, 언제나 편리하고 청정하며 안전하고 효율적이며 융통성이 있는 에너지 매체로서, 최종 사용자에게 전달할 수 있는 에너지 형태가 필요하다. 현재 세계적으로 이용되는 에너지 매체(energy carrier)는 전기이다. 전기는 편리한 에너지 형태로서, 다양한 에너지원으로부터 만들 수 있으며, 장거리 운송이 가능하고, 최종 사용자에게 전달할 수 있으며, 청정하고(물론 화석연료에서의 생산과정은 청정하지 않다), 사용자는 다양한 용도에서 아주 효율적으로 이용할 수 있다.

수소 역시 청정하고 효율적이며 융통성이 있는 에너지 매체로서, 쉽게 전기를 보충할 수 있는 것이다. 전기와 수소의 두 에너지 매체는 미래의 모든 에너지 요구를 충족시킬 수 있으며, 개별적 일차 에너지원과는 독립적인 영구적 에너지 체제를 구축할 수 있다. 수소는 독특한 특성을 가진 이상적 에너지 매체이다.

- 수소는 비교적 높은 효율로 전기를 사용해 생산할 수도 있고 전기로 변환할 수 있다.
- 수소 생산 원료는 어디서나 구할 수 있는 물이다. 수소 이용(연소나 전기화학적 변환)의 생성물은 순수한 물과 수증기이므로, 수소는 완전한 재생성 연료이다.
- 수소는 기체(대규모 저장에 편리)나 액체(항공기와 우주선에서 편리)로 저장할 수 있으며, 금속 수소화물 또는 수소화 화합물(자동차 또는 비교적 소규모 저장에 편리)의 형태로 저장할 수도 있다.

- 수소는 배관이나 탱커를 이용한 장거리 운송이 가능하다. (경우에 따라서는 전기보다 한층 효율적이고 편리하다.)
- 수소는 다른 연료에 비해 한층 다양하고 효율적으로 다른 형태의 에너지로 변환할 수 있다. 즉 불꽃 연소(다른 연료와 마찬가지)는 물론, 촉매 연소, 전기화학적 변환, 수소화 반응에 의해 변환할 수 있다.
- 수소는 친환경적 에너지 매체이다. 전기나 태양 에너지로부터의 직접 생산, 저장, 수송 및 최종 사용 중에, 오염물질[1], 온실효과가스가 발생하지 않고, 환경에 악영향도 미치지 않는다. 수소 자체는 무독성이다.
- 수소는 적절히 취급하면 비교적 안전한 연료이다. 몇 가지 심층 연구에 따르면, 수소는 현재 사용되는 다른 연료(가솔린, 천연가스, 프로판)만큼 안전한 특성을 가지고 있다.[5,6] 수소에 안정성에 관한 자세한 내용은 11.5절에서 다룬다.

11.3 수소 연료의 역사

과학 소설가 Jules Verne은 소설 *The Mysterious Island*[7]에서 수소 기반 에너지 시스템에 관해 처음 언급했다.[2]

> 물을 기본 원소로 분해한다……. 물론 전기로 분해하지…… 언젠가는 연료로 사용될 거다……. 물을 구성하는 수소와 산소는, 따로 쓰거나 함께 쓰거나, 석탄으로는 불가능한 세기의 열과 빛을 내는 에너지원이 될 거다……. 물이야말로 미래의 석탄이다.

Sir William Grove는 1839년 전기화학 반응을 처음 기술했는데, 이를 조사한 Ostwald는 1894년 20세기는 '전기화학적 연소의 시대'가 될 것이라 예측하면서, 수증기 Rankine 사이클 열 엔진이, 한층 효율적이고 오염이 없는 연료전지로 대체될 것이라 했다.[8]

1923년 Haldane은 풍력을 이용해 전기 분해하여 만든 수소가 미래의 연료가 될 것이라 했다.[9] 약 15년 뒤에는 Sikorski가 이러한 예견을 한층 기술적으로 자세하게 조사하여[10], 항공 연료로서 수소의 잠재력을 보여주었다. 수소를 도입하면 항공 분야에 엄청난 변화가 생길 것이라 했다.

---

1) 수소를 고온에서 산소로 연소시킬 경우에는, 광화학 스모그의 원인이 되는 소량의 NOx가 발생한다.

2) 쥘 베른(Jules Verne, 1828~1905), 신비의 섬, 열림원.

1920년대 초 Lawaczek는 수소 동력 자동차, 기차, 엔진의 개념을 정립하고, 효율적 가압식 전기분해조의 개발에 힘썼으며, 천연가스와 마찬가지로 배관을 통해 수소를 운송할 수 있다는 점을 처음으로 제시했다. 1920년대와 1930년대에 Erren 등의 엔지니어들은, 1000대 정도의 승용차와 트럭을, 수소와 가솔린을 연료로 사용하는 복합 연료 차량으로 개조했다.[12]

태양 에너지 기반의 수소 경제 개념은 Bockris(1962)가 처음 제안하고, Justi(1985)가 발전시켰는데, Bockris와 Triner(1970)가 이를 수소 경제(Hydrogen Economy)라 명명하고, Bockris (1671), Bockris와 Appleby(1972)가 공식화했으며, Gregory(1972)와 Marchetti(1972)가 정량화했다.[13]

Bockris는 태양 에너지 기반 수소를 미국 도시에 공급하는 일반적 방안을 제안했다. 바다에 광전지를 설치한 부유 플랫폼(floating platform)의 이용을 제안했는데, 해수의 전기 분해로 수소를 생산하고, 배관을 통해 육지로 운송하는 방안이다.[14]

일본에서는 비슷한 개념인 PORSHE[3])를 Ohta가 제안하여 연구했다.[15]

Justi[16]는 태양 에너지 수소 경제의 개요를 처음 작성했다. 그는 지중해 지역에서 태양에너지 열전기 변환(thermoelectric conversion)에 의해 수소를 만들고, 배관을 통해 독일까지 운송하는 안을 제안했다. 수소를 가정용과 산업용, 대규모 및 지역적 발전 및 운송(전기 자동차)용으로 사용할 수 있음을 보였다.

Bockris와 Veziroglu[17]는 태양 수소 에너지 체제를 개관하고, 장래의 잠재적 경쟁력이 있는 실질 시스템을 검토했다. 수소 이용 효율의 장점과 총에너지 비용(생산비+연료 사이클의 모든 단계에서의 환경 손상비)을 감안하면, 모든 가능한 에너지 시스템 중에서 가장 경제적인 것이 태양 수소에너지 시스템이다.

Scott와 Hafele[18]는, 탄소 연료의 과다한 사용에 기인한 지구 기후 교란 문제에 대처할 수 있는 실질적인 기술적 방안은 수소 에너지 체제라는 결론을 내렸다. 수소 에너지 체제는 온실효과가스에 의한 기후 변화를 경감시키거나 역전시키는 동시에, 경제 성장과 삶의 질의 개선을 도모할 수 있다. 수소 에너지 체제로 전환 비전으로서, 연계적이면서 중첩적인 길인 통합적 에너지 체제(화석연료와 수소의 혼용)와 순수 수소 체제를 제안했다.

Winter는, 수소 및 태양 에너지로의 전환점이 또 하나의 "역사의 잃어버린 순간"이 될 것을 우려했다.[19] 하지만, 시의 적절하게 청정한 형태의 에너지로 전환한다면, 인류 문명의

3) Planned Ocean Raft System for the Hydrogen Economy

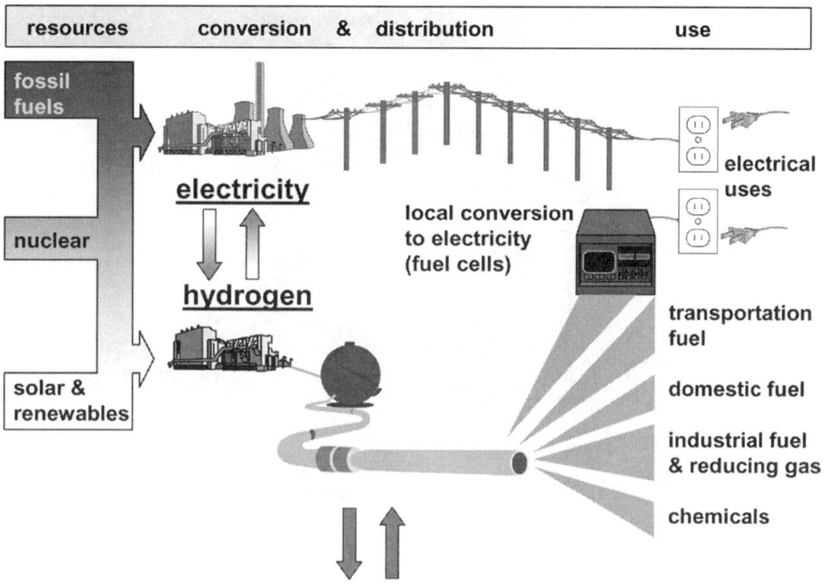

그림 11-4 수소/전기 에너지 체제.

새로운 발전 방향이 열릴 것인데, 이 길은 화석연료의 사용에 기초한 방향과는 정성적이고 정량적으로 다른 길이 될 것이다.

11.4 수소 에너지 체제

수소는 단순한 연료가 아니다. 수소는 화석연료 경제로부터 즉각적으로 전환할 수 있는 연료이다. 수소가 지배적 역할을 하는 에너지 체제를 흔히 '수소 경제'라 한다. (보다 정확하게는 '전기 및 수소 경제'라고 해야 한다.)

현재 쓸 수 있는 에너지원으로부터 전기와 수소를 생산하여, 현재 화석연료가 사용되는 모든 부문(운송, 주거, 상업, 산업 부문)에서 사용하게 될 지구적 에너지 체제를 그림 11-4에 보였다. 이러한 체제에서 대규모 공장은 물론 분산적인 소규모 시설에서도 전기와 수소를 생산한다. 일차 에너지원(태양 에너지, 원자력, 심지어 화석연료)을 쓸 수 있는 곳이면 어디에서나 수소 생산이 가능하다. 전기는 직접 사용하거나 수소로 변환한다. 수소를 대규모로 저장하려면, 폐광산, 동굴, 또는 대수층(aquifer) 등의 지하를 이용할 수 있다. 최종 사용자에게 대한 에너지 운송은, 운송거리와 경제체제에 따라, 전기나 수소의 형태를 이용한다. 수소는 가스관이나 수퍼탱커(supertanker)로 운송할 수 있다. 수소는 운송, 산업, 상업 부문에서 연료

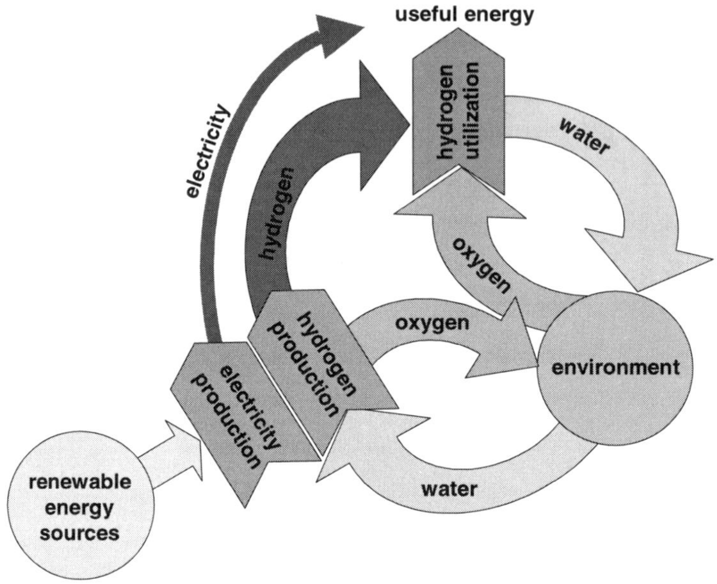

그림 11-5 재생성 에너지원에 기반을 둔 지속 가능한 에너지 체제.

로 사용할 수 있다. 수요, 장소, 시간에 따라서는 수소의 일부를 연료전지에서 사용하여 전기를 생산할 수 있다.

화석연료로부터의 수소 생산이 타당한 경우는, 효율이 아주 좋거나 오염물질 배출이 아주 적은 경우, 또는 화석연료를 전혀 사용할 수 없는 경우이다. 이러한 기술은 화석연료에 대한 의존도를 줄이거나 CO_2 발생량을 감축하는 것이 아니지만, 전환기에 이용하여, 비용 효율적으로 수소를 시장에 조달하고 수소 인프라 구축에 기여할 수 있다.

수소의 편익을 종합적으로 실현하려면 재생성 에너지원을 활용해야 한다. 수소와 전기는 재생성 에너지원에 상보적인 것으로서, 거의 모든 응용 분야에서 재생성 에너지를 간접적으로 활용할 수 있도록 해주는 것이다. 이러한 체제는 환경과 완전한 균형을 이루며, 재생성 에너지원이 존재하는 한 지속될 수 있는 체제이다(그림 11-5).

11.5 수소 에너지 기술

수소 경제에서는 수소 생산, 저장, 유통 및 이용 기술이 필요하다. 이러한 기술의 대부분은 이미 개발되어 있지만, 현존하는 에너지 기술과 경쟁할 수준에 있는 것은 소수에 불과하다. 수소 관련 기술을 지금부터 검토하기로 한다.

11.5.1 수소 생산 기술

수소를 생산하려면 수소가 포함된 원료(탄화수소 C_xH_y와 물 H_2O)와 에너지가 필요하다. 수소 생산에 필요한 에너지는 언제나 수소 이용에서 얻을 수 있는 에너지보다 많다.

현재 수소는 주로 화석연료(천연가스, 석유, 석탄)에서 생산한다. 수소의 용도로는, 정유 공장에서 원유의 수소첨가 반응 및 수소첨가분해에 의한 품질 향상(황의 제거), 화학산업에서 암모니아와 메탄올과 같은 다양한 화합물의 합성, 야금 분야에서 환원 또는 보호 기체로서의 사용 등을 들 수 있다. 현재 통계적으로 유의적인 양의 수소를 연료로 사용하는 분야는 우주 계획 부문이다.

화석연료에서 수소를 생산하는 기술은 이미 개발되어 산업용 수소 생산에 이용되고 있다. 수소 생산 기술에는 천연가스의 수증기 개질, 탄화수소의 부분 산화, 석탄 가스화 등이 있다. 연료 가격에 따라 수소 생산원가는 \$6~\$14/GJ 정도이다.[20] 그러나 이러한 기술은 화석연료 의존도를 줄이거나 CO_2 발생 감축에는 도움이 되는 기술이 아니다. 화석연료에서 CO_2를 발생하지 않으면서 수소를 생산할 수 있는 유일한 기술은 탄화수소의 직접 열분해(접촉 분해)이다. 이 방법은 탄소 생산에 사용하지만, 수소의 비용 효율적 생산 기술로서는 초기 단계에 있으며, 실험실에서도 기술적 타당성이 거의 없다.[21]

물 전기 분해는 완성된 기술로서 수소 생산 능력은 수 cm^3/min에서 수 천 m^3/min에 이른다. 비교적 효율적이지만(> 70%), 고품질 에너지인 전기가 필요하기 때문에, 물 전기 분해로 생산한 수소는 아주 비싸다(> \$20/GJ). 한편 피크 부하 이외의 시간 중에 수력 발전이나 원자력 발전의 잉여 전기를 이용하면 비교적 덜 비싼 방법으로 수소를 생산할 수도 있다.

물 전기 분해가 특히 적절한 경우는 광전지(PV, photovoltaics)를 이용할 경우이다. 일반적으로 광전지와 전기분해조의 분극곡선이 잘 합치되며, 그동안의 파일럿 플랜트 경험에 따르면, 전력 추종(power tracking) 전자기기를 사용하지 않고 직접 연결하여 비교적 높은 효율(> 93% 커플링 효율; coupling efficiency)을 달성할 수 있다.[22] 광전지에서 생산되는 전기는 고가이므로, 이런 전기를 사용해 생산한 수소도 고가이다. 그렇지만 이 기술은 충분히 완성되어 있으므로, 조만간에 대규모 전력 생산과 수소 생산에 활용될 수 있을 것이다. 1990년대의 광전지 가격은 생산량이 여러 배나 증가했음에도 불구하고 그다지 변동이 없었다. 1980년대로부터 투영해 보면 가격이 \$0.2/W_p 수준으로 낮아야 하지만, 광전지 모듈의 가격은 여전히 \$4/W_p 이상이다. 이처럼 가격이 너무 비싸므로, 전기나 수소를 대규모로 생산하기는 어렵다.

기타 수소 생산법으로서 태양 에너지를 비롯한 재생성 에너지와 결합할 수 방법들이 적어도 파일럿 시범 수준으로 개발되어 있다. 직접 열분해(thermolysis)[24], 열화학 사이클[25], 광분해(photolysis; 광화학적, 광전기화학적, 광생물학적 방법) 등이 여기에 속한다.[26,27] 그러나 어떤 방법이나 모두 기술적 난점이 있어서, 대부분 포기 상태에 있으며, 산업용으로는 거리가 멀다.

11.5.2 수소 저장 기술

에너지 매체로서의 수소는 저장해야, 수요와 공급의 시간적 계절적 차이를 극복할 수 있다. 수소는 고압가스나 액체 형태로 저장할 수 있다. 또한 다른 물질과의 화학적, 물리적 결합에 의해 저장할 수도 있는데, 금속 수소화물, 수소화 화합물, 유리의 세공(microsphere), 저온 흡착제(cryoadsorber) 등을 들 수 있다.

대규모 지하 저장

동굴, 대수층, 채굴이 끝난 유전이나 천연가스정, 채광 등의 인공 활동으로 만들어진 동굴 안에 기술적, 경제적으로 다량의 수소를 저장할 수 있다.[28] 저장 형태와 에너지 함유량이 동일할 경우, 수소는 부피 당 발열량이 낮기 때문에, 수소 저장 시스템은 천연가스 저장 시스템에 비해 3배 이상 비용이 많이 들 것이다. 수소의 지하 저장과 관련한 기술적 문제로서 현재 예상할 수 있는 점은, 작업 기체의 연간 손실량이 1~3% 정도 예상된다는 점뿐이다. 실제로 대규모 지하시설에 수소를 저장한 사례는 몇 가지가 있다. Kiel 시의 공익사업소는 1971년 이래 수소 함유량이 60~65%인 도시가스를, 깊이가 1330 m, 부피 약 32000 m^3인 가스 동굴에 80~160 bar로 저장해 왔다.[29] 프랑스의 국영 가스회사인 Gaz de France는 수소 함유량이 많은 정유 부산물 가스를 Beynes 부근의 대수층 구조에 저장하고 있다. 영국의 Imperial Chemical Industries는 Teeside 부근의 암염(소금) 채굴 동굴에 수소를 저장하고 있다.[30]

지상 압축 저장

현재 천연가스 분야에서 이용되는 방법이다. 규모가 다양하고, 압력도 표준 압력 실린더(50 ℓ, 200 bar)에서 정치용 고압 용기(>200 bar)에 이르기까지 광범하다. 저압 구형 용기(>30,000 m^3, 12~16 bar)도 이용된다. 이러한 지상 저장법은 수소에도 적용할 수 있을 것이다.

차량용 가압 수소 탱크

초경량이면서도 200 bar를 초과할 수 있는 강한 신소재가 개발되어, 승용차와 버스의 모형으로 사용되고 있다. 저장밀도는 0.05 kg 수소/kg(총 무게) 이상으로 할 수 있다.[31] 그러나 수소를 압축해 저장하려면 용기 부피가 비교적 커지는데, 200 bar에서 60 L/kg H_2, 400 bar에서 35 L/kg H_2 정도에 이른다.

액체 수소 저장

액체 수소의 생산 즉 액화과정은 에너지 집약적 과정이므로, 액화 수소가 가진 에너지의 1/3 정도를 투입해야 한다. 수소 액화 및 액체 수소의 실용 분야는 우주선용처럼 높은 저장밀도가 절대적으로 필수적인 분야에 국한된다. 수소 동력 승용차의 모형에서도 특수 개발한 액체 수소 탱크를 사용한다.[32]

금속 수소화물 저장

수소는 몇 가지 금속 및 합금과 결합하여 금속 수소화물을 형성한다. 금속 수소화물의 형성 중에는 수소 분자가 분할된 수소 원자가 적절한 금속 또는 합금의 격자 내부 공간에 들어간다. 이러한 방법으로 액체 수소의 밀도에 견줄 만큼 효율적으로 수소를 저장할 수 있다. 그러나 금속이나 합금의 무게를 감안하면, 금속 수산화물의 중량 저장밀도는 가압 수소의 저장과 비슷하다. 최선으로 달성할 수 있는 중량 저장밀도는, MgH_2와 같은 고온 수소화물의 경우, 0.07 kg H_2/kg 금속 정도이다. 저장 과정(흡착 또는 충전) 중에는 열이 발생하므로, 이를 제거해야 반응을 연속적으로 진행시킬 수 있다. 수소 배출과정(탈착 또는 방출) 중에는 저장 탱크에 열을 공급해야 한다. 수소화물의 형태로 수소를 저장하면 안전하다는 장점이 있다. 가령 충돌에 의해 수소화물 저장 탱크가 심하게 파손되더라도, 수소는 금속 구조 안에 남아있으므로, 화재 위험은 발생하지 않는다.

새로운 수소 저장법

위에서 언급한 재래식 방법에 비해 에너지 밀도를 높일 수 있는 몇 가지 새로운 수소 저장법이 탐구되고 있다. 즉 저온 및 고압의 활성탄[33], 탄소 나노튜브[34,35], 유리의 세공[36], 폴리수소화 복합체 화합물[37] 등에 수소를 저장할 수 있다. 이 중에는 유망한 것도 있지만, 실용성, 비용, 안전성이 입증된 것은 아직 없다.

11.5.3 수소 이용 기술

수소를 다른 유용한 에너지 형태로 변환하는 기술은 이미 개발되어 시범되고 있다. 어느 경우에나 다른 연료에 비해 수소는 한층 효율적으로 변환할 수 있으며, 특히 수소의 변환에서는 물과 수증기 외에는 오염물질이 발생하지 않는다. 이러한 점이 바로 수소 생산과 저장 기술 개발의 구동력으로 작용한다.

내연 기관 및 터빈에서의 수소 연소

수소는 내연 기관용으로 아주 좋은 연료이다. 수소 동력 내연 기관은 상응하는 가솔린 엔진에 비해 효율이 20% 정도 좋다. 엔진의 열효율은 압축비나 비열비를 증가시켜서 개선할 수 있다. 수소 엔진은 상응하는 가솔린 엔진에 비해 이 두 가지 비가 모두 높은데, 수소는 자기착화 온도가 낮고 희석 혼합물로 연소될 수 있기 때문이다. 그러나 내연 기관에서 수소를 사용하면 엔진 실린더의 양론적 혼합물의 에너지 함유량이 낮아서 15%의 동력이 손실된다. 고급 연료 주입기술을 사용하거나 액체 수소를 사용하면 수소 엔진의 출력을 높일 수 있다.[38]

내연 기관 연료로서 수소의 가장 중요한 장점은 상응하는 가솔린 엔진에 비해 오염물질의 배출이 아주 적다는 점이다. 기본적으로 공기 중 수소 연소의 유일한 생성물은 수증기와 소량의 질소 산화물이다. 그러나 수소 엔진에서의 NOx 배출량은 대개 상응하는 가솔린 엔진에 비해 한 자리 수 정도나 낮다. 수소 엔진에서도 윤활유의 연소 때문에 소량의 미연소 탄화수소, CO_2, CO 등이 검출된다.[38]

터빈 및 제트 엔진에서의 수소 사용은 재래식 제트 연료와 비슷하다. 수소를 사용하면 터빈 날개의 퇴적과 부식 문제를 피할 수 있으므로, 수명을 연장하고 유지관리비를 줄일 수 있다. 가스 도입 온도는 일반적 가스 터빈 온도인 800°C보다 높일 수 있으므로, 총괄 효율을 증가시킬 수 있다. 터빈 및 제트 엔진에서 수소를 사용할 경우의 유일한 오염 물질은 질소 산화물이다.

수소/산소 연소에 의한 직접 수증기 발생

수소를 순수 산소로 연소시키면 순수한 수증기가 생성된다. $2H_2 + O_2 \rightarrow 2H_2O$. 이 반응에서는 불꽃 부근의 온도가 3000°C 이상이 될 수 있으므로, 물을 추가 주입하여 수증기 온도를 목표 수준으로 조절해야 한다. 이 방법으로 포화 및 과포화 수증기를 모두 만들 수 있다. DLR(German Aerospace Research Establishment)에서는 정밀한 수소/산소 수증기 발생장치를 개발했다.[39] 이 경우 수증기만 생성되고 열 손실이 거의 없으므로, 효율이 100%에 가깝다. 이러한 장치는, 발전소에서 피크 부하 발전용의 순동(瞬動) 예비(spinning reserve) 수증기, 산업용 공급망 수증기의 생산에 사용할 수 있고, 또한 의용 기술이나 바이오테크놀로지에서 소형 수증기 발생기로 이용할 수 있다.

수소의 촉매 연소

적절한 촉매가 있으면 수소와 산소가 불꽃연소보다 아주 낮은 온도(상온~500°C)에서 결합할 수 있다. 촉매 연소에서는 재래식 불꽃연소에서보다 아주 큰 표면적이 필요하다. 따라서 촉매는 대개 다공질 구조에 분산시킨다. 수소 유량을 조절하면 반응 속도와 이에 따른 온도를 쉽게 제어할 수 있다. 수소의 촉매 연소에서 유일한 생성물은 수증기이다. 저온 반응이므로 질소 산화물은 생성되지 않는다. 이 촉매 반응에서는 불꽃이 없고 수소 농도는 인화 상한(75%) 이상에서, 반응이 수소 공급 쪽으로 역행할 일이 없으므로, 본질적으로 안전하다. 촉매 산화법의 가능한 용도로는 조리용 렌지(range) 및 실내 난방과 같은 가정용을 들 수 있다. 독일의 Fraunhofer Institute for Solar Energy Systems에서는 촉매 산화장치를 이용한 가정용품을 개발하여 시범하고 있다.[40]

전기화학적 발전(연료전지)

연료전지는 가장 매력적이고 유망한 수소 기술의 하나이다. 연료전지에서 수소는 연소가 아니라 전기화학 반응에 의해 산소와 결합하여 직류(DC) 전기를 생성한다. 사용하는 전해질의 종류에 따라서 연료전지의 종류는 몇 가지가 된다. 알칼리 연료전지는 1960년대 이래 우주계획(아폴로 및 우주선)에서 사용되어 왔다. 인산형 연료전지는 고정 발전용이 이미 컨테이너 패키지로 상용화되어 있다. PEM 연료전지는 자동차용으로 적합한 것이지만, 소형 분산형 고정 발전소, 예비 전원, 휴대용 발전기로서도 아주 유망하다(제10장 참고). 용융 탄산염 및 고체 산화물 연료전지와 같은 고온형 연료전지는 고정 발전용으로 개발되어 상업화 전단계 내지는 시범 단계에 있다.

금속 수소화물 응용

수소가 금속 수소화물을 형성하는 능력은 수소 저장뿐 아니라 다양한 에너지 변환에 응용할 수 있다. 수소가 금속, 원소, 또는 합금과 화학적으로 결합하여 수소화물을 형성하는 반응은 열이 방출되는 발열과정이다. 반대로 금속 수소화물로부터 수소를 방출시킬 때는 열을 공

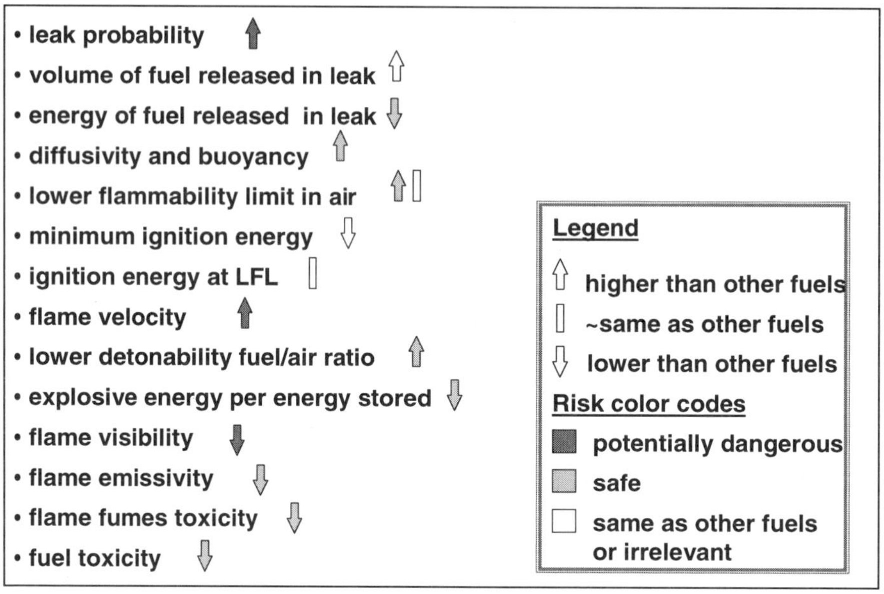

그림 11-6 수소와 다른 연료의 특성과 안전성.

급해야 한다. 충전과정에서 발생되는 열과 방출과정에서 필요한 열은 수소화 화합물, 수소 압력, 열을 공급하거나 발생하는 온도의 함수이다. 금속을 달리 하고 합금을 달리 하면, 다양한 수소화 반응 특성을 얻을 수 있다. 다시 말해서, 냉동, 압축, 펌프 수송, 폐열 저장, 발전, 수소 정제, 동위체 분리 등의 용도에 적절한 수소화 화합물을 만들거나 발견할 수 있을 것이다. 그러나 이러한 기술의 대부분은 아직 상용화와는 거리가 먼 상태에 있다.

11.5.4 수소 연료의 안전성

다른 연료나 에너지 매체와 마찬가지로, 수소 역시 적절히 다루지 않으면 위험할 수 있다. 따라서, 가솔린, 프로판, 천연가스와 같은 일반 연료에 상대적인 수소의 리스크(risk)에 주의해야 한다. 수소의 물성은 일반 연료와 상당히 다르다. 이러한 특성 중에는 수소를 덜 위험하게 하는 성질도 있고, 상황에 따라서는 이론적으로 수소를 더 위험하게 하는 성질도 있다. 수소의 고유 특성을 표 11-1에 보였다. 그림 11-6에서는 수소와 다른 연료의 특성을 비교하고, 안전에 미치는 영향의 등급을 나타냈다.

수소의 안전성은 Hindenburg 사고와 수소 폭탄 때문에 부당하게 과소평가 되고 있다.(즉 위험성이 과대평가된다.) Hindenburg 사고는 사실상 수소가 얼마나 안전한 것인가를 보여준 사례였으며, 연료용 기상 수소나 액체 수소는 수소 폭탄과는 아무 상관도 없다.

표 11-1 수소와 천연가스의 특성 및 누출속도[5]

	수소	천연가스
유량 매개 변수		
확산계수(cm^2/s)	0.61	0.16
점도(μpoise)	87.5	100
밀도(kg/m^3)	0.0838	0.651
음속(m/s)	1308	449
상대적 누출속도		
확산	3.80	1
층류	1.23	1
난류	2.83	1
음속류(sonic flow)	2.91	1

Hindenburg 사고를 잘 살펴보면, 화재를 일으킨 것은 수소가 아니라, 비행선을 피복한 인화성 알루미늄 분말을 충전한 페인트 니스였다.[41] 비행선에 채운 수소에 불이 붙은 것은, Hindenburg의 표면에 불이 난지 1분이나 지난 뒤였다. 수소 연소의 불꽃은, 승무원과 승객이 있는 선실 쪽이 아니라, 이와는 정반대인 위로 향했다. 불에 타면서 승객과 함께 지상으로 떨어진 것은 표면 구조물의 테두리, 다량의 디젤, 선실 안에 있던 가연성 물질이었다. Hindenburg 화재 사고로 33명이 사망했지만, 66명은 다행히 불꽃과 땅으로 떨어지는 파편을 피해 목숨을 구했다.

수소는 분자가 가장 작으므로, 다른 액체나 기체 연료에 비해 작은 구멍에서도 쉽게 빠져나갈 수 있다. 밀도, 점도, 공기 중의 확산계수와 같은 수소의 성질에 기초하면, 저압 연료 배관의 구멍이나 연결부를 통해 누출되는 경향은 천연가스의 경우에 비해 1.26~2.8배 정도 빠르다.(확산계수만 감안하여 3.8배 빠르다고 하지만, 그렇지 않다.) 실험에 의하면 가정용 천연가스 배관에서의 누출은 층류이다.[5] 천연가스는 단위 부피당 에너지 밀도가 수소보다 3배나 크므로, 수소 누출에 비해 천연가스 누출에 의한 에너지 방출량이 한층 커진다.

고압 저장 탱크로부터 대량 누출의 경우, 누출 속도는 음속(sonic velocity)의 제약을 받는다. 높은 음속(1308 m/s) 때문에 수소의 초기 누출 속도는 천연가스(음속 449 m/s)에 비해 빠르다. 이 경우에도 천연가스의 에너지 밀도는 수소의 3배 이상이므로, 천연가스 누출의 에너지 함유량이 언제나 수소의 경우보다 많다.

어떤 이유로든 누출되더라도, 수소는 다른 연료에 비해 아주 빨리 분산되므로, 위험 수준이 낮아진다. 수소는 가솔린, 프로판, 천연가스에 비해 부력과 확산능이 모두 크다. 수소와 천연가스의 누출 속도를 비롯한 몇 가지 특성을 표 11-1에 보였다.

수소/공기 혼합물은 비교적 넓은 부피 비(공기 중의 수소 4%~75% 사이)에서 연소될 수 있다. 다른 연료는 인화 범위가 아주 좁아서, 천연가스 5.3~15%, 프로판 2.1~10%, 가솔린 1~7.8%이다. 그러나 이러한 범위의 실질적 가치는 없다. 실제의 누출 상황에서는 누출물의 점화 여부를 결정하는 핵심 매개 변수는 인화 하한인데, 수소의 인화 하한은 가솔린의 4배, 프로판의 1.9배나 높고, 천연가스에 비해서는 약간 낮다.

수소의 점화에너지는 다른 연료에 비해 한 자리 수(order) 정도 낮다(0.02 mJ). 점화 에너지는 연료/공기비의 함수이며, 수소의 경우, 점화 에너지가 최소가 되는 것은 공기 중의 함유량이 25~30% 정도일 때이다. 인화 하한에서의 수소의 점화 에너지는 천연가스와 비슷하다.[6]

수소의 불꽃 속도는 천연가스나 가솔린에 비해 7배나 빠르다. 따라서 다른 연료에 비해 수소 불꽃은 폭연(deflagration)이나 심지어 폭발(detonation)을 일으키기 쉽다. 그러나 폭연 가능성은 정확한 공기/연료 비, 온도, 특히 연소 공간의 기하학적 형태에 따라서 복잡하게 달라진다. 개방 대기 중에서의 수소 폭발은 가능성이 아주 낮다.

수소의 폭발 하한 연료/공기비는 13~18% 정도로, 천연가스에 비해 2배 정도 높고, 가솔린에 비해서는 12배나 높다. 인화 하한이 4%이므로, 폭발은 아주 비정상적 시나리오일 경우에만 가능하다. 이를테면, 폐쇄 공간에서 누출된 수소가 축적되어 농도가 13%까지 증가한 다음, 이 시점에서 점화원이 불을 붙인다는 식의 시나리오일 때이다.

폭발이 일어나더라도, 연료의 저장에너지 당 폭발 에너지는 수소의 경우가 가장 낮으며, 일정한 부피의 수소의 폭발 에너지는 동일한 부피의 가솔린 증기에 비해 22배나 적다.

수소 불꽃은 잘 보이지 않아서 위험하다. 수소 불꽃 옆에 있더라도 수소가 타고 있다는 것을 알아채지 못할 수가 있다. 이에 대한 대비책은 적절한 광도(luminosity)를 내는 화합물을 첨가하는 것이다. 수소 불꽃은 복사율(emissivity)이 낮으므로, 근처에 있는 물질이나 사람이 화상을 입거나 복사열전달에 의해 부상을 당할 일은 적다. 가솔린 불에서 발생하는 연무나 검댕은 사림이 흡입하면 해롭지만, 수소 연소에서는 (2차 물질이 연소되지 않는 한) 수증기만 발생한다.

액체 수소는 또 다른 안전 문제가 있는데, 냉동화상(cold burn)의 리스크, 누출된 찬 연료의 존속기간의 증가를 들 수 있다. 다량 누출된 액체 수소는 가솔린 누설과 비슷한 특성이 있다. 그러나 아주 빨리 소산된다. 또 하나의 잠재적 위험은, 압력 방출밸브가 고장일 경우, 끓는 액체의 팽창하는 증기의 격렬한 폭발이다.

차량에 적재한 수소에서 안전 재해가 생길 수 있다. 이러한 재해는 차량이 정차 중일 경우, 정상 운행 중일 경우, 충돌 사고일 경우에 대해 고려해야 한다. 대개 잠재적 재해는 화재, 폭발, 독성에 기인한다. 수소나 수소 불꽃은 독성이 없으므로, 독성 재해는 무시해도 된다. 발화원이나 폭발원이 되는 것은, 수소 그 자체, 저장 탱크, 공급 배관의 수소이다. 연료전지에서는 수소와 산소가 아주 얇은 (20~30 μm) 고분자 막으로 분리되어 있지만, 연료전지의 해저드가 가장 적다. 막이 파손될 경우 수소와 산소가 결합하겠지만, 제어 시스템이 곧바로 검출하여, 공급배관을 즉시 차단한다. 연료전지 운전온도(60~90°C)는 너무 낮아서 열적 점화원이 되지 못한다. 그러나 수소와 산소는 촉매 표면에서 결합하여 점화 조건이 만들어진다. 하지만, 연료전지와 연료 공급배관에 존재하는 수소의 양이 아주 소량이므로, 잠재적 손상에는 한계가 있다.

임의 시간에 탱크에 다량의 수소가 들어있을 수 있다. 정상 운전이나 충돌 시에 탱크 파괴 모드를 알아보면 다음과 같다.

- 파국적 파열
  탱크의 제조 결함, 잘못된 취급으로 인한 결함이나 스트레스 파손, 예리한 물체에 의한 펑크, 외부 화재와 함께 압력 방출 밸브의 고장으로 인한 누출 등으로 발생한다.
- 다량 방출
  원인 불명으로 압력 방출 기구의 오작동이나 탱크 벽의 화학적 결함, 예리한 물체에 의한 펑크, 화재 시의 압력 방출 기구의 작동(사실은 기구의 본래 목적에 맞는 작동) 등으로 발생한다.
- 느린 누출
  탱크 라이너(liner)의 스트레스 균열, 압력 방출 밸브의 결함, 탱크와 공급배관의 연결 결함, 충격에 의한 연료 연결부의 열림 등으로 발생한다.

Ford Motor Company를 위한 조사에서 Directed Technologies, Inc.는 위에서 언급한 실패 모드의 가능성을 자세히 평가했다.[6] 이 조사의 결론에 따르면, 파국적 파열은 일어날 가능성이 적다. 그러나 정상 운전 및 충돌에 의해, 수소가 다량 방출되거나 느리게 누출된 몇 가지 실패 모드를 확인했다.

위에서 언급한 실패 모드는 대부분 피할 수 있거나 발생 후의 결과를 최소화할 수 있는 것들이다.

- 누출 방지
  적절한 시스템 설계, 적절한 장치의 선택(추가 시험 및 조사 필요), 충격 및 진동에 견딜 수 있도록 하고, 압력 방출 밸브 벤트 설치, 고압 배관 보호, 각 탱크 공급배관에 정상적으로 닫히는 솔레노이드 밸브 설치 등.

- 누출 검지

  누출 검출기를 사용하거나 수소 연료에 냄새 물질 첨가.

- 점화 방지

  자동 차단 배터리 뱅크에 의해, 충돌 후의 가솔린 화재의 85%의 원인이 되는 전기 스파크 발생원을 제거한다. 연료 공급 배관이 가능한 한 모든 전기기구, 배터리, 모터, 배선과 분리되도록 설계한다. 예컨대 수소가 위로 흘러나갈 수 있는 구멍을 설치하거나 강제적 피동적으로 환기되는 시스템을 설계한다.

리스크는 일반적으로 출현 확률과 결과의 곱으로 정의한다. 위에서 언급한 Directed Technologies, Inc.[6]의 조사에는, 가능성이 가장 크거나 가장 심각한 수소 사고 시나리오에 관한 상세한 리스크 평가가 포함되어 있다. 시나리오의 예를 들면 다음과 같다.

- 개방 공간에서의 연료탱크 화재 또는 폭발
- 터널 안에서의 연료탱크 화재 또는 폭발
- 개방 공간에서의 연료 배관 누출
- 주차장에서의 연료 누출
- 주유소(충전소) 사고

이 조사의 결론에 따르면, 개방 공간에서의 충돌에서는 안전공학적으로 설계한 수소 연료전지 자동차의 잠재적 해저드는 천연가스 차량이나 가솔린 차량에 비해 적다. 터널 안에서의 충돌에서는, 충돌 후에 가솔린과 천연가스가 상당량 방출될 경우를 컴퓨터 시뮬레이션으로 비교해 보면, 수소 연료전지 차량의 안전성이 천연가스 차량과 비슷하며, 이 두 가지 차량은 가솔린 차량이나 프로판 차량에 비해 잠재적 해저드가 적다. 대중에 대한 잠재적 리스크가 가장 큰 경우는 주택 주차장의 폐쇄 공간에서 조금씩 누출된 경우로서, 수소 검출이나 리스크 경감 기구나 대책(피동적 또는 강제적 환기 등)이 없는 경우, 축적된 수소가 화재나 폭발을 일으킬 수 있다.

요컨대, 수소의 리스크는 다른 연료와 비슷하다고 하겠다. 대중의 인식과는 달리, 수소는 가솔린이나 천연가스에 비해 안전한 측면도 있다.

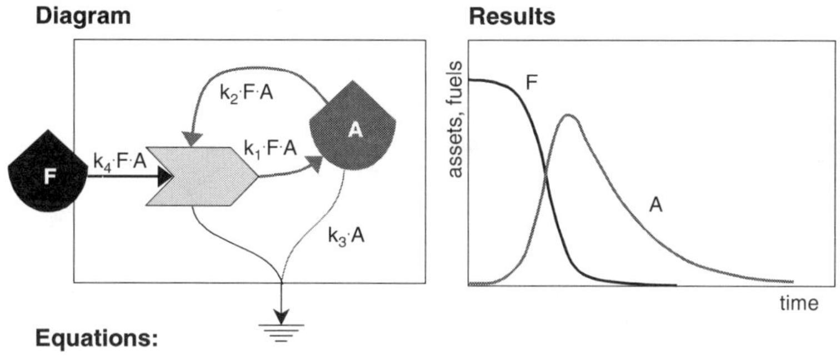

Equations:

$dF/dt = -k_4 \cdot F \cdot A$

$dA/dt = k_1 \cdot F \cdot A - k_2 \cdot F \cdot A - k_3 \cdot A$

그림 11-7 비재생성 에너지원에 기초한 시스템의 단순 모델.

11.6 수소의 미래

수소는 화석연료로부터 전이를 가능하게 할 연료라 할 수 있다. 언제 이러한 전이가 일어날까? 가까운 장래인가? 수소 기술은 기술적 타당성이 있다. 경제적 타당성은 언제 가지게 될 것인가? 이러한 질문에 답하려면, 미래를 전망해 보아야 한다.

물론 미래는 예측이 불가능하다. 그러나 모든 시스템은 확립된 물리 법칙과 일치하는 거동을 하며, 충분한 정보가 있다면, 상당한 수준까지 미래의 거동을 추정할 수도 있을 것이다. 예컨대, 공중을 향해 공을 던질 경우, 위로 올라가기 시작하여 최고점에 도달했다가 다시 떨어질 것은 아주 정확하게 예측할 수 있다. 그러나 그 공이 얼마나 높이 올라가고 언제 어디에 떨어질 것인지를 예측하려면, 더 많은 정보가 필요하다.

자연계의 모든 시스템은 에너지가 필요하다. 따라서 그 거동은 에너지 사용량과 가용 에너지원에 관한 조사를 기초로 예측할 수 있다. 지구 경제계도 마찬가지이다. 이미 언급했지만, 현대 산업사회의 엄청난 경제 성장은, 편리하고 농축된 에너지 형태인 화석연료가 있어서 달성이 가능했다. 모든 경제 모델이 성장에 기초를 두고 있지만, 열역학적 관점에서는, 한정된 에너지원에 기초한 시스템은 어느 것이나 영원히 성장을 지속할 수는 없다. 이러한 시스템은 자원이 풍부한 동안에는 지수적 성장을 하지만, 정점에 도달한 이후에는 자원이 고갈됨에 따라 쇠퇴하기 시작한다. 이를 그림 11-7에 보였다. 정점이 얼마나 높고 언제 도달할 것인지를 알려면 시스템과 그 에너지 사용량에 관한 정보가 더 필요하다. 그림 11-7에 보인 선도와 수식은 Odum의 에너지 개념에 기초한 것이다.[42–44] 이것은 생태계 내부의 에너지 흐름을 기술하기 위해 개발한 것이지만, 지구적, 국가적, 지역적 규모의 인간 경제계를 비롯해, 어떤

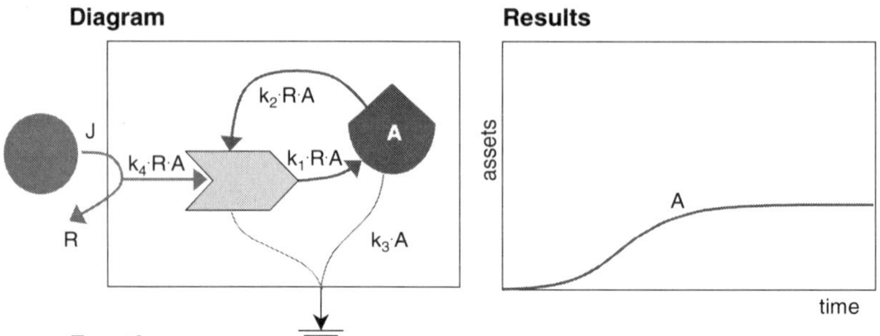

Equations:

$$R = J/(1+k_4 \cdot A)$$

$$dA/dt = k_1 \cdot R \cdot A - k_2 \cdot R \cdot A - k_3 \cdot A$$

그림 11-8 유량이 일정한 (재생) 에너지원에 기초한 시스템의 단순 모델.

복잡계에도 적용할 수 있다.

태양 에너지처럼 유입량이 지속적인 에너지의 이용에 기초한 시스템은 거동이 다르다. 정점을 통과하지 않으며, 성장을 계속하여 정상상태에 도달한다(그림 11-8). 이 시스템의 성장 속도와 도달 가능한 정상상태 수준은 유용한 태양 에너지의 이용 속도와 태양 에너지를 다른 유용한 형태의 에너지(유일한 중간 단계는 에너지 매체인 수소와 전기)로 변환하는 데 필요한 노력에 따라 달라진다.

인류 문명은 사실상 재생성 및 비재생성 에너지원 모두에 기초한 시스템이다(그림 11-9). 재생성 에너지원만으로는, 화석연료의 사용으로 가능한 성장을 결코 이룩할 수 없을 것이다. 하지만 화석연료 자원은 한정적이기 때문에, 이러한 성장이 무한히 계속될 수 없다는 것이 문제이다. 단순 모델에서는, 비재생성 저장 에너지가 고갈된 이후에 해당 시스템이 도달할 수 있는 정상상태를 예측할 수 없다. 정상상태 수준은, 재생성 에너지를 한층 유용한 형태의 에너지로 변환하기 위한 노력, 즉 재생성 에너지원에서 얻을 수 있는 실질 에너지 이득에 따라 달라진다.

MIT 팀[45,46]에서 수행한 모델을 비롯하여 다양한 모델 연구에 따르면, 지구 경제는 21세기 전반부 중에 정점에 도달했다가 쇠퇴하기 시작할 것이다. 그 기본 이유는 환경 스트레스와 화석연료를 포함한 천연 자원의 고갈이다. Miami 대학에서 방법을 달리해 수행한 모델링 연구에서도 비슷한 결과를 얻었다[2]. 그러나 이 두 연구의 결론에 따르면, 환경 부담을 경감하거나 실질적으로 반전시킬 수 있는 동시에 고갈성 에너지에 의존하지 않는 새로운 청정기술을 시의 적절하게 도입하면, 부정적 추세를 반전시킬 수 있다. MIT 연구에서는 이러한 기술을 특별히 다루지 않았지만, Miami 대학 연구에서는, 지구 경제와 환경 문제의 해결책

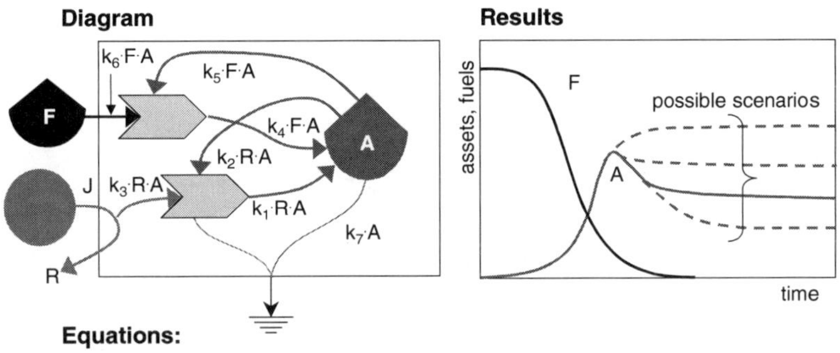

Equations:

$R = J/(1+k_3 \cdot A)$

$dF/dt = -k_6 \cdot F \cdot A$

$dA/dt = k_1 \cdot R \cdot A - k_2 \cdot R \cdot A + k_4 \cdot F \cdot A - k_5 \cdot F \cdot A - k_3 \cdot A$

그림 11-9 재생성 및 비재생성 에너지원에 기초한 시스템의 단순 모델.

으로 재생성 에너지원에 기초한 수소 경제를 확인했다.[2] 이 연구에 따르면, 새로운 에너지 시스템의 도입 시기와 속도가 아주 중요하다. 그림 11-10과 그림 11-11에 보인 것처럼, 태양 수소 에너지 체제의 도입이 빠를수록 지구 경제와 환경에 장기적 편익이 생긴다. 경제의 쇠퇴기에 이러한 전이가 시작되면, 너무 늦어서 추세를 반전시키기 어렵다. 새로운 에너지 체제의 구축과 같은 장기적 프로젝트에 투자할 여력이 이미 없어진 상황이기 때문이다.

장기적인 역사적 맥락에서 보면, 화석연료 시대는, 과거의 태양 에너지 체제에서 미래의 태양 에너지 체제로 이행하는 단기적 중간 단계라 할 수 있다. 이 단기간(약 300년) 중에 화석연료는 인류 문명의 엄청난 발전을 가능하게 했다. 이제는 화석연료를 사용하여, 태양 수소 에너지 체제와 같은 영구적 에너지 체제의 구축을 지원한다면, 과거 낮은 수준의 태양 에너지에서 미래의 높은 수준의 태양 에너지로 전환하는 스파크의 역할을 하는 셈이다. 인류에게 필요한 양보다 수십 배나 많은 양이 지속적으로 공급되는 것이 태양 에너지이다. 그러나 직접적이든 간접적이든 태양 에너지는 지나치게 분산되어 있으므로, 유용한 에너지 형태로 전환하려면 많은 노력(고품질 에너지)이 필요하다. 재생성 에너지가 경제 성장을 지원하여 정상상태에 이르도록 하는 속도는, 이를 수집하여 최종 사용자에게 제공하는데 필요한 노력을 얼마나 많이 했느냐에 따라 달라진다. 경제적으로 이 노력은 사용자 쪽(user end)의 에너지 비용에 해당한다. 태양 전기와 태양 수소 기술의 실질 에너지 이득을 정량화하려면 더 많은 연구가 필요하다.

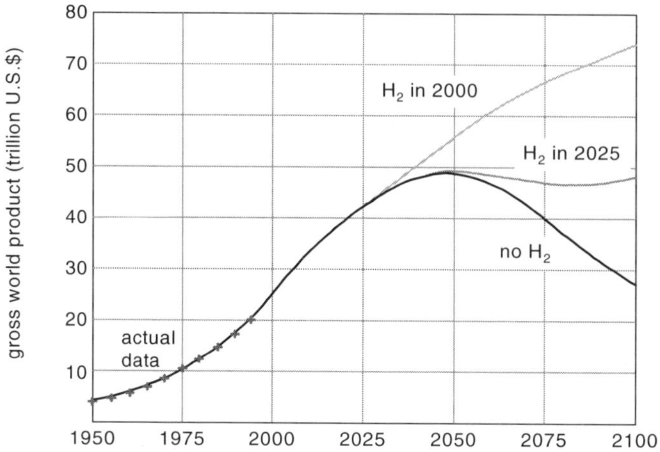

그림 11-10 수소 에너지 체제로의 전이 시기가 지구 경제에 미치는 영향(1900 US $)[2].

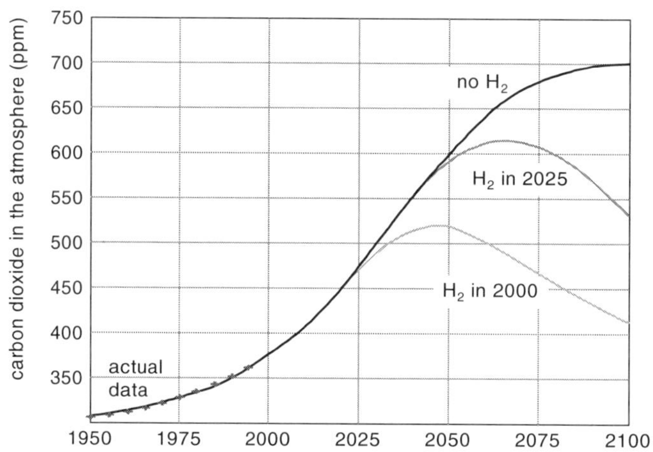

그림 11-11 수소 에너지 체제로의 전이 시기가 대기 중 CO_2 농도에 미치는 영향[2].

11.7 수소 경제로의 전환

편리하지만 친환경적이 아니고 궁극적으로 희소성인 에너지원(화석연료)으로부터, 불편하지만 청정하고 비고갈성인 에너지원(재생성 에너지원)으로의 전이는 절박한 것으로 보인다. 이러한 전이과정에서 수소가 중대한 역할을 할 수 있을 것이다. 수소는 재생성 에너지원을 사실상 어떤 용도로나 이용할 수 있도록 하는 것이다.

지구 에너지 체제의 대체는 하루아침에 이루어질 수 없다. 기존 에너지 체제는 엄청난 자본이 결합되어 있다. 기존 체제와 경쟁할 수 있는 다른 체제의 새로운 구축은 전혀 불가능하다. 새로운 에너지 체제는 점진적으로 기존 체제를 대체할 수 있어야 한다. 기업은 대개 단기 이익에만 관심을 가지므로, 정부와 국제 조직이 수소 에너지 체제의 장기적 이득을 인식하고 법적 재정적으로 수소 에너지 체제로의 전환을 지원하면 좋을 것이다. "실질 경제학(real economics)"을 도입하고 기존 에너지 체제에 대한 보조 정책을 제거하면, 이러한 전환에 도움이 될 것이다. 여기에서 "실질 경제학"이란, 특정 에너지원 또는 연료의 사용에서 초래된 과거, 현재, 미래의 환경 손상, 환경 자원의 고갈, 에너지 자원에 대한 접근을 보장하기 위한 군사적 비용, 기타 숨겨진 외부 비용을 모두 계상한 경제학을 의미한다.

가장 어려운 점은 기존 에너지 시장에 수소 에너지 기술을 처음 침투시키는 일이다. 첫째로, 연료의 관점에서는, 지금의 시장에서는 수소를 만드는 연료(전기 포함)와 수소가 경쟁 상대가 될 수 없다. 연료전지와 같은 새로운 수소 에너지 기술의 경우에도, 대개 기존의 성숙된 기술에 비하면 초기 비용이 비싸다. 이는 실질 경제학을 적용해도 마찬가지이다. 수소 에너지 기술이 비싼 이유는 수소 생산 및 이용 설비가 대량으로 생산되지 않기 때문이다. 대량 생산되지 않는 이유는 수요가 없기 때문이고, 수요가 없는 이유는 너무 비싸기 때문이다. 말하자면 닭이 먼저냐 달걀이 먼저냐의 폐회로식 문제에 귀결된다. 기존 에너지 시장에 수소 에너지 기술이 침투되도록 하는 유일한 길은, 기존 기술과의 경쟁이 극심하지 않거나, 가격과 상관없이 기존 기술에 비해 분명한 장점이 있는 틈새시장에서 이 기술의 사용을 시작하는 방법이다. 상용화를 밀어붙일 수 있는 또 다른 길은, 분명한 장점이 있는 기술에 대한 정부나 국제기관의 지원이다. 일단 개발되면 이러한 기술은 수소 기술과 관련된 다른 기술의 비용을 줄이게 될 것이고, 광범한 시장 침투를 개시하여 기술 발전이 촉진되게 될 것이다. 한 가지 예가, 청정한 재생성 에너지원으로부터 생산된 수소를 이용한, 제 3세계 주요 도시에서의 연료전지 버스이다. 이러한 버스는 오염이 극심한 기존 버스와 대체할 수 있는데, 연료전지 버스와 기존 버스의 가격차는 세계은행의 지구환경기금(Global Environment Facility)에서 지원한다.

또 다른 중요 난점은 수소 기술 사이의 상관관계와 상호의존성이다. 예컨대, 수소 생산, 유통, 저장, 충전 등에 관한 신뢰성 있고 경제적으로 타당한 기술 없이, 수소 동력 자동차나 수도 동력 비행기를 시장에 도입하기란 거의 불가능에 가까운 일이다. 그런가 하면, 수소 수요가 충분치 않은 상황에서는, 수소 생산, 유통, 저장 기술의 중요한 개발이 결코 이루어질 수 없을 것이다.

11.8 에너지 혁명

인류 문명의 최근 역사는 기술 혁명의 역사라 할 수 있다(그림 11-12). 산업혁명은 증기기관의 발명에서 시작되었으며, 석탄을 이용하여 제조 분야에 혁명을 일으킴으로서, 경제 및 사회 체제에 큰 영향을 미쳤다. 전기혁명은 편리한 에너지를 거의 모든 가정에 보급했으며, 많은 전기기구와 장치가 개발되도록 했고, 결과적으로 생활양식에 현저한 변화를 초래했다. 자동차 혁명은 Ford가 대량 제조하여 가격이 적절한 모델 T 자동차에서 시작됐다. 아직 진행 중인 최근의 정보 혁명은 컴퓨터의 발명으로 시작됐다. 초기에 계산용으로 개발된 컴퓨터가 지금은, 정보의 검색과 보급, 통신, 오락, 예술 등 일상생활의 모든 분야에서 활용되고 있다. 어느새 컴퓨터가 없는 생활은 상상할 수조차 없는 상황이 되었다.

이러한 모든 혁명의 공통점은 어느 혁명이나 영향력이 큰 기술적 발명으로 시작되었다는 사실이다. 신기술은 일상생활에 변화를 초래하고, 전에는 상상할 수조차 없었던 새로운 상품과 서비스의 개발이 가능하도록 했다. 이제 연료전지는 다음 혁명, 즉 에너지 혁명을 이룩할 강력한 기술이 될 것이다. 연료전지는 에너지를 유용한 동력으로 변환하는 방법을 바꾸게 될 것이다. 재생성 에너지원의 이용을 확대하고, 에너지의 합리적 이용을 촉진하며, 다양한 규모의 발전을 가능하게 하면서도, 환경에 나쁜 영향을 미치지 않을 것이다.

혁명의 시간 척도를 보면, 기술 혁명과 함께 사용된 연료가 달라졌음을 알 수 있다. 산업혁명 이전의 연료는 나무를 비롯한 전통적 형태의 에너지였다. 산업혁명과 함께 석탄이 기본 연료가 되어 한 세기 이상 사용되었으며, 자동차 혁명과 함께 기본 에너지원이 석탄에서 석유로 대체되었다. 최근에는 천연가스의 중요성이 증가하고 있다. 이러한 추세에서 분명히 알 수 있는 점은, 수소/탄소 비가 높은 연료로 치환되어 왔다는 점이다. 나무는 기본적으로 탄소이고, 석탄은 수소/탄소 비가 1:1 정도, 석유나 가솔린은 2:1 정도, 천연가스는 4:1이다. 이러한 추세를 외삽한다면, 논리적으로 선택될 궁극적 연료는 순수 수소가 된다. 수소는 에너지 혁명의 연료이다.

11.9 결론

- 화석연료 기반 에너지 체제로부터의 전이는 불가피하다. 그 이유는 화석연료(석유, 천연가스)의 고갈과 환경 이슈 때문이다.
- 수소와 전기는 가장 가능성이 있는 미래의 에너지 매체이다. 왜냐하면 어떤 에너지원으

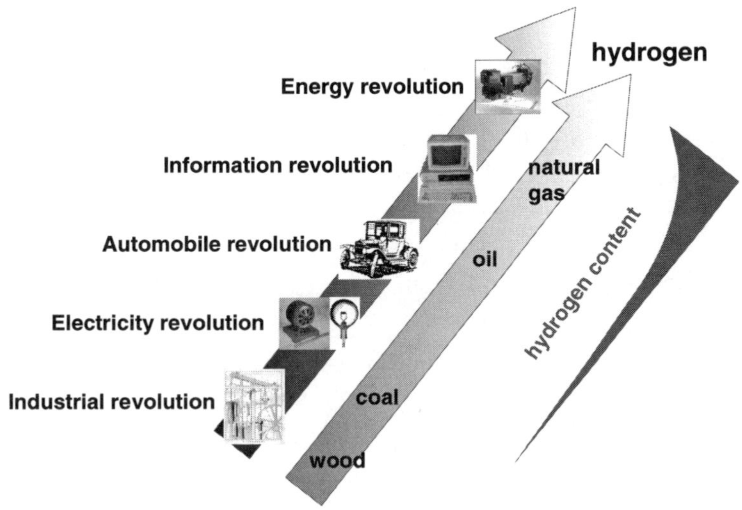

그림 11-12 기술 혁명과 연료의 역사.

로부터도 만들 수 있고, 청정하며, 융통성이 있기 때문이다. 재생성 에너지원으로부터 만들 수 있어서, 영속적 에너지 체제를 구축할 수 있다.

- 수소 기술, 즉 수소 생산, 저장, 이용 기술이 개발되고 있다. 이러한 기술은 아직 성숙 단계는 아니지만, 수소의 광범한 이용에 대한 기술적 장애는 없다.
- 수소 에너지 체제로의 전이가 어려운 이유는 다양하다. 예컨대, 기존 인프라와의 경쟁, "실질" 경제학을 추구하는 정책의 부족, 수소 기술의 상호 의존성, 재생성 에너지 기술에 대한 의존성 등이다.
- 태양 수소 및 태양 전기의 실질 에너지 이득에 관한 더 많은 평가 정보가 필요하다.
- 연료전지는, 발전에서 운송에 이르기까지, 대규모로 상용화될 첫 번째 수소 기술이 될 것이다. 이 기술은 에너지 비즈니스의 혁명을 초래할 잠재력을 가지고 있다.

참고문헌

1. Energy Information Administration, *International Energy Annual 2001* (DOE/EIA-0219, 2001, Washington D.C., 2003).
2. Barbir, F., H. J. Plass, Jr., and T. N. Veziroglu, Modeling of Hydrogen Penetration in the Energy Market, *International Journal of Hydrogen Energy*, Vol. 18, No. 3, 1993, pp.

187–195.

3. Energy Information Administration, *System for the Analysis of Global Energy Markets* (DOE/EIA, Washington D.C., 2003).
4. Campbell, C. J. and J. H. Laherrere, The End of Cheap Oil, *Scientific American*, March 1998.
5. Swain, M. R. and M. N. Swain, A Comparison of H_2, CH_4, and C_3H_8 Fuel Leakage in Residential Settings, *International Journal of Hydrogen Energy*, Vol. 17, No. 10, 1992, pp. 807–815.
6. Thomas, C. E., Hydrogen Vehicle Safety Report, prepared by Directed Technologies, Inc. for Ford Motor Company, Contract No. DE-AC02-94CE50389 (U.S. Department of Energy, Washington, D.C., 1996).
7. Verne, J., *The Mysterious Island* (Airmont Publishing Company, New York, 1965).
8. Ostwald, W. Z., *Elektrochemie*, Vol. 1, p. 122, 1894. Cited by A. J. Appleby, From Sir William Grove to Today: Fuel Cells and the Future, lecture at the Grove Anniversary Fuel Cell Symposium (The Royal Institution, London, 1989).
9. Haldane, J.B.S., *Daedalus or Science and the Future* (Kega, Paul, Trench, Truber and Company, Ltd., London, 1923).
10. Sikorsky, I. I., *Science and the Future of Aviation*, Steinmitz Memorial Lectures (Schenectady Section, A.I.E.E., 1938).
11. Lawaczek, F., *Technik und Wirtschaft im Dritten Reich* (Eher Verlag, Munich, 1932).
12. Erren, R. A. and W. H. Compell, Hydrogen: A Commercial Fuel for Internal Combustion Engines and Other Purposes, *Journal of the Institute of Fuels*, Vol. 6, No. 29, 1933.
13. Bockris, J. O'M., *Energy: The Solar-Hydrogen Alternative* (Australia and New Zealand Book Co., Sydney, 1975).
14. Bockris, J. O'M., Memorandum to Westinghouse Company (C. Zenner, 1962).
15. Escher, W.J.D. and T. Ohta. Direct Solar Energy Conversion at Sea, in T. Ohta (editor), *Solar-Hydrogen Energy Systems* (Pergamon Press, Oxford, 1979), pp. 225–248.
16. Justi, E., *Conduction Mechanisms and Energy Transformation in Solids* (Verlag Vandenhoeck and Ruprecht, Göttingen, 1965).
17. Bockris, J. O'M. and T. N. Veziroglu, A Solar-Hydrogen Energy System for Environmental Compatibility, *Environmental Conservation*, Vol. 12, No. 2, 1985, pp. 105–118.
18. Scott, D. S. and W. Hafele, The Coming Hydrogen Age: Preventing World Climatic Disruption, *International Journal of Hydrogen Energy*, Vol. 15, No. 10, 1990, pp. 727–738.
19. Winter, C.-J., Hydrogen and Solar Energy—Ultima Ratio Avoiding a "Lost Moment in the Hystory of Energy," in T. N. Veziroglu and P. K. Takahashi (editors), *Hydrogen Energy Progress VIII*, Vol. 1 (Pergamon Press, New York, 1990), pp. 3–47.
20. Steinberg, M. and H. C. Cheng, Modern and Prospective Technologies for Hydrogen Production from Fossil Fuels, in T. N. Veziroglu and A. N. Protsenko (editors), *Hydrogen Energy Progress VII*, Vol. 2 (Pergamon Press, Oxford, 1988), pp. 699–740.
21. Muradov, N. Z., CO_2 Free Production of Hydrogen by Catalytic Pyrolysis of Hydrocarbon Fuels, in J. C. Bolcich and T. N. Veziroglu (editors), *Hydrogen Energy Progress XII*, Vol. 1

(International Association of Hydrogen Energy, Coral Gables, FL, 1998), pp. 523–532.
22. Steeb, H., A. Brinner, H. Bubmann, and W. Seeger, Operation Experience of a 10kW PV-Electrolysis System in Different Power Matching Modes, in T. N. Veziroglu and P. K. Takahashi (editors), *Hydrogen Energy Progress VIII*, Vol. 2 (Pergamon Press, New York, 1990), pp. 691–700.
23. Ogden, J. M. and R. H. Williams, *Solar Hydrogen: Moving beyond Fossil Fuels* (World Resources Institute, Washington, D.C., 1989).
24. Baykara, S. Z. and E. Bilgen, An Overall Assessment of Hydrogen Production by Solar Water Thermolysis, *International Journal of Hydrogen Energy*, Vol. 14, No. 12, 1989, pp. 881–889.
25. Yalcin, S., A Review of Nuclear Hydrogen Production, *International Journal of Hydrogen Energy*, Vol. 14, No. 8, 1989, pp. 551–561.
26. Willner, I. and B. Steinberger-Willner, Solar Hydrogen Production through Photo-Biological, Photochemical and Photoelectrochemical Assemblies, *International Journal of Hydrogen Energy*, Vol. 13, No. 10, 1988, pp. 593–604.
27. Das, D. and T. N. Veziroglu, Hydrogen Production by Biological Processes: A Literature Survey, *International Journal of Hydrogen Energy*, Vol. 26, No. 1, 2001, pp. 13–28.
28. Taylor, J. B., J.E.A. Anderson, K. M. Kalyanam, A. B. Lyle, and L. A. Philips, Technical and Economic Assessment of Methods for the Storage of Large Quantities of Hydrogen, *International Journal of Hydrogen Energy*, Vol. 11, No. 1, 1986, pp. 5–22.
29. Carpetis, C., Storage, Transport and Distribution of Hydrogen, in C.-J. Winter and J. Nitsch (editors), *Hydrogen as an Energy Carrier* (Springer-Verlag, Berlin Heidelberg, 1988), pp. 249–289.
30. Pottier, J. D. and E. Blondin, Mass Storage of Hydrogen, in Y. Yurum (editor), *Hydrogen Energy System, Utilization of Hydrogen and Future Aspects*, NATO ASI Series E-295 (Kluwer Academic Publishers, Dordrecht, The Netherlands, 1995), pp. 167–180.
31. Mitlitsky, F., Development of an Advanced, Lightweight, High Pressure Storage Tank for On-Board Storage of Compressed Hydrogen, in *Proc. of Fuel Cells for Transportation TOPTEC* (Alexandria, VA, SAE, Warrendale, PA, 1996).
32. Braess, H.-H. and W. Strobl, Hydrogen as a Fuel for Road Transport of the Future: Possibilities and Prerequisites, in T. N. Veziroglu *et al.* (editors), *Hydrogen Energy Progress XI*, Vol. 2 (International Association of Hydrogen Energy, Coral Gables, FL, 1996), pp. 1363–1404.
33. Schwartz, J. A. and K.A.G. Amankwah, Hydrogen Storage Systems, in D. G. Howell (editor), *The Future of Energy Gases*, U.S. Geological Survey Professional Paper 1570 (U.S. Government Printing Office, Washington, D.C., 1993), pp. 725–736.
34. Chambers, A., C. Park, R.T.K. Baker, and N. M. Rodriguez, Hydrogen Storage in Graphite Nano-Fibers, *Journal of Physical Chemistry*, B, Vol. 102, No. 22, 1998, pp. 4253–4259.
35. Dillon, A. C., K. M. Jones, and M. J. Heben, Carbon Nanotube Materials for Hydrogen Storage, in *Proc. 1996 U.S. DOE Hydrogen Program Review, Vol. II* (NREL, Golden, CO, 1996), pp. 747–763.

36. Rambach, G. and C. Hendriks, Hydrogen Transport and Storage in Engineered Glass Microspheres, in *Proc. 1996 U.S. DOE Hydrogen Program Review, Vol. II* (NREL, Golden, CO, 1996, pp. 765–772).
37. Jensen, C., Hydrogen Storage via Polyhidride Complexes, in *Proc. 1996 U.S. DOE Hydrogen Program Review, Vol. II* (NREL, Golden, CO, 1996), pp. 787–794.
38. Nornbeck, J. M., J. W. Heffel, T. D. Durbin, B. Tabbara, J. M. Bowden, and M. C. Montano, *Hydrogen Fuel for Surface Transportation* (SAE, Warrendale, PA, 1996).
39. Sternfeld, H. J. and P. Heinrich, A Demonstration Plant for the Hydrogen/Oxygen Spinning Reserve, *International Journal of Hydrogen Energy*, Vol. 14, 1989, pp. 703–716.
40. Ledjeff, K., New Hydrogen Appliances, in T. N. Veziroglu and P. K. Takahashi (editors), *Hydrogen Energy Progress VIII*, Vol. 2 (Pergamon Press, New York, 1990), pp. 1429–1444.
41. Bain, A., *The Freedom Element: Living with Hydrogen* (Blue Note Books, Cocoa Beach, FL, 2004).
42. Odum, H. T., *Systems Ecology* (John Wiley & Sons, New York, 1983).
43. Odum, H. T., Simulation Models of Ecological Economics Developed with Energy Language Methods, *Simulation*, August 1989, pp. 69–75.
44. Odum, H. T. and E. C. Odum, *Modeling for All Scales: An Introduction to System Simulation* (Academic Press, San Diego, CA, 2000).
45. Meadows, D. H., D. L. Meadows, J. Randers, and W. W. Behrens, *Limits to Growth* (Universe Books, Publishers, New York, 1972).
46. Meadows, D. H., D. L. Meadows, and J. Randers, *Beyond the Limits* (Chelsea Green, Post Mills, VT, 1991).

찾아보기

ㅇ

ㅈ

고분자 연료전지 공학 – 이론과 실제 –

원저자 · Frano Barbir
역　자 · 조 영 일 · 남 기 석
발행자 · 조 승 식
발행처 · (주)도서출판 북스힐
등록 · 제22-457호
주소 · 142-877 서울시 강북구 라일락길 36
www.bookshill.com
E-mail · bookswin@unitel.co.kr
전화 · 02-994-0071(代)
팩스 · 02-994-0073

2007년 10월 10일　제1판 1쇄 발행
2008년 11월 15일　제1판 2쇄 발행

값 28,000원

ISBN 978-89-5526-413-5